X線分析の進歩 49

ADVANCES IN X-RAY CHEMICAL ANALYSIS, JAPAN
NO. 49

(X線工業分析53集)

日本分析化学会
X線分析研究懇談会 編

Edited by The Discussion Group of X-Ray Analysis, The Japan Society for Analytical Chemistry

(株) アグネ技術センター
Published by AGNE GIJUTSU CENTER

編集 / *Editors*
河合　潤（京都大学）/ Jun Kawai (Kyoto University)
村松康司（兵庫県立大学）/ Yasuji Muramatsu (University of Hyogo)

編集委員 / *Editorial Advisory Board*
桜井健次（物質・材料研究機構）/ Kenji Sakurai (National Institute of Materials Science)
高山　透（日鉄住金テクノロジー）/ Toru Takayama (Nippon Steel & Sumikin Technology Co.Ltd.)
辻　幸一（大阪市立大学）/ Kouichi Tsuji (Osaka City University)
中井　泉（東京理科大学）/ Izumi Nakai (Tokyo University of Science)
早川慎二郎（広島大学）/ Shinjiro Hayakawa (Hiroshima University)
林　久史（日本女子大学）/ Hisashi Hayashi (Japan Women's University)
松尾修司（コベルコ科研）/ Shuji Matsuo (Kobelco Research Institute, Inc.)
森　良弘（堀場製作所）/ Yoshihiro Mori (HORIBA, Ltd.)
渡部　孝（コベルコ科研）/ Takashi Watanabe (Kobelco Research Institute, Inc.)

編者のことば

「X線分析の進歩」誌36集（2005年）から本49集（2018年）まで14年間，私は編集委員長を務めてきた．私が編集委員長になる前の，すでに中村利廣編集委員長の時代の32集のころから，影の委員長のような役割を一部させてもらっていたので，進歩誌全巻の三分の一を編集してきたことになる．誰かそのうち代わってくれると期待していたが，誰も代わってくれる人はなかった．村松さんが漸く代わってくれることになった．

そこで編集委員長として進歩誌の編集に携わって十数年考えてきたことを記しておこうと思う．

編集委員長の特権として，他誌ならリジェクトされるような独創的な論文をアクセプトしたり，面白い論文を書いてくれそうな人に執筆を依頼して，私自身は編集委員長としての仕事を楽しんできた．原稿が足りなくて困るということは一度もなく，自然に多くの原稿が集まったことに感謝している．

32集までの全ページのPDFを収録したCD-ROMを市販した．まだ委員長になる前のヒラの編集委員時代だったように思う．私自身そういうPDFがあったらいいなと思うCD-ROMを作った．CD-ROMが手元にあれば非常に便利である．所属先のグループ内ではCD-ROMから各自のコンピュータへのコピーが許されている．PDFはページ抽出・図のコピー・黄色のハイライトなども自由にできる．他人の論文の図などを自分なりにまとめたメモを作ることもたやすい．このCD-ROMを作成するにあたっては，X線分析研究懇談会に出版費用を捻出してもらい，アグネ技術センターからはCD-ROM化に伴う協力を得て，32集までのCD-ROM化にこぎつけた．46集以降はカラー図のPDFを納めたCD-ROMが進歩誌に付録としてつくようになった．今後は33～45集のCD-ROM化や，全巻Web公開の課題が残されている．1冊全部をCD-ROM化する途中の段階として，紙別刷りをPDF化した時代もあった．

別刷り購入制から投稿料制に変更した．それに伴い著者は進歩誌を1冊もらえることにした．私自身は人生で最初の論文を進歩誌へ投稿した．作家は処女作を超える小説を書くことはできないと言われる．私自身も日本語で書いた進歩誌の最初の論文を超える論文（英語・日本語にかぎらず）が今までに書けたという気はしない．だから日本語で最初の論文をしっかりと書く機会があることは重要だと思う．私自身は最初の進歩誌の論文出版時に原稿料をもらったことを覚えている．本来は論文を投稿したら著者は原稿料をもらうべきだと思う．進歩誌を著

者が1冊もらえるのは，原稿料への道程のささやかな一歩である．

編集委員長として様々な圧力を受けたこともある．私が扱った論文でrejectした記憶はない．編集委員会全員のメール会議によってアクセプト/リジェクトを決めるべきだという意見があった．私は頑として拒否してすべてアクセプトした．査読者が指摘した問題点や私自身が読んで問題があれば，それを一度は著者へ伝えた．著者がその指摘の一部しか改訂しなくてもアクセプトして出版した．たいていの査読コメントは大した指摘ではなかったからである．論文の考察に矛盾があるなど，内容に問題のある論文はほとんどなかった．著者へマイナーレビジョンとして査読コメントを送ると，そのまま立ち消えになった論文が数年に一報程度あったことは残念である．

42集（2011年）からは2名の共同編集委員長体制にした．これによって気が楽になった．

小さなことであるが，論文の最初のページに和英で雑誌名・巻・ページ・年を表示するようにした．私自身困ることが多かったからである．また著者自身なら自分の論文をWebに公開してよいことにした．X線分析の進歩誌全体は，冊子かCD-ROMがなければ読めないが，著者が自分でインターネットに公開すればだれでも読むことができる．最近は，機械翻訳の精度も上がったので，進歩誌の和文論文でも，本当に重要な論文なら，外国の読者は日本語から英語や中国語へ翻訳して読んでいる．進歩誌にはそういう論文が少なからずある．

表面分析やシンクロトロンはトガッタ研究である．誰でもその重要性は理解する．X線分析にとって重要な研究論文は，試料調製，X線回折，定量分析などのトガッテイナイ研究である．このことは他誌の論文アクセスランキングをみればよくわかる．シンクロトロンなどのトガッタ研究がカッコイイと思う人が多いのは分かるが，試料調製や定量精度を向上させる地道な研究はrejectせずに掲載し続けることは重要である．そういう論文は実際多数の読者に長く読まれている．

定量やX線回折も単に標準操作手順に従うだけの本質を理解しない試験報告書が多くなった．刑事事件鑑定書を読んで特にそのことを強く感じた．ISO規格も間違いが多い．X線分析討論会の質問も無意味な質問が増えた．トガッテイナイ研究を軽視するからである．

編集委員長を引退するにあたって普段考えていることを述べさせていただいた．進歩誌では今後も読者が必要とする論文が数多く出版されることを望んでいる．

最後になるが，本49集から国際会議報告は，国際的な研究動向をも内容に含んでもらうように著者に要請し，単なる会議の出席報告以上の科学的内容を含むと同時に，その科学的内容について査読を経てアクセプトされた解説論文として出版することとした．

2018年2月9日
『X線分析の進歩』共同編集委員長
河合　潤

X線分析の進歩 49
(X線工業分析 第53集)
目　次

I．解説・総説
1. 国際分光学会議におけるX線分析の位置づけとその未来
　………………………………………………………………布目陽子……1
2. 和歌山カレーヒ素事件再審請求審における検察官意見書の問題点
　…………………………………………………………上羽　徹, 河合　潤……9
3. ゲル中の沈殿パターンのX線分光分析
　……………………………………………………………………林　久史……25
4. 3Dプリンタによる分光器の試作
　…………田中亮平, 森崎聡志, 山下大輔, 山本大地, 堤　麻央, 杉野智裕, 河合　潤……53
5. ワシントン大学の高分解能低電力蛍光X線装置とXAFS
　……………………………………………………………………河合　潤……63
6. 第17回全反射蛍光X線分析法（TXRF2017）国際会議報告
　……………………………………………………………………辻　幸一……71
7. リファレンスフリー蛍光X線分析における標準物質の使用について
　　―金属多層膜の認証標準物質 NMIJ CRM 5208-a での経験を中心に―
　………………………桜井健次, 水平　学, 青山朋樹, 松永大輔, 山田康治郎,
　　　　　　　　　　　池田　智, 大森崇史, 西埜　誠, 中村秀樹, 沖　充浩,
　　　　　　　　　　　深井隆行, 大柿真毅, 衣笠元気, 小沼雅敬, 野間　敬, 山路　功……77
8. 蛍光X線による多元素同時動画イメージング
　………………………………………………………桜井健次, 趙　文洋……83
9. 第53回X線分析討論会報告
　……………………………………………………………………山本　孝……95
10. In-situ時間分解クイックXAFS法による一過性反応のその場観察
　…………………………………………………………………宇留賀朋哉……101
11. X線位相イメージング法の原理とその応用
　……………………………………………………………………米山明男……111
12. WDXRFによる樹氷と雪の中の非水溶性イオウ化合物の化学形態別分析と東アジアの
　　石炭燃焼排出物の冬期モンスーン下での長距離輸送機構
　………………………………………今井昭二, 上村　健, 児玉憲治, 山本祐平……125
13. 第66回デンバーX線会議報告
　……………………………………………………………………山本　孝……143

Ⅱ. 原著論文

14. 実海水による Ag 表面腐食の分析
　　　　　　　　　　　　　　　　Long ZE, Liang fu CHEN, Hui YANG and Lan WU……149

15. フラックス法による YAG : Ce の合成
　　　　　　　　　　　　　　　　　　　　　　　　　　原田雅章，上野禎一……157

16. SACLA を用いた時間分解透過型 X 線回折による 1T′-MoTe$_2$ の格子ダイナミクス観測
　　　　　　　　　　　下志万貴博，中村飛鳥，石坂香子，田中良和，田久保　耕，平田靖透，
　　　　　　　和達大樹，山本　達，松田　巖，池浦晃至，高橋英史，酒井英明，石渡晋太郎，
　　　　　　　富樫　格，大和田成起，片山哲夫，登野健介，矢橋牧名，辛　埴……163

17. 4f 系化合物の X 線吸収分光と時間分解測定への道
　　　　　　　　　　　　　　和達大樹，田久保　耕，津山智之，横山優一，山本航平，
　　　　　　　　　　　　　　平田靖透，伊奈稔哲，新田清文，水牧仁一朗，
　　　　　　　　　　　　　　富樫　格，鈴木慎太郎，松本洋介，中辻　知……169

18. 小型偏光 X 線励起による鋼材の XRF 測定
　　　　　　　　　　　　　　　　　　　　杉野智裕，田中亮平，河合　潤……177

19. Bottled Pure Water for Low-Power Portable TXRF Analysis
　　　　　　　　　　　　　　　　Bolortuya DAMDINSUREN and Jun KAWAI……183

20. コンプトン散乱により 45 度方向に反跳する電子のド・ブロイ波を回折格子とした
　　 波長に依存しない X 線偏光素子
　　　　　　　　　　　　　　　　　　　　　　　　　田中亮平，河合　潤……189

21. 同軸ケーブルが影響する X 線スペクトルの変化
　　　　　　　　　　　　　　　　　　　吉田昂平，田中亮平，河合　潤……195

22. FP 法によるエネルギー分散蛍光 X 線の高精度化の基礎研究
　　　　　　　　　　　　　　　　　　　山崎慶太，田中亮平，河合　潤……201

23. 共焦点型微小部蛍光 X 線分析法を用いた毛髪中の元素分布解析
　　　　　　　　　　　　　　　　　　　　　　　蓬田直也，辻　幸一……209

24. 膜厚数十 µm の絶縁性膜試料に対する簡便な全電子収量軟 X 線吸収測定
　　　　　　　　　　　村松康司，谷　雪奈，飛田有輝，濱中颯太，Eric M. GULLIKSON……219

25. 大気に暴露した機械研磨六方晶窒化ホウ素（h-BN）の軟 X 線吸収分析
　　　　　　　　　　　　　村松康司，花房篤志，吉田圭吾，Eric. M. GULLIKSON……231

26. X 線分析顕微鏡を用いた，食品中元素の定量マッピング機能の検討
　　　　　　　　　　　　　中野ひとみ，仲西由美子，田中　悟，駒谷慎太郎……241

27. X 線分析顕微鏡（XGT）による植物の元素分布測定
　　　　　　　　　　　　中村ちひろ，中野ひとみ，横山政昭，駒谷慎太郎……249

28. 新開発のポータブル X 線粉末回折計による北斎肉筆画の分析
　　　　　　　　　　　　　中井　泉，赤城沙紀，平山愛里，村串まどか，阿部善也，
　　　　　　　　　　　　　K. タンタラカーン，谷口一雄，下山　進……257

Ⅲ．新刊紹介
29. "Inner-Shell and X-Ray Physics of Atoms and Solids", "Röntgenstrahlen / X-Rays" ……………24
30. "Planar X-Ray Waveguide-Resonator: Implementation and Prospects" ……………………62
31. 「構造物性物理とX線回折」……………………………………………………………………100

Ⅳ．既掲載X線粉末解析図形索引 No.1 (Vol.8) ～No.10 (Vol.18)（物質名と化学式名による）……271

Ⅴ．2017年X線分析のあゆみ
 1. X線分析関係国内講演会開催状況 ………………………………………………………………275
 2. X線分析研究懇談会講演会開催状況 ……………………………………………………………280
 3. X線分析研究懇談会規約 …………………………………………………………………………289
 4. 「X線分析の進歩」投稿の手引き ………………………………………………………………290
 5. 第12回浅田榮一賞 …………………………………………………………………………………293
 6. （公社）日本分析化学会X線分析研究懇談会2017年運営委員名簿 …………………………294

Ⅵ．X線分析関連機器資料 ………………………………………………………………………………S1

Ⅶ．既刊総目次 …………………………………………………………………………………………A1

Ⅷ．X線分析の進歩49　索引 ……………………………………………………………………………B1

ADVANCES IN X-RAY CHEMICAL ANALYSIS, JAPAN
No.49 (2017 Edition)
Edited by the Discussion Group of X-Ray Analysis, the Japan Society for Analytical Chemistry

I. Review Articls

1. X-Ray Spectrometric Analysis-CSI (Colloqnium Spectroscopicum Internationale): Trends and Future Prospects
   Yoko NUNOME ··· 1
2. Problems of Prosecutor's Document against the Kawai's Forensic Reports on Wakayama Curry Arsenic Incident
   Tohru UEBA and Jun KAWAI ·· 9
3. X-ray Spectroscopic Studies on Precipitation Patterns in Gels
   Hisashi HAYASHI ·· 25
4. Applicability of 3D Printer to Spectroscopic Analysis
   Ryohei TANAKA, Satoshi MORISAKI, Daisuke YAMASHITA,
   Daichi YAMAMOTO, Mao TSUTSUMI, Tomohiro SUGINO and Jun KAWAI ·················· 53
5. High Energy-Resolution, Low Power XRF and XAFS Spectrometers of Washington University
   Jun KAWAI ·· 63
6. The 17th International Conference on Total Reflection X-Ray Fluorescence Analysis and Related Methods (TXRF2017)
   Kouichi TSUJI ·· 71
7. How to Use Reference Materials in Reference-Free X-Ray Fluorescence Analysis
   —Experience in the Certified Reference Material NMIJ CRM 5208-a—
   Kenji SAKURAI, Manabu MIZUHIRA, Tomoki AOYAMA,
   Daisuke MATSUNAGA, Yasujiro YAMADA, Satoshi IKEDA, Takashi OMORI,
   Makoto NISHINO, Hideki NAKAMURA, Mitsuhiro OKI, Takayuki FUKAI,
   Masataka OHGAKI, Genki KINUGASA, Masayuki ONUMA,
   Takashi NOMA and Isao YAMAJI ·· 77
8. Simultaneous Multi-Element Movie Imaging by X-Ray Fluorescence
   Kenji SAKURAI and Wenyang ZHAO ··· 83
9. Report on the 53th Annual Conference on X-ray Chemical Analysis
   Takashi YAMAMOTO ··· 95
10. Real-Time Observation of Transient Chemical Reaction by In-Situ Time-Resolved Quick XAFS Method
    Tomoya URUGA ·· 101
11. Phase-contrast X-Ray Imaging and Its Applications
    Akio YONEYAMA ·· 111
12. Analysis of Chemical Species of Water-Insoluble Sulfur Compounds in Rime Ice and Snow and Long-range Transfer Mechanism of Coal Burning Emissions under Winter Monsoon Conditions
    Shoji IMAI, Takeshi KAMIMURA, Kenji KODAMA and Yuhei YAMAMOTO ················ 125

13. Report on the 66th Annual Conference on Applications of X-Ray Analysis (Denver X-ray Conference)
    Takashi YAMAMOTO ··143

II. Original Papers
14. SEM-EDX Analysis of Ag Corrosion by Seawater
    Long ZE, Liang fu CHEN, Hui YANG and Lan WU ··149
15. Crystal Growth of YAG:Ce by a Flux Method
    Masaaki HARADA and Teiichi UENO ··157
16. Lattice Dynamics of 1T′-MoTe$_2$ Studied by Time-Resolved Transmission X-Ray Diffraction at SACLA
    Takahiro SHIMOJIMA, Asuka NAKAMURA, Kyoko ISHIZAKA,
    Yoshikazu TANAKA, Kou TAKUBO, Yasuyuki HIRATA, Hiroki WADATI,
    Susumu YAMAMOTO, Iwao MATSUDA, Koji IKEURA, Hidefumi TAKAHASHI,
    Hideaki SAKAI, Shintaro ISHIWATA, Tadashi TOGASHI, Shigeki OWADA,
    Tetsuo KATAYAMA, Kensuke TONO, Makina YABASHI and Shik SHIN ················163
17. X-Ray Absorption Spectroscopy of $4f$ Compounds and Future Directions Toward Time-resolved Measurements
    Hiroki WADATI, Kou TAKUBO, Tomoyuki TSUYAMA,
    Yuichi YOKOYAMA, Kohei YAMAMOTO, Yasuyuki HIRATA, Toshiaki INA,
    Kiyofumi NITTA, Masaichiro MIZUMAKI, Tadashi TOGASHI,
    Shintaro SUZUKI, Yosuke MATSUMOTO, Satoru NAKATSUJI ···························169
18. Stainless Steel Analysis Using Compact 3D-polarized XRF Spectrometer
    Tomohiro SUGINO, Ryohei TANAKA and Jun KAWAI ·······································177
19. Bottled Pure Water for Low-Power Portable TXRF Analysis
    Bolortuya DAMDINSUREN and Jun KAWAI ··183
20. Polarizer for Continuous White X-Rays Using The de Broglie Wave of 45°-Recoil Electron via Compton Scattering
    Ryohei TANAKA and Jun KAWAI ··189
21. Effect due to Coaxial Electric Cables on X-Ray Spectra
    Kohei YOSHIDA, Ryohei TANAKA and Jun KAWAI ··195
22. Improving the Precision of EDXRF using the Fundamental Parameter Method
    Keita YAMASAKI, Ryohei TANAKA and Jun KAWAI ······································201
23. Elemental Distribution Analysis in the Hair by Confocal Micro XRF
    Naoya YOMOGITA and Kouichi TSUJI ···209
24. Soft X-Ray Absorption Measurements of Several-Tens-Thick Insulating Films using a Total Electron Yield Method
    Yasuji MURAMATSU, Yukina TANI, Yuuki TOBITA, Sohta HAMANAKA and
    Eric M. GULLIKSON ···219
25. Soft X-Ray Absorption Analysis of Mechanically-Ground Hexagonal Boron Nitride (h-BN) Exposed to Atmospheric Air
    Yasuji MURAMATSU, Atsushi HANAFUSA, Kiego YOSHIDA and Eric M. GULLIKSON ···231
26. Study of Quantitative Mapping of Elements in Food Using X-Ray Analytical Microscope
    Hitomi NAKANO, Yumiko NAKANISHI, Satoshi TANAKA and Shintaro KOMATANI ······241

27. Elemental Distribution Measurement of Plants by X-Ray Analysis Microscope
    Chihiro NAKAMURA, Hitomi NAKAMURA, Masaaki YOKOYAMA and
    Shintaro KOMATANI ··249
28. On Site Analysis of Hokusai Paintings Using Newly Developed Portable X-Ray Powder Diffractometer
    Izumi NAKAI, Saki AKAGI, Airi HIRAYAMA, Madoka MURAKUSHI, Yoshinari ABE,
    Kriengkamol TANTRAKARN, Kazuo TANIGUCHI and Susumu SHIMOYAMA ·················257

III. Book Reviws
29. "Inner-Shell and X-Ray Physics of Atoms and Solids" "Röntgenstrahlen / X-Rays" ·····················24
30. "Planar X-Ray Waveguide-Resonator: Implementation and Prospects" ····································62
31. "Condensed matter physics based on structure observation" ··100

IV. Standard Powder Diffaction Data, Cumulative Index to Volumes. 8, 9, 10, 11, 12, 13, 14, 15, 16, 18 ······271

V. Annual Report for X-Ray Analysis in Japan 2017
  1. Meetings on X-Ray Analysis held in Japan in 2017 ··275
  2. Meetings held by the Discussion Group of X-Ray Analysis in 2017 ·······································280
  3. Rules of Discussion Group of X-Ray Analysis, the Japan Society for Analytical Chemistry ·············289
  4. Manuscript Requirements for Advances in X-Ray Chemical Analysis, Japan ····························290
  5. The Asada Award ···293
  6. Organizing Committee Members (2017) ···294

VI. Information Bulletin on Instruments for X-Ray Analysis ··S1

VII. The Contents of Advances in X-Ray Chemical Analysis, Japan (1964 Edition-2017 Esition) ···············A1

VIII. Index to Volume 49 ···B1

解　説

国際分光学会議における X 線分析の位置づけとその未来

布目陽子[*]

X-Ray Spectrometric Analysis-CSI (Colloqnium Spectroscopicum Internationale): Trends and Future Prospects

Yoko NUNOME[*]

Graduate school of Integrated Arts and Sciences, Hiroshima University
1-7-1 Kagamiyama, Higashi-Hiroshima 739-8521, Japan

(Received 9 August 2017, Accepted 30 October 2017)

　X 線分析には余り馴染みのない筆者が，「X 線分析の進歩」に紆余曲折を経て筆を執ることになった．CSI は隔年で開催され，広義の分光分析に関する国際会議であり（図 1），今回で第 40 回目と長い歴史を誇る．今年はイタリア，トスカーナ州ピサ市ピサ大学の Congress Palace を会場として，6 月 11 日（日）から 16 日（金）まで開催された（図 2）．イタリアでの開催は CSI

図 1　CSI がカバーしている分光分野とアプリケーション

図 2　学会の要旨集の表紙

広島大学大学院総合科学研究科　広島県東広島市鏡山 1-7-1　〒 739-8521　＊連絡著者：nunome@hiroshima-u.ac.jp

II (Venice, 1951), CSI XVII (Firenze, 1973) と続く3回目であり, Euro-Mediterranean Symposium on LIBS (EMS-LIBS) との共催は初である (EMS-LIBS もイタリアで3回目). 筆者は, 主に, 新しい質量分析法 (MS) の研究を行っており, 今後の研究の遂行に関する情報収集を目的として, 初めて本会議に参加した.

ピサは, 科学者ガリレオ・ガリレイの生誕地であり, ピサの斜塔で有名な人口8万6000人程度の街である. ピサ大学は, イタリアで最も歴史の古い大学の一つであり, 1343年に創立された. 著名な卒業生としては前述のガリレオ・ガリレイや物理学者のエンリコ・フェルミがいる.

ヨーロッパの6月はすでにサマータイムが始まっているため時計を1時間進めている. 学会期間中, 日の出は5時半過ぎ, 日の入りは21時過ぎで, とにかく日が長い. 地中海性気候であるため6月は日差しが強く, 最高気温は30度を超え, 雨は全く降らなかった.

ピサ近郊にもピサ空港 (ガリレオ・ガリレイ国際空港) があるが, 日本からの乗り換えの都合上, 学会前日の6月10日 (土) にフィレンツェ近郊のフィレンツェ・ペレトラ空港からイタリア入りした. フィレンツェ空港からはバス (6ユーロ, 約30分) でフィレンツェ中央駅まで移動し, その日は駅近くのホテルにチェックインした. 花の都といわれるフィレンツェだが, 到着した途端, 街中が何やら下水臭いのに驚いた. 道路も綺麗とは言えず, キャリーバッグを引いて歩くのが躊躇われた. イタリアの中でもフィレンツェは美しい街だといわれているが, どうやら幻想らしい.

翌日の11日 (日), フィレンツェ中央駅からピサ中央駅まで快速列車 (8.4ユーロ, 約1時間) で移動し, ようやくピサ入りした. イタリアの主要な駅はあちこちに英語表記に切り替えることができる自動券売機があるため, 切符の購入にそれほど不便は感じない. イタリアの駅には改札がないため, ホームにある刻印器で切符に自分で時刻を打刻する必要がある (車内検札の際に刻印がない切符を持っていると不正乗車と見なされてしまう). ピサ行きの1Aホームだが, 他のホームから離れた場所にあり, 案内も分かりにくくしばらく探した.

ピサ中央駅から会場まではバスで5分程度だった. バスの切符は, バス内で精算することはほとんどなく, 近くのTabacchi (タバコ屋) で乗車券や回数券を予め買って乗車する. もちろん車内でも乗車券の購入は可能であるが, 1回2ユーロであり, 回数券 (10回分9ユーロ) と比較すると割高である. バスも鉄道と同様に, 乗車した際に切符を刻印器に通す.

11日の夕方には学会会場 (図3) でレジストレーションを済ませ, 19時からのWelcome cocktail で喉を湿らせた後, 早々にホテルにチェックインした.

図3 学会会場のピサ大学の Congress Palace

12 日（月）は開会挨拶の後 Plenary Lecture（PL1），5 つの会場に分かれて Parallel Session が開始された．図 4 に学会のタイムテーブルを示す．今回 CSI XL のプログラムは午前と午後

Sunday	Monday	Tuesday
	Welcome to the Participants (8:30-9:00) Auditorium	Plenary Lecture PL 03 (8:30-9:15) Ove Axner- Auditorium
	Plenary Lecture PL 01 (9:00-9:45) Javier Laserna - Auditorium	
	9:45-10:45 Nanotech I Room C 9:45-10:45 Food Analysis I Room D 9:45-10:45 Arch&Heritage I Pacinotti Hall 9:45-10:45 Envir I Fermi Hall 9:45-10:45 LIBS I Auditorium	9:15-10:45 Industrial I Room C 9:15-10:30 Biomed I Room D 9:15-10:45 Geo II Fermi Hall 9:15-10:45 Arch&Heritage IV Pacinotti Hall 9:15-10:45 LIBS IV Auditorium
	Coffee Break (10:45-11:15, 30min)	Coffee Break (10:45-11:15, 30min)
	11:15-13:00 Nanotech II Room C 11:15-13:00 Food Analysis II Room D 11:15-13:00 Arch&Heritage II Pacinotti Hall 11:15-13:00 Envir II Fermi Hall 11:15-13:00 LIBS II Auditorium	11:15-13:15 Industrial II Room C 11:15-13:00 Biomed II Room D 11:15-13:00 LibsRaman Fermi Hall 11:15-13:00 Arch&Heritage V Pacinotti Hall 11:15-13:15 Coal&Steel Auditorium
	Lunch (13:00-14:00, 60min)	Lunch (13:15-14:15, 60min)
	Plenary Lecture PL 02 (14:00-14:45) Marco A. Zezzi Arruda - Auditorium	Plenary Lecture PL 04 (14:15-15:00) Montserrat Filella- Auditorium
	14:45-16:00 Nanotech III Room C 14:45-16:00 Food Analysis III Room D 14:45-16:00 Arch&Heritage III Pacinotti Hall 14:45-16:15 Geo I Fermi Hall 14:45-16:15 LIBS III Auditorium	15:00-16:15 Industrial III Room C 15:00-16:15 Biomed III Room D 15:00-16:30 Materials I Pacinotti Hall 15:00-16:45 Speciation Fermi Hall 15:00-16:45 Libs Imaging Auditorium
	Coffee Break (16:15-16:45, 30 min)	Coffee Break (16:45-17:15, 30 min)
Registration 17:15-19:00	Poster Session I (17:00-18:30)	Poster Session II (17:30-19:00)
Welcome Cocktail 19:00-20:30	Wine Tasting (18:30-20:00)	
	CSI Delegates' Meeting (20:00)	Organ Concert (21:00)

Wednesday	Thursday	Friday
Plenary Lecture PL 05 (8:30-9:15) Chris Le - Auditorium	Plenary Lecture PL 06 (8:30-9:15) Annemie Bogaerts - Auditorium	CSI AWARD Bernard Welz 8:30-9:30
9:15-10:45 Materials II Pacinotti Hall 9:15-10:45 Proteomics Room C 9:15-10:30 Food Analysis IV Room D 9:15-10:30 Fuels Fermi Hall 9:15-10:45 Liq. Analysis Auditorium	9:15-10:45 Geo III Fermi Hall 9:15-10:45 Envir III Room D 9:15-10:30 Pharma III Pacinotti Hall 9:15-10:45 Underwater LIBS Auditorium	LIBS AWARD Nicolo Omenetto 9:30-10:30
Coffee Break (10:45-11:15, 30min)	Coffee Break (10:45-11:15, 30min)	Coffee Break 10:30-11:00
11:15-13:15 Atom Spectr Pacinotti Hall 11:15-13:15 Forensic Room C 11:15-13:00 Vapor Generation Fermi Hall 11:15-12:45 Chemometrics Auditorium	11:15-12:30 Mass Spectr Fermi Hall 11:15-12:15 Envir IV Room D 11:15-12:00 Pharma II Pacinotti Hall 11:15-12:30 XRF-Raman Mini-Course Room C	JAAS-EIL AWARD Sohail Mushtaq 11:00-11:45 OSA Lecture Mohamed A. Harith 11:45-12:15 POSTER AWARDS Announcement of CSI XLI and 10thEMSLIBS CLOSING 12:30-13:00
Lunch (13:15-14:15, 60min)	Lunch (12:30-13:30, 60min)	
Visit of Pisa (14:30-18:00)	Plenary Lecture PL 07 (13:30-14:15) Rickard Russo- Auditorium	
	14:15-16:30 CompChem Fermi Hall 14:15-16:30 Nuclear App Room D 14:45-16:00 Pharma III Pacinotti Hall 14:45-16:30 NanoLibs Auditorium	
	Coffee Break (16:30-17:00, 30min)	
	Poster Session III (17:15-18:45)	
Social Dinner (20:00)	EMSLIBS Scientific Committee Meeting (20:00)	"Luminara" Fireworks 21:00

図 4　学会のタイムテーブル

図5 Wine Tasting でのスポンサー挨拶

の始めにそれぞれ Plenary Lecture が開催され，その後5つもしくは4つに分かれて Parallel Session が組まれていた．前回までは分析手法ごとに Parallel Session が組まれていたようだが，今回は，食品分析や環境分析といったように応用分野ごとに Parallel Session が組まれ，特定の分析手法にフォーカスして講演を聴くには困難であった（図1, 4）．筆者が発表した環境分析のセッションでは，X線分析のアプリケーションとして，エクアドルのグループからバッテリー工場跡地の土壌の鉛汚染について発表があった．簡便な前処理を行った土壌試料をハンドヘルド蛍光X線分析計（XRF）で測定し，跡地全体の鉛汚染マップを作成していた．XRFで測定した試料のうち，約1/8は誘導結合プラズマ質量分析計（ICP-MS）でも測定し，同等の結果が得られたと報告していた．午前と午後にそれぞれ1回ずつ組まれた Coffee Break ではエスプレッソが提供され，昼食にはワインも用意されているなど，イタリアの心意気を感じた．

1日目の最後はミラノ工科大学からスピンアウトして設立されたX線分析機器メーカーのXGLab後援による Wine Tasting が開催され，地元のワインを堪能した（図5）．Wine Tasting の後，National Delegates' Meeting が開催され，日本からは河合先生（京都大）と出口先生（徳島大）が出席された．この会議で，次回2年後のCSI開催国はメキシコ（メキシコシティー），2021年はスペイン（ヒホン）になったようだ．河合先生から，2021年にCSIを日本で開催したいと事前に伺っていたが，JASIS（分析・科学機器専門展示会）の日程が Delegates' Meeting の時点で決まっていない等，諸々の事情で今回は見送られたようだ．

13日（火）は12日と同様に2件の Plenary Lecture と3回の Parallel Session，夕方から Poster Session が開催された．2日目の Poster Session が会期中最もX線分析の内容が多かった．特に，1日目にも同じ手法の発表があったが，スペインの E. Marguí の研究グループが行った全反射蛍光X線法（TXRF）を使った生体試料（ヒトの胎盤）と土壌試料の分析が筆者の印象に残った．微粉砕した試料を溶液中に分散し，その溶液をガラス基板上に滴下・乾燥させて測定することで，ICPと同等の結果を得られており，ICPでは試料溶液を得るために欠かせない酸分解が，TXRFを用いることで不要になる点に魅力を感じた．他方，一般的なXRFで可能なFP（ファンダメンタル・パラメーター）法による半定量ができず，定量を行うためには検量線が不可欠である点が惜しまれた．

2日目の最後にはピサ大聖堂で Organ Concert が開かれたが，開始時間が21時と遅く（まだまだ明るい時間ではある），ホテルから離れていたため，筆者は参加することを見合わせた．

14日（水）は午前中に1件の Plenary Lecture と2回の Parallel Session が行われ，午後はエクスカーションとバンケットであった．Parallel

SessionではForensic Applications（法科学）のセッションが開催され，日本からは河合先生がKeynote Lectureとして講演された（図6）．

エクスカーションは赤，緑，青，黄コースの4コースに分かれて，いずれもピサ市内を散策しながら，1987年に世界文化遺産に登録されたピサのドゥオモ広場を目指すコースであった（図7）．日差しが強く，暑かったため，筆者は一番歩く距離が短い青コースを選んだ．各グループの指定時間に学会会場の玄関前に集合後，ガイドの音声を聞くためのインカムを身につけ，ドゥオモ広場へとスタートした．会場のすぐ横を流れているアルノ川沿い旧市街地方面へと歩き，中世ピサの政治中心地であったカヴァリエーリ広場を経由して，ドゥオモ広場へ到着した．市内各所では週末に開催されるピサの守護聖人のサン・ラニエーリのお祭りの準備がされていた．ドゥオモ広場では

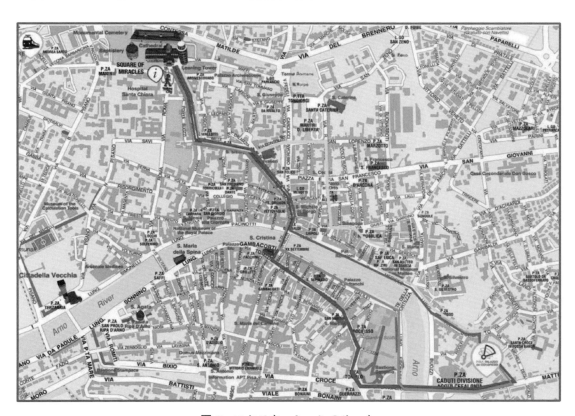

図6　Forensic Applications Sessionでの口頭発表の様子

図7　エクスカーションのルート

図8　カンポサント内にあるガリレオのランプ．このランプが大聖堂内で揺れているときに，ガリレオが振り子の等時性を発見したといわれている．

ピサ大聖堂，墓所回廊（カンポサント）（図8）の順に巡った．ピサの斜塔については案内されなかったので，すぐ近くにあるチケットオフィスで，入場料（18ユーロ）を支払い，入場時間を予約して登ることにした．入場の際には金属探知機による荷物検査があった（塔内部の通路が狭いため，手荷物はそのチケットオフィスに預ける必要がある）．斜塔の前には軍用車両が停車し，武装した兵士が周囲を警戒していた．斜塔は現在，約4度傾いているが，内部の螺旋階段を歩くとその傾きが肌で感じられた．

バンケットは，20時からで，会場から徒歩7分程度の Stazione Leopolda で行われた（図9）．入口付近に蝋燭が点され，爽やかな香りが立ち籠めていた．心待ちにしていたディナーであったが，人の熱気もあるせいか，レストランの冷

図9　バンケットの一コマ

房が全く効かず，汗だくになって食事をいただいた．屋外の方がむしろ風があり涼しく感じられ，食事の途中で屋外へ出る人も多かった．ここで参加者と自己紹介や情報交換等を行った．

15日（木）は初日の Wine Tasting のスポンサーであった XGLab によるミニコースに参加した．プログラムでは XRF とラマン分光法のミニコースとなっていたが，内容はほぼ XRF で占められていた．とはいえ，X線分析初心者の筆者にとっては，XRF の原理からここ20年の半導体検出器の進歩，油彩画の元素マッピングといった応用例まで丁寧に紹介されていたため，非常に有益なミニコースであった．

講演の合間に，明日の6-9時，18-21時以外は公共交通機関のストライキが実施されるとの情報が飛び込んできた．筆者は，一瞬動揺したが，イタリアでは月に数回，交通機関のストライキが実施されており，ごく普通の出来事であるようだ．

最終日の16日（金）は，筆者は交通ストの影響で参加できなかったが，CSI Award など各賞の授賞式が行われ，CSI Award はブラジルの Prof. Bernhard Welz が，LIBS Award はアメリカ

図 10 CSI Award 授賞式での一コマ．右から 2 番目が Prof. Bernhard Welz.

図 11 LIBS Award 授賞式での一コマ．中央が Prof. Nicolò Omenetto.

の Prof. Nicolò Omenetto がそれぞれ受賞された（図 10, 11）．

翌早朝のフライト時間の都合もあり，余裕を持ってフィレンツェへ移動することにした．ストライキ中でも運行が保証されていたピサ中央駅 8 時 32 分発の快速列車でフィレンツェ中央駅へ向かうことにしたが，発車予定時刻になっても列車が動かず，約 10 分遅れでピサ中央駅を出発した．途中，9 時を過ぎた頃から何度か列車が停車したが，無事に 10 時過ぎに 1 時間半かけてフィレンツェ中央駅に到着した．残りの時間は，フィレンツェの街を巡った．フィレンツェでもピサと同様，観光名所周辺には軍用車両があり，兵士が周囲を警戒していた．市内観光後，フィレンツェ・ペレトラ空港近くのホテルに向かうことにしたが，バスもストライキによりほとんど運行していないように見受けられ，タクシー乗り場は長蛇の列となっていた．筆者も仕方なしにタクシーでホテルに向かった．

翌 17 日（土）は 4 時に起床し，5 時にはフィレンツェ・ペレトラ空港に到着，その後 6 時 40 分発のフランクフルト空港経由で帰国した．

本会議の口頭発表は 229 件，ポスターは 214 件（1 日目 63 件，2 日目 80 件，4 日目 71 件）と EMS-LIBS と併設したからか，前回大会よりも口頭発表の件数が 2 倍近くになっていた．分析手法ごとに発表内容を調べてみると，LIBS が 193 件と非常に多い．内容も原理から応用事例と幅広く，ここ 10 年のレーザーと分光器の発展に伴い，非常に活発に研究が行われていると感じた．X 線関連の発表は X 線回折法（XRD）が 18 件，XRF が 51 件と LIBS の発表件数と比べると非常に少ない．発表件数の多寡は，LIBS がこれからの技術なのに対して，X 線分析分野の研究が成熟し，一般的なツールになっているためと言えなくもない．しかしながら，XRD はさておき，XRF は LIBS と応用分野が重なるため，かつて原子吸光法が ICP に置き換わっていったのと同様に，XRF が LIBS に置き換わっ

ていく，その兆候が発表件数の多寡に現れているのではないかと感じた．

　最後に，分光学において歴史ある国際会議にて質量分析に関する口頭発表を行うことができ，大変貴重な経験が得られました．また，発表に際して，東北大学の我妻先生には多大なご助言をいただきました．ここに感謝申し上げます．また期間中，河合先生には何かと大変お世話になりました．ここに感謝申し上げます．

解　説

和歌山カレーヒ素事件再審請求審における
検察官意見書の問題点

上羽　徹 [a*]，河合　潤 [b*]

Problems of Prosecutor's Document against the Kawai's Forensic Reports on Wakayama Curry Arsenic Incident

Tohru UEBA [a*] and Jun KAWAI [b*]

[a] Nanto-Sougou Law Office
T. T. Bld. 2F, 10-1, Takama-cho, Nara 630-8241, Japan
[b] Department of Materials Science and Engineering, Kyoto University
Sakyo-ku, Kyoto 606-8501, Japan

(Received 17 September 2017, Revised 1 February 2018, Accepted 7 February 2018)

　　The present paper is a summary of documents submitted to Wakayama District Court related to Wakayama Arsenic Curry Murder Incident in 1998. Problems of prosecutor's document against the Kawai's forensic reports are pointed out: Data fabrications in the prosecutor's forensic reports written by Profs. Nakai and Yamauchi, as well as their false testimonies in the trial. The injustice in the document of prosecutor, Mr. Yamaguchi, has been revealed out.
[Keywords] Forensic analysis, SPring-8, Data fabrication, Arsenic murder incident, Wakayama arsenic curry

　1998年の和歌山カレーヒ素殺人事件の鑑定不正を指摘した河合意見書の要約を述べた．河合鑑定書に対する和歌山地方検察庁検察官山口真司検事の意見書に対する河合の反論を要約したものである．中井泉教授と山内博助教授（当時）によって提出された検察側鑑定書にはデータねつ造があり，公判でも偽証があった．山口真司検察官の意見書の不正を明らかにした．
[キーワード] 鑑定分析，スプリング-8，データねつ造，データ捏造，ヒ素殺人事件，和歌山カレーヒ素事件

1. はじめに

　再審請求弁護団から依頼された河合は，和歌山カレーヒ素事件（1998年7月）1審の鑑定書の意味と問題点を弁護団に対してレクチャーした．そのレクチャーをまとめたものが2012年3月に出版の「X線分析の進歩」誌論文であった[1]．この論文がカレーヒ素事件に関する分析化学専門家による最初の論文である．その後，判決には軽元素濃度に矛盾があったこと[2]，卓上型蛍

---

a 南都総合法律事務所　奈良県奈良市高天町10-1 T.T.ビル2階　〒630-8241　＊連絡著者：spem@moon.sannet.ne.jp
b 京都大学工学研究科材料工学専攻　京都府京都市左京区吉田本町　〒606-8501　＊連絡著者：kawai.jun.3x@kyoto-u.ac.jp

光X線分析結果の重要性[3]，赤外鑑定の重要性[4]，頭髪ヒ素鑑定の問題点[5]等の論文を出版し，また関連鑑定書を和歌山地裁へ提出した．

これらの河合鑑定書に対して，和歌山地方検察庁検察官山口真司検事は1審の鑑定を行なった中井泉と山内博に意見書を書かせ，検察官の反論とともに2015年1月30日付で和歌山地裁へ提出した．河合は，中井意見書に対する反論を意見書(1)～(10)として，山内意見書に対する反論を意見書(11)～(15)として，検察官に対する反論を意見書(16)～(20)として和歌山地裁へ提出した．意見書(1)～(20)は2015年2月28日～2016年9月3日にかけて毎月1通ずつ和歌山地裁へ提出された．このうち，意見書(1)～(10)と意見書(11)～(15)は，上羽・河合によって要約され，「X線分析の進歩」誌に公刊された[6,7]．本稿は，検察官意見書に対する反論として和歌山地裁へ提出された意見書(16)～(20)を要約したものである．

2017年3月29日付で和歌山地裁は約200ページからなる再審棄却決定書[8]を出したので，河合は再審請求棄却決定書の間違いや問題点を，2017年4月17日～12月27日にかけて意見書(21)～(32)として大阪高裁に提出した．

CD-ROM版のX線分析の進歩誌の論文[6,7]には，上羽・河合の要約論文に対応する意見書(1)～(10)および意見書(11)～(15)の原文もPDF形式で収録されている．本稿でも，CD-ROM版には意見書(16)～(20)の原文を収録する．

2. 論文[6,7]の要約

論文[6]は，和歌山カレーヒ素事件鑑定における河合・中井論争を要約したものである．裁判所へ提出した河合意見書では，東京理科大学教授中井泉による鑑定書や中井意見書における，(i) 誤り，(ii) 事実に反する記述と虚偽を可能な限り全て指摘した．また (iii) 公判における中井証言の多くは偽証であったことも示した．さらに，(iv) 科警研鑑定書甲1168は，青色紙コップと林真須美関連亜ヒ酸とが異なるルーツの亜ヒ酸であった鑑定事実を，濃度比を1000000倍して対数を算出し，異同識別とは関係ない五角形のレーダーチャートにプロットして隠蔽したものであることも同時に明らかにした．

論文[7]は，和歌山カレーヒ素事件における頭髪鑑定の捏造とデータ改ざんを指摘したものである．林真須美の頭髪の3価無機ヒ素の定量分析は聖マリアンナ医科大学山内博助教授（当時）が還元気化原子吸光分析方法によって1998年12月に行なった．山内博が林真須美頭髪鑑定に使った装置は1984年から1998年の林真須美頭髪鑑定まで15年以上も3価無機ヒ素の分析には使っていなかった古い装置である．山内博は，還元気化原子吸光によっては，1979年から1983年までの5年間しか3価無機ヒ素を分析しておらず，1984年以降は3価を分析していなかった．その装置を1998年に15年ぶりに用いて3価ヒ素の定量を行なった．林真須美頭髪1 g当たり3価無機ヒ素0.090マイクログラムを検出した．この濃度は，山内博の鑑定手法では，健常者にも検出される量である．山内博は，鑑定に用いた還元気化原子吸光分析方法にこの欠陥があることを1984年から知っていたにもかかわらず鑑定に使った．これは，山内博鑑定書が捏造鑑定書であったことを意味する．山内博は健常者100名の頭髪からは3価ヒ素が検出されないことを鑑定書に記載したが，実際には測定していなかった．1980年の山内の論文では，コントロール（健常者）にも林真須美頭髪に検

出された3価ヒ素と同レベルの3価ヒ素が検出されていた．このことを指摘する2014年9月の河合鑑定書に対して，山内博は，1980年からの研究成果の積み重ねによって交絡因子の影響が除去された結果1998年の林真須美頭髪鑑定では3価ヒ素が正しく分析できたと2014年12月の意見書で回答した．しかし1984年から3価ヒ素を分析していなかったのであるから，交絡因子を除去する研究成果の積み重ねなどあろうはずもなく，この山内博意見書は虚偽を記載したものである．

以上が意見書(1)～(15)を極めて短くまとめたものである．

3. 意見書(16)～(20)の要約

本節では，意見書(16)～(20)の要約を示す．林真須美関連亜ヒ酸のおおもととされるM緑色ドラム缶は林真須美の兄M氏が所有していた亜ヒ酸のドラム缶を指す．事件当時，M緑色ドラム缶の他にも，多数の緑色ドラム缶が和歌山で流通していたという証言があった．中井，谷口・早川は，スプリング・エイト(SPring-8)を用いて亜ヒ酸を分析するに際して，M緑色ドラム缶と他の緑色ドラム缶とを区別できるかどうかというバリデーションを行なっていないことを指摘した．

中井は，他に緑色ドラム缶が存在しないという前提の元に異同識別鑑定を行なっていたが，そのような前提であったことを2013年まで隠蔽していた．そして，そのような前提であったことから，非常にゆるい条件で異同識別鑑定を行なったと論文で述べた．

ヒ素と原子的に均一なFe, Zn, Moのうち，Feは「混ぜ物に由来する可能性が高い元素だから」，Znは「環境から汚染により混入する可能性が高い元素」であるとして除外し，Moだけは，濃度を全く無視して，検出の有無だけを基準にして異同識別の指標としているという矛盾がある．

検察は，確定審においてはバリウムの存在を亜ヒ酸の同一性の根拠としていたにもかかわらず，河合が種々の矛盾を指摘したところ，一転してバリウムを根拠とすべきでないと主張するに至った．

中井は，1998年に行なった和歌山カレーヒ素事件鑑定の，4年後の2002年に国松警察庁長官狙撃事件の鑑定を行なった．鑑定内容は，和歌山カレーヒ素事件同様SPring-8を用いてスズ，アンチモン，バリウム，鉛を指標として，被疑者のコートに付着していた微粒子と，現場に残留していた微粒子の異同識別鑑定を行なうというものであったが，中井の鑑定は間違っていることがわかって被疑者は不起訴となった．

林真須美関連亜ヒ酸ですら，中井は1回しか測定していないことが判明した．

中井が，SPring-8の実験ブースで組み立てた実験装置は，まともに固定されておらず，バラックと呼ぶべき粗末な装置であった．さらに，中井は約一年を隔てて異なる亜ヒ酸の測定を行なっている．1度目は林真須美関連亜ヒ酸を事件の年の1998年12月に，2度目は緑色ドラム缶とは別業者が生産したことが明らかな亜ヒ酸等を1999年10月に測定した．この1年を隔てた測定では，中井は，1度目の林真須美関連亜ヒ酸等と2度目の製造業者が異なる亜ヒ酸とは「明らかに異なっていた」と結論した．しかし，上述のとおりバラックと呼ぶべき粗末な装置を組み立てなおしたのであるから，2度の測定は，全く別の装置で行なったと言うべきであり，スペクトルが異なるからと言って，亜ヒ酸が異

なることの証明にはならない（1998年12月と1999年10月の測定では共通の試料を測定していない）．

中井は，「240倍の精度」，「1回測定すれば十分である」など，数々の偽証を行なっているが，検察は「虚偽の証言であるとはいえない」として，この程度の証言であれば偽証とは責めない，偽証を推奨するかのような反論を行なった．中井は，確定第1審において，検察官から「今回の放射光を使った蛍光X線分析が1回であっても正確であるといったことは，科学的に何か言えることはあるんでしょうか．」と質問されて，「はい，今回のこの測定に要した時間は2400秒です．例えば科警研の皆さんがICP-AESで分析してる場合は，多分，10秒程度だと思います．ですから，10秒程度の計測時間ですと大きな統計誤差が入りますので繰り返し測定することが必要ですが，私のような蛍光X線分析の場合，10秒に対して2400秒，240倍の時間を積算してるということがあります．それはとりもなおさずそういった変動を含めて長時間測定してることですから，1回測定すれば十分であるということです．」と証言した（第1審43回公判中井証言203頁）．

山内は，2001年になって，毛髪中のヒ素が，外部付着か内部付着かは，線分析では判定は不可能であり，毛髪断面の面分析によって区別できる可能性があると発表した．それにもかかわらず，中井は，林真須美の毛髪の線分析を行なっただけで，ヒ素が外部付着であると結論した．

以下では意見書(16)〜(20)の要約を個別に示す．

4. 意見書(16)

M緑色ドラム缶は，昭和58年に購入されたことが判明している．これを受けて，山口真司検事は，「1か月に1トンというK薬品工業からN商店への納入量は，最も注文が多かった昭和53年頃の数値であり，その後は年々納入量が減少していたことからすると，N商店が昭和58年頃にT産業株式会社が輸入した亜ヒ酸を取り扱った量は，本件緑色ドラム缶以外には，少量になるものと考えられる．」としている．

しかし，昭和53年頃には，1か月に1トンもの中国の同じ製造業者の亜ヒ酸が，緑色ドラム缶として和歌山で流通していたのである．また，T産業株式会社から和歌山市内のN商店を通じて和歌山で亜ヒ酸50kg入り緑色ドラム缶が販売されていた期間は10〜11年間である．そうすると，大量の緑色ドラム缶入り亜ヒ酸が昭和58年頃に，林真須美の周辺だけにしか残っていなかったとは考えにくい．また，M緑色ドラム缶が昭和58年に購入されていたとしても，青色紙コップ入り亜ヒ酸のルーツとなったのは，不純物成分からしてM緑色ドラム缶入り亜ヒ酸ではなく，別の緑色ドラム缶入り亜ヒ酸である．この別の緑色ドラム缶が昭和58年に販売されたと限定しなければならない根拠は全くない．つまり，青色紙コップ入り亜ヒ酸のルーツである，緑色ドラム缶が購入された時期を昭和58年に限定し，同年の緑色ドラム缶の輸入量が減少していることから，M緑色ドラム缶とは別の，緑色ドラム缶が販売されている可能性は低いという山口真司検事の反論は根拠がない．

科警研は濃度比を100万倍して対数を計算することによって，不純物の濃度差を小さく見せかけて亜ヒ酸のルーツが異なることを隠蔽した．しかし，M緑色ドラム缶と青色紙コップは不純物濃度が異なり，明らかにルーツが異なる．したがって，青色紙コップの亜ヒ酸は，別の緑

色ドラム缶から分収されたと考えられる．

ところが，和歌山地裁判決書[9]には「対砒素比の平均値を 100 倍して」と記載されている．科警研鑑定書甲 1168 を注意深く精査すれば，1000000 倍して対数を取ったことを読み取ることは不可能ではない．しかし，確定審の関係者は誰もこれに気づかず，再審になって河合が精査して発見した新事実である．判決書は「対砒素比の平均値を 100 倍し，元素間の値の差異が大きいことから対数を取って作成したレーダーチャート」と記載しているが，これは裁判官が，科警研鑑定書甲 1168 を読み誤り，100 万倍して対数を取ってあったという科警研の隠蔽に気付かず，事実を誤認したことを示している．

100 万倍して対数を計算したことは，科警研が，故意に隠蔽したことを強く示す事実である．つまり，科警研は，青色紙コップ付着亜ヒ酸が林真須美関連亜ヒ酸とは異なるルーツであると言う事実を知った上で隠蔽したことが強く推認されるのである．

M 緑色ドラム缶の他に緑色ドラム缶が流通していた可能性がある以上，両者の亜ヒ酸を区別することが可能かどうか，SPring-8 を使用した分析方法のバリデーションを行なうべきであった．しかし，中井も谷口・早川もこれを行なわなかった．

なお，実際には SPring-8 の分析精度で両者を区別することは不可能である．

バリデーションとは，ある分析方法を用いる場合，その分析方法の不確かさの評価に加えて，その分析方法の性能を確実に理解し，その方法が適切であることを実証するための検査をしなければならないことをいう[10]．この検査を一括してバリデーションと呼ぶ．実験に先立ち，バリデーションが必要なことは，分析化学専門家の常識であるが，中井も谷口・早川もこれを怠ったのである．

5. 意見書(17)

科警研は，台所プラスチック容器に付着していた亜ヒ酸が少なすぎて，Bi が分析できなかった．一方，青色紙コップ付着亜ヒ酸に Bi が含まれていることは判明していたので，プラスチック容器に付着していた亜ヒ酸から Bi が検出されれば，プラスチック容器から青色紙コップに亜ヒ酸が分収されたことが立証できる可能性が 1998 年当時浮上していた．そこで，この可能性を立証するために，中井が台所プラスチック容器付着の亜ヒ酸に Bi が含まれているかどうかを分析することとなった．しかし，中井研究室の測定機器では，Bi の L 線のピークは，As の K 線のピークの裾野に入ってしまい，極微量の Bi の測定は不可能であった．そのため，中井は，Bi の K 線のピークを測定することとし，Bi の K 線を励起できる高エネルギーの X 線を利用できる SPring-8 を使用して，Bi K 線を測定した．

なお，実際には，通常の研究室が使用している分析装置を使っても，ヒ素が主成分であっても 50 ppm 程度のビスマスなら容易に分離定量が可能であるから，中井研究室の分析装置はその程度の精度も有していなかったということができる．

中井は，異同識別を，①鑑定資料は，Sn, Sb の含有量がほぼ同一であり，Bi は Sn 及び Sb の数倍多く含まれること，②事件に関係した鑑定資料にはすべて Mo が含まれていること，というゆるい条件で行なっている．これは，緑色ドラム缶と類似した特徴を与える亜ヒ酸が当時の国内には他に流通していないことを前提にし

て，初めて成り立つ程度の判断基準であるが，中井はこのような前提条件で「同一物」と結論した事実を 2013 年に自ら論文で発表するまで隠蔽していた．

SPring-8 の使用について，山口真司検事は，極微量の不均一な資料に対しては，SPring-8 を使用した鑑定が最善のものといえる，と反論している．

しかし，和歌山カレーヒ素事件後，SPring-8 に巨額の費用をかけて建設された刑事事件鑑定専用ビームラインにおいて 45 件の鑑定が行なわれたが，今に至るまで事件解決に役立ったという報告はされていない．つまり，SPring-8 を使用した鑑定は，最善どころか，役に立った実績すらないのである．

河合は，中井鑑定で得られたデータのうちの鉄，亜鉛などの軽元素のピーク強度を用いて，資料の異同識別を試みた．その結果，「Ⓖ 青色紙コップに付着した亜ヒ酸」と，「Ⓐ 緑色ドラム缶，Ⓑ M ミルク缶，Ⓒ 重記載缶，Ⓓ M タッパー，Ⓔ T ミルク缶，Ⓕ プラスチック製小物入れに入っていた亜ヒ酸」のルーツは同一ではないことを明らかにした．

ところが，山口真司検事は，「鉄，亜鉛などの元素は，本件資料内で均一に混ざり合っている保証がないので，異同識別の資料とはなりえない元素であって，（河合は，）明らかに誤った分析方法を用いているといえる．したがって，これによって得られた結論に信用性はない．」，と反論している．

しかし，そもそも均一に混ざり合っているのか混ざり合っていないのかを調べた鑑定書は今に至るも存在しない．実際には，鉄 (Fe) も亜鉛 (Zn) もヒ素鉱石に由来する元素であり，Fe も Zn も地殻にヒ素鉱石が生成された時点か

ら，「原子レベル」でヒ素と混じり合っているのである．事件に使われた亜ヒ酸は，スコロド石 (scorodite) $FeAsO_4$ を原料鉱石とした可能性が高い．スコロド石は Cu, Zn, Mo 三元素のすべて，またはその幾つかの元素を含む鉱石として産出されている．したがって，原料鉱石が地殻で生成したときから Fe も Zn も，Mo, Se, Sn, Sb, Pb, Bi と同様に中井鑑定人が言う「原子レベル」で混在しているのである．

ところが，科警研は，異同識別の指標として，Mo は用いているが，同じ原子レベルで混在している Fe と Zn を除外している．科警研の Zn の分析値を精査すると，林真須美関連亜ヒ酸の Zn 濃度も「M 緑色ドラム缶」のヒ素濃度と良い相関があることがわかる．これは，山口真司検事が「鉄，亜鉛などの元素は，本件資料内で均一に混ざり合っている保証がない」と言うのが間違いであることを裏付けているのである．

Fe は，地殻に鉱石が生成された時点からヒ素と共存していた成分と，後天的に混入された成分とからなる．科警研は，精製時からヒ素と共存している Fe があるにもかかわらず，あたかも全ての Fe が後天的に混ぜられたものであるかのように述べて異同識別の指標にしないとしているが，これは，科警研が，結果ありきの鑑定を行なったものだと言わざるを得ない．

科警研鑑定によれば，「青色紙コップ」付着亜ヒ酸中の Zn (297 ppm) の濃度は，「M 緑色ドラム缶」(203 ppm) の 1.5 倍の濃度であり，有意に高い．ところが，科警研は，Zn は，「環境から汚染により混入する可能性の高い元素」であるとして，異同識別の指針から除外している．

確かに，「青色紙コップ」に付着した亜ヒ酸がほぼ 99% の亜ヒ酸であったことを考慮するならば，その Zn 濃度が「M 緑色ドラム缶」より 1.5

倍高い事実は，亜鉛を高濃度に含んだ粉末が「環境から汚染により」1%混入した可能性も否定はできない．しかし，そのような可能性は極めて低く，むしろ異なるロットの亜ヒ酸ドラム缶をルーツとしている蓋然性の方がずっと高い．Znを加えた As, Zn, Se, Sn, Sb, Pb, Bi の7元素の濃度が指し示す真実は，「青色紙コップ」の亜ヒ酸は「M緑色ドラム缶」をルーツとするものではなかったということである．

山口真司検事は，「中井鑑定人は，従前より砒素に関する研究を行なっていて，その専門的な知見」を持っていたと主張しているが，そうであれば，ヒ素鉱石が，鉄・亜鉛の鉱石として採掘されていることを当然熟知していたはずである．これを知った上で，測定スペクトルに出現した Fe と Zn を除外したのであれば，これは検察のストーリーに合わせるために，中井は故意に除外したと言わざるを得ない．

確定審において検察官は，プラスチック製容器付着の亜ヒ酸及び，Mミルク缶入り亜ヒ酸からもバリウム（Ba）が検出されたことから，（i）Mミルク缶から亜ヒ酸を取り出し，林真須美方に持ち込んで，プラスチック製容器内に入れて隠し持っていた事実が裏付けられたことになる．（ii）さらに，青色紙コップ付着の亜ヒ酸並びに中井発見カレー内亜ヒ酸及び，二宮発見カレー内亜ヒ酸からもバリウムが検出されたとする鑑定結果が加わったことにより，林真須美が，犯行現場に近い自宅で隠し持っていたプラスチック製容器内の亜ヒ酸を青色紙コップに入れて犯行現場に運び，これを東鍋のカレー中に混入した事実が科学鑑定の側面から裏付けられたといえる．（iii）いずれの亜ヒ酸もバリウムを含有するという科学鑑定によって，これらの亜ヒ酸は1本の線で結ばれたことになる，旨主張した．

ところが，再審に対し山口真司検事は，バリウムは，同一証拠資料における検出にばらつきが認められることや，バリウムが亜ヒ酸の原料鉱石中に含まれているとは考えにくいことなどから，バリウムは環境からの汚染によるものと考えられるから，異同識別の指標にはできない元素である，としてバリウムを異同識別の指標元素から除外することを主張している．すなわち，検察は確定審と再審で真逆の主張をしているのである．

一方裁判所も，確定審和歌山地方裁判所判決では，本件プラスチック製小物入れ付着の亜ヒ酸は，バリウムが検出されていることから，（i）M白色缶（重），M茶色プラスチック容器，Tミルク缶のいずれかに由来すると考えても矛盾はない．さらに，（ii）青色紙コップからも，バリウムが検出されており，M白色缶（重），M茶色プラスチック容器，Tミルク缶のいずれかに由来すると考えても矛盾はない，として，証拠亜ヒ酸の「由来」，すなわち起源の同一性を補強する証拠としてバリウムを利用している．

ところが，再審請求に対して和歌山地方裁判所は「（3）以上のような点に加えて，確定審の関係各証拠によれば，バリウムは原料鉱石中に含まれているとは考えにくいこと，現に同一資料間でも検出にばらつきがあることが認められるところ，これらの点に照らすと，亜ヒ酸製造後に混入された鉄や亜鉛，バリウムが，亜ヒ酸と原子レベルで混ざり合うことがないために蛍光X線分析の指標として適さないという点は十分に首肯できるところであり，中井亜ヒ酸鑑定が専門的知見に基づく合理的なものであるという点はいささかも揺らぐものではないのであって，その信用性は十分に肯定できる」として，

検察と同様，確定審とは逆にバリウムを異同識別から除外した．

亜ヒ酸に含まれている酸化ケイ素の不純物としてのバリウムは酸に溶けないが，亜ヒ酸に含まれているカルシウムの不純物としてのバリウムは酸に可溶であって，この2種のバリウムは相互に転化しない．1審判決書にはこれらが転化するという矛盾があることを河合が指摘したことから，バリウムを異同識別の指針とすれば，亜ヒ酸が容器から分取したとしたことに矛盾が生じるため，バリウムを異同識別鑑定の指標から除外したのである．

上記のとおり裁判所は「中井亜ヒ酸鑑定が専門的知見に基づく合理的なものであるという点はいささかも揺らぐものではないのであって，その信用性は十分に肯定できる」としている．しかし，「専門的知見に基づく合理的なもの」というのであればなぜ中井は国松警察庁長官狙撃事件で鑑定ミスを犯したのであろうか．中井は，和歌山カレーヒ素事件後に，SPring-8 を用いて国松長官狙撃事件でコートから検出されたスズ，アンチモン，バリウム，鉛を用いて犯人特定のための異同識別鑑定を行なっている（ただし，詳細は未発表）．これらの元素は，偶然にもカレーヒ素事件において証拠亜ヒ酸から検出された不純物と同一元素である．さらに，1998年のヒ素事件では SPring-8 では検出できなかった鉛が 2002 年の長官狙撃事件では検出できるようになっていたようであるから，SPring-8 中井鑑定は大幅に進歩していたはずである．それにもかかわらず，中井は鑑定を誤っている．つまり，中井が微量元素の専門的知見を有していることは，「いささかも揺らぐものではない」などと，断じることなどできないのである．

中井意見書を受けて山口真司検事は，「そもそも濃度を定義するのであれば，その前提として資料が水溶液のような均一な物質である必要がある」と反論している．

しかし，「水溶液のような均一な物質」ではない「土砂」でも，濃度が定義可能であることは常識である．実際，中井自身が，SPring-8 鑑定用ビームラインを用いて，鑑定のためと称して，全国の「土砂」の元素濃度のデータベースを作成している．このような山口真司検事の反論は，検事が，容易に虚偽とわかる中井の主張に，易々と騙されていることを示している．

山口真司検事が認める通り，「中井鑑定人の行なった鑑定は濃度を求めることを目的としたものではなく」，中井の鑑定は，濃度の矛盾があったとしてもそれが分からないほど精度の悪い分析方法であった．そのような分析結果に，中井は，「類似した特徴を与える亜ヒ酸が当時の国内には，他に流通していなかった」ことを前提にして，「同一物」と結論したのである．これは，極めて悪質な虚偽鑑定である．1缶しか流通していなければ，わざわざ鑑定する必要などなかったはずである．主成分であるヒ素濃度が 50% か 70% かという概数さえも分からない鑑定など，科学鑑定として全く不要な鑑定である．実際，谷口・早川鑑定では濃度を求めているので，「濃度を求めることを目的としたものではなく」というのは苦しい言い訳に過ぎない．ただし，谷口・早川も，SPring-8 を用いたために，相対誤差は 10〜20% もあり，異なる緑色ドラム缶の違いは判別できない精度の悪い定量分析であった．

山口真司検事が認める通り，「赤外線吸収によるデンプンの有無とヨウ素デンプン反応の結果に食い違いがあり」，谷口・早川職権鑑定と科警研鑑定には，鑑定結果に矛盾がある．矛盾

が存在するというのは，鑑定がどこかで間違っていたことを示す事実である．このように間違いを含む一連の鑑定のうち，林真須美を有罪とするのに都合の良い部分は正しい鑑定であったとし，矛盾があり都合が悪い部分は矛盾を精査することもなく，矛盾があるから無視するというのが，山口真司検事の反論である．このようなことが許されるはずはない．矛盾する結果から都合の良い解釈を採用すれば，同一の鑑定書から逆の結論でも導くことが可能である．

実際中井は，国松長官狙撃事件においてSPring-8を用いた鑑定を行ない，押収済みであった被疑者のコートのすそ穴周囲に付着していた微粒物の成分が，狙撃現場のマンションの壁に付着していた微粒物と一致したとして，「コートの微粒物は狙撃に使われた銃弾の一部と矛盾しない」と結論づけた．これを根拠に，特捜本部は，殺人未遂容疑で被疑者を逮捕した．しかし，当該被疑者は最終的に不起訴となっている．最終的に不起訴となったのは，SPring-8ではこのようにあいまいな鑑定しかできないことを検察が見抜いたからである．

6. 意見書(18)

河合が，フロッピーディスクに保存されていた，中井の実験データの保存日時などを解析した結果，最も重要な林真須美関連証拠亜ヒ酸6点(M緑色ドラム缶, Mミルク缶, M白色缶(重), M茶色プラスチック, Tミルク缶, 林真須美台所プラスチック容器)と，青色紙コップ，及びカレー中発見亜ヒ酸の合計8点の証拠亜ヒ酸を中井は，各証拠資料あたり1回しか測定していないという事実が判明した．

この点を，意見書で指摘したところ，山口真司検事は，鑑定書に記載がないだけで1回しか計測していないわけではない，すなわち，2回以上計測していると反論した．山口真司検事は，当然中井と打合せを行なって意見書を作成しているはずであるから，中井も複数回の測定が必要なことを認めているということの現れである．なお，言わずもがなであるが，複数回の測定が必要なのは，分析化学専門家の当然の常識である．

ところが，中井は確定審において，科警研の計測時間を「多分，10秒程度だと思います．ですから，10秒程度の計測時間ですと大きな統計誤差が入りますので繰り返し測定することが必要ですが，私のような蛍光X線分析の場合，10秒に対して2400秒，240倍の時間を積算してるということがあります．それはとりもなおさずそういった変動を含めて長時間測定してることですから，一回測定すれば十分であるということです．」と証言した．

放射光を使った蛍光X線分析の測定を10秒だけで終われば，何の意味もないデータしか得られない．意味のあるデータを得るためには最低でも2400秒すなわち，40分も必要としたので，この証言は周到に打ち合わせた上で1回しか測定しなかったことを誤魔化して正当化するために中井が行なった偽証である．

1回しか計測しておらず，同一ロットであればAs, Sbが同一比になるかどうか証明できていないにもかかわらず，中井はこれを証明できたかのように結論づけているのである．

なお，科警研は鑑定資料内の亜ヒ酸を底部・上部など場所を変えて5回採取し，5回の測定を行なっている．その結果，ⒶM緑色ドラム缶内の亜ヒ酸に含まれるAs, Se, Sn, Sb, Pb, Biの6元素はドラム缶のどの部分の亜ヒ酸粉末にも均一に分布していたことが判明している．した

がって，ⒶM緑色ドラム缶の亜ヒ酸とルーツが同じと考えられる，ⒷMミルク缶，ⒸM白色缶(重)，ⒹM茶色プラスチック，及びⒺTミルク缶の内の亜ヒ酸も，これら6元素は均一に分布していたと考えることができる．

山口真司検事は，「資料Ⓐないし資料Ⓖの亜ヒ酸《注：ⒶM緑色ドラム缶，ⒷMミルク缶，ⒸM白色缶(重)，ⒹM茶色プラスチック，ⒺTミルク缶，Ⓕ林真須美台所プラスチック容器付着亜ヒ酸，Ⓖ青色紙コップ》がいずれも，スズとアンチモンのピークがほぼ同じ高さで，ビスマスがその数倍というスペクトルの特徴がある」と主張している．しかし，これらの鑑定資料のスペクトルを精査すると，この記述は事実に反していることがわかる．精査した結果を，以下の(i)～(iii)として列挙する．

(i) ⒶM緑色ドラム缶とⒷMミルク缶とを比較すると，ⒷMミルク缶のBiのピークはⒶM緑色ドラム缶のBiのピークの約2倍の高さがある．一方，SnのピークはⒶM緑色ドラム缶とⒷMミルク缶とでは，ほぼ同じ高さである．ⒷMミルク缶はⒶM緑色ドラム缶から取り分けただけで，混ぜ物などをしていないことが分かっている．科警研鑑定書甲1168によって，Biの含有量はどちらもほぼ同じ(55～57 ppm)であることも分かっている．したがって，中井鑑定におけるBiの相対ピーク強度は約2倍の因子の誤差があることになる．ドラム缶からミルク缶へ取り分けただけで，相対ピーク強度が2倍に高くなる測定は，信頼できるとは言えない．山口真司検事は，この違いを「その数倍」として同一物に共通した特徴であるかのように誤魔化している．

(ii) ⒸM白色缶重のSbのピークは，Snのピークの付け根の高さに位置しているが，ⒶM緑色ドラム缶ではSnとSbのピークはほぼ同じ高さに並立している．他の鑑定資料についても，並立しているものもあれば，Ⓕ林真須美台所プラスチック容器付着亜ヒ酸のように，Snの付け根あたりにSbのピーク(山の頂)がくるものもある．山口真司検事は「スズとアンチモンのピークがほぼ同じ高さ」と言うが，図を詳細に見れば，「同じ高さ」と言うのが事実に反することが判明する．

(iii) Mo(モリブデン)は，ⒶM緑色ドラム缶，ⒷMミルク缶，ⒸM白色缶(重)，ⒹM茶色プラスチック，ⒺTミルク缶では明瞭なピークが見えるが，Ⓕ林真須美台所プラスチック容器付着亜ヒ酸，Ⓖ青色紙コップは弱いピークである．なお，カレー中発見亜ヒ酸(鑑定資料10-2)ではMoは再び明瞭なピークとなる．つまり，Moの強度も鑑定資料ごとに数倍異なったりしているのである．中井泉鑑定では，Moの強度が大きな変動を示したので，「(1) 鑑定資料1～鑑定資料5《注：ⒶM緑色ドラム缶，ⒷMミルク缶，ⒸM白色缶(重)，ⒹM茶色プラスチック，ⒺTミルク缶》は重元素の不純物として，微量のモリブデンを共通して含んでいた．」(甲1170, p.6)，「林真須美方台所から押収されたプラスチック製容器の付着物である白色粉末鑑定資料6《注：Ⓕ》，青色紙コップの付着物である白色粉末鑑定資料7《注：Ⓖ》は共通してモリブデンを含んでいた．」(甲1170, pp.6-7)として，単にMoを含有しているか，否かを証拠として挙げた．しかし，正しく分析すれば，同じルーツならMoは同じ相対濃度を示す可能性も否定できない．青色紙コップのMoはピークが低く，カレー中発見亜ヒ酸(鑑定資料10-2)ではMoが明瞭に表れている．最初から「同一物」と結論しようとせず，スペクトルを証拠として虚心に

見るならば，Zn, Se, Sn, Sb, Pb, Bi と同様に Mo も試料中で均一に分布していた場合，Mo の濃度が「青色紙コップ」→「カレー」へ移動するにつれて濃くなることはあり得ないから，中井鑑定の精度が悪いのか，もしくはカレーの亜ヒ酸は青色紙コップを使って入れたものではなかった，という結論が得られるはずである．ところが中井鑑定書では，すべて「同一物」という結論が先にあったために，亜ヒ酸容器内の場所によって Mo 濃度にムラがあるという不自然な理由を捏造したのである．Mo も，Zn, Se, Sn, Sb, Pb, Bi と同様均一に分布した蓋然性が高い．つまり，中井鑑定の青色紙コップの Mo ピークが弱く，カレー中亜ヒ酸の Mo ピークが比較的強いというスペクトルが示す結果から導かれるのは，中井鑑定の精度が悪かったと言う事実である．

また，Mo は原子レベルでヒ素と混合していると考えられるから，M 緑色ドラム缶をルーツとする鑑定資料1〜5《注：Ⓐ M 緑色ドラム缶，Ⓑ M ミルク缶，Ⓒ M 白色缶(重)，Ⓓ M 茶色プラスチック，Ⓔ T ミルク缶》の As, Se, Sn, Sb, Pb, Bi, Zn の比は同じ(甲1168)なのに Mo だけ証拠亜ヒ酸ごとに強度が変動するのは不自然である．「鑑定資料1〜鑑定資料5は重元素の不純物として，微量のモリブデンを共通して含んでいた．」(甲1170, p.6)として，中井は Mo のピークの強弱の変動を無視している．逆に，中井は，「スズとアンチモンのピークがほぼ同じ高さで，ビスマスがその数倍というスペクトルの特徴がある」として，スズ，アンチモン，ビスマスのピークの高低は共通点に挙げている．

「モリブデンのピークも小さく，ヒ素の強い蛍光X線による妨害のため，時にあいまいである．」(甲1170, pp.3-4)と中井が言うように，強いピーク(ヒ素)の左側(低エネルギー側)にある弱いピーク(モリブデン)の測定精度は一般に良くないことが知られている．そうすると，中井鑑定の Mo の強度測定に問題があった可能性が高いと考えられる．

このように，中井鑑定の測定精度は極めて悪く，本来測定データにみられるはずの比例関係も観測されなかったのである．中井は，これを誤魔化すために「資料Ⓐないし資料Ⓖの亜砒酸がいずれも，スズとアンチモンのピークがほぼ同じ高さで，ビスマスがその数倍というスペクトルの特徴がある」という虚偽の特徴を示して「同一物」であると結論したのである．つまり，中井鑑定は鑑定と呼べるものではないのである．

SPring-8 での実験装置の鮮明な写真を，2013年になって初めて中井は，公開した．なお，確定審で中井は SPring-8 放射光分析した際の写真も撮っていないと偽証しており，これは，再審になって現れた新証拠である．

SPring-8 では，実験者は，自ら設置した実験装置は撤収して，次の実験者に実験スペースを明け渡さなければならない．今回公開された写真で，中井の実験装置は全ての装置が可動式の机の上に固定されずに置いただけで，位置も定まっていなかったことが判明した．これは，バラックと呼ぶにふさわしい実験装置である．したがって，測定データの再現性も極めて悪いと言わざるを得ない．SPring-8 では，入射X線強度は常に変動するため，試料に入射する直前のX線強度変化を記録するための測定器が必要であるが，中井鑑定の写真には，それが写っていない．中井鑑定では，(ア)X線検出器と(イ)試料と，(ウ)X線光路の三者の位置関係を正確に同じ配置にする必要があるが，不可能であ

る．微量元素の測定では，実験装置の相互位置がわずかにずれただけでも，同一資料を測定しても，全く違うスペクトルになることは，放射光実験者の常識である．中井は，SPring-8で林真須美関連亜ヒ酸を測定した11か月後に，再び同様の実験装置を組み立てて，林真須美関連亜ヒ酸とは製造国等が異なる亜ヒ酸のスペクトル測定を行なっている．これは，林関連亜ヒ酸と，そうではない亜ヒ酸のスペクトルが異なることを示すために行なわれた．しかし，中井の実験装置は前回同様に正確に組み立てるのは不可能なのは明らかであるから，全く別の装置で測定したというべきである．この2回の測定で，別々の亜ヒ酸を，実質的には全く別の実験装置で測定して，異なるスペクトルが得られたからと言って，それらが異なる亜ヒ酸であったことの証明にはならないのである．

7. 意見書(19)

山口真司検事は，中井による各鑑定は，そもそも定性的な分析を目的としたものであり，定性分析の鑑定データを基に定量的な議論をすること自体が誤っていると反論している．しかし，そのような定性分析では，青色紙コップと，M緑色ドラム缶をルーツとする亜ヒ酸との小さな差異の亜ヒ酸間の異同識別鑑定は不可能である．中井は，スズ，アンチモン，ビスマスなどの成分を限定した上で，その限定された成分間の量的関係を調べたのであるから，これは定量分析である．しかもその定量は，「亜ヒ酸がいずれも，スズとアンチモンのピークがほぼ同じ高さで，ビスマスがその数倍」と言う程度の精度の悪い定量分析である．したがって，山口真司検事の言う中井の鑑定は「定性分析」であるという反論は間違いである．

和歌山ヒ素カレー事件では，科警研が，鑑定書甲1168で100万倍して対数を計算することによって隠蔽した証拠資料のルーツの違いは，山口真司検事が言う中井の「定性的な分析」，すなわち精度の悪い定量分析によっては判別不可能である．すなわち，中井鑑定は失敗であったのである．この精度の悪い定量分析による鑑定失敗は，国松警察庁長官狙撃事件の中井泉鑑定の失敗にも引き継がれている．ヒ素の鑑定に失敗した言い訳として「中井鑑定人による各鑑定は，そもそも定性的な分析を目的としたもの」という理由にならない理由を述べたのが山口真司検事の意見書である．もし，山口真司検事の主張が正しく，和歌山カレーヒ素事件の確定審が「定性的な分析」，すなわち精度の悪い定量分析を根拠として死刑判決としたものであるなら，後世に残る前代未聞の判決であるということになる．

一方，正しい「定性分析」を用いるならば，デンプンなどを半分以上混ぜ込んだ亜ヒ酸容器から，青色紙コップで粉末を汲み取ると，99％の亜ヒ酸に純化することが有り得ないことは明白である．これが正しい「定性分析」から得られる結論である．

山口真司検事はロットが違えば「アンチモンの含有比が完全に同一のサンプルはないこと」を理由にアンチモンの含有比が少しでも違えばロットが違うと反論している．しかし，M緑色ドラム缶をルーツとする林真須美関連亜ヒ酸でさえ「アンチモンの含有比が完全に同一のサンプルはない」のである．山口真司検事の意見書が正しいのなら，林真須美関連亜ヒ酸は，全て異なると言わざるを得ないことになる．

山口真司検事は，中井の数々の偽証は，「虚偽の証言であるとはいえない．」と言うが，例え

ば「240倍」,「一回測定すれば十分である」以外にも,中井は,多くの「虚偽の証言」をしている.確かにこの程度の偽証を再審において指摘したところで「請求人に無罪を言い渡すべき明らかな証拠といえない」であろう.しかし,山口真司検事の意見書の「虚偽の証言であるとはいえない.」という部分を読むと,無実の被疑者を死刑にするためならば,検察庁も「虚偽の証言であると」は責めないので,この程度の偽証ならどんどん偽証せよと推奨しているようにとることができるが,いかがなものであろうか.

8. 意見書(20)

山内は,厚生科学研究費「2001年度総括報告書」(弁79)で,研究代表者として,「従来の砒素の分析法においては,一本の毛髪を用いて毛髪中砒素を外部付着砒素と内部砒素とを区別することは不可能なことであった.この研究において,それらの問題に対して可能性が示された.」と報告した.

これは,和歌山カレーヒ素事件における鑑定当時,山内鑑定書甲63 {1999年(平成11年)3月29日作成} 記載の中井による林真須美頭髪一本の軸方向の蛍光X線分析(線分析)(=「従来のヒ素の分析法」)によっては,「毛髪中砒素を外部付着砒素と内部砒素とを区別することは不可能」であったが,平成13(2001)年度に行なわれた厚生科学研究による頭髪断面の面分析によって「毛髪中砒素を外部付着砒素と内部砒素とを区別」できる「可能性が示された.」ということを意味する.

しかし,外部付着か否かは,頭髪を切断して切断面を分析するという,複雑な分析を行なう必要は無く,走査型電子顕微鏡(SEM-EDX)による測定を行ない,発見された粒子像を見て,EDX(エネルギー分散X線分析)によってその粒子がヒ素であることを分析すれば,ヒ素が外部付着かどうかを簡単に判断できるのである.SEM-EDXは多くの研究室に設置されている.つまり,SEM-EDXを用いて測定することは容易であるし,発見された粒子の分析も容易であるにもかかわらず,それを行なわず,わざわざシンクロトロン放射光を用いて間接的な測定をするのは羊頭狗肉である.

なお,当時,中井も山内も林真須美の頭髪の面分析は行なっていない.

ただし,実際には,シンクロトロン放射光を用いて線分析を行なっても,面分析を行なっても,間接的な分析手法であるため,微粒子が頭髪に外部付着していたかどうかは判別することは不可能である.

河合が指摘した,確定審の亜ヒ酸異同識別鑑定の問題点に対し,山口真司検事の反論のない問題点を列挙すると,以下のように整理できる.

① 山内博証言は,自身の行なった63名のカレーヒ素事件被害者の尿分析と,誰も行なっていない頭髪分析とを混同した証言であり,その証言を基に,林真須美の頭髪への亜ヒ酸の外部付着が裁判で認定された.
② 中井泉鑑定では,ブランク(またはコントロール)の測定を行なわずに,ヒ素スペクトルを示しており,信頼できない.ブランクとは,林真須美の頭髪のヒ素が付着していないとされる部分および健常者の頭髪の両方を指す.そういうブランクのスペクトルは存在しない.
③ 中井に廃棄された,SPring-8の頭髪測定データは,林真須美頭髪に付着したヒ素絶対量が少なかったことを示す重要な証拠である.

④ 中井泉頭髪のKEK-PFによるヒ素分布グラフの横軸の線の太さに入るほど，林頭髪のヒ素濃度は低かった．最高裁の上告棄却理由の2番目の「高濃度」という認定は間違いである．

⑤ 地裁判決では「体内性の砒素は，どの部位の毛髪を分析しても，全体的に計測されるのに対し，外部付着の砒素は，付着部位に特異的に砒素が計測される」と言うが，それは濃度や絶対ヒ素量が同程度の場合を比較した場合である．ヒ素量が極端に少なければ，「体内性の砒素」であっても，「付着部位に特異的に砒素が計測される」かのような形状となる．

⑥ 林真須美の頭髪は1本しか分析されていない．2本の頭髪分析で同じ位置にヒ素が検出されたら，外部付着でなく，海産物や低濃度亜ヒ酸を経口摂取した可能性も否定できない．

⑦ ヒ素の外部付着が，平成13 (2001) 年度の厚生科学研究によって初めて分析できるようになったと山内が成果報告した事実は，1999年（平成11年）に，林真須美の毛髪付着のヒ素が外部付着であると結論した事実と矛盾している．

ところで，再審の証拠は，確定審に提出されていない新規の証拠である必要がある．山口真司検事は，河合の意見書は確定審の鑑定資料の再評価に過ぎないから新規性が無いと，主張した．

しかし，書籍：司法研修所編「科学的証拠とこれを用いた裁判の在り方」では，再評価であっても，再鑑定として，別の専門家に捜査段階の鑑定の信用性についてそのデータを資料として再評価をしてもらうことは，「裁判所が，科学的証拠の信頼性について，公判で積極的かつ実質的にチェックし，当該科学的知見によって解明される事実の確実性を考える上で，有効，有益となることがあるといえるであろう．」と記載されている．したがって，再評価であっても新規性は否定されない．加えて，上記の①〜⑦の指摘は，確定審では見過ごされていたものであり，再審請求審になって初めて指摘した問題点である．したがって，再審請求審に提出したこれらの問題を指摘した河合意見書には新規性が認められる．

9. おわりに

X線分析の進歩誌付録CD-ROMには本稿に続いて，和歌山地裁へ提出した意見書(16)〜(20)の原本を収録した．文献[6, 7]と合わせると，2015年2月28日〜2016年9月3日の20か月にわたって1か月に1通のペースで和歌山地裁へ提出した意見書(1)〜(20)全体を公表したことになる．総ページ数は258ページである．このうち意見書(16)〜(20)はpp.186〜258に相当する．

なおCD-ROMの原本には以下の図を用いており，論文として出版するに際して日本経済新聞社，福島民報社，論文著者に連絡の上で，以下の法人から使用許諾を得ている．

意見書(17)，p.207，Fig.48：一般社団法人共同通信社（有料）．

意見書(18)，p.226，Fig.50：公益財団法人高輝度光科学研究センター．

意見書(18)，p.230，Fig.53：公益財団法人高輝度光科学研究センター．

意見書(18)，p.232，Fig.55：公益財団法人高輝度光科学研究センター．

意見書(18)，p.233，Fig.56：株式会社共同通信イメージズ（有料）．

意見書(18),p.234,Fig.57:公益財団法人高輝度光科学研究センター.

参考文献

1) 河合 潤:和歌山カレー砒素事件鑑定資料—蛍光X線分析,X線分析の進歩,**43**, 49-87 (2012).
2) 河合 潤:和歌山カレーヒ素事件鑑定資料の軽元素組成の解析,X線分析の進歩,**44**, 165-184 (2013).
3) 河合 潤:和歌山カレーヒ素事件における卓上型蛍光X線分析の役割,X線分析の進歩,**45**, 71-85 (2014).
4) A. T. Tu,河合 潤:和歌山カレーヒ素事件鑑定における赤外吸収分光の役割,X線分析の進歩,**45**, 87-98 (2014).
5) 河合 潤:和歌山カレーヒ素事件における頭髪ヒ素鑑定の問題点,X線分析の進歩,**46**, 33-58 (2015).
6) 上羽 徹,河合 潤:和歌山カレーヒ素事件における亜ヒ酸鑑定の問題点,X線分析の進歩,**47**, 89-98 (2016).
7) 上羽 徹,河合 潤:和歌山カレーヒ素事件における水素化物生成原子吸光頭髪鑑定捏造,X線分析の進歩,**48**, 38-51 (2017).
8) 和歌山カレー事件再審棄却決定,判例時報,No.2345,平成29年11月11日号(2017)pp.6-67.
9) 判例タイムズ No.1122(2003.8.30)臨時増刊,特報和歌山カレー毒物混入事件判決,122-464(pp.1-343),428(p.37),(2003).
10) 日本分析化学会編:"分析および分析値の信頼性—信頼性確立の方法",p.62 (1998),(丸善).

ebook紹介

Springer の eBook

Inner-Shell and X-Ray Physics of Atoms and Solids
Derek Fabian

Röntgenstrahlen / X-Rays
W. Schaaffs

Digital version, 各 9.99 ドル

新刊紹介ではない．かなり古い本の紹介である．常に 9.99 USD というわけではないが，たまたま Springer ショップの電子メール広告が届いたので購入してみた．販売対象の本の中から，x-ray のキーワードで本を探すと，数十冊ヒットしたが，新しいものは X 線天文学や X 線レーザー国際会議のプロシーディングスが多く，あまり興味なかったので，古いものから 2 冊選んで購入してみた．クレジットカード情報を入力すると，クリック画面が e メールで送られてきて，本全体がダウンロードできた．PDF ファイルサイズは Inner-Shell が 77 MB，Röntgenstrahlen は 50 MB なので，十分な回線容量のある時にダウンロードする必要があることと，ダウンロードに失敗した時，再ダウンロード可能か否かは不明なので，少し用心して失敗しないようにダウンロードした．請求書を見ると Special price 9.99（米ドル），Net value 9.25 とあり，2 冊合計で 18.50 に日本の消費税 8% が加算されて，合計金額は 19.98 ドルであった．List price はどちらも 67.82 EUR となっていた．

ダウンロードした PDF ファイルはハイライトで黄色くテキストを塗ること，文章をコピー・ペーストすること，文字列の検索，ページ抽出し保存すること，図のスナップショット，ファイル自体のコピーなどが自由にできる．全てのページの最下部に私のメールアドレスが記入されている．

Inner-Shell の方は International Conference on X-Ray Processes and Inner-Shell Ionization（1980：Stirling, Scotland）のプロシーディングスで全 950 ページの本，Röntgenstrahlen は Springer 社の Encyclopedia of Physics（Handbuch der Physik）第 30 巻の X-Rays という巻で，章によって著者が異なりドイツ語や英語で執筆されている．編者は S. Flügge であるが第 1 章の著者の Schaaffs が本全体の著者のようにカタログには書かれているので，実は読んだことがない本だと思って購入したら，よく知っている本だった．10 ドルなら許せる間違いである．

日本の電子雑誌は，ページやテキストの抽出もできず，図のスナップショットもできないので，読んでいてもストレスがたまる一方であるが，Springer の eBook は，購入者が自由に加工できるので，この文章を書いているときの本の題名等もテキストやページイメージをコンピュータ画面でコピーして書いており，使いやすい．

次回のバーゲンは何時か，Inner-Shell はもともと Plenum 出版の本であるのに Springer 社が販売していることなど，よくわからないことも多いが，バーゲンでチャンスがあれば別の本を購入してみたいと思っている．京大学内では，Springer 社の eBook が無料で読める環境があるので，そういう大学では，わざわざ購入する必要はない．ただし，京大付属図書館の eBook を x-ray のキーワードで検索してみたところ，今回の 2 冊はいずれも京大から無料アクセスできる本には含まれていなかった．その代わり，京大のサイトでは面白い X 線の eBook がたくさん見つかった．

〔京都大学大学院工学研究科　河合　潤〕

総説

ゲル中の沈殿パターンの X 線分光分析

林　久史*

X-ray Spectroscopic Studies on Precipitation Patterns in Gels

Hisashi HAYASHI*

Department of Chemical and Biological Sciences, Faculty of Science, Japan Women's University
2-8-1, Mejirodai, Bunkyo, Tokyo 112-8681, Japan

(Received 10 October 2017, Accepted 10 December 2017)

　　The formation of precipitation bands in gels, such as Liesegang bands, is regarded as a self-assembling phenomenon. Although X-ray spectroscopic methods, including X-ray fluorescence and XANES spectroscopy, have not been employed for such band formation phenomena until recently, the situation changed from 2011. This paper surveys basic properties of Liesegang bands, theoretical aspects of periodic precipitation, and several effects to change the band morphology, comments points to note for applications of X-ray spectroscopies to the periodic precipitation systems, refers some previous studies by using related X-ray methods, and reviews recent X-ray spectroscopic studies on periodic and non-periodic precipitation bands of Prussian blue analogs (PBAs) in water-glass gels, after outlining the interesting properties of PBAs.

[Key words] X-ray fluorescence spectroscopy, XANES, Self-assembling, Self-organization, Liesegang bands, Periodic precipitation bands, Pre-nucleation models, Post-nucleation models, Ostwald ripening, Prussian blue analogs, Water-glass gels

　　リーゼガングバンドなど，ゲル中での周期的な沈殿帯形成は自己集合現象のひとつである．蛍光 X 線分析や XANES などの X 線分光分析法は，この現象の分析にほとんど用いられてこなかったが，2011 年以降，状況は変わった．本稿では，リーゼガングバンドの特徴や離散的な沈殿形成の理論，ゲル中でのパターン形成に影響する要因をまとめた後，X 線分光分析法を応用する上での注意点や関連技術を用いた先行研究に言及する．そして，プルシアンブルー類似体の概略を説明した後，この物質が水ガラス中で形成する沈殿帯への X 線分光分析による研究を概観する．

[キーワード] X 線蛍光分光，XANES，自己組織化，自己集合，リーゼガングバンド，周期的な沈殿帯，過飽和モデル，競合成長モデル，オストワルト熟成，プルシアンブルー類似体，水ガラスゲル

日本女子大学理学部物質生物科学科　東京都文京区目白台 2-8-1　〒 112-8681　*連絡著者：hayashih@fc.jwu.ac.jp

1. はじめに―自己組織化と自己集合―

近年,「自己組織化」という概念が,化学や生物学,物理学,経済学,社会学,神経学,さらには人工知能に至る広い分野に浸透してきた.自己組織化とは,複数の要素から成る系が,時間とともに何らかの意味で自発的に秩序化する過程のことである[1].自己組織化によって,系は多様で複雑になり,しばしば新しい機能が出現する.

自己組織化は大きく2つのカテゴリーに分けられる[2,3].ひとつは,非平衡状態の下,開いた系で動的に形成される自己組織化であり,英語では self-organization,日本語では「自発的秩序形成」という.ここで生成する秩序構造は「散逸構造[4]」とよばれる.散逸構造は本質的に不安定なので,安定を維持するために外部から物質やエネルギーを供給する必要がある.生物に見られる自己組織化や振動反応(ベルーソフ・ジャボチンスキー反応)など,「フラクタル」や「カオス」,「複雑系」をキーワードとして盛んに研究されている自己組織化現象の多く[5,6]は,こちらの意味の自己組織化―散逸構造・自発的秩序形成―にあたる.

もうひとつのタイプの自己組織化は,平衡状態かそれに近い状態の下,閉じた系で静的に形成されるものであり,英語では self-assembling,日本語では「自己集合」という.ここで生成する秩序構造は安定で,安定を維持するために外部から物質やエネルギーを供給する必要はない.自己集合の過程では,系のどこかが局所的に不安定性になり,比較的小さな粒子が自然に集まって,高次構造を構築する.自己集合の例としては,結晶成長やミセル形成がある.無機ナノチューブやナノロッド,ナノケージ,コアシェル型のナノ粒子など,多くのナノマテリアルの合成反応[7]も自己集合現象に属する.

系全体にわたり,ある特定のパターンができる自己組織化の多くは,前者の自発的秩序形成である.しかしながら,後者の自己集合によっても,系全体にわたるパターンができることがある.その代表例が,本稿で説明するリーゼガングバンドである.

本稿は,自己集合現象をX線分析法の新しい応用領域ととらえ,両者の橋渡しを試みたものである.まず,リーゼガングバンドの形成を中心に,ゲル中での沈殿帯形成について概説した後,こうした過程にX線分光分析法を適用する注意点について述べる.そして,「橋渡し」のキーマテリアルとして,プルシアンブルー類似体(Prussian blue analogs:PBA)について解説する.最後に,この物質がゲル中で自己集合してできた沈殿帯について,最近なされたX線分光分析の結果を紹介する.

2. ゲル中の沈殿帯形成とリーゼガングバンド

難溶性塩を形成するアニオンとカチオンを湿潤ゲル中で分散させると,イオンの拡散と沈殿反応によって,離散的な縞模様や年輪のような環状構造が形成されることがある[Fig.1(a)].試験管の中で形成される帯状の構造をリーゼガングバンド,これをペトリ皿などで2次元的に展開したときに得られる環状構造をリーゼガング環という[8-11].本稿では,両者をまとめて「リーゼガングバンド」と呼ぶ.リーゼガングバンドを形成する難溶性塩とゲルの組み合わせの代表例を,難溶性塩の色と室温の溶解度積とあわせて表1に示した.色の表現は『化学辞典』[12]に,溶解度積のデータは『Handbook of Chemistry

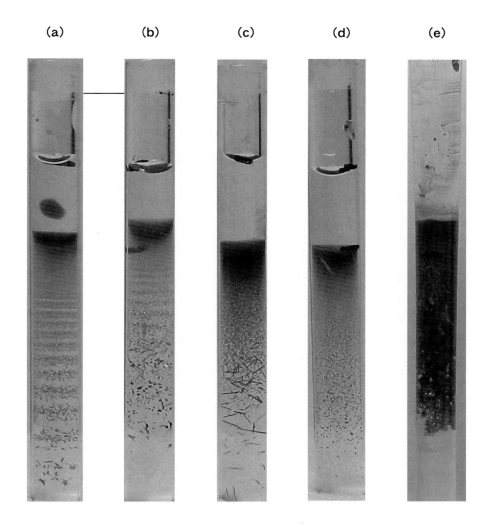

Fig.1 ゲル中に生成する沈殿パターンの例．密度 0.042 g/cm^3 の水ガラスゲルに様々な濃度の CrO$_4^{2-}$ を溶かした後，Ag$^+$ 水溶液を接触させてから 2 日後の写真．(a) リーゼガングバンドが生じたもの（Ag$^+$ 濃度 0.30 M, CrO$_4^{2-}$ 濃度 0.008 M）；(b) 上方ではリーゼガングバンドが生じたが，下方では崩れたもの（Ag$^+$ 濃度 0.20 M, CrO$_4^{2-}$ 濃度 0.008 M）；(c) 上方では細かい結晶粒，下方では針状結晶が成長したもの（Ag$^+$ 濃度 0.30 M, CrO$_4^{2-}$ 濃度 0.016 M）；(d) 全体に細かい結晶粒が分散したもの（Ag$^+$ 濃度 0.20 M, CrO$_4^{2-}$ 濃度 0.024 M）；(e) 高密度で樹枝状の沈殿が生じたもの（Ag$^+$ 濃度 0.30 M, CrO$_4^{2-}$ 濃度 0.048 M）．(b) と (d) の下方にうすい黄色が残っていることから，ゲル中には塩基性溶液中で安定な CrO$_4^{2-}$ が多く，酸性溶液中で安定な Cr$_2$O$_7^{2-}$ イオン（橙色）は少ないと推測される．

and Physics』[13] と『分析化学便覧』[14]，『STABILITY CONSTANTS OF METAL-ION COMPLEXES』[15] に拠った．

リーゼガングバンドの研究は古い歴史を持つ．系統的な研究は，いまから約 120 年前の 1896 年に，ドイツの化学者 R. E. Liesegang によっ

表 1 周期的な沈殿形成を示す代表的な系．室温の溶解度積はモル濃度単位である．

難溶性塩	色	溶解度積（文献）	ゲル	文献
Ag_2CrO_4	赤橙色	1.12×10^{-12} (13)	ゼラチン	8-11, 16, 28, 29, 38
$Al(OH)_3$	白色	2.0×10^{-34} (14)	アガロース	9
$BaSO_4$	無色	1.08×10^{-10} (13)	ゼラチン	9
CdS	鮮黄色	1.6×10^{-28} (14)	寒天	9, 35
$Co(OH)_2$	青色	5.92×10^{-15} (13)	ゼラチン	9-11
$CuCrO_4$	赤橙色	3.6×10^{-6} (15)	アルミナ／アガロース／ゼラチン	8, 10, 11, 26, 37
$Cu(OH)_2$	青色	1.3×10^{-20} (14)	ポリビニルアルコール	9, 11
CuS	青黒色	6.3×10^{-36} (14)	寒天	9
$Fe(OH)_3$	暗赤色	2.79×10^{-39} (13)	寒天	9
$Mg(OH)_2$	白色	5.61×10^{-12} (13)	ゼラチン	8-11, 21
MnS	緑色	2.3×10^{-13} (14)	寒天	9
$Ni(OH)_2$	淡緑色	5.48×10^{-16} (13)	ゼラチン	9, 36
PbF_2	無色	3.3×10^{-8} (13)	寒天	9-11
PbI_2	黄色	9.8×10^{-9} (13)	寒天	9-11, 23, 24, 27
$PbCr_2O_7$	黄色	2.8×10^{-13} (14)	ゼラチン／寒天	8, 9
$Zn(OH)_2$	白色	8.9×10^{-18} (14)	寒天	9

てはじめられた[16]．「リーゼガングバンド」という名称もそのことにちなむ[8]．明治に生まれ大正に活躍した宮沢賢治（1896～1933）も，『イギリス海岸』という作品の中で，「（リーゼガングバンド）のできかたはむづかしいのです．膠質体（コロイド）のことをも少し詳しくやってからでなければわかりません」と述べている．賢治が没した 3 年後の 1936 年には日本語のレビュー[17]が出版されている．これを読むと，第二次世界大戦前からすでに「リーゼガング現象の実例は非常に多く知られて」おり，「ほとんどすべての難溶性物質が条件次第でこの現象を呈する」とされていたことがわかる．実際，リーゼガングバンドに類似した構造は，試験管内だけでなく，貫入マグマや様々な結晶化・鉱物化現象で普遍的に観測されている[10, 11]．

試験管内のゲル中で形成されるリーゼガングバンドの多くは，以下のような周期則を満たすことが経験的に知られている[3, 8-11]．

間隔則（spacing law）　$X_{n+1} = P_1 X_n$

幅　則（width law）　$W_{n+1} = P_2 W_n$

時間則（time law）　$X_n^2 / t_n = P_3$

ここで，X_n, X_{n+1} はそれぞれ n 番目，$n+1$ 番目の沈殿帯の位置を表し，W_n, t_n は n 番目の沈殿帯の幅と形成時間を表す．間隔則の定数 P_1 は通常 1 より大きい数だが，1.5 を超えることはあまりない．この P_1 には，ゲル内部の電解質の濃度 c_{in} とゲル外部の電解質 c_{ex} の濃度によって，$P_1 = f(c_{in}) + g(c_{in})/c_{ex}$ という式（f と g は c_{in} の関数）で与えられるという，別の経験則（マタロン・パクター則：Matalon-Packter law）[8-11]がある．幅則の定数 P_2 は多くの場合，P_1 の 0.9～0.95 乗で表される．P_3 は時間則の定数であり，系の拡散定数とよく似た量である[9]．

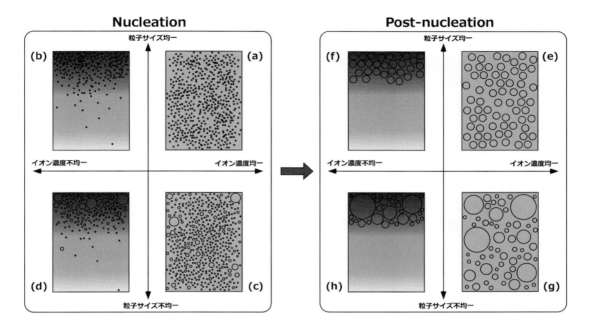

Fig.2 沈殿粒子のサイズとイオン濃度の不均一性が沈殿帯に及ぼす影響．円は沈殿粒子，図の色調はゲル中のイオン分布を示し，濃い色ほどイオンの濃度が高い．(a)～(d)は結晶核生成時，(e)～(h)は熟成時の模式図．(a)と(e)はイオン濃度も粒子サイズも均一な場合，(b)と(f)はイオン濃度は不均一だが粒子サイズは均一な場合，(c)と(g)はイオン濃度は均一だが粒子サイズは不均一な場合，(d)と(h)はイオン濃度も粒子サイズも不均一な場合をそれぞれ示している．

これらの周期則の中では，間隔則が最も有名であり，90%の系がこの法則に従うとされている[11]．多くの定量的実験や理論的研究の対象になってきたのも間隔則である．一方，最も研究が遅れているのは幅則である．

文献17に「条件次第」とあるように，ゲル中でイオンを分散させても，いつもリーゼガングバンドができるとは限らない[Fig.1 (b)－(e)]．調製条件によっては，Fig.1 (e)のような樹枝状構造のほか，心臓形やキャベツ状のパターン[18]など，変わった沈殿パターンができることもある．こうした沈殿パターンについて理解するには，結晶成長の基本を思い起こす必要がある．まず，結晶成長は，単分散結晶の成長と，多分散結晶の成長とでは異なる．単分散結晶の成長は結晶サイズが均一のため，個々の微結晶に類似の成長メカニズムが働き，比較的サイズのそろった結晶ができやすい[Fig.2 (a), (b), (e), (f)][3,8]．この場合，さらに結晶核の生成数を抑制できれば，肉眼で観測できるほど大きな，良質の単結晶がゲル中で得られる[8,19]．一方，多分散結晶ではサイズの異なる結晶間に，3章で述べるような相互作用が生じ，結晶サイズの分布が徐々に変わっていく．

単分散と多分散，どちらの場合でも，イオンの濃度勾配があれば，離散的な沈殿帯が形成しやすく[Fig.2 (f), (h)]，結果として，周期的なリーゼガングバンドやそれに類似した沈殿構造[Fig.1 (a), (b)]ができやすい．一方，濃度勾配がない場合は，単分散結晶と多分散結晶で結果

が異なる．単分散結晶では，ランダムに発生した結晶粒 [Fig.2 (a)] が，そのまま等しく成長するため，広く一様な沈殿帯ができやすい [Fig.2 (e)]．多分散結晶では，一様な沈殿帯ができることもあるが，サイズが大きな粒子の分布によっては，熟成後 [Fig.2 (g)] に何らかの（しばしば複雑な）沈殿パターンが生じることがある．リーゼガングバンド形成の詳細については，次の3章で述べる．

3. リーゼガングバンド形成の理論

リーゼガングバンド形成の機構については，有名な物理化学者 F. Wi. Ostwald による1897年の過飽和理論[20]からはじまって，数多くの理論が提案されてきた．文献17には，過飽和理論の他に「拡散波説」，「コロイド説」，「吸着説」などが紹介されている．これらの理論のうち，オストワルトの過飽和理論の後継である pre-nucleation モデルと，同じオストワルトが提案したオストワルト熟成（後述）を考慮した post-nucleation モデル（「競合成長理論」ともいう[3]）が今も生き残っている．2つのモデル名には適当な訳語がまだないので，本稿では意味内容を重視し，pre-nucleation モデルを「過飽和モデル」，post-nucleation モデルを「競合成長モデル」と呼ぶ．以下で両者について簡単に説明する．

過飽和モデル[8-10,21,22]では，リーゼガングバンド生成の引き金としての，「過飽和状態からの結晶核の生成」を重視する．ゲルの外から，イオンが拡散してくるにつれて，ゲル中のイオン濃度が局所的に難溶性塩の溶解度積を超え，過飽和状態となる．こうした過飽和状態は，ひとたび安定な結晶核ができると急速に解消され，周囲からイオンを吸収し反応して，ますます結晶化が進み，最後には，はじめに結晶核が生成した場所の近くで，難溶性塩の沈殿帯ができる [Fig.2 (b), (f)]．もともとゲル内にあったイオンの濃度は，沈殿帯のまわりで非常に低くなっているため，さらに外側からイオンが拡散してきても，沈殿帯の近傍ではもはや沈殿は生じない．沈殿帯から遠く離れていて，十分な濃度のゲル内部のイオンが確保されている領域まで，ゲル外からのイオンが到達したときに，次の過飽和－結晶核生成過程が起こり，2本目の沈殿帯ができる．ゲル内部のイオンが完全に消費されるまで，この過程が繰り返され，周期的な沈殿帯（リーゼガングバンド）が形成される．これが過飽和モデルの大要である．

過飽和モデルの長所は，比較的シンプルな理論であるにもかかわらず，間隔則や時間則，マタロン・パクター則を与えられることにある[10]．一方，離散的な沈殿帯にしばしば現れる複雑な構造（二重の帯構造やらせん状のパターンなど）[23,24]を説明できないことが短所である[3,21]．

競合成長モデル[8,10,22,25]では，「多分散の場合に生まれる相互作用」を重視し，複雑な沈殿帯パターンの生成をも説明できる．多分散，すなわち異なったサイズの結晶粒が存在すると，ギブス・トムソン効果が重要になる．ギブス・トムソン効果とは，結晶の表面が曲率を持つと，曲面による内部圧力が変化し，結晶の融点が変化する効果である (Fig.3)．融点の変化は曲率が大きいほど大きいため，結晶のサイズが小さくなればなるほどこの効果が顕著になる（たとえば，氷の融点は0℃と言われているが，半径1 μm の小さな氷結晶の場合，その融点は－0.1℃くらいになる）．融点が低いということは，溶けやすいということなので，このことは「小さな結晶ほど溶けやすい」ことを意味する．

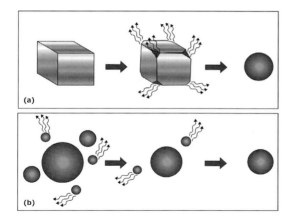

Fig.3 ギブス・トムソン効果の模式図. (a) 微結晶の形が立方体の場合, 面の曲率はゼロだが, 角の部分は曲率が大きい. 結果, 角の部分の融点が低くなり, 優先的に溶けだし, 角が消失し, 最終的に微結晶の形は球形になる. (b) サイズの異なる微結晶が存在する場合, 小さい結晶の面の方が曲率は大きいため融解し, より大きな微結晶が生き残る.

大きさの異なる微結晶が存在する場合, ギブス・トムソン効果によって, 小さい微結晶は融解し, 融解したイオンが大きい微結晶の材料となる. 全体としては, より安定な「より大きな微結晶」が「より小さな微結晶」を飲み込んでいくことになり, 大きな結晶が生き残って大きく成長する. これをオストワルト熟成 (Fig.4) という.

競合成長モデルでは, 沈殿帯形成におけるオストワルト熟成の効果を重視する. このモデルでは, 過飽和状態が解消された後に, いきなり沈殿帯ができるのではなく, 大きさの異なった微結晶, あるいは微小なコロイド粒子がたくさんでき, これらがオストワルト熟成によって大きくなることで沈殿帯が形成されるとする[25]. 吸収された比較的小さな粒子のあった位置に空隙ができ, 離散的かつ周期的な沈殿帯が形成される. このモデルによれば, たとえゲル中に濃度勾配がなくても, オストワルト熟成によって

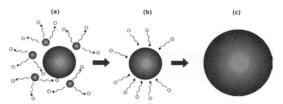

Fig.4 オストワルト熟成の模式図. (a) サイズの異なる微結晶が存在する場合, ギブス・トムソン効果によって, 小さい微結晶が融解する. (b) 融解したイオンは, 生き残った大きな微結晶の材料となる. (c) 結果的には, 大きな微結晶が小さな微結晶を飲み込む形で成長する.

不均一が生じ, 何らかの離散的な沈殿パターンを生み出せる. ただし, その場合には間隔則は破れ, 沈殿帯の間隔は, 核生成のきっかけとなった結晶粒のサイズに依存し[3], しばしば複雑なものとなる. 一方, 濃度勾配が大きければ, その間隔は, 過飽和理論同様, 間隔則に従う.

このように, 競合成長モデルは, 間隔則を満たさないような, 複雑な離散的沈殿帯の形成をも説明できるという長所がある. しかし, ほとんどの系では, この理論の鍵となるコロイド粒子の成長則やサイズ分布を実験的に決められず, 何らかの定性的な仮定を, 過飽和モデル以上に多く導入せざるをえないことが短所である[21].

上の概説が示唆するように, 過飽和モデルと競合成長モデルは必ずしも相反するものではない. むしろ補いあって, 様々な系のリーゼガングバンドの形成を説明するものである. 実際, 1999年にChacronとL'Heureux[10,22]は, 2つのモデルを橋渡しして, 過飽和状態からの核生成と, 生成した結晶粒の競合成長をともに考慮した理論を開発した. 最近のシミュレーション[21]は, このモデルが, ゲル中での離散的な沈殿帯の多くの特徴を再現できることを示している.

本章のまとめも兼ねて，過飽和モデルと競合成長モデルを統合して，一般的なリーゼガングバンド形成の流れを大まかに説明してみる．湿潤ゲルに，接触面を通じて外部からイオンが導入されると，ゲル中でのイオンの濃度勾配が変化する [Fig.2 (a), (b)]．難溶性塩を形成するイオンの濃度が高いゲルの接触面近傍では，過飽和からの結晶核生成が起きやすくなり，粒径の小さな微結晶が多数生成する．このため，多くの系では，接触面近傍では，離散的な沈殿帯ではなく，「turbid zone (これも適当な訳語がまだない．本稿では『濁り領域』と仮称する)」[9]と呼ばれる一様で連続的な沈殿帯ができる．

　外部からのイオンがゲル中を拡散するにつれて，結晶粒が次々と生成するので，ゲル中のイオン濃度は低下し，時間がたつほど結晶核が生成しにくくなる (過飽和モデルで重視)．その一方で，時間とともに結晶粒はオストワルト熟成し，周囲の結晶粒やイオンをとりこみながら大きくなっていく (競合成長モデルで重視)．両方の効果があいまって，濁り領域の下側に，時間とともに離散的な複数の沈殿帯 (リーゼガングバンド) ができはじめる．そして，下側になるほど，イオン，特に外部からのイオンの濃度が低下するため，結晶核の生成がいっそう起こりにくくなり，かつ，より確率的になる．生じた結晶粒の大きさもより不均一になるので，オストワルト熟成の影響も強まる．その結果，あとにできた下側の沈殿帯ほど，沈殿帯間の間隔が広く，結晶粒の数密度が低く，沈殿帯の幅が太くなる．間隔則と幅則はこのことを背景とする．

4. ゲル中での沈殿帯パターンに影響する要因

　2章でリーゼガングバンドは条件次第で，どんな難溶性塩でもできるという見解を紹介した．その「条件」を検討するために，また，様々な沈殿帯パターンの制御に役立てるために，主に文献8と文献21をもとに，沈殿帯形成に影響する様々な要因を以下にまとめてみた．必要に応じて3章を参照されたい．以降は，簡単のため，湿潤ゲル内部にもともとあったイオンを「内部イオン」，ゲルに外部から導入するイオンを「外部イオン」と略称する．

　(1) 外部イオンの濃度[21]：外部イオンの濃度が高くなると，結晶核が生成しやすくなる．その結果，それぞれの沈殿帯中の結晶粒の数密度が高まる一方，沈殿帯間の間隔は狭まる．

　(2) 外部イオンの量[8,21]：湿潤ゲルへの外部イオンの供給量が少ないほど，ゲル中での難溶性塩の溶解度積を超えにくくなるため，次の沈殿帯ができるまでの距離が伸びる．その結果，離散的な構造がよりはっきりする．一方，外部イオンの導入場所から離れたところでは，外部イオンの濃度がいっそう低下するので，沈殿帯の数が減る．こうした効果はしばしば「finite reservoir effect：意訳すると『外部イオンの供給量有限の効果』」と呼ばれる[21]．

　(3) 内部イオンの濃度[21]：内部イオンの濃度は通常，外部イオンの濃度よりも低い．内部イオンの濃度が増すと，外部イオン (もともと高濃度) との静電相互作用による，内部イオンの拡散速度の上昇が重要になる．拡散速度上昇によって，沈殿帯中の結晶粒の数密度が高まる一方，沈殿帯まわりの内部イオンの濃度が低下する．このため，沈殿帯間の間隔はむしろ拡がることがある．

　(4) イオンの溶解度積[8,21]：外部イオンと内部イオンの溶解度積が大きいほど，難溶性塩は沈殿しにくくなる．その結果，沈殿帯の間隔が

増し，離散的な構造がよりはっきりする．

(5) **沈殿形成の速度** [8]：沈殿形成速度が速いほど，離散的な沈殿帯ができやすい．この速度が遅いと，外部イオンの拡散が進行しても，ゲル中のイオン濃度が比較的高いまま維持されるため，広い範囲にわたって結晶核が生成しやすくなる．結果，濁り領域のような，連続的でブロードな沈殿帯ができやすくなる．

(6) **沈殿の溶けやすさ** [8]：沈殿が溶けにくいほど，離散的な沈殿帯ができやすい．沈殿が溶けやすいと，ある沈殿帯が溶けきらないうちに別の沈殿帯が近傍にできるので，連続的でブロードな沈殿帯ができやすくなる．

(7) **ゲルの密度** [21,26]：ゲルの密度を高くして，網目を細かくすると，結晶粒がトラップされやすくなり，過飽和状態からの結晶化を促進する．その結果，それぞれの沈殿帯中の結晶粒の数密度が増え，沈殿帯まわりの内部イオンの濃度が低下する．そのため，特に過飽和モデルが妥当な系では，(3)と似た効果が沈殿帯パターンに作用し，リーゼガングバンドがよりはっきりする（間隔が増し，幅が狭まる）[26]．その一方で，細かな網目は，大きな結晶粒の成長を抑制し，オストワルト熟成の影響を弱める．そのため，もともと結晶粒が多い濁り領域やその近傍，また，競合成長モデルが妥当な系では，むしろ離散的な沈殿帯をできにくくする [21]．このように，ゲルの密度は，相反する2つの効果を及ぼしうるので注意が必要である．

(8) **重力** [8,27]：重力に逆らう方向に成長した沈殿帯の間隔は，重力に沿う方向に成長した沈殿帯の間隔より狭くなる [8,27]．重力が影響しうる大きなコロイド粒子が沈殿形成に関与する場合（競合成長モデルが妥当な場合），無視できぬ効果である．

5. ゲル中の沈殿帯形成にX線分光法を適用する上での注意点

3章で概観したように，リーゼガングバンドの基本的な生成原理はかなり理解されてきた．一方，4章に例示した通り，リーゼガングバンドを含む離散的な沈殿帯の生成には多くの要因が関与するため，個別の系について沈殿パターンを予測したり制御したりすることはまだできない．将来，この現象を工学的に利用・制御 [9,28,29] することも視野に入れ，離散的な沈殿帯を形成するそれぞれの系について現代的な分析手法を適用し，マクロとミクロの両面で理解を深めることが当面の重要な課題と思う．

5.1 蛍光X線分光法

これまで概観してきたように，ゲル中での離散的沈殿帯の形成には，(1)複数の元素が関与し，(2)非破壊の「その場測定」が不可欠で，(3)イオン（元素）の濃度分布（不均一性）が重要である．これらのことは，離散的沈殿帯形成の分析には，数ある現代の分析法の中でも蛍光X線分光法が有効なことを示唆しているかに見える．(4)多くの系において，沈殿帯パターンができあがるまでに数日〜数週間を要するので，蛍光X線の時分割測定ができそうなことも魅力的である．こうした期待にもかかわらず，リーゼガングバンドを含めたゲル中の沈殿帯の実験的研究には，ごく最近まで，蛍光X線分光法はほとんど利用されてこなかった．これにはいくつか理由がある．

まず，リーゼガングバンドの理論的研究（特に過飽和モデルに基づく研究）において重要なのは，「湿潤ゲル中のイオン」の濃度分布であり，沈殿中の元素の濃度はあまり必要でない．とこ

ろが，蛍光X線分光では，両者を重畳して測定してしまう．また，もし水和イオンが有色なら，可視光の吸収をはかることで，X線より簡便にイオンの濃度分布が測定できる．もちろん，たとえば水和イオンの拡散係数のように[30]，ある物理量が蛍光X線測定から「も」得られることは有意義である．ただしそうした場合は，蛍光X線から「しか」得られない場合より重要性に差が生じるのは否めない．

多くの難溶性塩のアニオンが，蛍光X線分光法が比較的苦手な軽元素からなっていること（特にOH⁻が重要．表1参照）も原因のひとつに挙げられる．この場合，蛍光X線でモニターできるのは金属イオン（カチオン）だけだが，カチオン濃度だけでは，離散的な沈殿生成の鍵となる「過飽和現象」や「オストワルト熟成」の検討にあまり役立たない（もちろん「情報ゼロ」よりはるかにましではあるが）．

マトリクス効果も無視できない問題である．特に，X線を強く吸収する元素を含む難溶性塩が沈殿する系では，蛍光X線の強度分布はマトリクス効果によって変調し（具体的には，吸収をうける元素からのX線強度が，沈殿帯ができている領域で著しく弱まる），そのままでは，「沈殿物と湿潤ゲル中の濃度の総和」という意味さえ失ってしまう．

5.2 XANES 分光法

ゲル中での離散的な沈殿形成では，様々な元素が拡散しながら反応するので，元素ごとに多様な化学種が生成している可能性がある．触媒科学や環境科学で行われているように[31]，たとえばXANES (X-ray absorption near edge structure : X線吸収端近傍構造) によって，ゲル内にある元素ごとの局所的な電子状態を

分析することは有意義に思える．しかし実際には，蛍光X線同様，ごく最近までXANESの適用例はほとんどなかった．その大きな理由として，多くの系では，局所的な化学状態をあえてXANESで求める必然性があまりなかったことが挙げられる．たとえばXANESを用いて，有名な「KI-Pb(NO$_3$)$_2$系の黄色いリーゼガングバンド」[3, 8, 23, 24, 27]についてPbまわりとIまわりの化学状態を調べても，「PbI$_2$微結晶（表1参照）の存在」を確認する以上の意味はないであろう．むしろこの系では，PbI$_2$微結晶の存在は自明として，X線回折等を使い，生成した結晶のサイズや形，生成した場所，時間に着目した方が適切であろう．

5.3 X線分光分析法が有効な系

結局，当たり前かもしれないが，すべてのリーゼガングバンド，あるいはすべての離散的沈殿形成の分析に，蛍光X線分光法やXANES分光法（以下，両者をまとめて『X線分光分析法』と呼ぶ）が有意というわけではないのである．上記の問題点をふまえると，蛍光X線分光法が有効なのは，以下のような系と考えられる．

(a) 蛍光X線で観測可能な元素をアニオンとカチオン両方に含む系．通常の蛍光X線分光器では，対象にできる元素はK以上なので，カチオンはともかく，アニオンがかなり限定される．具体的には，Br⁻やBrO$_3^-$，I⁻やIO$_3^-$，CrO$_4^{2-}$やCr$_2$O$_7^{2-}$，[Fe(CN)$_6$]$^{2-}$，[Fe(CN)$_6$]$^{3-}$等のアニオンを含む難溶性塩が対象となる．ただし，Sまで高精度で測れるような装置であれば，SO$_4^{2-}$やS^{2-}を対象にできるので，測定可能な系は増える．

(b) 複数の沈殿反応が同時進行する系．単一の沈殿しか形成しない「簡単な」系では，沈殿

まで含めての元素分布を反映する蛍光X線分光法は，上述のように，必ずしも有用ではない．しかしながら，複数の沈殿反応が同時進行し，複数種の沈殿が生成するようなより複雑な系[10, 20, 32, 33]では，その分岐比を知るためだけにでも，ゲル中と沈殿両方における元素のトータルな分布が重要になる．

(c) **界面や薄膜など，試験管以外の「特殊な」環境下で沈殿帯が形成する系**．こうした系では，目視による観察を含めて，光学的な実験では沈殿帯をモニターできず，全反射現象を活用した蛍光X線分析が有用になりうる．

(d) できれば，**蛍光X線でモニターする元素の原子番号が隣接している系**．もしくは，**おたがいの吸収端が十分離れあっている系**．ともに，吸収によるマトリクス効果を軽減できるからである．たとえば，MnとFeを含む系をKα線でモニターする場合，Mn Kα線 (5.9 keV) もFe Kα線 (6.4 keV) も，Mn K吸収端 (6.5 keV) やFe K吸収端 (7.1 keV) より低いので，吸収の影響は比較的小さい．一方，MnとCoからなる系をKα線でモニターしようとすると，Co Kα線 (6.9 keV) がMnの吸収端にかかるため，Co Kα強度はMnによるマトリクス効果に強く影響される．

吸収端が離れていることと，原子番号の差が大きいこととは，必ずしも一致しないことにも注意する必要がある．たとえば，Ba（原子番号56）は，Cr（原子番号27）と大きく隔たっているので，難溶性塩 $BaCrO_4$ の沈殿帯の蛍光X線分析は妥当に思えるかもしれないが，実際には Ba L_3 吸収端がおよそ 5.2 keV にあるので，Cr Kα線 (5.4 keV) は，かなりBaによるマトリクス効果の影響をうける．

(e) できれば，**モニターにKα線を使える系**．L発光やM発光は線の数が多く，これらが重畳するため，発光帯の幅が広がり，他線の強度に干渉しやすい．たとえば，上述のBaは 4.4 keV から 6 keV の間に16本のL線がある．これらは，Ti Kα (4.5 keV)，V Kα (5.0 keV)，Cr Kα (5.4 keV)，Mn Kα (5.9 keV) の強度に干渉しうる．

次に，XANES分光法が有効なのは，

(f) **生成した沈殿の，金属まわりの化学状態が不確定な系**である．こういう系では，XANESによる化学状態分析が，他の分析法より優位になる．後述するプルシアンブルー類似体 (PBA) はその好例である．

6. ゲル中の沈殿帯形成への X線回折，EXAFS，蛍光X線の利用

これだけ制約があると，X線分光分析法の対象になる系などないのでは，と思われるかもしれない．ところが実際には，2010年代になってから，ゲル中の沈殿帯へのX線分光分析法の利用は増えはじめている．

もともと世紀の変わり目ごろから，デオキシコール酸－コバルト錯体のような複雑な難溶性塩からなる沈殿帯の同定や[34]，沈殿帯中でのCdSナノ粒子のサイズの見積もり[35]，さらには沈殿帯中に生じた水酸化ニッケルの結晶構造の同定（α-$Ni(OH)_2$ か β-$Ni(OH)_2$ か）[36]にX線回折やEXAFS (extended X-ray absorption fine structure：広域X線吸収微細構造) が使われてきた．X線分光分析法を適用する下地はあったわけである．

蛍光X線分光法の利用は，2011年，物質・材料研究機構の桜井らのグループによってはじめて試みられた[37]．系はゼラチンゲル中の $CuCrO_4$ であった．表1が示す通り，$CuCrO_4$ の溶解度積は，Liesegang以来の代表的な難溶性

塩 $Ag_2Cr_2O_7$ に比べかなり大きい．そこで，桜井グループは，Ag_2CrO_4 生成に比べ，約 40 倍近い濃度の K_2CrO_4 を使った[37]．これくらい高濃度だと K_2CrO_4 の再結晶もありうる．結果，CrO_4^{2-} が複数の反応経路をもつことになり，5 章の適正条件 (b) を満たし，K_2CrO_4 再結晶領域と $CuCrO_4$ 領域について興味ある議論がなされた[37]．ただし，この系は適正条件 (d) を満たしていない．観測された Cu Kα 線は CrO_4^{2-} の存在下でマトリクス効果にかなり影響されたと推測される．そのこともあってか，濃度分布について定量的な議論はなされていない．

さらに桜井グループは 65 nm のゼラチン超薄膜［適正条件 (c)］の上に Ag_2CrO_7 のリーゼガングパターンをつくり，厚みの測定に X 線反射測定を行う[38]など，ゲル中の沈殿帯への X 線の新しい利用法を開拓し続けている．

7. プルシアンブルー類似体

ゲル中の離散的沈殿帯への XANES 分光法の利用は 2016 年，筆者等によってはじめられた[33]．詳細は 8 章で説明する．ここでは，その準備として，5 章の適正条件 (f) を満たす系であるプルシアンブルー類似体 (PBA) について概説する．

ヘキサシアノ鉄(III)酸イオン $[Fe(CN)_6]^{3-}$ は，低スピン配置の Fe(III)（不対電子 1 個，磁気モーメント 2.25 μ_B）を含む八面体形の錯イオンであり，Fe^{2+} の水溶液に加えると濃青色の錯体，ターンブルブルーの沈殿が生じる．ヘキサシアノ鉄(II)酸イオン $[Fe(CN)_6]^{4-}$ は低スピン $3d^6$ 配置の Fe(II) を含む反磁性の八面体形の錯イオンであり，Fe^{3+} の水溶液に加えると，やはり濃青色の錯体，プルシアンブルーの沈殿が生じる．これらの沈殿は，名前は違うが，化学式が $Fe^{III}_4[Fe^{II}(CN)_6]_3 \cdot xH_2O$ ($x \approx 14$) で与えられる同じ物質である．以下，本稿ではともに「プルシアンブルー」と呼ぶ．この化合物の溶解度積は非常に小さく (3.0×10^{-41})[15]，鉄の水和イオン濃度に鋭敏であるため，Fe^{2+} や Fe^{3+} の定性分析に使われている．特徴的な濃青色は，Fe(II) と Fe(III) 間の電荷移動によるものなので，Fe^{2+} と $[Fe(CN)_6]^{4-}$ から形成される沈殿（プルシアンホワイト）は無色である．また，Fe^{3+} と $[Fe(CN)_6]^{3-}$ からは沈殿は生じず，「ベルリングリーン」とよばれる褐色の溶液ができる．錯体の沈殿中では，Fe^{n+} が CN^- 架橋でつながれて立方体形に配列した無限構造をとる．調製条件によっては，アルカリ金属イオンやアルカリ土類金属イオン，さらには水分子が，結晶構造の空隙に入ることもある [Fig.5 (a)]．

ヘキサシアノ鉄酸イオンは他の $3d$ 金属イオンとも反応して，プルシアンブルーと構造がよく似た難溶性の沈殿を生じさせる．たとえば，$[Fe(CN)_6]^{4-}$ の Mn^{2+}，Co^{2+}，Ni^{2+}，Cu^{2+} 水和イオンとの溶解度積はそれぞれ，7.9×10^{-13}，1.8×10^{-15}，1.3×10^{-15}，1.3×10^{-16} であり[15]，表 1 の難溶性塩とおよそ同じオーダーである．これら，$3d$ 金属とヘキサシアノ鉄酸イオンから生成する，構造類似の化合物が，本稿でたびたび触れてきた，プルシアンブルー類似体 (PBA) である．煩雑さを避けるため，以下では PBA と略記する．

プルシアンブルーは，人類初の合成配位化合物であり，1704 年にドイツで新しい青色染料として調製された[39]．以来，これと関連する化合物は，18〜19 世紀を通じて，多く染料として使われてきた．たとえば，PBA のひとつである $K_2Cu[Fe(CN)_6]$ は「Inorganic Maroon」というえび茶色の染料として有名である．

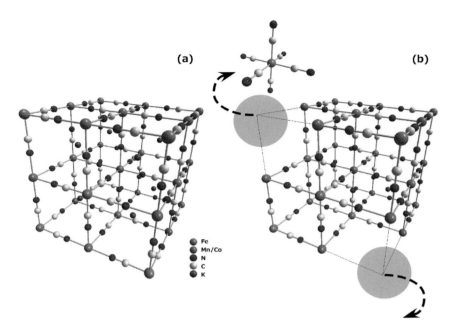

Fig.5 (a) KMn(Co)[Fe(CN)$_6$] の構造と，(b) Fe(CN)$_6$ 空孔のある構造の模式図．灰色の丸い影は，Fe(CN)$_6$ サイトの欠損を示す．(a) では空隙に 8 個入っていた K$^+$ イオンも，(b) では 1 個に減っている．図を見やすくするため，Mn(Co) に配位している水分子やイオンは表示していない．

プルシアンブルーやその類似体中におけるカチオン（Mn^{2+}, Fe^{3+}, Co^{2+}, Cu^{2+}, …）は常磁性のイオンであり，基本的に Fe(CN)$_6$ の N に囲まれている．CN$^-$ の N は弱配位子場配位子（Weak-field ligand）なので，高スピン構造（たとえば，Mn^{2+} や Fe^{3+} のスピン S は 5/2）が維持される．このため，プルシアンブルーや PBA は磁性材料としての可能性をもつ．実際，プルシアンブルーは 5.6 K 以下でフェロ磁性（フェリ磁性を含まない狭義の強磁性）を示す．PBA の中には，より高温の 90 K でフェリ磁性を示すものもある（CsMn^{II}[Cr^{III}(CN)$_6$]）[39]．こうしたことから，21 世紀になると，PBA は分子磁性材料[39-42]として注目されているようになった．光メモリーへの応用をめざして，その微細加工[41] や「層構造を持った薄膜」[42]（潜在的なリーゼガングバンドの応用対象か？）にも興味が持たれている．

PBA には，さらに別の応用がある．Fig.5 (a) に模式的に示したように，プルシアンブルーや PBA は，結晶構造の空隙にカチオンを包含できる．空隙に入れるイオンを Li$^+$ [43, 44] や Na$^+$ [45, 46]，Ca^{2+} [47] にすれば，それぞれリチウムイオン電池（たとえば K$_x$Mn$_y$[Fe(CN)$_6$]）[43]，ナトリウムイオン電池（Na$_{1.76}$Ni$_{0.12}$Mn$_{0.88}$[Fe(CN)$_6$]$_{0.98}$）[45]，カルシウムイオン電池（Na$_x$Mn[Fe(CN)$_6$]）[47] のアノードとして使える．こうして 2010 年頃からは，PBA は，電極材料としても高い関心を持たれるようになった．このように，プルシアンブルーや PBA は，最古の合成錯体系でありながら，なお先端材料でもあるという，化学者にとって「汲めども尽きぬ泉」のひとつである．

ところで，プルシアンブルーも PBA も，調製にあたって注意すべき点がある．それは，Fig.5 (b) に模式的に示したように，[Fe(CN)$_6$]

がサイトから脱落しやすいことである[39]．やっかいなことに，こうした脱落は，機能性材料として重要な「結晶構造の空隙中に金属イオンを含む試料」に固有のものである[39]．脱落したサイトは，しばしば「Fe(CN)$_6$空孔」とよばれる．Fe(CN)$_6$空孔と隣接している金属イオンの該当部位には，水分子が配位することが多い[39]．ただし，湿潤ゲル中にCl$^-$やBr$^-$を含む系では，これらのハロゲンイオンも，Mn^{2+}やCo^{2+}などの3d金属イオンに最大2個程度は配位しうる[48-51]ことに注意が必要である．このように，PBA中の3d金属イオンまわりの局所構造は，調製条件によって，大きく変わりうる．一方，大抵の場合，ヘキサシアノ鉄酸イオン中では，FeまわりのCN$^-$の6配位構造は維持される[39]．

PBA中における，3d金属イオンまわりの化学状態を不確定にする要因をまとめると次のようになる．

(i) 結晶構造の空隙に金属イオンや水分子がどれくらい侵入しているか．

(ii) Fe(CN)$_6$空孔がどの程度あるか．

(iii) Fe(CN)$_6$空孔と隣接している3d金属イオンに，水分子やハロゲンイオンがどれくらい配位しているか．

この他に，PBAの生成反応は，CN$^-$を通じた橋かけタイプの重合反応なので

(iv) 生成した沈殿の結晶性は高いか．非晶質か．それとも両者が混在しているのか．

も問題になりうるし，配位構造が比較的安定な[Fe(CN)$_6$]イオンも

(v) Feの価数は維持されているか．一部，酸化還元されていないか．

には注意する必要がある．

8章で述べるように，PBAはリーゼガングバンドを形成する．本章の最後に，5.3節の議論に基づいて，X線分光分析法の対象としてのPBAについて議論しておく．PBAは3d金属のカチオンと，ヘキサシアノ鉄酸イオンから生成する．これは，適正条件(a)を満たす．試料によっては複数の反応も起こすので[33]，適正条件の(b)も満たす．3d金属イオンにMn^{2+}やCo^{2+}を使う場合は，適正条件の(d)と(e)も満たす．そして，上で議論したように，3d金属イオンまわりの化学状態は確定していないので，適正条件の(f)も満たす．しかもその不確定さをもたらす要因が磁性材料[39,52]やアノード材料[45]としての性質にも強く影響するので，実用の点からも化学状態分析は重要である．このように，「ゲル中で形成されるPBAの沈殿帯」は，蛍光X線分析の適正条件4つとXANESの適正条件を満たす，X線分光分析法を適用するのに最適な系のひとつである．

8. 水ガラスゲル中で形成されるプルシアンブルー類似体の沈殿帯

Fig.6に，水ガラス中に生成するプルシアンブルーやPBAの沈殿帯の例[33,53-55]を示した．それぞれの試料の調製条件は表2にまとめた．ここで，水ガラスとはケイ砂SiO$_2$とソーダ灰Na$_2$CO$_3$を混合し，加熱溶融するとできる水あめ状の濃厚水溶液（Na$_2$OとSiO$_2$のモル比は2.06～2.31）である[12]．水ガラスを水で希釈すると，アルカリ性のケイ酸ナトリウム水溶液になる．この水溶液はpH≈10以上では安定だが，これに添加剤として酸を加えると，ケイ酸イオンやポリケイ酸イオンの重合が進み，粘度が高まり，シリカゲルとして硬化する．ゲルの硬化速度は中性付近(pH≈7.5)で最も速く，酸性が強まるほど遅くなる．こうした性質を活かし，水ガラ

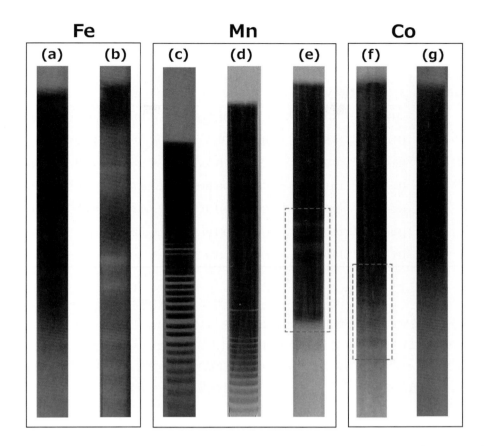

Fig.6 水ガラスゲル中に生成するプルシアンブルーや PBA の沈殿帯の例. (a) はプルシアンブルーによる一様な沈殿帯（調製後，約 900 h）[33]. (b) は Fe^{3+} イオンと $[Fe(CN)_6]^{3-}$ イオンから調製した試料から生じた多色の離散的沈殿帯（調製後，約 550 h）[33]. (c) は Mn^{2+} イオンと $[Fe(CN)_6]^{3-}$ イオンから生じたリーゼガングバンド（調製後，約 560 h）[53]. (d) と (e) は同じイオンの組み合わせから，調製条件を変えたとき（表2）に生じたリーゼガングバンドに類似した沈殿帯（調製後，約 310 h）[55] とバンド内部にうす茶色の縞模様（点線で囲んだ部分）をもつ一様な沈殿帯（調製後，約 810 h）[55]. (f) と (g) は，$[Fe(CN)_6]^{3-}/[Fe(CN)_6]^{4-}$ イオンと Co^{2+} イオンから生じた一様な沈殿帯（(f) は調製後，約 1300 h で，(g) は約 770 h）[54]. ただし，(f) の点線で囲んだ部分は，うすいながらも離散的な沈殿帯が見えている.

スは耐熱性接着剤などに使われている[12]. 筆者等がゲル材料として水ガラスを選んだのは，無機材料なので，X線照射（特に XANES 測定における放射光の照射）に対して高い耐久性と安定性が期待されるからであった[33]. 加えて，リーゼガングバンドの実験で標準的に使われている寒天（アガロース）ゲルは，その還元性のため（後述），少なくとも $[Fe(CN)_6]^{3-}$ 用のゲル材料としては適当でなかった.

Fig.6 (a) に示した試料 a の濃青色の一様な沈殿帯は，プルシアンブルーの沈殿帯[33] である. プルシアンブルーは7章で述べたように溶解度積が非常に小さいので，結晶粒が析出しやすく，離散的な沈殿帯はできにくい. 文献 9, 28, 29 によれば，通常の濃度条件で調製したプルシアンブルーの沈殿帯は，μm レベルでも一様のよう

表2 Fig.6 に示した沈殿帯の調製条件[33, 53-55]．内部イオンと外部イオンの濃度は，文献値をもとに，湿潤ゲル中の濃度として見積もった．ゲルの密度も，調製前の正確な密度ではなく，「試験管内に生成したゲルの密度」を文献値から見積もった．

試料	外部イオン（濃度 M）	内部イオン（濃度 M）	添加剤（濃度 M）	上部ゲル（密度 g/cm^3）	下部ゲル（密度 g/cm^3）	文献
a	Fe^{3+} (0.25)	$[Fe(CN)_6]^{4-}$ (4.0×10^{-3})	CH_3COOH (0.60)	寒天 (0.020)	水ガラス (0.052)	33
b	Fe^{3+} (0.15)	$[Fe(CN)_6]^{3-}$ (6.5×10^{-4})	HCl (0.53)	寒天 (0.020)	水ガラス (0.052)	33
c	Mn^{2+} (0.20)	$[Fe(CN)_6]^{3-}$ (0.040)	CH_3COOH (0.53)	寒天 (0.020)	水ガラス (0.052)	53
d	Mn^{2+} (0.20)	$[Fe(CN)_6]^{3-}$ (0.040)	CH_3COOH (0.53)	なし（水溶液）	水ガラス (0.032)	55
e	Mn^{2+} (0.20)	$[Fe(CN)_6]^{3-}$ (0.040)	CH_3COOH (0.53)	なし（水溶液）	水ガラス (0.026)	55
f	Co^{2+} (0.10)	$[Fe(CN)_6]^{3-}$ (0.008)	CH_3COOH (0.53)	寒天 (0.020)	水ガラス (0.052)	54
g	Co^{2+} (0.10)	$[Fe(CN)_6]^{4-}$ (0.008)	CH_3COOH (0.53)	寒天 (0.020)	水ガラス (0.052)	54

である．

しかしながら，離散的な沈殿帯がまったくできないわけではない．Fig.6 (b) は Fe^{3+} 水和イオンと $[Fe(CN)_6]^{3-}$ イオンから調製した試料 b で生じた多色の離散的沈殿帯[33]である．このうち，幅広で太い青色のバンドがプルシアンブルーの沈殿帯と推測される．Fig.6 (b) の試料は，もともとベルリングリーンによる褐色の帯の出現を期待して調製された．ところが，寒天中に Fe^{3+} を入れて加熱したときに寒天から還元糖が遊離し（これが寒天ゲル－アガロースゲルの還元性の原因である），一部の Fe^{3+} イオンを Fe^{2+} イオンに還元し，青色沈殿をもたらしたと思われる[33]．プルシアンブルーの沈殿帯は，このような微量な副生成物によってようやく実現されるものらしい．なお，茶色の帯はベルリングリーンによるものではなかった（詳しくは 9 章で説明）．この試料は，茶色の沈殿帯をつくる反応と青い沈殿帯をつくる反応の，少なくとも 2 種類の反応が拡散と結びついて進行しているので，5 章の適正条件 (b) を満たしている．

Fig.6 (c) に示した試料 c の結果は Mn^{2+} 水和イオンと $[Fe(CN)_6]^{3-}$ イオンから生じた PBA [以下，「MnFe PBA」と呼ぶ] によるリーゼガングバンド[53]が現れている．試料 c の沈殿帯はただ離散的なだけでなく，間隔則 ($P_1 \approx 1.05$) と時間則を満たし，不確定性は大きいが，幅則とも矛盾しない[53] など，リーゼガングバンドの基本的な性質を満たしている．Mn^{2+} と $[Fe(CN)_6]^{3-}$ の組み合わせは比較的，離散的沈殿帯を生じやすく，表 2 のゲルや添加剤の調製条件を変えなければ，上部ゲル中の Mn^{2+} イオンの濃度にして 0.15～0.30 M，下部ゲル中の $[Fe(CN)_6]^{3-}$ イオンの濃度にして 0.025～0.050 M の濃度範囲で，Fig.6 (c) のような離散的な沈殿パターンが得られる[53]．離散的な沈殿帯が比較的観察しやすい系なのに意外だが，筆者の知る限り 2016 年の文献 53 が PBA によるリーゼガングバンドの初報告である．

4 章で述べたように，ゲルの密度は沈殿帯パターンに影響する．Fig.6 (d), (e) に示した試料 d と e の結果は，ゲルの密度が MnFe PBA の沈殿帯パターンにも影響することを立証している．試料 c より水ガラスゲルの密度を下げ，さ

らに寒天ゲルを除去した試料 d [55] では，一様な沈殿帯領域（濁り領域）が増えている．ゲル密度の低下によって，結晶粒がトラップされにくくなったことの反映と思われる．下部に離散的な沈殿帯の領域が残ってはいるが，この沈殿帯は間隔則を満たしていない [55] ので，真のリーゼガングバンドとはいえない．さらに水ガラスゲルの密度を下げると，下部の離散的な沈殿帯は消え，一様な茶色い沈殿帯のみとなる（試料 e）．しかしながら，よく観察すると，点線で囲んだ領域にうす茶色の離散的な帯が見える．こうした「バンドの中のバンド」構造は，他に報告例がない．このバンドについては 9 章で再説する．

Fig.6 (f) と (g) は，$[Fe(CN)_6]^{3-}$（試料 f）/$[Fe(CN)_6]^{4-}$ イオン（試料 g）と Co^{2+} 水和イオンから生じた PBA（以下，「CoFe PBA」と呼ぶ）による一様な沈殿帯 [54] を示している．CoFe PBA は，MnFe PBA より離散的沈殿帯をつくりにくい．しかし，プルシアンブルーよりはつくりやすいようで，Fig.6 (f) の点線で囲んだ部分には，うすいながらも，離散的な沈殿帯が見えている．うすいながらもこうした離散的な沈殿帯をつくるには，MnFe PBA の調製時よりも，特に内部イオン濃度を 1/5 程度にうすめる必要があった．ヘキサシアノ鉄酸イオン中の Fe の酸化数も沈殿パターンに関係しているようで，$[Fe(CN)_6]^{4-}$ イオンの方が，離散的沈殿帯を生成しにくいようである．また，$[Fe(CN)_6]^{4-}$ イオンからできた沈殿帯は，はじめの 1 週間くらいは淡い黄緑色をしているが，10 日をすぎると徐々に Co^{2+} イオンと $[Fe(CN)_6]^{3-}$ イオンから調製した試料のように，紫色を帯びてきた．これは，ゲル中で $[Fe(CN)_6]^{4-}$ の酸化が起こっていることを示唆しており，解釈にあたっては，部分酸化の可能性に注意する必要がある．

なお，CoFe PBA ゲルの調製時には，湿潤ゲルの色に注意した方がよい．Co^{2+} 水和イオンは，酸性では $[Co(H_2O)_6]^{2+}$ の八面体構造をとり（色はピンク色），$[Fe(CN)_6]$ イオンと反応して CoFe PBA を生成する [41]．一方，塩基性では $Co(OH)_4^{2-}$ という正四面体構造のイオンとなり（色は青色），$[Fe(CN)_6]$ イオンと反応しなくなる [41]．このため，Co イオンを含むゾルが青色を呈している時は，酸を加えてピンク色にしてから，$[Fe(CN)_6]$ イオンを含むゲルと接続する必要がある．

9. プルシアンブルー類似体による沈殿帯のX線分光分析

8 章で議論した表 2 の試料 a～g は，すべて X 線分光分析されている [33, 53-55]．これらの試料は，ヒルゲンベルク社の石英ガラスキャピラリー（長さ 80 mm× 内径 4 mm× 厚さ 0.01 mm）中に調製され，アクリルのホルダーで自動 XZ ステージ上に設置され，X 線の照射位置を変えながら，各位置での蛍光 X 線強度や XANES が測定された．蛍光 X 線の強度分布測定は，40 kV×200 mA で運転した Cu 回転対陰極からの Cu Kα 線を湾曲水晶モノクロメーターで単色化しながら横集光し，縦方向のコリメーターと組み合わせて約 0.5 mm×0.5 mm のビームサイズに絞って，キャピラリーに照射して行われた [33, 56]．照射位置を 1 mm ずつ変えながら，試料からの蛍光 X 線が Si-PIN 検出器でエネルギー分析され，Mn Kα 線，Fe Kα 線，Co Kα 線の積分強度が，マルチチャンネルアナライザーを通じて求められ [56]，それぞれの特性 X 線の強度分布が導出された．XANES 測定は，つくば・フォトンファクトリーの XAFS 測定用ビームライン [31] BL9C

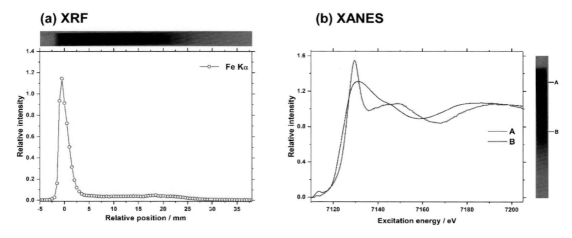

Fig.7 試料 a についての (a) Fe Kα (蛍光 X 線：XRF) 強度の分布と (b) Fe-K 端 XANES [33].

において行われた [33]．ライトル検出器が入射 X 線に対して 90° の角度に配置され，蛍光 X 線検出モードで XANES が測定された．試料 a～g の X 線分光分析実験の詳細については文献 [33, 53-55] を参照されたい．

9.1 試料 a

Fe^{3+} 水和イオンと $[Fe(CN)_6]^{4-}$ イオンから調製した試料 a についての Fe Kα 強度の分布と Fe-K 端 XANES [33] の結果を Fig.7 に示す．Fig.7 (a) では，Fe Kα 強度分布と対応させるため，上に試料の写真も重ねて示した．Fig.7 (b) では，XANES の測定場所を表す写真を加えた．以下，Fig.8, 9, 11～14 は同様の形式で示す．

Fig.7 (a) の Fe Kα 強度分布は，Fe がゲルの境界面付近に，他の部分の 10 倍以上集積していることを示している．また，Fig.7 (b) の XANES スペクトルより，その集積部分の Fe まわりの化学状態が，下方向の化学状態とは明らかに異なっていることがわかる．Fig.7 (b) の測定点 A と B で得られたスペクトルはそれぞれ，Fe^{3+} 水和イオン関連物質 (ゲル状の水酸化鉄な

ど) の XANES とヘキサシアノ鉄酸イオン関連物質 (プルシアンブルーなど) の XANES に近い [33]．標準物質との比較により，ヘキサシアノ鉄酸イオン関連物質の含有率は，測定点 A でおよそ 12%，測定点 B で 55% という定量値が得られた [33]．これらの結果を考え合わせると，ゲルの境界面付近で Fe^{3+} 水和イオンが多数重合して水酸化鉄のゲルが形成され，これが Fe の蓄積の主因となったと思われる．一方，残った Fe^{3+} 水和イオンが下方に移動するにつれて，プルシアンブルーができる確率が増し，測定点 B 付近では過半数を超えるまでになると考えられる．こうして，濃度も化学状態も不均一な沈殿帯が形成されるのだが，プルシアンブルーが微量でも存在すれば，その濃青色によって水酸化鉄起源の茶色は塗りつぶされてしまい，見た目には一様になるのであろう．このように，Fig.7 の結果から，肉眼による観察では一様な沈殿帯にしか見えないものでも，その内部の元素分布や元素まわりの化学状態が異なることがあることがわかった．そして，そうした試料の分析に X 線分光分析法が有用なことが立証された．

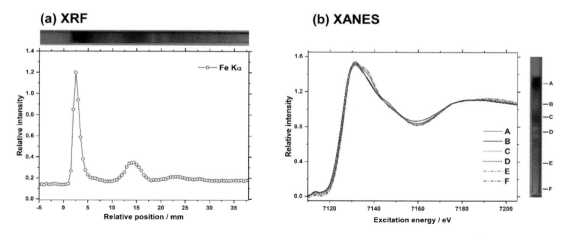

Fig.8 試料 b についての (a) Fe Kα (XRF) 強度の分布と (b) Fe-K 端 XANES[33].

9.2 試料 b

Fe^{3+} 水和イオンと $[Fe(CN)_6]^{3-}$ イオンから調製した試料 b についての Fe Kα 強度の分布と Fe-K 端 XANES[33] の結果を Fig.8 に示す．Fig.8(a) が示すように，Fe Kα が強い部分は茶色の帯の位置に対応しており，茶色い帯の形成が Fe の集積によることを示唆している．試料 a 同様，ゲルの境界面付近（相対位置 2.5 mm 近傍）での Fe の集積がとりわけ顕著である．境界面付近の Fe Kα 分布のピークは，ゲル接触の約 70 時間後，相対位置 13.5 mm 付近の第 2 ピークは約 110 時間後から出現し，ピーク位置は動かないまま，強度が増していった[33]．このことは，茶色い沈殿帯の形成には，小さな結晶粒の単調な成長過程―オストワルド熟成が寄与していることを強く示すものである．

一方，青色の帯と Fe Kα 分布との間には，明確な相関はない．このことは，青色の帯を形成している化学種の Fe 濃度は非常に小さく，その背後には，試料 a のように，青色に隠れた，大量の「見えない成分」があることを意味する．これは，青色成分＝プルシアンブルーが微量な副生成物（還元糖によって生成した Fe^{2+}）によって生成したという 8 章の結論とよく対応している．

Fig.8(b) に示した XANES スペクトルは，見た目の違いにもかかわらず，測定点 A～F のどこでも非常によく似ている．そのスペクトル形状は，Cl が 1～2 個配位した Fe の水和イオン（濃厚 $FeCl_3$ 水溶液で支配的な化学種[50]）の XANES とよく一致した[33]．以上のことをまとめると，「見えない成分」とは結局，Fe^{3+} 水和イオンと結論できる．これは，表 2 に示したように，Fe^{3+} の濃度 (0.15 M) が $[Fe(CN)_6]^{3-}$ の濃度 (0.00065 M) より圧倒的に高いことを考えれば，ある意味で期待通りである．そして，Fe^{3+} 水和イオンが，Fe まわりの局所構造をあまり変えないまま重合し，生成した粒子がオストワルト熟成して茶色い沈殿帯をつくった．こう考えると，X 線分光分析法で得られた結果を一通り説明できる．

試料 b が面白いのは，系内にある Fe の大部分が，上記のような反応―拡散過程にあずかっている一方，X 線分光分析法では探知できない

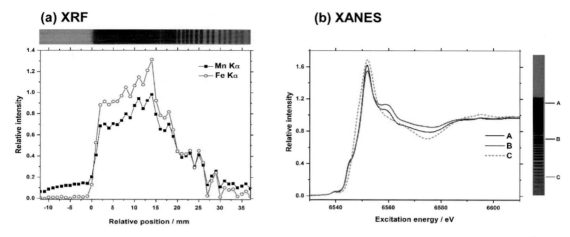

Fig.9 試料 c についての (a) Mn Kα 強度と Fe Kα 強度の分布,ならびに (b) Mn-K 端 XANES[53].

ほどわずかな量の Fe^{2+} と $[Fe(CN)_6]^{3-}$ が,茶色い帯と重なるように,青色の着色帯を形成することである.このことは,X 線分光分析法の限界を意味する一方で,複数の反応-拡散過程のうち,ある特定の過程に敏感というこの方法の特性もアピールしている.

9.3 試料 c

Mn^{2+} 水和イオンと $[Fe(CN)_6]^{3-}$ イオンから調製した試料 c についての Mn Kα と Fe Kα 強度の分布と Mn-K 端 XANES[53] の結果を Fig.9 に示す.Mn Kα 線,Fe Kα 線のどちらも Mn と Fe の吸収端の低エネルギー側にあり,マトリクス効果の影響は比較的小さいため,これらの強度分布曲線 [Fig.9 (a)] は,よい近似で,Mn と Fe の濃度分布曲線とみなせる.近似的とはいえ,Fig.9 (a) は,リーゼガングバンドを形成する系について,試験管内のカチオン(Mn:Mn^{2+} 水和イオン)とアニオン(Fe:$[Fe(CN)_6]^{3-}$ イオン)の濃度分布を独立に測定したはじめての例である.Fig.7 (a) や Fig.8 (a) と比べて大きく違うのは,ゲルの境界面での金属元素の特異的な蓄積が起こっていないことである.このことは,Mn^{2+} 水和イオンが,Fe^{3+} 水和イオンよりも水溶液中で重合しにくいことの反映と思われる.

Fig.9 (a) における Mn Kα の分布も Fe Kα の分布もかなりジグザグしているが,その位相は完全に一致している.このことは,こうしたジグザグ構造が Mn と Fe の複合体(MnFe PBA)の生成によることを明示している.なお,ジグザグ構造は,リーゼガングバンドができている部分だけでなく,濁り領域でも見られる.試料 a や b と同じく,一様に見える連続帯でも,その内部の濃度分布は必ずしも一様ではないことがわかる.

Fig.9 (a) はまた,リーゼガングバンドができている領域の Mn の濃度も Fe の濃度も,濁り領域中の濃度の 1/3〜1/6 程度であることを示している[53].こうして,リーゼガングバンドが,カチオン(Mn^{2+})もしくはアニオン($[Fe(CN)_6]^{3-}$)が低濃度のときにできやすいことが,実験的に確かめられた.これも,目視による観察だけでは,わかりにくいことである.

Fig.9 (a) からはさらに,蛍光 X 線強度(濃度)

のジグザグ構造（リーゼガングバンドの生成に対応）が，相対位置にして約 12 mm から 35 mm におよぶ，ゆるやかな強度減少に重なっていることもわかる．これは，3 章で述べた「リーゼガングバンドと濃度勾配の相関」のよい実例であろう．蛍光 X 線強度のゆるやかな減少と，離散的な沈殿帯形成の関連は，後の Fig.11 (a) でも見てとれる．

　Fig.9 (b) に示した XANES スペクトルは，Fig.7 (b) ほどではないが，Fig.8 (b) とは違って，測定点ごとにかなり異なっている．特に，測定点 C でのスペクトルの違いは大きい．FEFF 計算[31]との比較は，C でのスペクトルが Mn^{2+} 水和イオン由来であることを示した[53]．つまり，リーゼガングバンドができている領域で支配的な Mn の化学種は，MnFe PBA ではなく，「見えない」Mn^{2+} 水和イオンということであり，試料 b の結果とよく似ている．

　一方，濁り領域に含まれる測定点，A と B での XANES は，6570 eV 付近の強度に違いはあるが，全体のプロファイル形状はよく似ており，類似の化学種が生成していることを示唆している．FEFF 計算との比較から，その化学種は単一ではなく，Fig.10 に模式的に示した $Mn(NCFe)_3O_3K_3$ という局所構造をもった MnFe PBA と，一部 Cl に置換した Mn^{2+} 水和イオン $[Mn(H_2O)_{6-n}Cl_n]$ ($n = 0, 1$) との混合物ということがわかった[53]．MnFe PBA と水和イオンのおよその比率は，A 地点で 1：1，B 地点では 2：3 であった[53]．測定点 A と B における XANES プロファイルの違いは，こうした比率の変化と Cl 置換の程度（測定点 A では Cl が 1 個置換したイオン，測定点 B では無置換のイオンが支配的）によると考えられる[53]．まとめると，濁り領域では MnFe PBA の比率が増すが，それでも

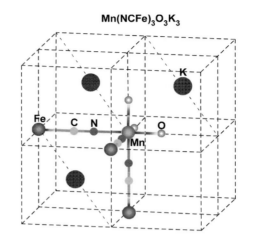

Fig.10 試料 c 中で生成した MnFe PBA の局所構造の模式図[53]．

5 割程度であり，その MnFe PBA は $Fe(CN)_6$ 空孔がかなり多い（Fig.10 参照）．これまで全く未知であったゲル中における MnFe PBA の沈殿帯についてここまでわかったことは，無機・分析化学としては意義があったが，材料としての応用という点では，得られた結果は満足できるものではない．材料科学への応用を視野に入れた，さらなる調製条件の検討と，そこで得られた試料に対する X 線分光分析が必要である．

9.4　試料 d

　試料 c より水ガラスゲルの密度を下げ，さらに寒天ゲルを除去した試料 d と，試料 d よりさらに水ガラスゲルの密度を下げた試料 e の X 線分光分析の結果は，ゲル密度の効果に関する新しい面を明かにした．まず，試料 d についての Mn Kα と Fe Kα 強度の分布と Mn-K 端 XANES[55]の結果を Fig.11 に示す．Fig.11 (a) を Fig.9 (a) と比べると，全体に Mn Kα が強くなっていること，ジグザグ構造が目立たないこと，そして強度分布の大まかな形状は似ている

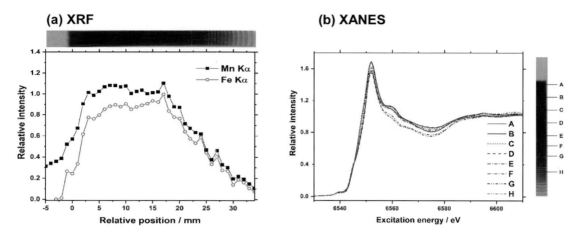

Fig.11 試料 d についての (a) Mn Kα 強度と Fe Kα 強度の分布，ならびに (b) Mn-K 端 XANES[55])．

が，試料 d の方が，Mn Kα と Fe Kα 強度分布の両方とも分布の幅が広いことが特徴的である．このことは，ゲルの密度を下げ（試料 c：0.052 g/cm^3→試料 d：0.032 g/cm^3），上部ゲルをなくしたことで，外部イオン（Mn^{2+}）が下部ゲル中で拡散しやすくなり，その結果，濁り領域が拡がったことの反映と考えられる．

Fig.11 (b) に示した XANES スペクトルは，その場所依存性も含め，Fig.9 (b) とよく似ている．ただし，濁り領域（測定点 A～F）のスペクトルをよく見ると，Fig.9 (b) のスペクトルに比べ，6560 eV 付近のショルダーがややなめらかになっているなど，ゲル密度によって MnFe PBA が変化したことを示唆している．FEFF 計算との比較から[55)]，この領域の MnFe PBA の，もっともありそうな局所構造は，Mn(NCFe)$_2$O$_4$K$_2$ であるとわかった．つまり，ゲル密度を低くしたことで，Mn(NCFe)$_3$O$_3$K$_3$ → Mn(NCFe)$_2$O$_4$K$_2$ と，Fe(CN)$_6$ 空孔が 1 つ増えてしまったことになる．Mn(NCFe)$_2$O$_4$K$_2$ では，Fe(CN)$_6$ 単位は 2 つしかない．よって，この MnFe PBA では，ちょうど酸性条件下のテトラエトキシシランのように[57)]，一次元的な線状構造が優勢と考えられる．試料 d の濁り領域中では，この MnFe PBA が Mn^{2+} 水和イオン（一部硫酸イオンが配位か）[55)] と 11：9 の比率で混ざっていると推定された[55)]．下方にいくと，XANES が変化するのは，Mn^{2+} 水和イオンの寄与が徐々に増えるためである．離散的な沈殿帯ができている領域（測定点 H）で，支配的な Mn の化学種が水和イオン[55)] ということ（つまり，その領域での沈殿帯の濃度はうすいということ）も，試料 c の結果とよく対応している．

9.5 試料 e

ゲルの密度をさらに下げた試料 e（試料 d：0.032 g/cm^3 → 試料 e：0.026 g/cm^3）についての Mn Kα と Fe Kα 強度の分布と Mn-K 端 XANES[55)] の結果を Fig.12 に示す．Fig.6 や Fig.12 の写真が示す通り，試料 e では離散的な沈殿帯が見えない．そのかわり，濁り領域の中にうす茶色の帯が見えている．Fig.12 (a) より，この帯ができている領域では，Mn Kα 強度も Fe Kα 強度もそろって減少していることがわかる．このことは，この濁り領域内部の帯構造が，

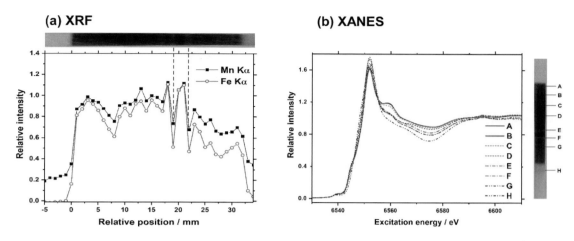

Fig.12 試料 e についての (a) Mn Kα 強度と Fe Kα 強度の分布，ならびに (b) Mn-K 端 XANES[55].

MnFe PBA 濃度の局所的な減少によることを強く示唆している．4 章でゲルの相反する効果について述べたが，その 2 つめの効果（粗い網目はオストワルト熟成の効果を強め，競合成長過程により離散的な沈殿帯をできやすくする）が濁り領域の中で効いていると思われる．オストワルト熟成の影響が大きいということは，もともとの粒子のサイズ分布はかなり大きかったはずである．実際，Fig.12 (a) の蛍光 X 線強度分布は，うす茶色の部分だけでなく，試料 d に比べて全体にかなりジグザグしている．以上のことから，試料 e では，濁り領域中の MnFe PBA 粒子のサイズ分布が大きい（より粒子サイズがゆらいでいる）と結論できる．

Fig.12 (b) に示した XANES スペクトルのうち，測定点 A と B で得られたものは，試料 d の測定点 A〜F で得られたものとほぼ同型である[55]．この結果から，ゲルの密度を低くしても，ゲルの接触面に近いところでは，化学種に大きな違いは生じないことがわかる．一方，茶色の沈殿帯がない測定点 H で得られた，6575 eV 付近の谷が深いスペクトルは，期待通り，$Mn(H_2O)_6^{2+}$ によるスペクトルであった[55]．試料 e では，試料 d と異なり，濁り領域の広い領域にわたって，スペクトルが変動しており，その変化は，Mn^{2+} 水和イオンの寄与の増加でよく説明できた[55]．つまり，ゲル密度が小さい試料 e の濁り領域においては，MnFe PBA のサイズ分布だけでなく，その水和イオンとの混ざり具合も，不安定になっているということである．離散的な沈殿帯の消失は，その上部にある濁り領域のこうした不安定さと関係があるのかもしれない．

9.6 試料 f と g

外部イオンを Mn^{2+} から Co^{2+} に変えた試料 f と g（8 章で述べたように，この系は MnFe PBA より，リーゼガングバンドをつくりにくい）についての Co Kα と Fe Kα 強度の分布と Co-K 端 XANES[54] の結果を Fig.13 と Fig.14 に示す．

どちらの試料もヘキサシアノ鉄酸イオンの濃度が試料 c〜e に比べて低いので，Fig.13 (a) と Fig.14 (a) では，Fe Kα の相対的な強度が弱まっている．Co^{2+} 水和イオンの量がヘキサシアノ

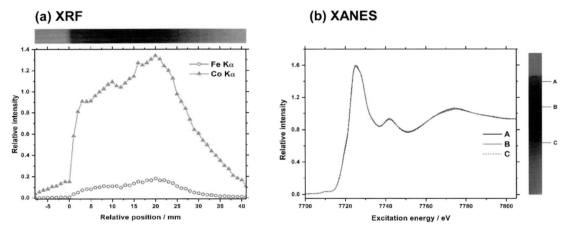

Fig.13 試料 f についての (a) Fe Kα 強度と Co Kα 強度の分布,ならびに (b) Co-K 端 XANES[54].

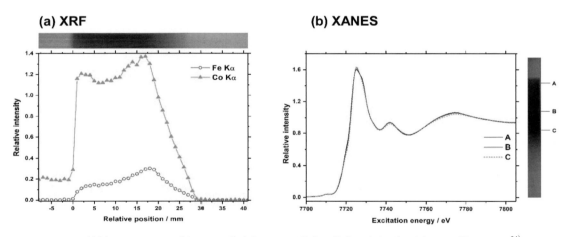

Fig.14 試料 g についての (a) Fe Kα 強度と Co Kα 強度の分布,ならびに (b) Co-K 端 XANES[54].

鉄酸イオンよりかなり多いという状況は,試料 a と b に似ているが,Mn^{2+} 水和イオン同様,Co^{2+} 水和イオンも Fe^{3+} 水和イオンより重合しにくいためか,Fig.7(a), 8(a) のような,ゲル接触面での外部イオンの特異的な増加は見られない.その点では,試料 c〜e に似ている.その一方で,試料 c〜e の蛍光 X 線強度分布と比べると,全体に,大きな分布の「うねり」はあるものの,ジグザグ構造は見られない.これは,ヘキサシアノ鉄酸イオンが少ないため,濁り領域内においても,「反応せずに拡散するだけ」の Co^{2+} 水和イオンの方が,生成した CoFe PBA より,多いことが主因であろう.ただし,Co Kα 分布のうねり構造には,Fe Kα 分布のうねり構造も(完全にではないが)対応しているので,生成した CoFe PBA 粒子のサイズ分布の小ささや拡散しやすさも,ジグザグ構造の少なさに一部寄与しているかもしれない.

8 章で述べたように,部分酸化と,それによる化学種の同一化の可能性は考慮しなければな

らないが，それにしても，Fig.13 (b) と Fig.14 (b) で見られる XANES スペクトルの均質性は印象的である．この結果は，試料 f と g で生成した CoFe PBA 中の Co まわりの局所構造は，ヘキサシアノ鉄酸イオンの鉄の酸化数や，濁り領域中の測定位置によらず，ほぼ一定であることを示している．FEFF 計算と比較した結果[54]，もっともありそうな CoFe PBA の局所構造は，$Mn(NCFe)_2(OC)_4$ であった．つまり，$Fe(CN)_6$ 単位を2つしかもたず（試料 d や e の濁り領域上部で生成している MnFe PBA と類似），残りの Co の4配座には酢酸が配位している一次元的なポリマーの CoFe PBA が，濁り領域中にあまねく存在していることが示唆されたわけである．この CoFe PBA と Co^{2+} 水和イオンの比率は1：1と定量化できた[54]．この「半々」という比率も，濁り領域内でほぼ変わらないことになる．

以上のX線分光分析法の結果を総合すると，CoFe PBA からできる濁り領域では，Co まわりの局所構造が一様で，Co や Fe の濃度のゆらぎも小さいと結論できる．この「安定性」は，上部にも寒天ゲルを使い，比較的高密度の水ガラスゲルを使っていること（表2参照）にもよるだろう．しかしながら，ゲルについてはほぼ同じ条件で調製した試料 c では，蛍光X線強度分布にジグザグ構造があることや [Fig.9 (a)]，XANES にかなりの場所依存性が見られること [Fig.9 (b)] を思いおこすと，CoFe PBA 自体にも，均一な分布や一様な局所構造をとりやすい傾向があると考えざるをえない．このことがリーゼガングバンドの生成しにくさに関係しているのかもしれない．

10. おわりに

5章で述べた諸問題のため，2011年の物質・材料研究機構の研究[37]までは「ゲル中での離散的な沈殿形成現象」は，X線分光分析とはほとんど縁がなかった．2016年以降，主に筆者等の研究[33,53-55]により，「PBA のリーゼガングバンド」という新天地が見いだされ，現在，新展開を迎えている．従来，ほとんど理解されていなかった PBA のゲル中の沈殿帯についても，X線分光分析法のおかげで，本稿にまとめた程度の知見は得られるようになった．研究がはじまったばかりなので，不明な点は多いし，$Fe(CN)_6$ 空孔が少ない PBA からなるリーゼガングバンドもまだ調製できていない．そもそもリーゼガングバンド形成という現象は，長く産業に利用されなかったこともあり[8]，今後どこまで実用に役立つか，不明確な点もある[9]．しかし，だからこそ，この研究は深める価値があると思う．文献8には，1970年に出版された元本[58]があり，こちらは和訳されている[59]．文献59の末尾の言葉をもって，本稿を終わりたい．「ゲル法に関しては，やたらに金をかける実験者のほうに，てんびんは必ずしも振れない．独学のアマチュアにも，にわか勉強のプロにも，同様に，これほど美しく，性に合った，有用な努力の場所を提供する分野は，もうそれほど多くは残っていないであろう」[59]．

謝　辞

本稿で紹介した PBA の沈殿帯に関する研究は，フォトンファクトリーの阿部仁先生との共同研究です．XANES の測定は，課題番号2014G505 と 2016G511 の下で実施されました．先生のご協力に厚く御礼申し上げます．ゲル試

料の調製は，日本女子大学・理学部・物質生物科学科・X線物理化学研究室の皆さんの卒業研究の一環としてなされました．特に，Fig.1に示した Ag_2CrO_4 ゲルの調製に尽力していただいた原田彩香さん，安武里奈さんに感謝します．

参考文献

1) 山口智彦：表面技術，**62**，74（2011）．
2) 神宮寺守：山梨医大紀要，**18**，129（2001）．
3) 甲斐昌一：物性研究，**97**，1243（2012）．
4) G. Nicolis, I. Prigogine，小畠陽之助，相沢洋二 訳："散逸構造—自己秩序形成の物理学的基礎—"，（1980）（岩波書店）．
5) M. Schroeder，竹迫一雄 訳："フラクタル・カオス・パワー則 はてなし世界からの覚え書"，（1997）（森北出版）．
6) 三池秀敏，森義仁，山口智彦："非平衡系の科学III—反応・拡散系のダイナミクス—"，（1997）（講談社サイエンティフィク）．
7) L. Qi: *Coord. Chem. Rev.*, **254**, 1054 (2010).
8) H. K. Henisch: "Crystals in Gels and Liesegang Rings," (1988) (Cambridge University Press, New York).
9) B. A. Grzybowski: "Chemistry in Motion Reaction-Diffusion Systems for Micro- and Nanotechnology," (2009) (John Wiley & Sons, Chichester, UK).
10) I. Lagzi, Eds.: "Precipitation Patterns in Reaction-Diffusion Systems," (2010) (Research Signpost, Kelala, India).
11) T. Karam, H. El-Rassy, V. Nasreddine, F. Zaknoun, S. El-Joubeily, A. Z. Eddin, H. Farah, J. Eusami, S. Isber, R. Sultan: *Chaotic Model. Simul.*, **3**, 451 (2013).
12) 吉村壽次 編集代表："化学辞典 第2版"，(2009)（森北出版）．
13) D. R. Lide, Eds.: "Handbook of Chemistry and Physics, 2009-2010, 90th ed.," (2010) (CRC press, Boca Raton, USA).
14) 日本分析化学会 編："改訂五版 分析化学便覧"，(2001)（丸善）．
15) L. G. Sillen, Eds.: "STABILITY CONSTANTS OF METAL-ION COMPLEXES", (1964) (The Chemical Society, London, UK).
16) R. E. Liesegang: *Naturwiss. Wochenschr.*, **11**, 353 (1896).
17) 志田正二：物理化学の進歩，**10**，86（1936）．
18) P. Hantz: *J. Phys. Chem. B*, **104**, 4266 (2000).
19) S. J. Shitole, K. B. Saraf: *Bull. Mater. Sci.*, **24**, 461 (2001).
20) Wi. Ostwald: *Z. Physik. Chem.*, **27**, 265 (1897).
21) B. Qu, Ph. D. Dissertation, University of Toronto, Ontario, Canada, (2012). https://tspace.library.utoronto.ca/handle/1807/44080
22) M. Chacron, I. L'Heureux: *Phys. Lett. A*, **263**, 70 (1999).
23) S. C. Müller, S. Kai, J. Ross: *J. Phys. Chem.*, **86**, 4078 (1982).
24) S. Kai, S. C. Müller, J. Ross: *J. Phys. Chem.*, **87**, 806 (1983).
25) M. Flicker, J. Ross: *J. Chem. Phys.*, **60**, 3458 (1974).
26) I. Lagzi: *Langmuir*, **28**, 3350 (2012).
27) S. Kai, S. C. Müller, J. Ross: *J. Chem. Phys.*, **76**, 1392 (1982).
28) B. A. Grzybowski, K. J. M. Bishop, C. J. Campbell, M. Fialkowski, S. K. Smoukov: *Soft Matter*, **1**, 114 (2005).
29) B. A. Grzybowski, C. J. Campbell: *Mater. Today*, **10**, 38 (2007).
30) 服部英喜，原田雅章：X線分析の進歩，**43**，303（2012）．
31) 日本XAFS研究会 編："XAFSの基礎と応用"，(2017)（講談社）．
32) L. Mandalian, M. Fahs, M. Al-Ghoul, R. Sultan: *J. Phys. Chem. B*, **108**, 1507 (2004).
33) H. Hayashi, H. Abe: *J. Anal. At. Spectrom.*, **31**, 912 (2016).
34) D. Xie, J. Wu, G. Xu, Qi. Ouyang, R. D. Soloway, T. Hu: *J. Phys. Chem. B*, **103**, 8602 (1999).
35) M. Al-Ghoul, T. Ghaddar, T. Moukalled: *J. Phys. Chem. B*, **113**, 11594 (2009).
36) M. Al-Ghoul, M. Ammar, R. O. Al-Kaysi: *J. Phys. Chem. A*, **116**, 4427 (2012).
37) M. Vyšinka, M. Mizusawa, K. Sakurai: *WDS'11 Proceedings of Contributed Papers, Part III*, 147 (2011).

38) J. Jiang, K. Sakurai: *Langmuir*, **32**, 9126 (2016).
39) M. Verdaguer, G. Girolami: "Magnetic Prussian Blue Analogs", in J. S. Miller, M. Drillon, Eds.: "Magnetism: Molecules to Materials V.", p.283 (2004) (Wiley-VCH Verlag GmbH & Co. KGaA, Weinheim).
40) H. Tokoro, S. Ohkoshi: "Photo-Induced Phase Transition in RbMnFe Prussian Blue Analog-Based Magnet," in M. Ohtsu, Eds.: "Progress in Nano-Electro-Optics VII Chemical, Biological, and Nanophotonic Technologies for Nano-Optical Devices and Systems," p.1 (2010) (Springer-Verlag, Berlin).
41) G. Fornasieri, M. Aouadi, E. Delahaye, P. Beaunier, D. Durand, E. Rivière, P-A. Albouy, F. Brisset, A. Bleuzen: *Materials*, **5**, 385 (2012).
42) D. M. Pajerowski, J. E. Gardner, F. A. Frye, M. J. Andrus, M. F. Dumont, E. S. Knowles, M. W. Meisel, D. R. Talham: *Chem. Mater.*, **23**, 3045 (2011).
43) M. Okubo, D. Asakura, Y. Mizuno, J.-D. Kim, T. Mizokawa, T. Kudo, I. Homma: *J. Phys. Chem. Lett.*, **1**, 2063 (2010).
44) P. Nie, L. Shen, H. Luo, B. Ding, G. Xu, J. Wang, X. Zhang: *J. Mater. Chem. A*, **2**, 5852 (2014).
45) D. Yang, J. Xu, X.-Z. Liao, Y.-S. He, H. Liu, Z.-F. Ma: *Chem. Commun.*, **50**, 13377 (2014).
46) L. Wang, J. Song, R. Qiao, L. A. Wray, M. A. Hossain, Y.-D. Chuang, W. Yang, Y. Lu, D. Evans, J.-J. Lee, S. Vail, X. Zhao, M. Nishijima, S. Kakimoto, J. B. Goodenough: *J. Am. Chem. Soc.*, **137**, 2548 (2015).
47) A. L. Lipson, B. Pan, S. H. Lapidus, C. Liao, J. T. Vaughey, B. J. Ingram: *Chem. Mater.*, **27**, 8442 (2015).
48) M. Magini: *J. Chem. Phys.*, **74**, 2523 (1981).
49) A. Corrias, A. Musinu, G. Pinna: *Chem. Phys. Lett.*, **120**, 295 (1985).
50) K. Asakura, M. Nomura, H. Kuroda: *Bull. Chem. Soc. Jpn.*, **58**, 1543 (1985).
51) Y. Tajiri, M. Ichihashi, T. Mibuchi, H. Wakita: *Bull. Chem. Soc. Jpn.*, **59**, 1155 (1986).
52) E. J. M. Vertelman, E. Maccallini, D. Gournis, P. Rudolf, T. Bakas, J. Luzon, R. Broer, A. Pugzlys, T. T. A. Lummen, P. H. M. van Loosdrecht, P. J. van Koningsbruggen: *Chem. Mater.*, **18**, 1951 (2006).
53) H. Hayashi, H. Abe: *J. Anal. At. Spectrom.*, **31**, 1658 (2016).
54) H. Hayashi, H. Abe: *Bull. Chem. Soc. Jpn.*, **89**, 1510 (2016).
55) H. Hayashi, H. Abe: *Bull. Chem. Soc. Jpn.*, **90**, 807 (2017).
56) H. Hayashi: *X-Ray Spectrom.*, **43**, 292 (2014).
57) 作花済夫："ゾル―ゲル法の科学―機能性ガラスおよびセラミックスの低温合成―"，(1988)（アグネ承風社）．
58) H. K. Henisch: "Crystal Growth in Gels", (1970) (The Pennsylvania State University Press, London).
59) H. K. Henisch，中田一郎，中田公子 訳：" 結晶成長とゲル法 "，(1972)（コロナ社）．

解 説

3D プリンタによる分光器の試作

田中亮平[*], 森崎聡志, 山下大輔, 山本大地, 堤 麻央, 杉野智裕, 河合 潤

Applicability of 3D Printer to Spectroscopic Analysis

Ryohei TANAKA[*], Satoshi MORISAKI, Daisuke YAMASHITA,
Daichi YAMAMOTO, Mao TSUTSUMI, Tomohiro SUGINO and Jun KAWAI

Department of Materials Science and Engineering, Kyoto University
Sakyo-ku, Kyoto 606-8501, Japan

(Received 30 November 2017, Revised 31 January 2018, Accepted 2 February 2018)

In order to assess the applicability of a 3D printer to spectroscopic analysis, 3D printed spectrometers with various type of optics were assembled. The input data used in the 3D printer have the same format as those used in machining, *i.e.*, the 3D printer can be directly replaced the conventional way. The 3D printer enables to easily make resin holders of X-ray tubes and detectors, which can reduce interference peaks generated from parts made of alloys. Combined with the conventional machining, 3D printer should facilitate making lightweight portable spectrometers, keeping with high accuracy and sensitivity.

[Key words] 3D printer, Spectrometer, Miniaturization

3次元(3D)プリンタ製の部品を組み合わせて種々のX線分光器を試作し, 全反射蛍光X線・偏光蛍光X線測定を行った. 3D プリンタで使用される入力データは, 機械加工で使用されるものと同形式であり, 機械加工用のデータをそのまま用いることができる. 3D プリンタ製の樹脂部品を用いることで, 合金製の部品から発生する妨害ピークを低減できた. 3D プリンタを従来の機械加工と組み合わせることにより精度・感度を保ちながら, 軽量な小型分光器を簡便に製作することが可能となった.

［キーワード］3D プリンタ, 分光器, 小型化

1. はじめに

その場計測が必要とされる分析には携帯可能な小型分析装置が必要であり, ハンドヘルド型やパームトップ型をはじめとした分析装置のミニチュア化が進んでいる[1]. また近年, 3D プリンタ製ホルダなどの部品を用いた分光分析装置の開発に関する報告がなされている[2].

Seidler らは最大出力 50 ワットの空冷式低出力X線源を用いたX線吸収分光装置や波長分散型高分解能蛍光X線分析装置のデバイスホルダに 3D プリンタを応用しており, CMOS カメラを 2 次元検出器として用いたリンや硫黄の Kα 線ケミカルシフトが測定できる蛍光X線分光器や, 短時間で EXAFS が測定できる分光器が市販されている[3,4].

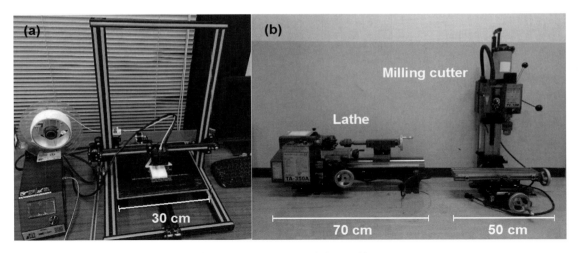

Fig.1　(a) 3D printer and (b) machines.

3Dプリンタで用いる入力データは数値制御による機械加工で用いられるデータと同形式の3D CADデータであり，今まで機械加工で行っていた装置製作を3Dプリンタによる簡便な方式にそのまま置き換えることができる．ここでは，3Dプリンタを当研究室に導入した2017年9月から12月までの3ヶ月間で試作してきた3次元偏光光学系蛍光X線分析装置や全反射蛍光X線（TXRF）装置などの種々の光学系を有する分光装置によって行った試料分析の精度・感度をもとに，小型の分光分析装置製作にあたり，従来の機械加工に代わって3Dプリンタを利用して得られた知見を報告する．

2.　3Dプリンタによる装置の試作

3Dプリンタを用いて，検出器ホルダ，TXRF装置，2次元配置XRF装置，3次元偏光光学系XRF装置の試作を行った．3Dプリンタは3DP-20（HICTOP）を用いた．Fig.1に使用した3Dプリンタと，金属加工用機械の例としてフライス盤および旋盤を示す．この3Dプリンタは熱溶解積層方式であり，熱可塑性樹脂のフィラメントを熱して溶解し，1層ずつ塗り重ねていく．最大で縦×横×高さが30 cm×30 cm×30 cmのサイズの部品が製作可能な卓上型のプリンタで，企業・法人向けの大型3Dプリンタと比較すると安価であり数万円程度で購入できる．フィラメントには主にポリ乳酸（PLA）樹脂やアクリロニトリルブタジエンスチレン（ABS）樹脂が用いられる．PLAの融点は180-230℃，ABSの融点は230-260℃であり，ABS樹脂を用いる場合はフィラメント射出ノズルをより高温に保持する必要があるため，我々はPLA樹脂を用いた．最大のサイズは3次元偏光光学系XRF装置の分光器で10 cm×10 cm×10 cm，質量は180 g，要した時間は10時間であった．

試作した装置をそれぞれFigs.2-5に示す．Fig.2は30度ごとに検出角度を変更可能な検出器ホルダであり，各ホルダの凹凸の組み合わせを変えることで角度の調整を行うことができる．このように，光学系の調整を簡便に行うことができる部品に対して，3Dプリンタを応用することができる．

TXRF装置（Fig.3）について，X線管や検出

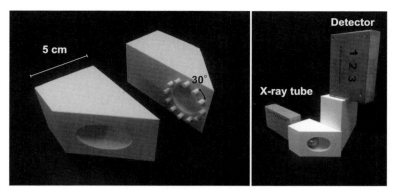

Fig.2 Holders for an X-ray tube and a detector, which can change azimuthal angles of the detector each 30 degrees.

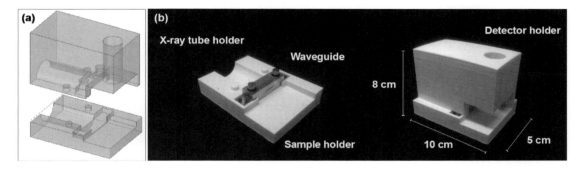

Fig.3 3D printed total reflection XRF spectrometer. (a) Schematics of the spectrometer designed by 3D CAD. (b) Lower part (left) and the whole (right) of the spectrometer. An X-ray tube, a detector, and an optical flat can be attached.

器，石英オプティカルフラット（反射波面精度：λ/20，シグマ光機）試料台のホルダ部分に 3D プリンタを用いた．面精度が要求される X 線導波路[5,6]については金属加工した．試料上で全反射した X 線の散乱を防ぐため，反射した X 線の進行方向が空洞になるように設計した．試料にバナジウム水溶液（1000 ppm，10 μl）を用い，オプティカルフラットの高さと視射角の調整を行った．ホルダに導波路を設置したときの X 線の視射角を 0 度，試料台ホルダの底面の高さを 0 mm とした．角度と高さの調整は厚さ 0.0625 mm のシートを試料台ホルダ底面とオプティカルフラットの間に挿入することで行った．

2 次元配置 XRF 装置（Fig.4）について，X 線管－試料－検出器のなす角度が 90 度となるように装置の設計を行った．試料の近傍に三角形状の空洞を設けた分光器と直径 1 mm のコリメータを有する分光器（フィラメント材：ポリカーボネート，京都市産業技術研究所）[7]の 2 種類の 2 次元配置 XRF 装置を試作した．ステンレス鋼 SUS316L の XRF 測定を行い，それぞれの分光器から生じる散乱線強度を比較した．

3 次元偏光光学系 XRF 装置（Fig.5）について，当グループでは 2017 年前半にマシニングセンタで数値制御加工によりアクリル製分光器（RES-Lab.）を試作した[8,9]．そのときと同じ 3D

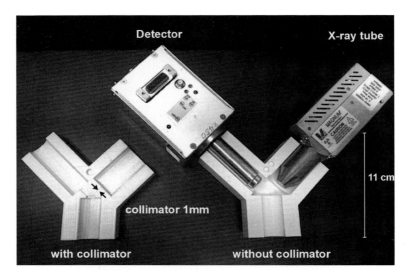

Fig.4 3D printed 2D spectrometers with collimator (left) and without collimator (right). Diameter of collimator is 1 mm.

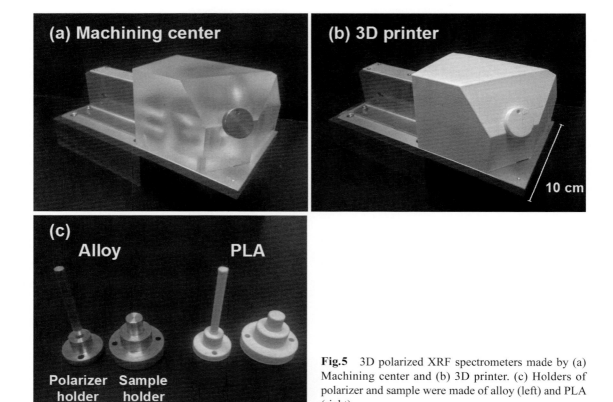

Fig.5 3D polarized XRF spectrometers made by (a) Machining center and (b) 3D printer. (c) Holders of polarizer and sample were made of alloy (left) and PLA (right).

CADデータを基に，3Dプリンタを用いて樹脂製分光器を製作した．試料台や偏光子台の材質によるスペクトル変化を評価するため，真鍮製と3Dプリンタ製の台を用い，試料を置かずにブランクでの測定を行いスペクトルの比較を行った．なお各台の3D CADデータも数値制御加工の際と同じデータを用いた．

X線管はすべての測定にULTRALIGHT MAGNUM（タングステンターゲット，最大出力4ワット，MOXTEK）を用いた．検出器はTXRF測定にはSi-Pin検出器X-123 (Amptek) を，それ以外の測定にはSDD検出器 (RES-Lab.) を用いた．

3. 3Dプリンタ製分光器によるXRF分析

3.1 全反射XRF

Fig.6にオプティカルフラットの高さおよび

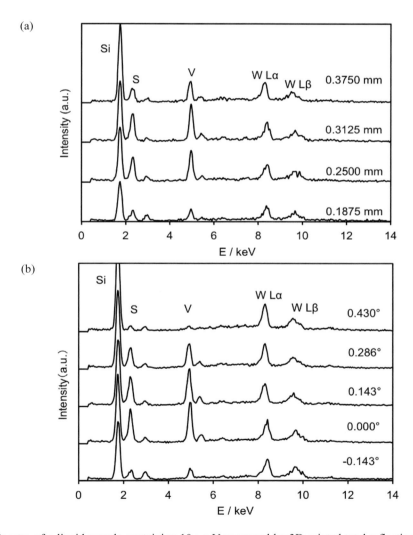

Fig.6 Spectra of a liquid sample containing 10 μg V measured by 3D printed total reflection XRF spectrometer. Spectra changed depending on (a) the height of sample holder and (b) the incident angle. Applied voltage and current to the X-ray tube were 20 kV and 10 μA.

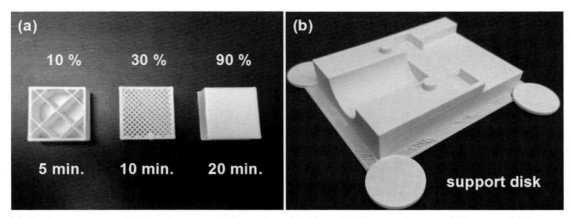

Fig.7 Improvement of design to prevent deformation of holders. (a) Change of a space-filling rate. (b) Support disks for fixing to a printing base.

X線の視射角を変化させた際のバナジウム水溶液の測定スペクトルを示す．試料台ホルダ底面から高さ 0.3125 mm の位置にオプティカルフラットを配置したときが，V Kα の強度が最も大きくなった．次に高さを 0.3125 mm の位置に保持したまま視射角を変化させたところ，0 度すなわち視射角を変化させないときが V Kα の強度が最も大きくなった．これは，ホルダが冷却時に収縮することでホルダ底面に傾斜が付与されたことが原因と考えられる．このようなプリント後冷却時の変形を防ぐためには，Fig.7 に示すように，フィラメントの充填率を変更する，サポート材を用いることで基盤との接着面を増やし収縮を防止するといった対策が必要となる．

試料台の高さが 0.3125 mm，視射角が 0 度のときのスペクトルからバナジウムの検出下限を，バックグラウンド信号強度の標準偏差の 3 倍の濃度に換算して見積もったところ 200 ng となり，3D プリンタを用いた簡易な全反射 XRF 装置でも高感度分析が達成できた．今回用いた X 線導波路やオプティカルフラットと同様のものを用いた当グループの全反射 XRF 装置開発に関する研究[10]では，pg オーダーの検出下限を達成しており，より高感度の分析を行うためには，角度調整などの精度が求められる部品は金属加工を併用すればよいことがわかる．

3.2 2 次元配置 XRF

コリメータ有・無の分光器で測定したステンレス鋼の測定スペクトルを Fig.8 に示す．

コリメータ無の場合，有の分光器を用いた場合と比較して 10−25 keV のバックグラウンド強度が小さくなり，例えば，コリメータ無の場合の Mo Kα (17.4 keV) に対するバックグラウンド強度はコリメータ有の場合の 20% となった．コリメータの設置により通常バックグラウンドは減少するが[11]，今回は分光器の素材に軽元素樹脂のみを用いており，軽元素はコンプトン散乱断面積が大きいため，入射 X 線や蛍光 X 線が樹脂により散乱されることでバックグラウンド強度が増大したと考えられる．散乱線の発生を抑えるためには，光路やフィラメントの充填率，コリメータ部分の材質の変更など設計上の工夫を施す必要がある．

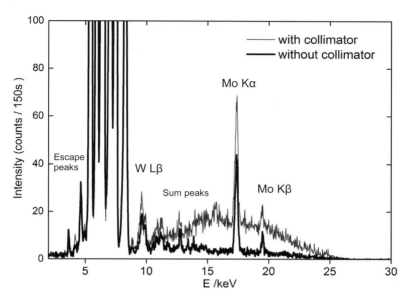

Fig.8 Spectra of SUS316L measured by 3D printed 2D spectrometer. Applied voltage and current to the X-ray tube were 25 kV and 1 μA.

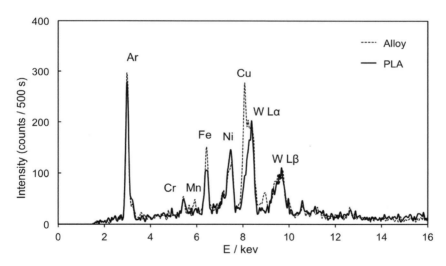

Fig.9 Spectra of blank measured by a polarized XRF spectrometer with sample holders made of alloy (dots) and PLA (solid line). Applied voltage and current to the X-ray tube were 25 kV and 1 μA. An Acrylic plate was employed as a polarizer.

3.3　3次元偏光光学系 XRF

　試料台および偏光子台が真鍮製の場合と，3D プリンタ製のものを用いた場合のブランク測定時のスペクトルを Fig.9 に示す．真鍮製の場合，Cu Kα (8.04 keV) が観測された．3次元偏光光学系 XRF において，完全偏光した X 線を励起光として用いた場合，線源由来の X 線は観測されない．そのため偏光光学系分光器の

性能を確認するためには，線源由来のW線の強度を評価する必要がある．また，偏光光学系を用いた場合，偏光子により90度方向に散乱されたW Lαのコンプトン散乱線（8.26 keV）が発生する[8,9,12]．真鍮製の部品を用いた場合，Cu Kαが妨害ピークとなり，スペクトルの強度変化が評価できない．他方，試料台および偏光子台を樹脂製に置き換えた場合では，真鍮由来の蛍光X線は生じないため，Cu Kαが減少しW Lαやそのコンプトン散乱線を観測することができる．このように測定目的に応じて，金属製部品を3Dプリンタ製の樹脂部品に置換することで，X線管の管電圧・電流の調整やターゲットを変更することなく，装置に起因して生じる妨害ピークの除去ができる．

4. おわりに

TXRF，偏光光学系XRFなど種々の分光装置の試作に3Dプリンタを応用し，試料測定を行うことで，XRF分析の精度・感度に及ぼす影響を評価した．高精度が要求される部分に対しては金属加工した部品を用いる必要があるが，金属部品から生じる妨害ピークを低減するための樹脂製部品，X線管や検出器を固定するためのホルダ，本格的な設計の検討を行うためのプロトタイプの製作に3Dプリンタを活用することは有用であると考えられる．従来の数値制御による機械加工と3Dプリンタの入力データが共通であることから，測定目的や対象に応じて機械加工による金属部品と3Dプリンタによる高分子樹脂部品を組み合わせることで，従来装置の精度・感度を保ちつつ，携帯型分析装置のより簡便な開発が可能になると考えられる．

謝　辞

本研究の一部は科研費（17H06792）の助成を受けたものである．本研究を行うに際して，ポリカーボネート製分光器の製作と，空洞を有する部品作製時の分割印刷方法など3Dプリンタを用いた設計方法・方針に関する初歩的指導をいただいた（地独）京都市産業技術研究所の竹浪祐介氏，門野純一郎氏に感謝します．アクリルブロックの切削による分光器のアイデアの提案，NCフライスおよびマシニングセンタによる小型偏光光学系XRF装置の設計・製作ならびに3D CADデータを提供していただいた㈱RES-Labの志村尚美氏に感謝します．3Dプリンタの装置開発への応用のきっかけは，共著者の河合が，イタリア・ピサ市で開催された国際分光学会議（CSI, 2017年6月）においてブダペスト工科経済大学Imre Szalókiからの3Dプリンタに関するアドバイスと2017年8月にシアトルのワシントン大学Jerry Seidler研究室の見学を契機に始まったものである．ここに感謝の意を記します．

参考文献

1) 南　茂夫：ミニチュア化が進む分光機器―分光器の「ゾウ」と「アリ」―，分光研究, **66**, 98 (2017).

2) I. Szalóki, A. Gerényi, and G. Radócz: Confocal macro X-ray fluorescence spectrometer on commercial 3D printer, *X-ray Spectrometry*, **46**, 497 (2017).

3) W. M. Holden, O. R. Hoidn, A. S. Ditter, G. T. Seidler, J. Kas, J. L. Stein, B. M. Cossairt, S. A. Kozimor, J. Guo, Y. Ye, M. A. Marcus, S. Fakra: A compact dispersive refocusing Rowland circle X-ray emission spectrometer for laboratory, synchrotron, and XFEL applications, *Reviews of Scientific Instruments*, **88**, 073904 (2017).

4) D. R. Mortensen, G. T. Seidler: Robust optic alignment in a tilt-free implementation of the Rowland circle

spectrometer, *Journal of Electron Spectroscopy and Related Phenomena*, **215**, 8 (2017).

5) V. K. Egorov, E. V. Egorov: The experimental background and the model description for the waveguide-resonance propagation of X-ray radiation through a planar narrow extended slit, *Spectrochimica Acta Part B*, **59**, 1049 (2004).

6) S. Kunimura, J. Kawai: Portable total reflection X-ray fluorescence spectrometer for nanogram Cr detection limit, *Analytical Chemistry*, **79**, 2593 (2007).

7) T. Sugino, R. Tanaka, J. Kawai: 3D printed compact XRF spectrometer, (submitted to *International Journal of PIXE*)

8) R. Tanaka, T. Sugino, N. Shimura, J. Kawai: 3D-Polalized XRF Spectrometer with a 50 kV and 4 W X-Ray Tube, *Advances in X-Ray Analysis*, **61**, (2018) (in press).

9) 杉野智裕, 田中亮平, 河合 潤：小型偏光X線励起による鋼材のXRF測定, X線分析の進歩, **49** (2018).

10) 国村伸祐, 河合 潤：高感度ハンディー全反射蛍光X線分析装置, X線分析の進歩, **41**, 29 (2010).

11) R. Cesareo, S. Ridolfi, M. Marabelli, A. Castellano, G. Buccolieri, M. Donativi, G. E. Gigante, A. Brunelli, M. A. R. Medina: Portable Systems for Energy-Dispersive X-Ray Fluorescence Analysis of Works of Art/Instrumentation of PXRF Analysis, in P. J. Potts, M. West eds., "Portable X-ray Fluorescence Spectrometry: Capabilities for in Situ Analysis" Chap.9, Sec.4, pp.216-219 (2008), (RSC Publishing, UK).

12) R. W. Ryon: Polarization for background reduction in EDXRF analysis —The technique that indeed work—, *Advances in X-ray Analysis*, **46**, 352 (2003).

新刊紹介

Планарные рентгеновские волноводы - резонаторы：
Реализация и Перспективы
(Planar X-Ray Waveguide-Resonator: Implementation and Prospects)

Authors: Владимир Егоров (Vladimir Egorov), Евгений Егоров (Evgeniy Egorov)
Product Dimensions: 5.9 × 0.9 × 8.7 inches, Paperback: 396 pages, Language: Russian
Lambert Academic Publishing (https://www.lap-publishing.com/), Saarbrücken, Germany (2017)
ISBN-10: 3659874558, ISBN-13: 978-3659874550
Price: 53USD (Amazon)

Vladimir and Evgeniy (father and son) Egorov published a book on planar X-ray waveguide resonator. The contents seem to be collections of published papers authored by them, but something more than already published papers. The topics are: Plane waveguide-resonator, application to diffractometry and X-ray fluorescence, comparison between waveguide-resonator and synchrotron radiation, features of beam formation, nanophotonics, high-energy X-ray filter, nanometrology, propagation of hard electromagnetic radiation, X-ray intensity distribution formed by a waveguide-resonator, luminosity increasing, modification, plane slotted X-ray guides based on polycrystalline reflector, peculiarities of nano-sized gaps, X-ray laser based on waveguide-resonance propagation, nanoscale film coatings to build planar X-ray waveguide-resonator, total reflection X-ray fluorescence analysis by ion-beam excitation, and controlling the characteristic X-ray flux.

The Egorov-type waveguide is an important optical device of total reflection X-ray fluorescence (TXRF) spectrometer developed in Kyoto University. Vladimir Egorov says that the waveguide used in Kyoto University TXRF model is not a resonator type but only a waveguide. We think only the waveguide without resonator function has itself a large effect of higher sensitivity TXRF. Though the physics of resonator is not well understood by many researchers, we think the interference fringes are sometimes observable for the resonator-type waveguide alone. Many measured fringes are shown as figures in the present book.

(Bolortuya Damdinsuren and Jun Kawai, Kyoto University)

解 説

ワシントン大学の高分解能低電力蛍光X線装置とXAFS

河合 潤[*]

High Energy-Resolution, Low Power XRF and XAFS Spectrometers of Washington University

Jun KAWAI[*]

Department of Materials Science and Engineering, Kyoto University
Sakyo-ku, Kyoto 606-8501, Japan

(Received 10 December 2017, Revised 21 December 2017, Accepted 30 December 2017)

　　Two types of spectrometers developed in Seidler's Laboratory at University of Washington, Seattle, are explained. These two types are now commercially available. The X-ray tube power is from 20 to 50 watts, forced air cooled. The author of the present paper (Jun Kawai) visited Seidler's laboratory in August 2017. Seidler's XRF spectrometer is high resolution in energy and can measure one sulfur spectrum within 15 minutes, which is a similar energy resolution and sensitivity to a double-crystal spectrometer made by Gohshi 40 years ago with kW water cooled X-ray tube. The key elements are focusing analyzing crystal and cheap 2D CMOS X-ray detector with 200 eV energy resolution. Seidler's XAFS spectrometer is high resolution and again an XANES-EXAFS spectrum can be measured within 30 minutes. This XAFS spectrometer can also measure XRF spectra. An important technique of developing these spectrometers is the 3D printer.

[Keywords] High resolution XRF, Low power laboratory XAFS, Bent crystal spectrometer, 3D printer

　　シアトル市ワシントン大学のサイドラー研究室で開発し市販されている，小電力（20〜50 W）高分解能蛍光X線分光器とXAFS装置を紹介する．サイドラーらのXRF装置は，15分で合志らが開発した2結晶分光器（kW水冷X線管）とほぼ同じエネルギー分解能の蛍光X線スペクトルが測定できる小型真空分光器である．重要な要素部品は，集光性のある分光結晶と安価ながらエネルギー分解能が200 eVの高計数率2次元CMOS検出器である．サイドラーらのXAFS装置は，30分でXANES-EXAFS測定ができる．このXAFS装置はXRFも高分解能で測定可能である．サイドラーがこのような分光器を次々に開発できるのは，安価な3Dプリンタをうまく利用しているからだと言うのが，研究室を訪問した印象である．

[キーワード] 高分解能XRF，低電力実験室XAFS，湾曲結晶分光器，3Dプリンタ

京都大学大学院工学研究科材料工学専攻　京都府京都市左京区吉田本町　〒606-8501　[*]連絡著者: kawai.jun.3x@kyoto-u.ac.jp

1. はじめに

シアトルのワシントン大学 (University of Washington) の Gerald T. Seidler (通称 Jerry サイドラー) らが低電力X線管 (20～50 W 強制空冷) を使い, 1 台の装置で高分解能蛍光 X 線スペクトルと高分解能 XAFS が 1 スペクトル 30 分で測定できる分光器を開発したことは, 2015 年のデンバー X 線会議の Seidler の招待講演[1]で聞いたが, にわかには信じがたいことだったので, その後文献等の調査もせず, そのまま放置していた. 本年 (2017 年) 2 月に easyXAFS 社[2]の Devon Mortensen から実験室系の XRF＋XAFS 装置に関する短いメールが, 私を含む東大, 京大, 阪大, 名古屋大等の XAFS 研究者宛に一斉に送信された. 通常ならごみメールとして読まずに削除するが, 少し気になったので Devon Mortensen を検索してみると, ResearchGate にアカウントがあって (Fig.1), Seidler と共同研究者であることがわかり, 面識のあった Seidler に連絡を取ったことが本稿を執筆するきっかけである. 今回 Mortensen に会って日本宛に送ったメールの返事があったか聞いてみると, 私以外の反応は全くなかったということである. なお本稿で引用する Seidler らの論文の多くは ResearchGate からダウンロード可能である.

本稿では, Seidler 研究室の (i) 低電力 XAFS 装置と (ii) 小型高分解能蛍光 X 線分光装置の紹介と, (iii) 彼らが分光器の部品を 3D プリンタで製作していることを紹介する. Seidler 研究室を訪問したのは 2017 年 8 月であったが, 帰国後, 河合研究室でも最初 2 万円台の 3D プリンタを, 続いて 5 万円台の合わせて 2 台を購入し, 「X 線分析の進歩」誌の本号に掲載した数編の論文に示すように, X 線分光器を 3D プリンタで自作するようになった. 同時に, 河合研で 20 年以上使ってきた卓上型旋盤, 卓上型フライス盤 (約 20 年前に東急ハンズでそれぞれ約 20 万円で購入したもの) を廃棄した. 今まで真鍮等の金属加工で製作していた部品は, ほとんどが 3D プリンタで製作すれば十分であることが分かったからである.

2017 年のデンバー X 線会議 (DXC, 「デンバー X 線会議」という名称であるが必ずしもデンバー市やその周辺で開催されるわけではない) は, モンタナ州の Big Sky で 8 月初めに開催された. Seidler に出席するかどうか問い合わせたところ, 欠席だという返事だったので, それなら Big Sky からシアトルは近いので, 帰りに私からワシントン大学に寄ってみることにした.

デンバー会議では私はワークショップを 1 件主催し (Instructor は私を含め三菱電機上原康と福岡大学市川慎太郎の 3 人), 蛍光 X 線分析のセッションも 2 名の招待講演者 (徳島大

Fig.1 ResearchGate の Mortensen の写真.

山本孝とIAEAのAlessandro Migliori) の選定を含めてチェアを務めたり，Wiley社のX-Ray Spectrometry誌の編集会議に出席したので，イエローストーン公園に遊びに行く暇もなく，びっしり会議に出席し，土曜日にBozeman-Yellowstone空港からアラスカ航空のプロペラ機でシアトル空港に着いた．ホテルは空港とシアトル市内を結ぶLink Light Railという地下鉄の空港駅から徒歩数分のモーテルを日本から予約した（クラウンプラザやヒルトンなどもあるが，安モーテルも徒歩圏内に数軒ある．徒歩圏内でも深夜や早朝は空港へはタクシーを使った方が良い．チップを大目に払っても10ドルだった）．

2. ワシントン大学

ワシントン大学は，シアトル市をまたいだLink Light Railの終点で，空港駅SeaTac/Airportから約1時間である．日曜であるにもかかわらず，Seidlerが朝10時にワシントン大学駅まで迎えに来てくれて (Fig.2)，キャンパス内を歩いてSeidlerの研究室まで案内してくれた．研究室に着くと，XAFS分光器を立ち上げて，試料をセットし，パラメータを入力して測定を開始した．XANESの範囲の短いステップのスキャンとEXAFSの広いステップのスペクトルがほぼ取り終わったのは，まだ11時前であった．X線管は20Wで，実質30分程度で1回のスキャンができたことになる．なおこの分光器については，上述した山本孝が最近「ぶんせき」誌[3]に簡単な報告を書いているが，他の分光器等と一緒に解説されているために，その特徴ははっきりしない．私は他の分光器も実際に見たことがあるが，サイドラーの装置以外の分光器は，旧来の分光器のイメージ［堅牢で大電力X線管・高強度X線を使い，融通が利かないところ］である．旧来の分光器は研究開発用であっても一旦つくり上げてしまうと，もはや仕様の変更は不可能であり，改良器を製作するためには再び莫大な費用を必要とする．それに対して，Seidlerの分光器は，市販品であっても簡単に配置の変更ができる点に特徴がある．まったく新しい種類の分光器と言ってよい．研究開発に極めて適している．「ぶんせき」誌の紹介記事は文献だけに基づいて書かれているので，Seidlerの装置はX線管のワット数の低さにも関わらずその高分解能・高感度は，著者の山本も文献を読んだだけでは半信半疑だったということである．日本の研究者で実物を見たのは私が初めてのはずである．

Fig.2 Jerry Seidlerとワシントン大学のキャンパス（河合撮影）．

3. XAFS分光器

XAFS装置は，X線管と検出器は別々のステッピングモーターで直線に動く．初心者もベテランもローランド円上を動くように設計しがちであるが，動作を直線にすれば，安い部品で高い

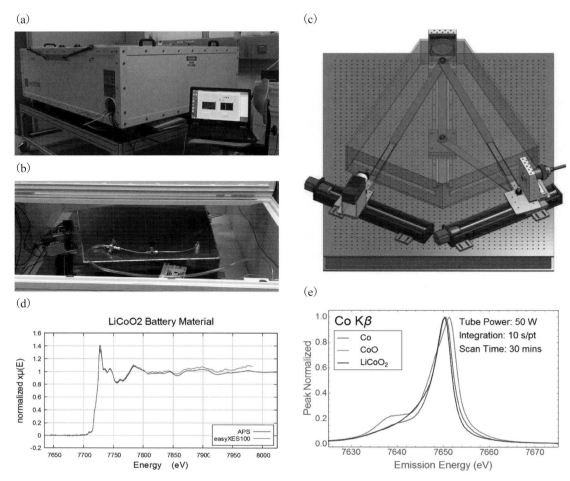

Fig.3 (a) easyXAFS 社のホームページ http://easyxafs.com/instruments/ に掲載されている XAFS 装置の外観．X 線シールドのための外箱は鉄製．(b) 分光器の内部．手前のファンは X 線管，左は検出器．中央の箱は X 線光路を He にするための容器．手前の X 線管に近いところには横長の窓があってカプトンフィルムが貼ってある (河合撮影)．(c) XAFS 装置のイラスト．右が X 線管，左が検出器．X 線管は蛍光 X 線モードの角度になっている．(d) XAFS スペクトルの APS (Advanced Photon Source) シンクロトロンとサイドラーらの easyXAFS100 装置で 25 W X 線管, スキャン時間 1.5 時間の Co K 吸収測定の比較．(e) X 線管 50 W, スキャン時間 30 分で easyXAFS100 で測定した Co Kβ 線の化学結合によるスペクトル変化の測定例．(a) はホームページ，(c)-(e) は easyXAFS100 Datasheet 2016 [2)] による．

精度が達成できると同時に，光源から検出器までの距離も容易に変えられる．検出器はビデオカメラの CMOS を改造したエネルギー分解能が 200 eV ある 2 次元検出器で，計測中はフォトンカウントがコンピュータ画面上に点となって表れる．計測プログラムは LabView によるもので，研究室内で開発したものである．X 線管の温度をモニターするセンサーもつながっており，完成度は高い．XAFS は透過モードであるが，X 線管を 90°回転させて，蛍光 X 線モードにすると，高分解能蛍光 X 線スペクトルも測定できる．XAFS 装置の外観の写真を Fig.3 (a) に，

 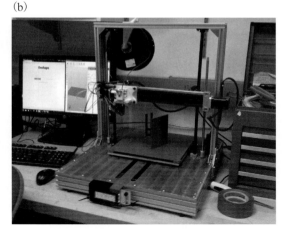

Fig.4 製作中の XAFS 分光器．(a) ローランド円を示すアームの構造．(b) 青い部品を製作している 3D プリンタ．材質はポリ乳酸．3D プリンタの大体の大きさはキーボードや液晶ディスプレイと比較すればわかる．

内部の写真を Fig.3 (b) に，模式図を Fig.3 (c) に示す．Fig.3 (d) (e) は Fig.3 (a) − (c) の装置で測定した X 線吸収スペクトルと蛍光 X 線スペクトルである．

Fig.3 (b) の中央に見える箱にはカプトンを貼った長方形の窓が見える．同じ箱は Fig.3 (c) の模式図にも描かれている．内部は He ガスが充填されている．光軸をヘリウムにするためであるが，毎回充填する必要もなく，分光器の光軸が長くても，X 線の減衰を抑えられる．

Fig.4 は 3D プリンタが分光器開発に如何に使われているかを示す写真である．Fig.4 (a) は製作中の XAFS 分光器である．Fig.4 (a) を見てわかるように，少し厚めのアルミ板に 1 点を固定したアームがローランド円上を動く構造であることがわかる．3D プリンタで何かの機械を作ろうとするとき，そのすべてを 3D で作ろうとしがちであるが，Fig.4 (a) のように，金属部品と 3D プリンタ部品とを，適材適所で使い分けることが成功のカギであることが分かる．Fig.4 (b) に Seidler 研究室で使用している 3D プリンタを示す．この 3D プリンタはキットのようである．青い樹脂は PLA（ポリ乳酸）樹脂であり，1 巻 20 ドル前後で入手できる．Seidler 研究室の誰もが，自分で手を動かしてものを作るのが好きなことが良くわかる．河合研でも Seidler の研究室に習って 3D プリンタを購入すると，分光器の様々な部品を自作するようになり，ものづくりの面白さが京大の学生にもわかったようである．従来，旋盤やフライス盤で製作していたこうした部品が，今や 3D プリンタによって簡単に製作できる時代になったことがわかる．

3D プリンタのデータは CAD である．3D プリンタで部品を作ってみたものの，精度や強度が不足する場合など，金属の機械加工をしたくなったときは，数値制御の機械加工装置も 3D プリンタと共通のデータを使用できるので，外注する場合も費用を抑えられる．

2 次元 CMOS 検出器 kromo-TX1 は安価なカラー X 線カメラで 2～7 keV の測定に適している．エネルギー分解能（3 keV で 200 eV）と空間分解能があるにもかかわらず，民生用カメラな

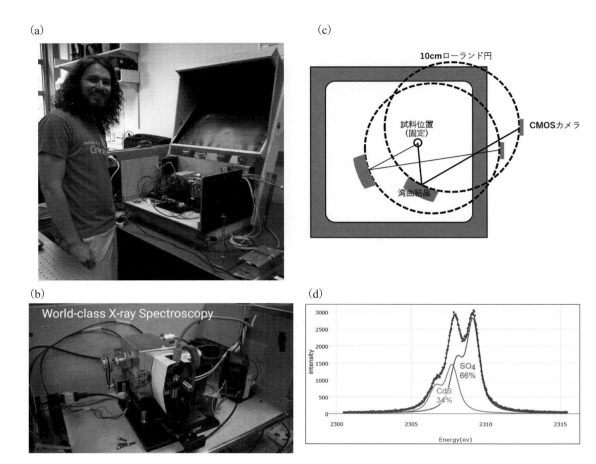

Fig.5 (a) 高分解能小型蛍光X線分光器，写真はWilliam Holden（河合撮影）．(b) 研究室のホームページ https://faculty.washington.edu/seidler/index.html の同型機の写真．ゴムベルトは試料交換機構だと思われる．同型機であるが少し異なる仕様の装置の写真は文献[4]に掲載されている．右がX線管，手前のUSBケーブルがつながった円形の蓋のように見えるものが，内部にCMOSの2次元検出器が入ったケース．試料は円盤状の試料ホルダ（箱の中なので見えない）の円周に複数個つけて，外部から回転することによって試料交換する方式．(c) 正面から見た模式図（河合作成）．中央の箱は，うちのり10 cm四方の真空引きできる測定チャンバー．(d) 測定スペクトル[2]．S Kα線のKα$_1$とKα$_2$が分離し，ケミカルシフトも測定できる．

ので極めて安価だと言うことである．独自の計測用回路を用いているようである．100万cpsまで計数できるということである．冷却などはせず，インスタントコーヒーの瓶の蓋のようなものの中にCMOS自体と回路が入れられていて，「蓋」の側面のUSBコネクタからデータを取り出す．

この「蓋」だけでも，様々なX線装置に応用できるはずである．

4. XRF分光器

Fig.3に示したXAFS装置で測定が終わるのを待っている間に，同じ部屋の蛍光X線専用装置を見せてくれると言うので日本語も話せるWilliam Holdenが説明してくれている様子がFig.5 (a) である．ベニヤ板で作った箱に分光

器全体が入っている．装置の写真を Fig.5（b）に示す．ベニヤ板に貼ってあるのは，歯科医のレントゲン用エプロンだということである．試料と湾曲結晶と検出器の位置関係がわかるように Holden らの論文[4]を基に模式図を描きなおした（Fig.5（c））．湾曲結晶は極めて小さいが，Fig.5（d）の通り，硫黄 Kα 線のケミカルシフトが測定できる．硫酸塩 S^{6+} と硫化物 S^{2-} が混合した試料を，ピーク分離して，それぞれの化学状態別定量分析も可能である．分光結晶と検出器の位置合わせは手動であるが，3D プリンタの部品で容易にできるようである．

真空チャンバーを直方体にするという発想は，真空の専門家には出てこない．シールも簡単で，バネで蓋を固定してスウェジロック等のガス配管で真空引きをしている点も，真空屋にはない発想である．CMOS が入った「インスタントコーヒーの蓋」から（実際にインスタントコーヒーの瓶の蓋を使っているわけではなく，そんな見かけである）USB コネクタで信号を取り出しているので，いろいろな応用が可能である．強い X 線を入れて CMOS の性能が劣化しても安価に交換できる．通常使われている数百万円〜1千万円を超える検出器ではそうはいかない．

5. おわりに

Fig.3 の装置は easyXAFS という装置名で，Mortensen の経営する easyXAFS 社から販売しており，英国やドイツ等の大学や公的研究所等に複数の分光器が納入されたということである．Fig.5 の XES 装置は米国の国立研究所に Seidler 研究室との共同研究で入っている．関連する文献[4-8]は ResearchGate でも入手可能であり，本稿では触れなかった装置の詳細が細かく報告されている．Seidler らの分光器は，2次元検出器，湾曲結晶（未発表だということで本稿では詳しく紹介できなかった）等の要素部品から，LabView，He 光路，高分解能，高感度というシステム全体に至るまで，従来の常識を覆すアイデアがあふれている．

研究室見学後，ポーテージ湾に臨むメキシコ料理店のテラスで Seidler，Mortensen，Holden と昼食を食べたが，風光明媚な写真を撮らなかったのは残念である．

研究室を見せてくれた Seidler と Mortensen，Holden 各氏に感謝する．また本稿は Seidler のチェックと図・写真の掲載許諾を得たものである．

参考文献

1) G.T. Seidler, D. Mortensen, A. Ditter, N. Ball, A. Remesnik: F-57 Invited - A Bright Future without High X-ray Brilliance: Applications of Modern Laboratory-Based XAFS and XES, 64th Annual Conference on Applications of X-ray Analysis, Joint Conference with the 16th International Conference on Total Reflection X-ray Fluorescence Analysis and Related Methods (TXRF 2015), 3-7 August 2015, Westminster, Colorado

2) easyXAFS, easyXES100, Dataseet 2016, www.easyxafs.com

3) 山本孝：低出力 X 線管を利用した X 線吸収分光，ぶんせき，150-151（2017）．

4) W. M. Holden, O. R. Hoidn, A. S. Ditter, G. T. Seidler, J. Kas, J. L. Stein, B. M. Cossairt, S. A. Kozimor, J. Guo, Y. Ye, M. A. Marcus, S. Fakra: A compact dispersive refocusing Rowland circle X-ray emission spectrometer for laboratory, synchrotron, and XFEL applications, *Review of Scientific Instruments*, **88**, 073904 (2017). http://dx.doi.org/10.1063/1.4994739

5) G. T. Seidler, D. R. Mortensen, A. J. Remesnik, J. I. Pacold, N. A. Ball, N. Barry, M. Styczinski, O. R. Hoidn: A Laboratory-based Hard X-ray Monochromator for High-Resolution X-ray Emission Spectroscopy and

X-ray Absorption Near Edge Structure Measurements, *Review of Scientific Instruments*, **85**, 113906 (2014).

6) G. T. Seidler, D. R. Mortensen, A. S. Ditter, N. A. Ball, A. J. Remesnik: A Modern Laboratory XAFS Cookbook, 16th International Conference on X-ray Absorption Fine Structure (XAFS16), *Journal of Physics*: *Conference Series*, **712**, 012015 (2016). doi:10.1088/1742-6596/712/1/012015

7) D. R. Mortensen, G. T. Seidler, A. S. Ditter, P. Glatzel: Benchtop Nonresonant X-ray Emission Spectroscopy: Coming Soon to Laboratories and XAS Beamlines Near You? 16th International Conference on X-ray Absorption Fine Structure (XAFS16), *Journal of Physics: Conference Series*, **712**, 012036 (2016). doi:10.1088/1742-6596/712/1/012036

8) D. R. Mortensen, G. T. Seidler: Robust optic alignment in a tilt-free implementation of the Rowlandcircle spectrometer, *Journal of Electron Spectroscopy and Related Phenomena*, **215**, 8-15 (2017). dx.doi.org/10.1016/j.elspec.2016.11.006

解説

第17回全反射蛍光X線分析法（TXRF2017）国際会議報告

辻　幸一[*]

The 17th International Conference on Total Reflection X-Ray Fluorescence Analysis and Related Methods (TXRF2017)

Kouichi TSUJI[*]

Applied Chemistry & Bioengineering, Graduate School of Engineering, Osaka City University
3-3-138 Sugimoto, Sumiyoshi-ku, Osaka 558-8585, Japan

(Received 19 December 2017, Accepted 25 December 2017)

2017年9月19日から9月22日の会期で第17回全反射蛍光X線分析法（TXRF2017）国際会議がイタリア・ブレシア "Centro Pastorale Paolo VI" Conference Centre にて行われた．TXRF2017国際会議は2年に1度開催されており，表1には過去に開催された会議をまとめた．前回は2015年に米国コロラド州で Denver X-ray Conference (DXC) との合同会議として開催されている（以下，全反射蛍光X線分析法をTXRF法と略す）．

表1　これまでに開催されたTXRF国際会議

	開催年	開催国	都市名
16th	2015	U.S.A.	Westminster, Colorado
15th	2013	Japan	Osaka
14th	2011	Germany	Dortmund
13th	2009	Sweden	Göteborg
12th	2007	Italy	Trento
11th	2005	Hungary	Budapest
10th	2003	Japan	Awaji
9th	2002	Portugal	Madeira
8th	2000	Austria	Vienna
7th	1998	U.S.A.	Austin, TX
6th	1996	Germany/Netherlands	Dortmund/Eindhoven
5th	1994	Japan	Tsukuba
4th	1992	Germany	Geesthacht
3rd	1990	Austria	Vienna
2nd	1988	Germany	Dortmund
1st	1986	Germany	Geesthacht

*第5回までは，ワークショップとして開催された．

1. TXRF2017会議の概要

議長はイタリア・ブレシア大学の Laura E. Depero 教授であり，同大の Laura Borgese 博士も事務局として，会議の運営全般に尽力された．この会議を開催するにあたり，IAEA (International Atomic Energy Agency)，EXSA，University of Brescia，VAMAS Italia などから支援を受けている．企業からのスポンサーとしては，Bruker，GNR，リガク，KETEK などがあり，懇親会や会場での展示などで貢献された．なお，下記のTXRF2017のロゴはTXRF2013（開催地：

大阪市立大学大学院工学研究科　大阪府大阪市住吉区杉本3-3-138　〒558-8585　*連絡著者：tsuji@a-chem.eng.osaka-cu.ac.jp

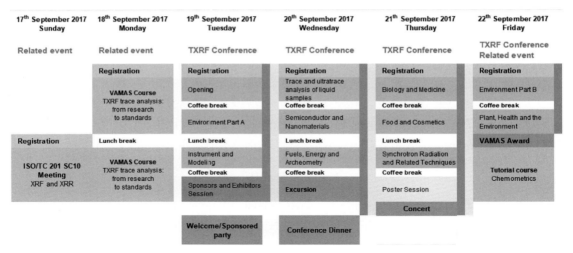

表2　TXRF2017と関連会議の日程表

大阪市立大学)[1]) の際に，沼子千弥先生（千葉大学）がデザインされたものであり，それをアレンジしたものが，以降，使われている．

以下に，国際委員を示す（敬称略）：

　A. von Bohlen (Germany), J. Boman (Sweden), M. L. de Carvalho (Portugal), Y. Gohshi (Japan), J. Kawai (Japan), R. Klockenkämper (Germany), G. Pepponi (Italy), P. Pianetta (USA), J. H. Sanchez (Argentina), C. Streli (Austria), K. Taniguchi (Japan), K. Tsuji (Japan), R. van Grieken (Belgium), M. C. Vazquez (Argentina), P. Wobrauschek (Austria), M. A. Zaitz (USA), G. Zaray (Hungary)

　参加者は，開催国のイタリアをはじめドイツ，オーストリア，ベルギー，スウェーデン，ポルトガル，ハンガリー，スペイン，アメリカ，アルゼンチン，中国，インドなど世界各地から総勢93名であり，日本からも複数の大学・企業からの参加があった．学術プログラムでは，依頼講演12件，一般口頭発表42件，ポスター発表50件であり，活発に議論が行われた．TXRF2017会議と関連の会合の日程は表2に示す通りである．

2.　ISO/TC201/SC10会議

　関連会議として，TXRF2017に先立ち，9月17日には，ISO/TC201/SC10の第2回ミーティングが行われた．SC10はX-ray Reflectometry (XRR) and X-ray Fluorescence (XRF) Analysisに関する国際規格を議論する場であり，以前のISO/TC201/WG2（合志陽一先生がコンビナー）の流れをくむものである．WG2では，半導体ウェハーの汚染金属の分析法について国際規格を発行し[2,3)]，その後，XRRの規格作成を担当していたWG3と統合し，2016年より，SC10として活動の幅を広げている．そのスコープは，*Standardization of methods for instrument specification, instrument calibration, instrument operation, data acquisition, data processing, and*

写真 1 ISO/TC 201/SC 10 会議の参加者

data analysis in the use of X-ray Reflectometry (XRR) and X-ray Fluorescence (XRF) Analysis for surface chemical and structural analysis とされており，TXRF に限らず，表面 X 線分析に関して取り扱うこととなった．SC10 は蛍光 X 線分析に関する手法を扱う WG1（コンビナー：辻）と XRR を審議する SG1（グループリーダー：Krumrey 博士）からなる．9/17 の SC10 会議の参加者は，写真 1 にある方であり，Laura E. Depero UNI Italy, Toshiyuki Fujimoto JISC Japan, Thomas P.A. Hase BSI United Kingdom, Armin Gross DIN Germany, Burkhard Beckhoff DIN Germany, Cornelia Streeck DIN Germany, Hikari Takahara JISC Japan, Kenji Sakurai JISC Japan, Kouichi Tsuji JISC Japan, Yasushi Azuma JISC Japan, Yuying Huang SAC China, Marijan Necemer SIST Slovenia, Diane Eichert UNI Italy, Laura Borgese UNI Italy である（国名の前の略語は各委員の所属機関を示す）．

TXRF の国際規格としては半導体ウェハーの分析があるが，現在，議論されているのは各種の水溶液試料を対象とした TXRF 微量分析法である．すでに，TXRF の技術仕様書（TS）が発行されており[4]，2018 年には水溶液試料の TXRF 分析法の国際規格が発行される見込みである．

3.　VAMAS コース

VAMAS とは，Versailles Project on Advanced Materials and Standards の略であり，1982 年の G7 ベルサイユサミットで提案された「先進材料の前標準化に関する国際協力プロジェクト」である．ISO などの国際規格を提案する前に，VAMAS の活動を通じてラウンドロビンテストを実施し，分析手法や分析手順の妥当性を評価することで，国際規格の制定に重要な役割を担っている．9/18 には初めての *VAMAS Summer Course TXRF trace analysis: from research to standards* が企画された．TXRF2017 とは別途の参加費が必要であったが，50 名程度の参加者があり，熱心に聴講，質問されていた．以下にプログラムを示す．VAMAS 活動の紹介，および，後半では TXRF 法の環境水，食品，バイオ試料，環境試料への適用例，品質慣例法としての応用が示された．

 9.15 Toshiyuki Fujimoto: Standardization and innovation
10.15 Laura E. Depero: Research and pre-normative research: the VAMAS example
11.30 Maurizio Bettinelli: Ten years results of UNICHIM Proficiency Tests in environmental matrices
12.30 David Reid: How to write a standard
14.30 Laura Borgese: Case study: the standard of water analysis by TXRF
15.30 Roberto Piro: TXRF for food Quality Control
16.30 Ursula Fittschen: TXRF for Biological sample
17.30 Eva Margui: TXRF for Environmental Samples

写真 2 TXRF2017 会議参加者の集合写真

4. TXRF2017会議

前述のように，TXRF2017 会議では，口頭（依頼講演 12 件含む）54 件，ポスター発表 50 件の発表が 4 日間にかけて行われた．会議の参加者の集合写真を写真 2 に示す．基調講演は次の 3 名により行われた．

P. Wobrauschek (TU Wien, Austria) Fundamentals and Applications of TXRF

C. Streli (TU Wien, Austria) TXRF using Synchrotron Radiation

A. von Bohlen (ISAS, Germany) Sample Preparation for TXRF Analysis

オーストリアのウィーン工科大学の先生が 2 名，基調講演をされたが，当初，予定されていた基調講演者が取りやめになったため，Streli 博士が講演されたと聞いている．Wobrauschek 博士は TXRF 法の基礎と応用について，最近の X 線源，検出器の紹介を交えて，解説された．

Streli 博士は放射光を励起源とする TXRF 分析について，特に，軽元素分析や全反射条件下での XAFS 分析などを解説された．von Bohlen 博士は試料準備法の重要性について説明された．水溶液試料の TXRF 分析では，平坦な基板に 10 μL 程度を滴下し，その乾燥痕を測定するのであるが，その乾燥痕の形状，大きさが分析値に影響を与える．そこで，乾燥痕の厚さを薄くすることが信頼性の高い TXRF 分析結果を得るのに重要である．

一般講演においては，キャピラリー電気泳動により水溶液試料の分離操作を加えることによる高感度な TXRF 分析 (I. M. B. Tyssebotn, A. Fittschen, U. E. A. Fittschen, Development of a novel CE-XRF system for elemental speciation)，新規大面積 SDD による TXRF 分析 (S. Barkan, et al., Thick large-Area SDDs for TXRF applications)，マトリックス効果に関しての研究 (M. Lankosz, et al., Investigation of the matrix and geometrical effects in TXRF analysis of digested tissues），放射光TXRFの植物・食品試料への適用（D. Eichert, Meeting plant and food science challenges with synchrotron spectro-microscopy techniques）など，興味深い講演が多々見られた．日本からは量子科学技術研究開発機構・放射線医学総合研究所の吉井裕氏が招待講演として，Contribution of TXRF to the decommissioning of Fukushima Daiichi nuclear plant reactor と題して，ウランのTXRF分析について報告された．U Lα線はRb Kαと分光干渉をおこすことから，前処理によりRbを除去する必要性とその手法について成果を報告された．関連して，IAEAのPadilla-Alvarez氏からはTXRF related activities at the IAEA nuclear science and instrumentation laboratory の題目で活動報告があった．また，㈱リガクの高原晃里氏は，粉末試料を溶解せずにポリマー薄膜中に分散させる手法により，難溶性セラミック材料中の微量定量分析を行った結果を報告された．加えて，分析性能が向上した卓上型全反射蛍光X線分析装置NANOHUNTER II の紹介と，その斜入射蛍光X線分析機能を用いた合金薄膜分析を紹介された．全体では，環境・バイオ・食品のアプリケーションデータや試料調製法に関する研究発表が多数を占めた．その他は放射光，半導体関係があったが，検出器など要素部品や装置に関する発表は減っている．TXRF法は，ppmレベルの検出限界，メモリー効果がない，低コストでスクリーニング向きというメリットがある．その一方で，試料調製に注意しないと間違った定量結果がでてしまうため，試料調製におけるレジスト膜を用いた乾燥痕の形状制御の報告があり（K. Tsuji, N. Yomogita, Y. Konyuba, Sample Preparation Using Resist Pattern Technique for TXRF Analysis），乾燥痕によるバッ

クグラウンド強度のシミュレーションや強度補正なども検討され始めている．

最終日のクロージングにおいて以下の5名に対して，奨励賞が授与された．
若手研究者賞受賞者：

Fabjola Bilo, "Analytical determination of Cd, Pb and Zn in soil by means of Total reflection X-Ray Fluorescence spectroscopy", Università degli studi di Brescia, ITALY

Ignazio Allegretta, "TXRF analysis of earthworm coelomic fluid extracts: a useful tool to assess the bioavailability of As in soils", Università degli Studi di Bari, ITALY

学生奨励賞受賞者：

Marco Evertz, "Total Reflection X-Ray Fluorescence in the Field of Lithium Ion Batteries-Elemental Detection on Carbonaceous Anodes", University of Münster, GERMANY

Sebastian Bottger, "Determination of gas phase mercury", Europa-Universität Flensburg, GERMANY

Anne Wambui Mutahi, "A new approach for indoor air sampling and chemical characterization by use of total reflection X-ray fluorescence spectroscopy", University of Brescia, ITALY

なお，会議の報告論文については，TXRF2013のプロシーディング[5]と同様に，Spectrochimica Acta Part B 誌にVSI（Virtual Special Issue）として掲載される予定である．

5. TXRF2019会議

TXRF2017の会期中にTXRF国際運営委員会が開催され，次回のTXRF2019国際会議について，候補者から企画案が説明された．その結果，2019年にスペイン・ジローナで開催することが

決定した．議長は Eva Margui 博士（University of Girona）の予定である．

参考文献

1) 辻 幸一：第 49 回 X 線分析討論会および第 15 回全反射蛍光 X 線分析法（TXRF2013）国際会議合同会議報告, X 線分析の進歩, **45**, 349-357（2014）.
2) ISO 14706 Surface chemical analysis—Determination of surface elemental contamination on silicon wafers by total-reflection X-ray fluorescence (TXRF) spectroscopy.
3) ISO 17331 Surface chemical analysis—Chemical methods for the collection of elements from the surface of silicon-wafer working reference materials and their determination by total-reflection X-ray fluorescence (TXRF) spectroscopy.
4) TS 18507 Technical Specification for the use of total reflection X-ray fluorescence spectroscopy in biological and environmental analysis.
5) Selected papers from TXRF2013: https://www.journals.elsevier.com/spectrochimica-acta-part-b-atomic-spectroscopy/virtual-special-issue/selected-papers-from-txrf2013

解 説

リファレンスフリー蛍光 X 線分析における
標準物質の使用について
―金属多層膜の認証標準物質 NMIJ CRM 5208-a での経験を中心に―

桜井健次 [a*], 水平　学 [b], 青山朋樹 [c], 松永大輔 [c], 山田康治郎 [d],
池田　智 [d], 大森崇史 [e], 西埜　誠 [f], 中村秀樹 [f], 沖　充浩 [g],
深井隆行 [h], 大柿真毅 [h], 衣笠元気 [i], 小沼雅敬 [j], 野間　敬 [k], 山路　功 [l]

How to Use Reference Materials
in Reference-Free X-Ray Fluorescence Analysis
―Experience in the Certified Reference Material NMIJ CRM 5208-a―

Kenji SAKURAI [a*], Manabu MIZUHIRA [b], Tomoki AOYAMA [c],
Daisuke MATSUNAGA [c], Yasujiro YAMADA [d], Satoshi IKEDA [d], Takashi OMORI [e],
Makoto NISHINO [f], Hideki NAKAMURA [f], Mitsuhiro OKI [g], Takayuki FUKAI [h],
Masataka OHGAKI [h], Genki KINUGASA [i], Masayuki ONUMA [j],
Takashi NOMA [k] and Isao YAMAJI [l]

[a] National Institute for Materials Science
1-2-1, Sengen, Tsukuba, Ibaraki 305-0047, Japan
[b] Bruker Japan
3-9, Moriyamachi, Kanagawa-ku, Yokohama 221-0022, Japan
[c] HORIBA Ltd.
2, Miyanohigashi, Kisshoin, Minami-ku Kyoto 601-8510, Japan
[d] Rigaku Corp.
3-9-12, Matsubara-cho, Akishima, Tokyo 196-8666, Japan
[e] Techno X Co., Ltd.
5-18-20 Higashinakajima, HigashiYodogawa-ku, Osaka 533-0033, Japan
[f] Shimadzu Corporation
1 Nishinokyo Kuwabaracho, Nakagyo-ku Kyoto 604-8511, Japan
[g] Toshiba Corporation
1 Komukai-toshiba-cho, Saiwai-ku Kawasaki, Kanagawa 212-8581, Japan

a 国立研究開発法人物質・材料研究機構　茨城県つくば市千現 1-2-1　〒305-0047　＊連絡著者：sakurai@yuhgiri.nims.go.jp
b ブルカージャパン株式会社　神奈川県横浜市神奈川区守屋町 3-9　〒221-0022
c 株式会社堀場製作所　京都府京都市南区吉祥院宮の東町 2　〒601-8510
d 株式会社リガク　東京都昭島市松原町 3-9-12　〒196-8666
e 株式会社テクノエックス　大阪府大阪市東淀川区東中島 5-18-20　〒533-0033
f 株式会社島津製作所　京都府京都市中京区西ノ京桑原町 1　〒604-8511
g 株式会社東芝　神奈川県川崎市幸区小向東芝町 1　〒212-8582
h 株式会社日立ハイテクサイエンス　東京都中央区新富 2-15-5　RBM 築地ビル　〒104-0041
i 日本電子株式会社　東京都昭島市武蔵野 3-1-2　〒196-8558
j 東芝ナノアナリシス株式会社　神奈川県横浜市磯子区新杉田町 8　〒235-8522
k キヤノン株式会社　東京都大田区下丸子 3-30-2　〒146-8501
l スペクトリス株式会社パナリティカル事業部　東京都港区浜松町 1-7-3　第一ビル　〒105-0013

リファレンスフリー蛍光 X 線分析における標準物質の使用について

[h] Hitachi High-Tech Science Corporation
2-15-5, Shintomi, Chuo-ku, Tokyo 104-0041, Japan
[i] JEOL
3-1-2 Musashino, Akishima, Tokyo 196-0021, Japan
[j] Toshiba Nanoanalysis Corporation
8, Shinsugita-cho, Isogo-ku, Yokohama, Kanagawa 235-8522, Japan
[k] Canon Inc.
30-2, Shimomaruko 3-chome, Ota-ku, Tokyo 146-8501, Japan
[l] Spectris Co., Ltd PANalytical Division
1-7-3, Hamamatsucho, Minato-ku, Tokyo 105-0013, Japan

(Received 5 January 2018, Revised 12 January 2018, Accepted 21 January 2018)

In the latest practical X-ray fluorescence analysis, reference-free determination without the use of calibration curve is frequently employed. Supplying and distributing certified reference materials widely are crucial to maintain high reliability of analysis, in spite of wide variety of instruments, operators and conditions for measurements. Based on some experiences of the round robin test for developing the certified reference material NMIJ CRM 5208-a, the present paper describes some recommendations and remarks for end users.
[Key words] Quantitative analysis, Reliability, Fundamental parameter method, Reference-material

最近の蛍光 X 線分析では，検量線作成を前提としないリファレンスフリーな定量分析法を用いる機会が急増している．全国のあらゆる分析の現場で用いられている機器，その担当者，そこで日常的に用いられている諸条件の個別の差異を超え，高い信頼性を確保するためには，認証標準物質を広く普及させることが有望と考えられる．本稿では，認証標準物質 NMIJ CRM 5208-a の開発にかかるラウンドロビンテストの経験をもとに，分析の現場での推奨使用法や各種の注意事項を述べる．
[キーワード] 定量分析，信頼性，ファンダメンタルパラメータ法，標準物質

1. はじめに

蛍光 X 線分析法は，1 次 X 線を試料に照射したときに放出される元素に固有な蛍光 X 線を測定し，試料の化学組成を分析する方法である[1]．その定量分析には元素の濃度と蛍光 X 線強度の関係をプロットした検量線が使用される．蛍光 X 線強度は，元素の濃度だけでなくマトリックスの化学組成にも依存するから，検量線を作成するためには，マトリックスが類似しており，かつ元素の濃度が既知の試料群をあらかじめ用意する必要がある．他方，応用分野によっては，検量線作成が必ずしも容易ではない場合もあり，そのようなとき，理論式によって計算される蛍光 X 線強度を主に用い，検量線を作成せずに定量分析を行う方法（以下，リファレンスフリー蛍光 X 線分析法と呼ぶ）が採用されていた．定量分析の操作が簡便，容易であることは，応用上，有利である．最近では，バッテリー駆動で人が手に持って持ち運び使用できるハンドヘルド・モバイル型の蛍光 X 線分析装置にもリファレンスフリーの定量分析が多く導入さ

れ，これまでにない応用範囲の広がりを見せている．その結果，分析を専門とするわけではない人々が，機器やソフトウエアの内部動作を熟知しないまま業務を行い，分析値を扱うことも珍しくなくなってきた．コンピューターのはじき出す分析値が一人歩きし，その裏付けに誰も自信がもてない不安定な状況が生まれることは社会にとってのリスク要因である．分析のエキスパートが不在の現場では特に心配である．

日本全国のあらゆる場所に散在するすべてのX線分析の機器において，そこで行われているリファレンスフリー蛍光X線分析法の信頼性を確認するための1つの方法は，全国共通に使用可能な認証標準物質[2,3]の開発と普及である．それぞれの応用分野に適した認証標準物質を流通させ，その場所で使用されている機器によって実際に分析を行い，所定の値が得られるかどうかを点検することにより，かなり状況を改善できるのではないかと期待される．

2016年6月〜9月，本稿の著者ら民間企業11社は，めっき等のアプリケーションでの利用を想定した金属多層膜の共通試料を用いたラウンドロビンテスト（その試料がリファレンスフリー蛍光X線分析法のツールとしてどの程度安定で信頼性が確保できるかを検証することを目的とし，JIS Q17043に記載されている試験所間比較[4]に準じる方法での試験）に参加した．その試料は，のちに，国立研究開発法人産業技術総合研究所計量標準総合センターによる認証（走査型電子顕微鏡による試料断面観察および化学分析（誘導結合プラズマ発光分析法（ICP-OES），ICP質量分析法（ICP-MS），および同位体希釈ICP-MS））を受け，2017年5月に認証標準物質 NMIJ CRM 5208-a として頒布された．このラウンドロビンテストでは，非破壊的でリファレンスフリーな蛍光X線分析法によって非常に高信頼性のデータが得られることや，このような試料を日常的に所有，使用することの重要性，有用性が明らかになった[5]．本稿では，その際の経験をもとに，認証標準物質を用いるうえでの推奨使用法や各種の注意事項を述べる．

2. リファレンスフリー蛍光X線分析法における認証標準物質の有用性

検量線作成を定量分析の前提としていないリファレンスフリー蛍光X線分析法において，認証標準物質はきわめて有用である．例えば，NMIJ CRM 5208-a は，金属多層膜の認証標準物質で，クロムコートされた石英基板上に表面側から金/ニッケル/銅の積層構造を有し，各層の形状膜厚と面密度（蛍光X線分析では質量膜厚と呼ぶことが多いので，以下質量膜厚と記す）の2つの値が認証されている．このような認証標準物質には，少なくとも次の3通りの用途がある．

(1) 分析値の妥当性検証
(2) 感度係数の校正
(3) ルーチン分析の安定性の確認

第1の分析値の妥当性検証とは，認証標準物質とほぼ同等もしくはきわめて類似した組成や層構造の試料の分析の妥当性を点検，確認するために，その試料の測定の前後に認証標準物質も同条件で測定するものである．ただし，薄膜，多層膜の試料では，認証標準物質で認証されている厚さよりも厚い未知試料の分析に対して適用することはできないことに注意する必要がある．NMIJ CRM 5208-a の場合には，表面から第2層，第3層のニッケルと銅の形状膜厚は996 nm および 1020 nm であるから，もっと厚い薄

膜，多層膜の試料を扱う時は，別の認証標準物質を入手する必要がある．NMIJ CRM 5208-a とほぼ同等もしくはきわめて類似した組成や層構造の試料では，分析値を形状膜厚として評価する場合においては，認証されている質量膜厚を認証されている形状膜厚で割って得られる密度値と，装置のソフトウエアで使用されている密度値に差異がないか点検することが望まれる．明らかな差異がある場合は，認証されている質量膜厚を認証されている膜厚で割って得られる密度値のほうを使用する．

第2の感度係数の校正とは，認証標準物質のデータを装置のソフトウエアに登録することにより，装置のソフトウエアによって得られる分析値と認証値の差が最小になるように感度係数を補正するものである．ただし，この校正を行う以前に，認証標準物質を測定して得られる分析値と認証値があまりにも大きく異なる場合は，分析条件，測定条件が適正でないかもしれない危険性を先に点検することが望ましい．

第3のルーチン分析の安定性の確認とは，認証標準物質を定期的に測定し，得られるスペクトルや分析値の繰り返し再現性を確認することにより，日々のルーチン分析が正しく行えていることを確認，管理するものである．その際，認証書に記載されている拡張不確かさを参考にする．

3. 認証標準物質の測定に関する留意事項

リファレンスフリー蛍光X線分析において，NMIJ CRM 5208-a 等の認証標準物質を測定する場合，以下の点に留意することが望まれる．

(1) 使用する機器

蛍光X線分析装置は，エネルギー分散型および波長分散型のいずれを使用しても差し支えない．エネルギー分散型の場合は，スペクトルの重なりを避けるためにできるだけエネルギー分解能が 200 eV @ Mn Kα (5.9 keV) よりも優れた装置を使用するのが望ましい．

(2) 機器の使用条件

測定条件は，使用する装置の推奨の条件を使用する．使用するX線管によっては，特にエネルギー分散型の場合，入射X線スペクトルに含まれる特性X線との重なりを避ける必要があるときは1次フィルターを使用する．測定雰囲気は，大気中，真空，もしくは He 置換などである．

例えば，NMIJ CRM 5208-a の場合には，スペクトル線として Au には Au Lα 線もしくは Lβ 線，Ni，Cu には Kα 線もしくは Kβ 線を採用し，X線管電圧は 30 kV 以上とする．X線管にタングステン管を用いて測定を行う場合，Au，Ni，Cu の分析線との重なりを避けられるよう，W の L 線 (6.5～12.5 keV) を効率的に吸収，除去するような材質，厚みの1次フィルターを導入する．

(3) カウント数，測定時間，統計変動

分析現場によっては，スクリーニング等を行う目的で極端に短時間の測定が日常的に行われている場合もあると思われるが，認証標準物質の測定によって分析の妥当性の確認や機器・方法の校正を行う際には，十分に統計誤差を小さくすることを優先し，例えば次のような測定条件を用いることが望ましい．

・測定する蛍光X線の積分強度（ネット）を 10,000 カウント以上とする．
・5～7 回繰り返し測定して平均を使用する．

(4) ビームサイズ，測定地点の数

試料の不均一さが誤差を生む大きな要因になることを考慮し，ビームサイズを適切に選び，

かつ，複数地点の分析を行うことが望ましい．NMIJ CRM 5208-a の場合には，認証値が 3 mm の分析径で得られたものであることを考慮し，相応するビームサイズを選択するとよい．他方，10～100 ミクロンの微小ビームを用い，広範囲を XY 走査してマッピングを行うと，その試料の不均一さについて定量的な情報を得ることができる．

4. 認証標準物質の保管や取扱いに関する留意事項

認証標準物質は，分析の信頼性を確保するうえできわめて重要なものであり，保管や取扱いには細心の注意を払うべきである．取扱いに際しては，表面を傷付けないように，また汚さないように注意する．NMIJ CRM 5208-a の場合，認証書に，窒素雰囲気で 5℃から 35℃で保管するようにという記載がある．窒素雰囲気の保管ができない現場も多いかもしれないが，最低でも低湿度の雰囲気（デシケーター等）を利用する必要がある．薄膜等の場合は，剥離しやすく，汚損の影響も受けやすいので，素手で触らず，必ずピンセットなどを使用し，その場合も，あまりにも強い力を加えないなど，注意して取り扱うようにする．

認証標準物質には有効期間があり，NMIJ CRM 5208-a の場合，出荷日から 1 年である．特に波長分散型の装置を使用する場合，X 線照射による損傷，劣化が起きる場合がある．実際，ラウンドロビンテストを実施したときも，参加 11 社を順にまわって終了する時点では，わずかながらも表面の汚損が目視で認められた．繰り返し使用による劣化はある程度やむを得ないものであり，同一条件で得られるデータを記録，管理し，複数地点の蛍光 X 線強度のばらつきの増大，あるいは蛍光 X 線強度そのものの著しい減少等，明らかな異常が認められたときは使用を中止する．

5. リファレンスフリー蛍光X線分析法の信頼性への懸念について

リファレンスフリー蛍光 X 線分析は，もとより万能の分析技術ではなく，いくつもの課題を抱えている．こうした課題を解決するための不断の努力に加え，信頼性に関して経験的に知られている事例，教訓を社会的に共有してことが今後重要と考えられる．ここでは，ありがちなケースについて，チェック項目を挙げておく．

(1) 認証標準物質の分析で認証値と異なる分析値が得られた場合

例えば，次の項目を点検するとよい．

- 複数の機器がある場合，それぞれを用いて同じ認証標準物質を測定し，同じ分析値が得られるか．
- 他の認証標準物質を測定した場合，認証値と分析値はよく一致するか．
- 測定条件（X 線管の選択，管電圧の設定，検出器信号処理回路の増幅器ゲインの設定，測定時間等）は適切であるか．
- 感度係数は正しく校正されているか．
- ビーム径を変化させ，あるいは複数地点の測定を行った結果はどうであるか．
- ソフトウエアの操作方法は間違っていないか．

(2) 一般の分析で想定外の異常と思える分析値が得られた場合

例えば，次の項目を点検するとよい．

- 認証標準物質を分析して，認証値とよく一致する分析値が得られるかどうか．
- 同一試料を過去に測定したことがあれば，そ

れと比較してスペクトルや強度はどうであるか．
- 薄膜の膜厚測定の場合，その算出にあたって使用した密度の値が妥当であるか（NMIJ CRM 5208-a のように，形状膜厚と質量膜厚の両方が認証されている試料が手もとにある場合は，参考にするとよい）．
- 設定しているモデルは適切であるか（薄膜の場合で言えば，層数を間違えていないか）．
- 酸化物，水酸化物，炭酸塩などの試料で，測定にかからない軽元素を正しく考慮できているか．
- 前項に挙げた測定条件，感度係数，ビーム径，ソフトウエアなどの問題はないか．

6. おわりに

リファレンスフリー蛍光 X 線分析法は，非破壊，迅速で応用範囲も広い，きわめて有用な技術である．利用分野は今後も拡大されてゆくと予想されるが，いかに高い信頼性を確保するかが，今後ますます重要になると考えられる．欧州では Fundamental Parameter Initiative のプロジェクト[6] が進行中である．リファレンスフリー分析に使用される X 線の物理定数を拡充し，またこれまでよりも正確さを向上させる狙いをもって取り組まれている．毎年ヨーロッパ各地で開催されている同プロジェクトの国際会議が，2013 年に日本（茨城県つくば市）で開催され，それを契機として，国内でも高信頼性のリファレンスフリー蛍光 X 線分析に関連する活動が日常的に行われるようになった．特に，2017 年からは，1 年に一度の研究会が定期開催されている．

金属多層膜測定のラウンドロビンテストの試料（後に NMIJ CRM 5208-a として頒布されることになる候補物質）を提供して下さった国立研究開発法人産業技術総合研究所計量標準総合センターの黒河明博士，藤本俊幸博士に深く感謝いたします．

参考文献

1) JIS K 0119:2008「蛍光 X 線分析通則」
2) 河島磯志：けい光 X 線分析用市販標準試料，X 線分析の進歩，**5**, 119 (1973)．
3) JIS Q 0035:2008「標準物質—認証のための一般的及び統計的な原則」
4) JIS Q 17043:2011「適合性評価—技能試験に対する一般要求事項」
5) K. Sakurai, A. Kurokawa: to be submitted to X-ray Spectrometry.
6) FP initiative (International initiative on x-ray fundamental parameters) の情報は Web ページで提供されている．http://www.exsa.hu/news/?page_id=13

総説

蛍光 X 線による多元素同時動画イメージング

桜井健次 [a,b*], 趙　文洋 [b,a]

Simultaneous Multi-Element Movie Imaging by X-Ray Fluorescence

Kenji SAKURAI [a,b*] and Wenyang ZHAO [b,a]

[a] National Institute for Materials Science
1-2-1, Sengen, Tsukuba, Ibaraki 305-0047, Japan
[b] University of Tsukuba
1-1-1, Tennodai, Tsukuba, Ibaraki 305-0006, Japan

(Received 8 January 2018, Revised 17 January 2018, Accepted 18 January 2018)

　　For many years, X-ray fluorescence movie has been believed as a kind of special technology requiring highly sophisticated expensive hardware. The method needs to have sufficient energy resolution to distinguish elements, spatial resolution to identify the positions in the sample, and time resolution to know the change. As this appears technically difficult, X-ray fluorescence movie has not been used in the ordinary industries, hospitals and other workplaces. Summarizing the authors' series of work done since late 1990s, the present paper describes how simultaneous multi-element movie is realized at any places where X-ray fluorescence analysis is currently used.
[Key words] Imaging, Movie, Element distribution, Cooled CCD camera, Cooled CMOS camera, Charge sharing correction

　　蛍光 X 線の動画イメージングは，これまで特殊なハードウエア，実験装置を必要とする特別な技術であると信じられてきた．元素の識別を行うためのエネルギー分解能に加え，試料の位置の情報を与える空間分解能，変化の時間に対応するための時間分解能が必要であり，一見，難易度が高そうにも見える．このため，一般の製造業や医療の現場等で手軽に利用できるものであるとは考えられていないのが実情である．本報告では，著者らの 1990 年代後半以来今日に至るまでの技術開発を総括しつつ，現在では，蛍光 X 線分析を行うことのできているほとんどの場所で動画も含めた元素別のイメージングが可能な段階であることを示す．
［キーワード］イメージング，動画，元素分布，冷却 CCD カメラ，冷却 CMOS カメラ，電荷分割補正

---

a 国立研究開発法人物質・材料研究機構　茨城県つくば市千現 1-2-1　〒305-0047　＊連絡著者：sakurai@yuhgiri.nims.go.jp
b 筑波大学　茨城県つくば市天王台 1-1-1　〒305-0006

1. はじめに

種々の化学システムにおける元素の動きを直接観測することは，研究者にとっての夢の1つであった．化学反応は元素の輸送と再配置を伴っているので，その動きを可視化することができれば，未解明の現象の理解を助け，あるいは産業，医療などにおける個別の問題を解決するのに役立つと期待される．蛍光X線分析法は，化学組成を非破壊的に定量分析する優れた技術であることはよく知られている．しかし，この方法が，多元素同時の元素別動画イメージングに利用可能であるとは，通常は考えられていない．著者らは，21世紀の初頭に世界で初めての蛍光X線動画イメージングを報告したが[1-7]，大強度の放射光ビームラインを使用したものであった．また，当時は多元素同時の元素別での動画イメージングにはなっていなかった．その後，国内外で同種もしくは関連技術の開発も多少行われるようになったが[8-12]，現在でも特殊なハードウエア，実験装置を必要とする特別な技術であると誤解されている．蛍光X線分析が現に行われているような場所であれば，それほどの困難なく利用できるものだとは考えられていない．

本論文では，ごくありふれた実験作業環境のもとで，いかに誰でもどこでも元素同時の元素別動画イメージングが可能になるか，その方法と実際の応用例を述べる．

2. 蛍光X線の動画を得る方法

蛍光X線分析法は，化学組成を分析する強力なツールではあるが，測定試料がいつも均一であるとは限らない．明らかにそうではない試料の分布自体が関心の対象にもなることも少なくない．このため，化学組成の分布が一様ではない試料をも測定できるように，X線の微小ビームを作り，その位置を試料上でXY走査する走査型蛍光X線イメージングが広く用いられるようになってきた[13]．X線用モノキャピラリ，ポリキャピラリなどを備えた市販装置も現れており，20～100ミクロンの空間分解能が得られる．また，放射光ビームラインでは，最新のミラーやゾーンプレートを用いて，100ナノメートルもしくはそれ以下の微小領域分析も行われている．この場合，シリコン・ドリフト・ディテクタ（SDD）のように，位置分解能は持たないが，高いエネルギー分解能を持つ検出器を用いることがほとんどである．元素イメージングの有力手法としてのゆるぎないようにも見える走査型蛍光X線イメージングは，残念ながら，動画への適用は難しい．走査の開始点と終了点では測定の時刻が異なるし，何よりも走査自体にかなりの時間を要するからである．

これに代わる方法として著者らが有望視しているのがFig.1に示す投影型蛍光X線イメージングである．走査型とは異なり，すべての試料上の点からの蛍光X線を同時に測定しているため，時間依存性は平等であり，原理的に動画イメージングになりうる．この手法には3つの技術要素がある．第一は，微小ビームを使用せず，分析視野全体に広くX線を照射することである．第二は，試料上の蛍光X線の分布の情報を画像にするための光学系が必要とすることである．さらに第三は，その像を記録するための2次元のX線検出器を使用することである．第二と第三の点が，一般の蛍光蛍光X線分析装置との相違点になる．

結論として，試料上の蛍光X線の分布の情報を画像にするための光学系と，その像を記録す

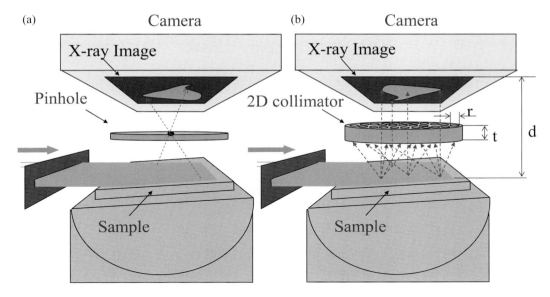

Fig.1 Projection-type X-ray fluorescence imaging.
(a) Pinhole camera type. (b) Parallel optics using 2D collimator.

るための2次元のX線検出器の2つの要素を導入すれば，一般の蛍光X線分析の技術を拡張して動画イメージングを行うことができるようになる．その詳細を次節で説明する．

3. 蛍光X線の動画を得るために必要な機器構成要素の追加と変更

3.1 試料上の蛍光X線の分布の情報を画像にするための光学系の追加

これまで普通の蛍光X線分析，もしくは走査型の蛍光X線イメージングしか経験のない多くの読者にとっては，もっとも違和感があるのはこの部分であろう．投影型イメージングでは，試料と検出器の間に必ずなにがしかの光学素子を使用する．市販のX線装置では，これまであまり使用されていなかったというに過ぎず，実はそれほど高価でも，複雑でもなく，その気になれば，誰でも容易に導入することができる．

Fig.1 (a) は，古典的によく知られているピンホールカメラの原理を用いたものである[14]．試料−ピンホールおよびピンホール−カメラの距離の比に対応して縮小・拡大された倒立像が得られる．著者らはタングステンなどの重金属のフォイルを購入し，研究室のパルスレーザーを集光して照射し，さまざまなサイズのピンホールを製作している．また，市販品の金属製ピンホールも同じ目的に利用できる．イメージングの空間分解能は，ピンホールの大きさでほぼ決まっている．小さなピンホールを使用すると，光量が著しく減少するので，この光学系の場合も，試料とピンホールの距離はそれなりに接近させることになる．また，入射X線強度，目的元素の濃度などを考慮して，ピンホールの大きさの選択に注意を払う必要がある．ピンホールは，基本，カメラの正面に貼り付けるような簡単な使用方法になるだろう．

Fig.1 (b) の方法は，著者らの以前の発明[15,16]であり，試料とカメラを近接させる配置を採る

と，空間分解能とX線強度の両方に優れた1：1の正立像が得られる．その原理は，窓にかかっているブラインドを2次元に拡張したようなものと言えばよいであろうか．ある角度範囲内の方向からは向こう側が見えるが，そうでなければ見えないようになっている．従って，特定の地点に着目すると，ある狭い角度発散でしか広がらず，試料内の座標と検出器内のピクセルとを1：1に対応させることができる．この方法の先駆的な研究[17]では，マイクロチャンネルプレートが用いられた．これは電極なども取りつけられていて，電子やX線・放射線の検出器としても使用可能なものであるが，要は，2次元コリメータのような構造のものであれば何でもよい．著者らは6ミクロン径の石英製のキャピラリを束ねた構造をもつ1mm厚程度のプレートに金またはロジウムコーティングを施したものを用いている．この場合，角度発散は6ミリラジアンである．蛍光X線イメージングの空間分解能は，この角度発散と試料～検出器の距離の積で決まっており，例えば2.5ミリといった超近接配置を採ると，15ミクロン程度の空間分解能が得られる．そのためには，購入したカメラ（2次元検出器）を一度分解し，2次元コリメータを撮像素子にほとんど密着できるように，窓部分を作り変えて交換するなどすると効果的である．このような2次元コリメータを内蔵させたカメラを用いると，蛍光X線の動画イメージングだけでなく，XAFSイメージング[18,19]やX線回折イメージング[20,21]，さらにはそれらを複合したイメージング[22]も可能になる．

著者らは実際に実験をしたことがないので，Fig.1には描かなかったが，非球面ミラー等を用いた結像光学系の採用は，現時点はともかくとして，将来は有望と考えられている[23,24]．

3.2 位置情報と元素情報（蛍光X線のエネルギー）を同時に記録可能な検出器への変更

エネルギー分散型の蛍光X線分析では，現在はSDDが多く用いられている．動画イメージングを行う際には，SDDは使用せず，代わりに2次元X線検出器を使用する．現在，わが国も含め，各国で高性能の2次元X線検出器の開発が行われている[8,25]．著者らもその動向にはたいへん関心を持って注目しているが，本稿では，その蛍光X線動画イメージングへの応用の魅力にはあえて触れない．その代わりに，はるかに安価で，誰もが手軽に購入することができ，すぐにでも利用できるものがあり，実際に蛍光X線の動画イメージングができることを示そう．最近，著者らは，光学顕微鏡等に取りつけて使用される可視光用の冷却CCDカメラ，冷却CMOSカメラ（いずれもモノクロ）で蛍光X線スペクトル分析やイメージングができることを見出した[26,27]．Table 1に著者らが研究室で最近頻度多く使用しているカメラ2式の主な仕様を示す．いずれも広く市場に流通しており，誰でも容易に購入することができる．Fig.2には，Table 1のType IIにあたるセンサーを搭載した市販CMOSカメラ（PCO社製PCO Edge 5.5）をどのようにして変更してX線用途に使えるようにするかを示した．市販のカメラは可視光用途を念頭に置かれているので，ガラス窓があり，その外側にレンズをとりつけるマウントがあるが，こうした部品を外し，代わりにベリリウム箔をはりつける．最近のCMOSセンサーのなかには素子上にポリマーレンズが実装されているものもある．X線の測定上，吸収の損失があるが，著者らの経験では，数keV以上のほとんどの蛍光X線の測定にはたいした影響はない．

CCDカメラについては，わが国の常深，林田

Table 1 Summary of main specifications of two types of commercially available cameras used for X-ray fluorescence movie applications in the authors' lab.

	Type I	Type II
Sensor	CCD47-10 (e2V) CCD	CIS2521 (Fairchild Imaging) Scientific CMOS
Resolution	1024×1024 pixels	2560×2160 pixels
Pixel size	13 μm×13 μm	6.5 μm×6.5 μm
Active area	~ 170 mm^2	~ 230 mm^2
Effective thickness	~ 10 μm	??
Camera	C4880-50 (Hamamatsu)	pco edge 5.5 (PCO AG)
A/D conversion	16 bits	16 bits
Electronic cooling	−30℃ With water cooling	5℃ With air cooling
Frame rate (slow scan for high-quality imaging)	0.25 fps (slow mode).	33.6 fps.
Energy resolution for X-rays (@ Mn Kα 5.9 keV)	150 eV	220 eV

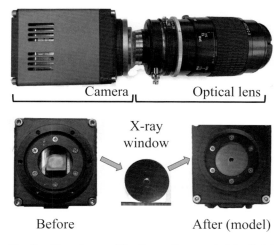

Fig.2 How to modify the ordinary visible light camera for X-ray fluorescence imaging.

らの先駆的研究[28,29]があり，非常に短い時間で撮像したとき（シングルフォトンカウンティングモード）の画像の画素の明るさ（電荷量）がX線のエネルギー情報を与える点に着眼すると（Fig.3 (a), 方法の詳細は後述），位置分解能とエネルギー分解能を両立させたX線天文計測が可能になる．X線イメージングでも，青木らの

研究が知られている[30]．Table 1 に示したように，著者らの使用しているCCDカメラでもMn Kα線に対して150 eVのエネルギー分解能で蛍光X線スペクトルが取得されている[27]．他方，現在ではピクセルサイズが小さいカメラが主流の時代になっており，高い空間分解能を得やすくなる条件が広がった半面，X線光子によって生じる電荷が複数ピクセルに分散するために（電荷分割，Fig.4），X線のエネルギー情報の判定が難しくなる問題が起いている．さらに，特にCMOSカメラでは素子のすぐ下に配線がなされており，そのような配線の影響も受ける．可視光用に設計，開発，使用されているカメラ，特にCMOSカメラをエネルギー分散型の2次元X線検出器として使用するのが容易ではなさそうだと信じられてきたのには，そのような理由があった[26]．実際，著者らも，初期の研究では，やむなくFig.3 (b)の方法により，シンクロトロン放射光のエネルギー可変性を用い，吸収端を利用した元素識別を行っていた．この方法では，

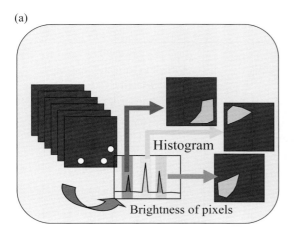 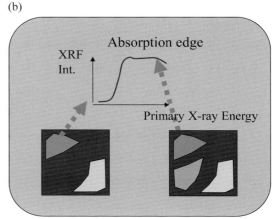

Fig.3 Distinguishing X-ray energy by 2D detector.
(a) Use of the single photon counting mode. If the image is taken in very short time, the measured intensity (collected charge amount) gives the information on the energy of the X-ray photon. Then the detector can distinguish the difference of elements in the same way as other X-ray energy-dispersive detectors.
(b) Use of the tunable monochromatic X-rays across the absorption edges. This uses selective excitation of specific elements by tuning the primary X-ray energy at lower and higher energy sides of the absorption edge.

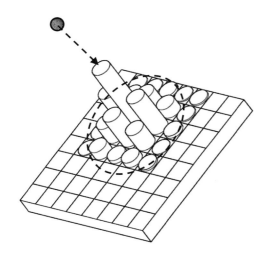

Fig.4 Charge sharing event.
Charges created by a single X-ray photon are splitted into several pixels.

動画イメージングはせいぜい単一元素についてしか行えない．また，実験室系やモバイルのX線源では，そもそも入射X線のエネルギーを連続的に変化させたり，自由に選んだりすることはできない．

結論から言えば，現在では，可視光用の冷却CCDカメラ，冷却CMOSカメラのいずれの場合も，素子サイズの小さなものも含め，電荷分割の補正をきちんと行いさえすれば，位置分解能（試料上の位置の識別）とエネルギー分解能（元素識別）を両立させたイメージングが実現可能である[31]．利用の立場で言えば，一切追加のハードウエアは必要ではなく，続々と得られる画像に対して定型的な処理を行うのみで，上述の問題を解決することができる．その根幹部分を簡単に説明すると，シングルフォトンカウンティングモードで得られるX線像の電荷分割の状況は，一光子によって発生した電荷が1つのピクセルにほぼおさまるイベントと，複数のピクセルに分割して広がるイベントに大別される．そこで，著者らは採用するカメラのタイプの違いなどにより2つの方式を使い分けている．第一は，一光子によって発生した電荷が1つのピクセルにほぼおさまるイベントがある程

度生じている場合，他を捨てて，そのようなイベントのみを採用してカウントするというものである．簡単そうに聞こえるが，実はこれだけではうまくゆかない．それは，わずかではあっても隣のピクセルに電荷が散逸する場合があるからである．これをうまく処理するため，いったん見つけた孤立ピクセルの周囲の全ピクセルに対して，別途厳格な閾値を設けてスクリーニングを行う．第二は，もはやほぼ全部のイベントにおいて電荷分割が起きている場合，その総和を求めることで，情報の復元をはかるが，その際に電荷分割のタイプを判別し，特定の場合にしか採用しない，というある種のフィルタリングを行うものである [26, 27, 31]．

以上の補正方法は著者らが研究室で使用しているカメラに対して見出したものであるが，一般性をもち，今では誰でも簡単にX線検出位置とエネルギーの両方を決定することができる．

元素別の画像群を動画として取得するスキームは，次のようになる．非常に短い撮像時間で続々と画像を収集する作業がまず常に行われることになる．リアルタイムのライブ画像計測であるが，この際に得られているX線像はノイズにしか見えないようなきわめて暗い画像ばかりである．元素の情報は，蛍光X線のエネルギー，すなわち，その画像のなかに見える画素の明るさと対応しているので，そのような暗い画像の全部のピクセルを探査して，特定の明るさのものがあるかどうかを判定する必要がある．元素ごとに（蛍光X線エネルギーごとに），あらかじめ画像カウンタのようなものを用意しておき，最初は全ピクセルが0であるが，上記の探査の結果，該当するものがあれば，そのピクセルに1を加えるといった操作を続々と取得される全画像について行うのである．

ここまでの説明で明らかであると思うが，かなり短い撮像時間を単位として大量の画像を取得し，それを再構成することにより，元素別の画像を得ており，その際の動画としての時間スケールは，積分範囲の変更次第で，かなり自由にとれる．言い換えると，撮像後に異なる時間スケールの複数の動画セットを作りだすことができる．もちろん，撮像時間よりも短い時間分解能は不可能である．これは，シングルフォトンカウンティングの条件次第，すなわち，入射X線の強度，試料の濃度などによって選択，判断することになる．X線の強度に余裕がある場合は，カメラの読み出し速度が最終的な限界になるだろう．

4. 撮像例

それでは，実際の測定結果を示そう．まず，用いたセットアップはFig.5のようなものである．通常の1.5 kWのX線回折用のCu管球をX線源に使用している．著者らはモノクロメータを使用したが（試料に入射するCu Kα線の強度は10^8cps台である），使用しない使い方も考

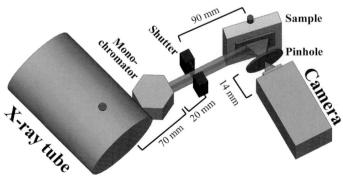

Fig.5 Schematic view of experimental setup for simultaneous multi-element movie imaging.

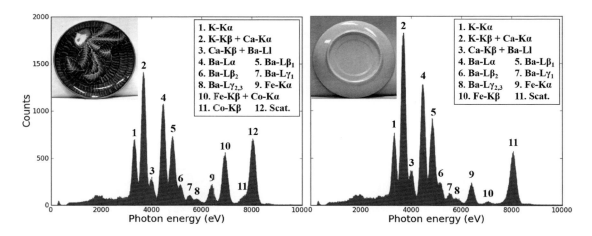

Fig.6 Example of X-ray fluorescence analysis using CMOS camera [26].
Photos and spectra are obtained by the same CMOS camera, before and after modification, respectively. Cobalt is detected in the inner side of plate (left), whereas it is not in outer side (right).

えられるだろう．試料と検出器の間にはピンホールを入れた．先述したように，カメラ内部に2次元コリメーターを内蔵させることもできるが，本稿で示す画像はすべてピンホールを使って取得したものである．

まず，市販の可視光用の冷却 CCD や冷却 CMOS カメラが，蛍光 X 線スペクトルを取得するのに使用できることを示そう．ピンホールを外してしまえば，イメージング機能は失われるが，大面積の蛍光 X 線検出器として働いてくれる．シングルフォトンカウンティングモードでの画像の明るさの全ピクセルをあわせた集計結果（ヒストグラム）が，そのまま蛍光 X 線スペクトルである．Fig.6 は，市販 CMOS カメラ（PCO Edge 5.5）によって取得した絵皿の表側と裏側の蛍光 X 線スペクトルである [26]．カリウム，カルシウム，バリウム，鉄などが観測されているが，表側のみ，コバルトが測定された．この絵皿の表側は青い塗装がなされていた．その青がコバルトに由来するものであることが，こうした分析で明らかになった．こうしたごく普通の蛍光 X 線分析も，SDD に代えて，市販の可視光のカメラで行うことができる．

もちろん，カメラをわざわざ導入しているのは，蛍光 X 線のイメージングを行うためである．Fig.7 には，ピンホールを取り付け，元素ごとの分布の可視化を行った例である．(a) は天然のめのうである．肉眼でも確認できる縞に沿って，鉄の偏析が生じていることがわかる．マーカーとして試料の特定の場所にチタンを塗ってあり，位置関係も含めた確認ができている．(b) は複数の化学物質を不均一に混合したものを，蛍光 X 線のコントラストで識別したものである．

すでに説明した通り，この技術においては，静止画イメージングと動画イメージングの区別はない．元素が動かなければ，何も変化しない静止画が繰り返し取得されるだけであるが，動くような試料では，動画として記録される．これまで，そのような試料を蛍光 X 線分析によって研究する例は多くはなかったかもしれないが，現在では，少なくとも技術的なハードルは著しく下がっている．Fig.8 は元素が時々刻々動く

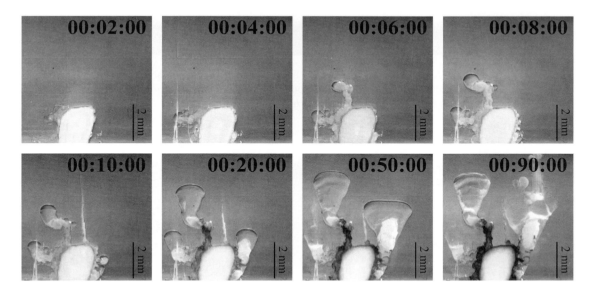

Fig.7 Example of X-ray imaging. Viewing areas on samples are enclosed by rectangles.
(a) Agate stone. A white mark is attached so that the viewing area is precisely confirmed.
(b) Mixtures of different chemical particles of $CaCl_2$ and $Fe_2(SO_4)_3$. They can be easily distinguished in X-ray imaging though their colors in appearance are similar. X-ray imaging slightly differs from sample shape because incident X-rays mainly illuminates protruding parts.

Fig.8 Optical observation of chemical garden.
A typical growth process of chemical garden growing from mixtures of calcium salt and ferrous salt, observed by an optical microscopy. Time stamps are marked at the upper right corner of every snapshot.

蛍光X線による多元素同時動画イメージング

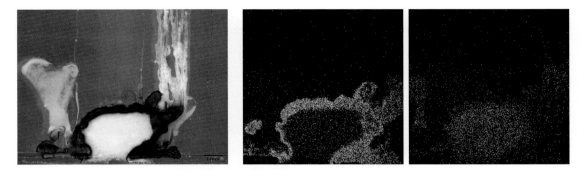

Fig.9 Final stage of chemical garden.
(left) Optical image. (center) X-ray fluorescence image (Fe). (right) X-ray fluorescence image (Ca).

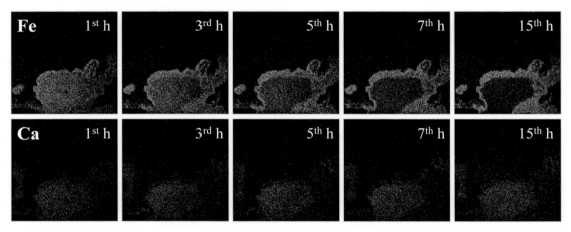

Fig.10 Time evolution of X-ray fluorescence images of Fe and Ca taken simultaneously [32].
Each frame records the element distribution in one specific hour. In chemical garden growth, Fe diffuses to boundary parts, whereas the distribution of Ca nearly has no change.

様子を示す例である．画面いっぱいにケイ酸ナトリウム水溶液を媒質として充填し，図の下部にカルシウムと鉄の無機塩の粉末を混合して置いた．その経時変化を光学顕微鏡観察し，左から右に向かって並べたものである．塩は同じ色をしているので光学顕微鏡では区別はつかない．この変化はケミカルガーデンとして知られており，試料の表面にできるケイ酸金属塩の半透膜への水の出入りと，その結果生じる圧力変化による物質移動によって樹状になると言われている．この図では，反応初期に白色の突起状の成長が顕著であり，後には元の粉末の塊がやや膨張し，体積増加が起き，その周辺部で色調の変化が生じている．こうした化学変化をよりよく理解するためには，このような顕微鏡の写真が元素で色分けできればよいのではないか．

Fig.9は上の試料とほぼ同じものを長時間放置した反応最終状態を示している．左図は光学顕微鏡写真であるが，右の2つの画像は，鉄とカルシウムの元素のそれぞれの蛍光X線の画像である．ケミカルガーデンの成長は元素の個性が強く反映したものであることは，このような

画像から一目瞭然になる．Fig.10 は，さらに，その時間的な変化の過程を追ったものである．蛍光 X 線の動画の時間スケールは見ようとする化学反応の速度に合わせて設定することができる．ここでは 1 フレームを 1 時間として編集して並べた[32]．比較的均一であった鉄の分布が，徐々に変化し，中央部から周辺部へ移動している様子がよくわかる．これに対し，カルシウムは，このフレームにはない，もっと早い段階で突起状の移動を生じるものの，その後，原料のある場所の周辺では顕著な移動を生じていないことがわかる．この図は 1 時間を単位とするゆっくりとした反応の動画であるが，原論文[32]では 3 分程度の短い時間でも変化を追えていることを示すデータを示した．

5. おわりに

蛍光 X 線の多元素同時の動画イメージングは，決して難しくない．現に蛍光 X 線分析の装置が使えるような環境があれば，わずかな変更によって動画イメージング機能を持たせることができる．通常のエネルギー分散型の蛍光 X 線分析と同じように元素の区別を行いながら，試料上の元素の分布を観測し，それが変化する場合には，その変化も順に追ってゆくことができる．本稿では，1.5 kW の封入管での撮像例を示した．また誰でも注文して購入できる市販の可視光用の冷却 CCD および冷却 CMOS カメラを使い，簡単な手作り，もしくは安価に購入もできるピンホールだけを使って，空間分解能 20 〜 100 ミクロンで元素別の X 線像を同時取得することができる．動画の時間スケールは見ようとする化学反応の速度に合わせて設定することができる．入射 X 線の強度や注目している元素の濃度にもよるが，実験室系では，おおむね秒〜数分を単位として変化するものが適用の目安になるのではないかと思う．本技術の主要なポイントは，本稿も含め，論文と論文の supplemental information [26,27,31] などに公開しており，動画も ACS の Web サイトから無料でダウンロードできる（http://pubs.acs.org/doi/suppl/10.1021/acsomega.7b00930）．さらに詳細に関心のある読者は遠慮なく問い合わせて頂きたい．

参考文献

1) K. Sakurai, H. Eba: *Anal. Chem.*, **75**, 355 (2003). http://dx.doi.org/10.1021/ac025793h
2) K. Sakurai, M. Mizusawa: AIP Conference Proceedings 705 (Synchrotron Radiation Instrumentation 2003, San Francisco), p.889 (2004). https://doi.org/10.1063/1.1757938
3) 桜井健次：X 線分析の進歩, **33**, 245（2002）．
4) 桜井健次，江場宏美，水沢まり：まてりあ, **41**, 616（2002）．
5) 桜井健次，江場宏美，水沢まり：ぶんせき, **11**, 644（2003）．
6) 桜井健次：応用物理, **73**, 754（2004）．
7) 江場宏美，桜井健次：X 線分析の進歩, **38**, 331（2007）．
8) L. Struder, S. Epp, D. Rolles, R. Hartmann, P. Holl, G. Lutz, H. Soltau, R. Eckart, C. Reich, K. Heinzinger, C. Thamm, A. Rudenko, F. Krasniqi, K.-U. Kuhnel, C. Bauer, C.-D. Schroter, R. Moshammer, S. Techert, D. Miessner, M. Porro, O. Halker, N. Meidinger, N. Kimmel, R. Andritschke, F. Schopper, G. Weidenspointner, A. Ziegler, D. Pietschner, S. Herrmann, U. Pietsch, A. Walenta, W. Leitenberger, C. Bostedtf, T. Moller, D. Rupp, M. Adolph, H. Graafsma, H. Hirsemann, K. Gartner, R. Richter, L. Foucar, R. L. Shoeman, I. Schlichting, J. Ullrich: *Nucl. Instr. and Meth.*, **A614**, 483 (2010).
9) O. Scharf, S. Ihle, I. Ordavo, V. Arkadiev, A.

Bjeoumikhov, S. Bjeoumikhova, G. Buzanich, R. Gubzhokov, A. Gunther, R. Hartmann, M. Kuhbacher, M. Lang, N. Langhoff, A. Liebel, M. Radtke, U. Reinholz, H. Riesemeier, H. Soltau, L. Struder, A. F. Thunemann, R. Wedell: *Anal. Chem.*, **83**, 2532 (2011).

10) K. Tsuji, T. Ohmori, M. Yamaguchi: *Anal. Chem.*, **83**, 6389 (2011).

11) U. E. A. Fittschen, M. Menzel, O. Scharf, M. Radtke, U. Reinholz, G. Buzanich, V. M. Lopez, K. McIntosh, C. Streli, G. J. Havrilla: *Spectrochim. Acta*, **B99**, 179 (2014).

12) F. P. Romano, C. Caliri, L. Cosentino, S. Gammino, L. Giuntini, D. Mascali, L. Neri, L. Pappalardo, F. Rizzo, F. Taccetti, U. Catania, V. A. Doria: *Anal. Chem.*, **86**, 10892 (2014).

13) S. Matsuyama, M. Shimura, M. Fujii, K. Maeshima, H. Yumoto, H. Mimura, Y. Sano, M. Yabashi, Y. Nishino, K. Tamasaku, Y. Ishizaka, T. Ishikawa, K. Yamauchi: *X-ray Spectrom.*, **39**, 260 (2010).

14) Sir David Brewster: "The Stereoscope－its history, theory and construction", John Murray, London (1856).

15) K. Sakurai: *Spectrochimica Acta*, **B54**, 1497 (1999). https://dx.doi.org/10.1016/S0584-8547(99)00071-3

16) 桜井健次，江場宏美：日本国特許第 3049313 号（出願 1998, 登録 2000），第 3663439 号（出願 2002, 登録 2005）．

17) T. Wroblewski: *Synchroton Rad. News*, **9**, 14 (1996).

18) M. Mizusawa, K. Sakurai: *J. Synchrotron Rad.*, **11**, 209 (2004). http://scripts.iucr.org/cgi-bin/papers?ot5554

19) K. Sakurai, M. Mizusawa: *Nanotechnology*, **15**, S428 (2004). http://stacks.iop.org/0957-4484/15/S428

20) 水沢まり，桜井健次：X 線分析の進歩, **40**, 279 (2009)．

21) K. Sakurai, M. Mizusawa: *Anal. Chem.*, **82**, 3519 (2010). http://pubs.acs.org/doi/pdf/10.1021/ac9024126

22) H. Eba, H. Ooyama, K. Sakurai: *J. Anal. At. Spectrom.*, **31**, 1105 (2016). http://pubs.rsc.org/en/content/articlelanding/2016/ja/c6ja00024j

23) A. Takeuchi, S. Aoki, K. Yamamoto, H. Takano, N. Watanabe, M. Ando: *Rev. Sci. Instrum.*, **71**, 1279 (2000).

24) Dr. Wenbing Yun (Sigray Inc., California, USA)：私信 (2017)．

25) T. Tsuboyama, Y. Arai, K. Fukuda, K. Hara, H. Hayashi, M. Hazumi, J. Ida, H. Ikeda, Y. Ikegami, H. Ishino, T. Kawasaki, T. Kohriki, H. Komatsubara, E. Martin, H. Miyake, A. Mochizuki, M. Ohno, Y. Saegusa, H. Tajima, O. Tajima, T. Takahashi, S. Terada, Y. Unno, Y. Ushiroda, G. Varnerg: *Nucl. Instr. and Meth.*, **A582**, 861 (2007).

26) W. Zhao, K. Sakurai: *Sci. Rep.*, **7**, 45472 (2017). http://dx.doi.org/10.1038/srep45472

27) W. Zhao, K. Sakurai: *Rev. Sci. Instrum.*, **88**, 063703 (2017). http://dx.doi.org/10.1063/1.4985149

28) H. Tsunemi, K. Mizukata, M. Hiramatsu: *Jpn J. Appl. Phys.*, **27**, 670 (1988).

29) H. Tsunemi, S. Kawai, K. Hayashida: *Jpn J. Appl. Phys.*, **30**, 1299 (1991).

30) 青木貞雄，鬼木 崇，今井裕介，橋爪惇起，渡辺紀生：X 線分析の進歩, **46**, 124 (2015)．

31) 桜井健次，趙 文洋：特願 2017-105380．

32) W. Zhao, K.Sakurai: *ACS Omega*, **2**, 4363 (2017). http://dx.doi.org/10.1021/acsomega.7b00930

解説

第 53 回 X 線分析討論会報告

山本 孝*

Report on the 53th Annual Conference on X-ray Chemical Analysis

Takashi YAMAMOTO*

Department of Natural Science, Division of Science and Technology, Tokushima University
2-1 Minamijosanjima-cho, Tokushima 770-8506, Japan

(Received 16 January 2018, Accepted 16 January 2018)

第 53 回 X 線分析討論会は 2017 年 10 月 26 日（木）～27 日（金）の 2 日間，徳島大学常三島キャンパス総合科学部 2 号館地域連携プラザにて，特別講演 3 件，依頼講演 1 件，口頭発表 28 件（うち学生 9 件），ポスター発表 65 件（うち学生 38 件）の発表に 166 名の参加者を得て行われた（Fig.1）．主催団体は日本分析化学会 X 線分析研究懇談会であり，徳島大学および化学工学会

Fig.1 第 53 回 X 線分析討論会会場および参加者．

徳島大学理工学部理工学科応用理数コース　徳島県徳島市南常三島町 2-1　〒 770-8506
＊連絡著者: takashi-yamamoto.ias@tokushima-u.ac.jp

Fig.2 特別および依頼講演演者の (a) 宇留賀朋哉氏, (b) 米山明男氏, (c) 今井昭二氏.

中国四国支部徳島化学工学懇話会の共催, 日本分析化学会中国四国支部他 46 学協会協賛, 徳島県観光協会他 6 件の展示を含む 11 件の後援をいただき, 口頭発表は常三島けやきホール (大ホール), ポスター発表および企業展示は 4 室に分かれて行われた. 主題討論は (1) X 線分析による材料解析, (2) X 線イメージングおよび顕微分析, (3) X 線検出器の開発と新規分析法への展開, (4) X 線吸収分光法とその応用, (5) 表面分析 (XPS, TXRF) その他である.

本討論会の実行委員長は筆者山本孝 (徳島大学大学院社会産業理工学研究部) が務め, 小西智也 (阿南工業高等専門学校創造技術工学科), 西脇芳典 (高知大学教育研究部), 村井啓一郎 (徳島大学大学院社会産業理工学研究部), 大石昌嗣 (同), 山本祐平 (同), 榊篤史 (日亜化学工業研究開発本部), 早川慎二郎 (広島大学大学院工学研究科) の 8 名にて実行委員会を組織し, 運営を行った. 実行委員会では特別/依頼講演としてシンクロトロン放射光施設でのビームライン建設および応用研究, 放射光 X 線分析の民間利用, ラボ装置による X 線分析を活用した研究の 3 件を講演いただくことを企画した (Fig.2).

徳島大学常三島キャンパスは日本三大暴れ川であり四国三郎の異名をもつ川幅 1 km 超の吉野川の河口域三角州上に位置している. 一帯は汽水域にあり, 季節によりエイやタイ科の魚類, クラゲ等の海洋生物をキャンパス南隣の支流で見かけることがある. 会場から徳島空港へのリムジンバスおよび神戸/四国各地への高速バスが発着するバス停まで徒歩数分, 徳島城跡 (城山) および徳島藩蜂須賀家歴代藩主の墓所がある興源寺も徒歩圏内であり, かつ JR 徳島駅から徒歩 20 分の徳島市中心部に近い比較的交通の便の良い立地にある. とはいえ本学開催の討論会に参加いただくためには航空便または高速バス利用かつ宿泊が事実上必須となる. 本討論会は四国初開催であり, かつ第 52 回までは新幹線沿線の交通の便が良い会場で行われることが大半であった. そこで実行委員会では学協会への協賛依頼件数を大幅に増やし, ポスター (Fig.3) 作成等広報に力を入れた.

初日 (26 日) は午前 9 時に本懇談会委員長大阪市立大学辻教授による挨拶により開会し, 6 件の一般講演に加えて宇留賀朋哉博士 (Fig.2 (a). JASRI/ 電気通信大学) による特別講演が行われた. 演題は「時空間分解 XAFS 計測ビー

Fig.3 第53回X線分析討論会のポスター.

Fig.4 ポスター発表.

Fig.5 懇親会でスピーチする中西康次氏.

ムラインの建設および固体高分子形燃料電池(PEFC)のオペランド分析」である.氏の研究グループはPEFCをX線吸収分光法により評価するための専用ビームラインを放射光施設内に建設し,電極触媒のその場計測および可視化技術の開発を行っている.講演では発電動作下でのミリ秒時間分解クイックXAFS計測,100 nm空間分解顕微XAFS(二次元/三次元走査型),時間分解XRD/XAFS同時計測,投影型または結像型XAFS-CT(コンピュータトモグラフィー)イメージング計測を可能とするように設計されたビームラインの概要および,カソード触媒成分である白金種の発電作動下での酸化還元機構解明,化学種の状態分布可視化,性能劣化後の状態変化などに関する成果が報告された.今回示された白金種酸化状態分布の三次元可視化技術は電池関連だけではなく様々な分野の評価・研究・開発に対して有効であり,さらなる空間分解能.および測定/解析技術およびその汎用性の向上が期待される.

初日午後はポスター発表(Fig.4)が13時より15時まで3会場に分かれて行われたのち,2件の特別講演と6件の一般講演が行われた.ポスター掲示は受付開始時から2日目15時まで可能としており,休憩時間等に閲覧される方も多く,討論が随時行われていた.ポスターセッション後には立命館大学SRセンター中西康次准教授(Fig.5)に対する浅田榮一賞の授賞式に引き続き,受賞記念講演が特別講演として行われた.浅田榮一賞はX線分析分野で優秀な業績

をあげた若手に授与されるものであり，受賞題目は「高品位・高信頼性の軟X線吸収スペクトロスコピー機器開発と革新的な電池研究への貢献」，講演題目は「放射光軟X線吸収分光における計測技術の高度化と蓄電池研究への応用」であった．受賞対象となった研究の概要は桜井健次氏の記事[1]をご参照いただきたい．もう1件の特別講演は米山明男博士（Fig.2（b）．日立製作所／九州シンクロトロン）による「X線位相イメージング法の原理とその応用」を演題とした．本法の原理，4種類の位相シフト検出方法の概要とその特徴，リチウムイオンバッテリー（LIB）や複合材料などへ適用した様々な応用研究に関する講演であった．応用研究としてLIB内の電解液についてその密度の経時変化をX線干渉法によりリアルタイム可視化に成功した事例，樹脂ケーブルの断面可視化を屈折コントラスト法により行った例などが紹介された．その他ガスハイドレートの分析，X線サーモグラフィー法の開発，実効原子番号イメージングの応用など数多くの材料評価および位相イメージング法の可能性が紹介されており，活発な質疑がなされた．初日の講演終了後に行われたミキサーには96名が参加し，閉会まで活発な議論と情報交換が行われ，懇親を深めた．

27日（金）は16件の一般講演と1件の依頼講演が行われた．徳島大学大学院社会産業理工学研究部今井昭二教授（Fig.2（c））による依頼講演の演題は「石炭由来のPM2.5非水溶性粒子の起源判別方法と中国からの越境ルート」である．四国および中国地方山岳地帯の冬季の樹氷，粗氷，雨氷および積雪の中の非水溶性分と水溶性成分の元素分析およびスペシエーション結果に基づくユーラシア大陸東部からの大気汚染物質の長距離輸送機構に関する研究について，氏は採取された物質の発生源および輸送機構，試料採取法，さまざまな分光分析結果およびそれらの意味することについて講演された．非水溶性物質中の無機小球形粒子は輸送されてきた石炭フライアッシュ由来であること，微量有害重金属含有比から使用された石炭の年代が推定可能であること，およびKα線のシフトを利用したイオウ価数評価について報告され，またイオウとカルシウムの濃度相関性のみの検討によりイオウ化学種分析が可能であることが提案された．氏の研究は環境化学分野において原子吸光／発光分析法による微量元素分析とイオンクロマトグラフィー法による主要イオン分析にSEM-EDXによる一粒子分析，WDXによる濃度測定およびスペシエーションなど複数のX線分析手法を組み合わせたものであり，活発な質疑が行われた．

口頭／ポスター発表者の産官学の内訳はそれぞれ18，8，67件であった．一般講演28件の内訳は，蛍光エックス線分光法関連が15件と最も多く，次いでX線吸収分光法による材料評価8件，X線および中性子回折による構造解析がそれぞれ4，1件であった．ポスター発表65件の内訳は口頭発表と同様に蛍光エックス線分析関連が25件と最も多く，次いでXAFS 14件，XRD 10件，TXRF 6件，XPS 4件，その他中性子線回折やLIBS，X線発光分析法などが用いられていた．材料解析やイメージング等応用研究が大半であったが，装置開発や分析精度向上，分析手法の開発など幅広い内容の発表が行われた．学生による発表は口頭9件，ポスター38件であった．実行委員会では研究内容（新規性および本人の貢献度も考慮），プレゼンテーション，質疑応答を考慮した学生奨励賞の選考を行い，以下の2件を選定した．

・目﨑雄也氏（東京理科大学）：「焦電結晶を用いた金ナノ粒子作製と評価」（口頭発表）
・大村健人氏（広島大学）：「通常 X 線源を用いる分散型 XAFS 測定装置の開発と価数の動的追跡―信号強度とエネルギー分解能の最適化―」（ポスター発表）

最後に第 53 回 X 線分析討論会にご参加いただいた皆様，運営にご支援いただいた徳島化学工学懇話会，（一財）徳島県観光協会，㈱アグネ技術センター，㈱朝倉書店，神津精機㈱，㈱島津製作所，㈱テクノエックス，㈱テクノエーピー，仁木工芸㈱，日本電子㈱，フリッチュ・ジャパン㈱，㈱堀場製作所，㈱リガク，実行委員会諸兄に深く感謝申し上げます．本討論会では初の四国開催ながら多数の講演申込，参加，ご後援/協賛を賜った．ひとえに X 線分析研究懇談会および過去の討論会を懇談会会員，運営委員および討論会実行委員，協賛および関連企業，討論会参加者，研究者その他大勢の皆様が築き上げていただいた賜物である．魅力的な演題をご提供いただいた講師諸先生，演者およびその研究グループ，参加登録者に重ねて御礼申し上げ，第 53 回 X 線分析討論会の報告とさせていただく．

参考文献

1) 桜井健次：X 線分析研究懇談会「第 12 回浅田榮一賞」，ぶんせき，321-322（2017）．

新刊紹介

構造物性物理とX線回折

若林 裕助 著

A5判，288ページ，丸善出版，(2017)

ISBN-978-4-621-30195-1

定価：本体価格 3,800 円＋税

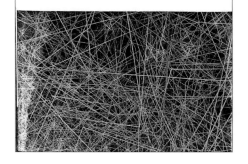

　X線回折は，新規な物性を示す物質を探索し，その理解を深めようとする研究分野で必須のツールになっている．当然のことであるが，研究手法の中身をよく知らずブラックボックスのような使い方をしたのでは，未知の物質について研究などできるはずもない．これまで，X線回折の教科書と言えば，冒頭から1個の電子によるX線の散乱から説き起こし，結晶による回折，構造決定の方法を説明するものが歴史的に多かった．これらはX線と物質の相互作用や，構造解析の原理原則，一般論は詳しく記述されているが，新しい物質を研究する者には少し足りないところもあった．本書は，物質科学の研究者のために書かれた専門的教科書であり，第Ⅰ部「構造に着目した物性物理」（第1章から第6章）と第Ⅱ部「構造観測法—X線回折理論」（第7章から第12章）の二部構成で成り立っている．すなわち，前半で，原子間に働く力（第1章），熱的性質（第2章），電気的性質（第3章），磁気的性質（第4章），相転移（第5章），構造に対する摂動（第6章）について述べ，後半で，結晶からのX線の回折（第7章），現実の結晶に対する回折実験（第8章），構造解析（第9章），超格子反射（第10章），表面構造解析（第11章），散漫散乱（第12章）が解説されている．原理に関わる重要な理論式はほとんど網羅されており，初学者にもわかりやすい説明がなされている．ぜひ研究室に一冊備えて活用することをお薦めしたい．

［物質・材料研究機構　桜井健次］

解 説

In-situ 時間分解クイック XAFS 法による一過性反応のその場観察

宇留賀朋哉[*]

Real-Time Observation of Transient Chemical Reaction by In-Situ Time-Resolved Quick XAFS Method

Tomoya URUGA[*]

Japan Synchrotron Radiation Research Institute (JASRI)
1-1-1, Kouto, Sayo-cho, Sayo-gun, Hyogo 679-5198, Japan
Innovation Research Center for Fuel Cells, The University of Electro-Communications
1-5-1, Chofugaoka, Chofu, Tokyo 182-8585, Japan

(Received 20 January 2018, Accepted 26 January 2018)

An in-situ time-resolved quick scanning X-ray absorption fine structure (quick XAFS) technique is a powerful tool for investigating the local structure and chemical state of target elements during transient chemical reaction processes. Recently, we developed new beamline at SPring-8 optimized for quick XAFS and realized high quality time-resolved XAFS measurements with millisecond order. In this review, we describe the outline of the measurement systems and beamlines and recent results of electrochemical reaction processes in electrode catalysts in fuel cells.

[Key Words] Quick XAFS, In-Situ Time-Resolved XAFS, Synchrotron radiation, Fuel Cell, Catalyst

In-situ 時間分解クイック XAFS 法は，一過性反応のメカニズムを原子レベルで解明する際に非常に強力な手法である．近年，SPring-8 でクイック XAFS 法に最適化された放射光ビームラインを建設し，ミリ秒オーダーの高質な時間分解 XAFS 計測法や複合同時時間分解計測法を開発した．本稿では，クイック XAFS 計測装置やビームラインの概要および，燃料電池電極触媒の反応過程等に対する応用研究を紹介する．

[キーワード] クイック XAFS，In-situ 時間分解 XAFS，放射光，燃料電池，触媒

1. はじめに

X 線吸収微細構造分光法（XAFS 法）は，よく知られているように，特定の元素の周りの原子レベルの局所構造や化学状態（電子状態）を調べることができる分析手法である．XAFS 法は，(1) 結晶・非晶質の双方に対して適用できる点，(2) 元素選択的な測定ができる点，(3) 硬

(公財) 高輝度光科学研究センター　兵庫県佐用郡佐用町光都 1-1-1　〒 679-5198　*連絡著者：urugat@spring8.or.jp
電気通信大学燃料電池イノベーション研究センター　東京都調布市調布ケ丘 1-5-1　〒 182-8585

X線の場合,高い透過能により非破壊でその場環境下での測定が可能である点などの特徴をもつ.これらの特徴により,XAFS法は,反応容器内にある試料に対して様々な反応環境下で原子・分子レベルでその場解析ができる最も強力な分析手法の一つとして,多様な研究分野(触媒,材料物質,薄膜デバイス,地球・環境試料,生体試料など)で広く利用されている.

非可逆な一過性反応を追跡するin-situ時間分解XAFS計測方法としては,クイックXAFS法と分散XAFS法の2つの方法がある.分散XAFS法は,湾曲分光器と位置敏感検出器を用いて,分光器のエネルギー走引せずに一度にXAFSスペクトル全体を計測する手法である.計測システムの最小時間分解能は,位置敏感検出器のデータ読み出し速度とX線パルス幅により決定され,現在,X線レーザー光源と組み合わせ100フェムト秒オーダーの時間分解能が達成されている.しかしながら,分散XAFS法は,測定対象元素の濃度が希薄な試料やX線散乱の大きな試料に対しては適用できない,エネルギー分解能が劣るといった短所がある.以下では,クイックXAFS法の近年の進歩と,それを用いた応用研究例について述べる.

2. クイックXAFS法の概要

クイックXAFS法は,1980年代末にFrahmらにより開発された手法であり[1],すでに30年近い歴史がある.クイックXAFS法は,分光器結晶のX線に対する入射角度を連続走査しながら,分光器結晶のブラッグ角度とX線検出器の出力信号を同期計測する手法である.クイックXAFS計測システムの概念図を図1に示す.クイックXAFS計測は「微小電流信号の高速か

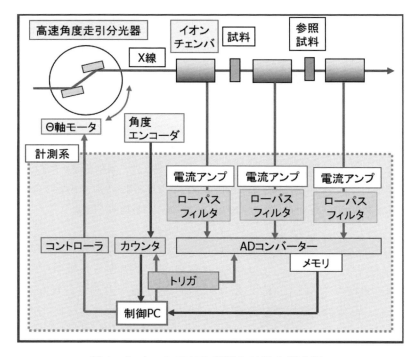

図1 クイックXAFS計測システム概念図.

つ高精度計測」という比較的難易度が高い電気計測の部類に入る．計測システムの詳細については，参考文献 2, 3) をご覧いただきたい．クイックXAFS計測ではシステムを停止することなく連続的に計測を行うことにより，正味の計測時間以外の時間ロスがなく，迅速な計測を実現しており，近年多くのXAFSビームラインに基盤計測システムとして整備されている．クイックXAFSの時間分解能は，装置的には分光器の角度走引速度と検出器の応答速度により決まるが，実際には解析に必要な質のスペクトルを得る時間により決まる．クイックXAFS法は，従来のステップスキャンXAFS法で用いられている各種計測モード（透過法，蛍光法，電子収量法）が利用でき，また検出器や試料セルも同じものが利用できる点に大きな利点がある．入射X線のエネルギーは，分光器ブラッグ角のエンコーダー値を用いて計算することができるが，1 s以下の高速な計測では，エンコーダー値読出しに遅延が生ずるため，図1に示すように標準試料（フォイル等）を参照試料として同時にXAFS計測し，エネルギー較正を行うことが多い．

クイックXAFSのビームライン構成は，基本的には，ステップスキャン式XAFSビームラインと同様である．国内では，SPring-8偏向電磁石ビームラインBL01B1（XAFSビームライン）に最初に導入された[4]．大型水冷二結晶分光器の角度走引速度が律速となり，最小時間分解能は10 s程度である．触媒・環境物質などに対するガス置換反応や昇温生成反応などを中心に，10 s～分オーダーのゆっくりした時間分解XAFS計測が数多く行われている．

1 s以下の高速な時間分解計測を実施するため，我々は，SPring-8 BL40XU（高フラックスビームライン）でクイックXAFSシステムを開発した．BL40XUは，円偏光アンジュレーターを光源としており，1次光を除く高次光が光軸から外れた角度に放射されるため，ビームライン上流のフロントエンド部に設置されたスリットで容易に除去することができ，実験ハッチ内で低熱負荷（～数W）の高強度な準単色アンジュレーター1次光が得られる．我々は，ガルバノモータに小型チャネルカット結晶をマウントした高速角度走引分光器（図2）を開発し，実験ハッチ内に設置した[5]．分光器は冷却機構を有しておらず，最高：2 msでXAFSスペクトルを連続計測可能である．円偏光アンジュレーターは低熱負荷光源という優れた点があるが，エネルギー範囲が8～17 keVに限定されており，計測可能な元素が限定される．また，エネルギー幅（$\Delta E/E$）が標準のリニアアンジュレーターと同様の2～3%（20～30 eV@10 keV）と狭いため，EXAFS領域の計測には若干不十分である．

これを解決するため，光源としてテーパーアンジュレーター光源を用いたビームライン

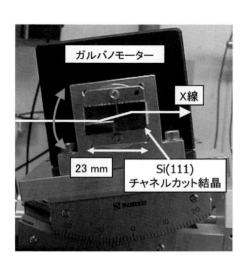

図2　ガルバノモータ駆動分光器．

（BL33XU, BL28XU, BL36XU）が SPring-8 に建設された．この光源は，リニアアンジュレーターの磁石列のギャップを電子バンチの入射側と出射側で線形に傾斜（テーパー）をつけることにより，X 線のエネルギー幅を拡げている．エネルギー幅はテーパーの度合いにより調整できる．図 3 に種々のテーパー度に設定したスペクトルを示す．これらのビームラインでは，JASRI と豊田中央研究所とで共同開発したダイレクトサーボモーターにチャネルカット結晶をマウントした分光器を導入した[6]．テーパーアンジュレーター光の熱負荷は標準型リニアアンジュレーターと同程度に高いため，分光結晶を液体窒素により冷却している．分光結晶を高速角度走引するため，2 つの回折面の間隔が 3 mm の小型チャネル結晶を設計した．SPring-8 の硬 X 線ビームラインでは，実験でノイズ源となる光源からの γ 線を X 線から分離・除去するため，分光器回折光が入射光から 30 mm オフセットするよう設計された大型の二結晶分光器が導入されている．高速クイック XAFS ビームラインでは，2 枚組の水平偏向ミラーを分光器の上流に設置し，ミラーによる X 線反射により γ 線を X 線から分離し除去するようにビームライン設計（図 4）を行った．これにより，コンパクトな分光器結晶の導入を可能にした[7]．時間分解能は，分光器サーボモーターの角度走引速度が律速で，最高 10 ms である．チャネルカット結晶の場合，角度走引に伴い回折光の高さは変動するが，分光器下流に上下偏向集光ミラーを設置することにより，集光位置（試料位置）では原理的にビーム高さが変動しない．

BL36XU（先端触媒構造反応リアルタイム計測ビームライン）では，テーパーアンジュレー

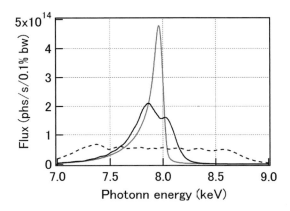

図 3　テーパーアンジュレーター光スペクトル．テーパー度：0%（灰実線），0.5%（黒実線），1%（破線）．

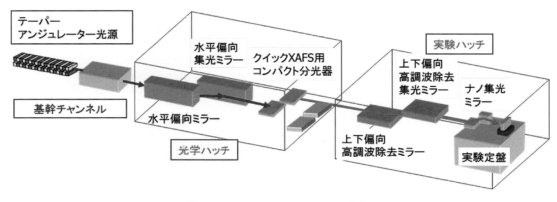

図 4　SPring-8 BL36XU レイアウト．

ター光を用いて，さらに高い時間分解能の実現を目指して，BL40XU と同様のガルバノモータに超小型チャネル結晶をマウントした高速角度走引分光器を用いた XAFS 計測システムを開発した．分光器は実験ハッチ内に設置し，分光器結晶部分は He チャンバー内に設置した．テーパーアンジュレーター光の熱負荷を低減するため，高調波 X 線は分光器上流の 2 枚組の上下偏向集光ミラーにより除去した（図 4）．これに加え，フロントエンド部のスリット開口を通常使用時の 0.5×0.5 mm^2 から 0.15×0.15 mm^2 に狭めることにより，ビーム強度は $\sim 10^{12}$ photons/s（10 keV）を確保した上で，分光器結晶上の熱負荷を数 W に低減することができた．これにより，分光器結晶に冷却機構を設けず，結晶をさらに軽量コンパクト化することができ，高速角度走引を実現した．リニアアンジュレーターに対して，冷却機構を持たない分光器を設置したのは，BL36XU が初めてと思われる．これに併せて，透過 X 線強度を計測するイオンチェンバーの電流収集用電極間の距離を通常の 8 mm から 3 mm に狭めたものを開発し，高速電流増幅アンプと組み合わせて，XAFS 計測時の X 線強度の変化を高速に測定できるようにした．時間分解能は，イオンチェンバーの応答速度が律速で，最高 2 ms である．

In-situ 時間分解 XAFS 計測では，様々な手法を用いて，反応下の試料の物理・化学状態のモニターが行われる．電気化学反応では電圧・電流値，ガス反応では反応容器からの排出ガス分析，また赤外・可視・紫外スペクトル等の同時計測も行われ始めている．

以下では，時間分解クイック XAFS 法を用いたその場反応追跡研究例について紹介する．

3. 溶液中の金属ナノ粒子成長過程の追跡

触媒等の粒子表面を活性サイトとする機能性ナノ粒子が高い活性を発現するには，最適なサイズの揃ったナノ粒子を作成することが重要である．近年，様々な作製手法による機能性ナノ粒子の生成過程に対する研究が行われている．大山ら[8]は，触媒等に用いられる Au ナノ粒子が溶液中でイオンから還元反応により成長する過程を in-situ 時間分解クイック XAFS 法により調べた．このような溶液中でのナノクラスター成長過程を原子レベルでその場計測できるのは，XAFS 法がほとんど唯一といえる．反応前の試料は，HAuCl$_4$ を含んだ N, N-ジメチルホルムアミド（DMF）溶液で，テフロン製セル内に保持した．これに還元剤（NaBH$_4$）を投入し，Au^{3+} イオンが Au 粒子に還元する様子を時間分解クイック XAFS により，その場追跡した．還元剤の投入は，電磁バルブを遠隔操作により開くことにより行った．計測装置の外観を図 5 に示す．クイック XAFS 計測は BL40XU にて Au L$_3$ 端で透過法を用い，時間分解能 100 ms で行っ

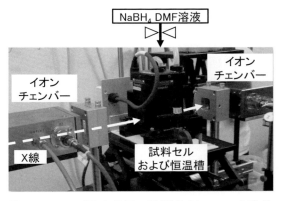

図 5 HAuCl$_4$ 還元過程の時間分解 XAFS 実験装置配置．

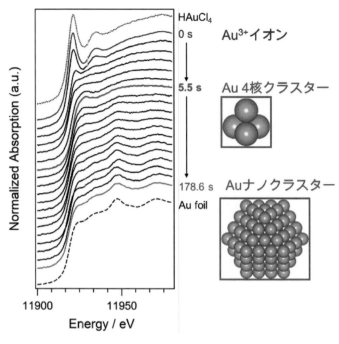

図6　HAuCl₄還元過程のAu L₃端時間分解XANESスペクトルと構造モデル．

た．得られたXANESスペクトルの時間変化を図6に示す．XANESスペクトルに対しFEFFコードを用いたモデル計算を行ったところ，反応開始数秒後にAuの4核クラスターが生成し，その後，4核クラスター同士が凝集することによりナノ粒子が成長するメカニズムが初めて観察された．

4. 固体高分子形燃料電池カソード電極触媒の電位過応答過程に対する反応素過程の解明

燃料電池の一つである固体高分子形燃料電池（Polymer Electrolyte Fuel Cell, PEFC）は，高分子電解質膜をカソード触媒層とアノード触媒層とでサンドイッチした膜/電極接合体（Membrane Electrode Assembly, MEA），両触媒層に酸素・水素を分散供給するガス拡散層，集電極，セパレータなどから構成される多層複合体である（図7）．PEFCの高性能化に向けた課題として，触媒性能の向上（高価なPt触媒の担持量低減，経時劣化抑制，活性向上など）がある．しかしながら，触媒の活性因子，酸素還元反応機構，活性・劣化状態分布，劣化機構などの多くは解明されておらず，高耐久・高効率の触媒開発設計を妨げている．これまでPEFC開発の場では，ラボでの電気化学計測を主体とする電池性能の評価分析が行われているが，間接的で平均的な観察に留まっている．

BL36XUでは，PEFCのカソード触媒の機能発現や劣化のメカニズムの解明に向けて，時間空間分解XAFS法を主体とした放射光分析手法を用いて，駆動下にある実燃料電池に対してin-situ分析を行うことを目的としている．分析の一環として，自動車の起動・停止時にPEFC

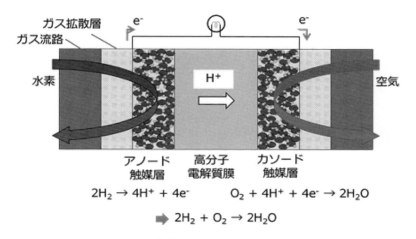

図7 固体高分子形燃料電池模式図.

に負荷される急激な電位変化に応じて，カソード電極触媒粒子上でどのような反応過程が起こるかが調べてられている．石黒・唯ら[9]は，時間分解クイックXAFS計測により，XANESから触媒金属粒子表面で起こる酸化，EXAFSから金属間結合の解離・再結合，金属-酸素結合の形成・解離に関する反応速度定数を決定した．これにより，電位オン/オフに伴い，それぞれ8つの反応素過程があることが分かり，PtやPt合金触媒の触媒活性と劣化耐性に関わる要因の一つが明らかにされた．

5. 時間分解クイックXAFS/XRD同時計測法の開発

クイックXAFS法は，放射光以外の分析手法（赤外・可視・紫外分光法等）や他の放射光分析法を併用する複合同時計測を適用できる点にも大きな利点がある．BL36XUでは単独の時間分解クイックXAFS法に加え，PEFCセル内の同一観察領域に対して時間分解クイックXAFSと時間分解XRDを同時に計測できるin-situ時間分解XAFS/XRD同時計測システムを開発し

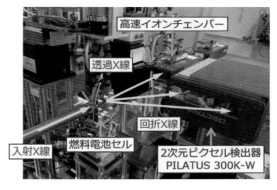

図8 燃料電池セルに対するin-situ時間分解XAFS/XRD計測装置配置．

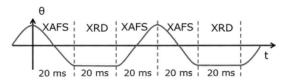

図9 時間分解XAFS/XRD同時計測時の分光器ブラッグ角度制御．

た[10]．図8に計測装置の配置を，図9にサーボモーターによる分光器ブラッグ角度の制御方式を示す．最高時間分解能は，60 msである．この場合，分光器結晶角度を20 msで1往復動

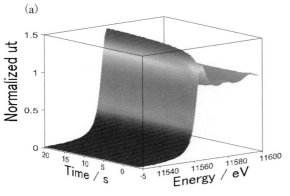
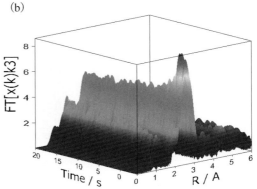
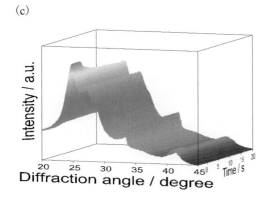

図10 PEFC の電位変化 (0.4 → 1.4 V) に対する Pt/C カソード触媒の時間分解 XAFS/XRD 同時計測データ．(a) Pt L$_3$ 端 XANES, (b) フーリエ変換 EXAFS, (c) XRD. Figure reproduced from reference10) with permission of the ACS publications.

作しクイック XAFS を 2 スペクトル計測した後，分光器結晶角度を固定し XRD を 20 ms 間計測する制御を繰り返す．図 10 にカソード電極触媒に Pt/C を用いた PEFC に対し，負荷電位を 0.4 V から 1.4 V に変位した際の Pt L$_3$ 端 XANES, EXAFS と XRD の時間変化を示す．XAFS から得られる情報に加え，XRD からは触媒ナノ粒子の結晶コア部分の構造パラメーター（結晶コアのサイズ，結合距離等）の反応時定数が得られる．これにより，触媒ナノ粒子の表面領域とコア部分の構造・状態変化について分離して構造・化学状態情報を得ることができるため，より詳細な反応素過程の解明が可能となった．図 11 に両者から得られたパラメータを統合して構築した反応素過程のモデルを示す．

6. 今後の展望

In-situ 時間分解クイック XAFS 法は，本稿で述べた XRD 法などとの複合同時時間分解計測以外に，2 次元 X 線イメージング検出器やマイクロ・ナノ X 線集光ビームを用いた計測が可能である．これらを用いた時間空間分解クイック XAFS 計測が始まっている．今後，燃料電池・蓄電池など空間的に不均一に反応が進行する実デバイスに対し，動作中に各部位でどのような構造・化学状態の変化が起こるかに関する情報が非破壊・リアルタイムで得られることが期待される．

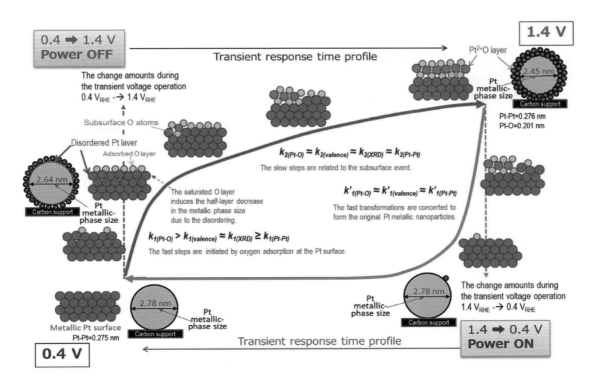

図11 PEFCの電位変化（0.4→1.4 V→0.4 V）に対するPt/Cカソード触媒の反応素過程モデル．Figure reproduced from reference10）with permission of the ACS publications.

謝　辞

本研究開発は，岩澤康裕特任教授（電通大），唯美津木教授（名大），横山利彦教授（分子研），朝倉清高教授（北大），関澤央輝博士（電通大，JASRI），高木康多博士（分子研，現JASRI），谷田肇博士（JASRI，現日産アーク）をはじめとする多くの方々との共同により行われた．また，BL36XUの維持管理，運営および高度化に当たっては，JASRI，理化学研究所の多くの方々より，多大な協力・支援をいただいている．深く謝意を表したい．BL36XUの運転は，NEDO開発機構「固体高分子形燃料電池利用高度化技術開発 / 普及拡大化基盤技術開発 / 触媒・電解質・MEA内部現象の高度に連成した解析，セル評価 / サブテーマ「MEA劣化機構解明」」プロジェクトから支援を受けている．

参考文献

1) R. Frahm: *Nucl. Instrum. and Methods*, **A270**, 578 (1988).
2) 宇留賀朋哉："XAFSの基礎と応用"，日本XAFS研究会編，p.175 (2017), (講談社).
3) T. Uruga:"XAFS Techniques for Catalysts, Nanomaterials, and Surfaces", Edited by Y. Iwasawa, K. Asakura, M. Tada, p.93 (2016), (Springer International Publishing).
4) T. Uruga, H. Tanida, K. Kato, Y. Furukawa, T. Kudo, N. Azumi; *J. Phys. Conf. Ser.*, **190**, 012041 (2009).
5) T. Uruga, H. Tanida, K. Inoue, H. Yamazaki, T. Irie: *AIP Conf. Proc.*, **882**, 914 (2007).
6) T. Nonaka, K. Dohmae, T. Araki, Y, Hayashi, Y.

Hirose, T. Uruga, H. Yamazaki, T. Mochizuki, H. Tanida, S. Goto: *Rev. Sci. Instrum.*, **83**, 083112 (2012).

7) O. Sekizawa, T. Uruga, M. Tada, K. Nitta, K. Kato, H. Tanida, K. Takeshita, S. Takahashi, M. Sano, H. Aoyagi, A. Watanabe, N. Nariyama, H. Ohashi, H. Yumoto, T. Koyama, Y. Senba, T. Takeuchi, Y. Furukawa, T. Ohata, T. Matsushita, Y. Ishizawa, T. Kudo, H. Kimura, H. Yamazaki, T. Tanaka, T. Bizen, T. Seike, S. Goto, H. Ohno, M. Takata, H. Kitamura, T. Ishikawa, T. Yokoyama, Y. Iwasawa: *J. Phys. Conf. Ser.*, **430**, 012020-1 (2013).

8) J. Ohyama, K. Teramura, Y. Higuchi, T. Shishido, Y. Hitomi, K. Kato, H. Tanida, T. Uruga, T. Tanaka: *Chem Phys Chem.*, **12**, 127 (2011)

9) N. Ishiguro, S. Kityakarn, O. Sekizawa, T. Uruga, T. Sasabe, K. Nagasawa, T. Yokoyama, M. Tada: *J. Phys. Chem. C.*, **118**, 15874 (2014).

10) O. Sekizawa, T. Uruga, K. Higashi, T. Kaneko, Y. Yoshida, T. Sakata, Y. Iwasawa: *ACS Sustainable Chem. Eng.*, **5**, 3631 (2017).

解 説

X線位相イメージング法の原理とその応用

米山明男[*a, b]

Phase-contrast X-Ray Imaging and Its Applications

Akio YONEYAMA[*a,b]

[a] Saga Light Source
8-7, Yayoigaoka, Tosu, Saga 841-0005, Japan
[b] Research and Development Group, Hitachi Ltd.
1-280, Higashi-koigakubo, Kokubunji, Tokyo 185-8601, Japan

(Received 21 January 2018, Accepted 2 February 2018)

　　Phase-contrast X-ray imaging, which uses phase-shift information of a passing sample, has been actively developed using synchrotron radiation. The sensitivity for electron density is about 1000 times higher than that of conventional X-ray CT for light elements, and enables to perform fine observations of biomedical and organic material samples. In this article, the principal of the imaging method, outline of various phase-shift detecting methods, and its applications for lithium-ion battery, biomedical samples, and complex materials are described.
[key words] Phase-contrast X-ray imaging, X-ray interferometer, Diffraction enhanced imaging, Lithium-ion battery, Ice-core, Zeff imaging, Segmentation

　X線位相イメージング法は，X線がサンプルを透過する際に生じた位相の変化（位相シフト）を画像化する手法であり，従来の吸収による強度変化を画像化する吸収イメージング法に比べて，軽元素に対して1000倍以上高感度である．このため，有機材料や生体の軟部組織など主に軽元素から構成されるサンプルを高精細に観察することができる．本稿では本法の原理，各種位相シフト検出方法の概要と特徴，およびLIBや複合材料などへの適用結果について紹介する．

[キーワード] 位相イメージング，X線干渉計，屈折コントラスト，リチウムイオン電池，氷床コア，Zeffイメージング，セグメンテーション

はじめに

　放射光は従来の実験室系線源であるX線管球から放射されるX線に比べて，平行，大強度，そして単色という3つの大きな特徴をもった理想的なX線である．この特徴を利用することで，レントゲンや蛍光X線分析などX線をプローブとする従来の各種計測法の空間，時間，および密度分解能の大幅な性能向上に加え，多物性の同時計測やX線の波としての性質を利用した

---

[a] 九州シンクロトロン光研究センター　佐賀県鳥栖市弥生が丘8-7　〒841-0005　*連絡著者：yoneyama@saga-ls.jp
[b] 株式会社日立製作所研究開発グループ基礎研究センター　東京都国分寺市東恋ヶ窪1-280　〒185-8601
*連絡著者：akio.yoneyama.bu@hitachi.com

イメージングなど多種多様な計測を行うことが可能になる．本稿ではX線の位相変化を利用した高感度なイメージング法である「X線位相イメージング法」について紹介する．

1. X線位相イメージングの原理と位相検出方法

X線は波長の短い電磁波であり，図1に示すように試料を透過する際に吸収による振幅（強度）の変化に加えて，位相の変化（位相シフト）も生じる．硬X線領域において，軽元素に対する位相シフトの散乱断面積（複素屈折率の実部）は，振幅の散乱断面積（複素屈折率の虚部）に比べて1000倍以上大きいという特徴があり（図2），位相シフトを画像化する「位相イメージング法」は，従来の強度変化を画像化する吸収イメージング法に比べて極めて高い感度を有する[1]．このため，軽元素から主に構成されている生体の軟部試料や，ポリマー等の有機材料を高精細に無造影・低被曝・短時間に観察することが可能になる．さらに，位相シフトの散乱断面積はエネルギー依存性が低いために，高いエネルギーのX線に対しても感度が高いことや，位相と吸収の2つの物理量から実効的な原子番号を取得できるなどの特徴もある．

現状の検出器ではX線の位相シフトを直接的に検出することはできないので，各種の変換法によりX線の強度変化に変換して検出する必要がある．1990年代以降，放射光を主な光源とする大視野イメージングとして，

① X線干渉計を用いて波の重ね合わせにより位相シフトを検出するX線干渉法[1,2]
② サンプルによって生じたX線の屈折（位相シフトの空間微分に比例）を下流に設置したアナライザー結晶のX線回折により検出する屈折コントラスト法（DEI）[3]
③ サンプルによって生じたX線の屈折角を回折格子干渉計（タルボ干渉計）により検出するタルボ干渉法[4]
④ サンプルより十分離れた距離に生じるフレネ

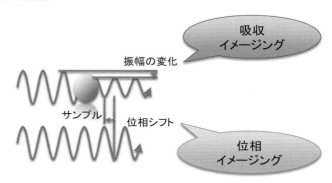

図1 吸収イメージングと位相イメージングの原理図．

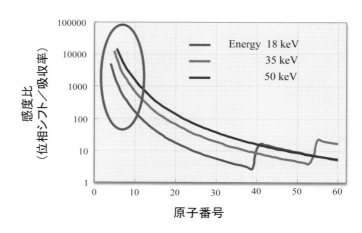

図2 各原子番号における吸収と位相イメージング法の感度比（計算）．

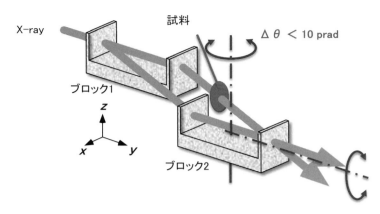

図3 結晶分離型のX線干渉計.

ル干渉縞(位相シフトの2階微分)から検出する伝搬法[5]
の4種類の方法の開発が進められている．このうち，X線干渉法では位相シフトそのものを検出しているため，位相シフトの空間微分を検出している他方法に比べて感度が1桁程度高いという特徴がある[6,7]．一方，屈折コントラスト法などでは，検出できる密度のダイナミックレンジが非常に広く，軽元素と金属を含む複合材料でも計測することができる．このため，測定対象(サンプル)に応じて，最適な方法を選択することが位相イメージング法を利用する上で重要である．以下，X線干渉法および屈折コントラスト法を中心に原理，装置の概要，および各種の測定例について紹介する．

2. X線干渉法の原理と応用

X線干渉法は単結晶でできたX線干渉計を用いて，波の重ね合わせにより位相シフトを検出する方法である．図3に2個の結晶ブロックから構成された分離型X線干渉計[8]の模式図を示す．光学的な構成は可視光のマッハ・ツェンダー型干渉計と同一で，入射X線は結晶ブロック1の1枚目の歯においてラウエケースのX線回折により物体波と参照波に分割され，ブロック1の2枚目の歯，およびブロック2の1枚目の歯でそれぞれ回折され，ブロック2の2枚目の歯において結合されて2本の干渉ビームを形成する．物体波の光路にサンプルを設置すると，サンプルによって生じた位相変化(位相シフト)は波の重ね合わせにより，干渉ビームの強度変動となって現れる．従って，この強度変化から位相シフトを定量的に検出することができる．

図4に上記干渉計を用いた撮像装置の模式図を示す[9]．本システムは，非対称結晶位置決めステージ系，干渉計位置決めステージ系，干渉計安定化システム，およびX線画像検出器から主に構成されている．システムに入射したX線は非対称結晶により横方向に拡大・回折された後に，X線干渉計のブロック1に入射する．X線干渉計で形成された2本の干渉ビームのうち，一方は測定用の画像検出器で検出し，他方は安定化フィードバックシステムで利用している．本X線干渉計を安定に動作させるためには，ブロック1と2の相対的な回転角度をサブnradの精度で位置決めする必要がある．このため，干渉計位置決めステージ系は可能な限り単純なステージ構成とし，かつ駆動部に固体滑り機構

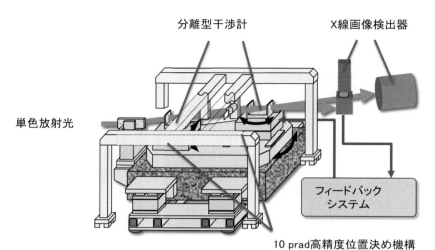

図4 結晶分離型干渉計を用いた撮像システム（KEK PF BL14C に常設）[9].

を採用することで，機械的な剛性を確保して短周期の振動を抑制している（共振周波数 300 Hz 以上）．また，長時間の安定性を確保するために，回転ドリフトによって生じる干渉縞の動きを打ち消すようにステージの回転を制御する安定化フィードバックシステムを導入し，10時間以上にわたり相対的な回転を 20 prad 以下に安定化している[10]．さらに，床からの振動をカットするためにアクティブ除振機構を，外音の影響をカットするために二重のフードを設け，CTの回転等による振動を避けるために，独立した門形ステージで試料を支える構造としている．

本装置の主な仕様を表1に示す．利用可能なX線のエネルギーは 15～35 keV で，観察視野は 17.8 keV において 50×35 mm²，35 keV において 24×35 mm² である．一般的な投影像の撮像時間は 10 秒，CT による三次元計測の時間は 10 分～3 時間で，密度分解能は最高でサブ mg/cm³ である．なお，本装置は高エネルギー加速器研究機構放射光施設（KEK PF）の BL14C2 に常設されており，垂直ウィグラーから放射された白色X線を Si(220) 回折を用いた2結晶分光器により単色化して利用している．X線画像検出器として，現在はファイバーカップリング型検出器 Zyla 5.5HF [11] を主に利用している．本検出器は蛍光体（CsI, 100 ミクロン厚），1：1のオプティカルファイバー，および冷却 sCMOS から構成されており，入射X線を蛍光体で可視光に変換し，ファイバーで sCMOS 受光面に伝送して検出している．画素サイズは 6.5 ミクロ

表1 X線干渉法を用いた撮像システムの主な仕様

X線のエネルギー	15～35 keV
観察視野	50×35 mm@17.8 keV
	24×35 mm@35 keV
密度分解能	サブ mg/cm³@17.8 keV
三次元測定時間	5分～3時間（密度分解能に依存）

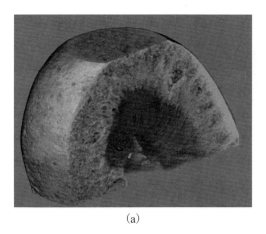
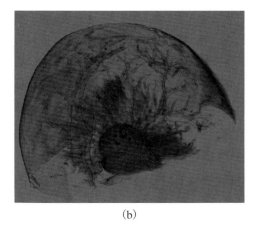

図5 ラット腎臓の観察結果((a)通常のボリュームレンダリング像,(b)食塩水濃度(血管)の強調像)[10].

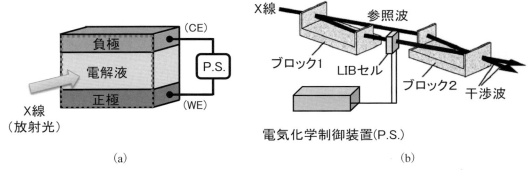

図6 LIBのオペランド計測におけるモデルセル(左)と設置方法の模式図[17].

ン角,画素数は2560×2160,転送速度はフルフレームで50枚/秒以上である.

図5にはバイオメディカルの応用例として,生理食塩水で還流後に摘出したラット腎臓の3次元観察結果を示す[10].(a)が通常のボリュームレンダリング像で,(b)が生理食塩水の強調像である.(a)の通常像では無造影にも関わらず,皮質,髄質,および血管など各器官を高精細に描出できている.(b)の像では生理食塩水が血管内に残留していることにより,結果として血管の強調像となっており,皮質内の細い血管まで可視化できている.本測定における密度分解能は 0.5 mg/cm^3 と非常に高く,このために生理食塩水でも造影剤として機能している.また,本例以外にもバイオメディカルへの応用例として,無造影でのガンの識別[12,13],表在ガンの経時的な観察と抗がん剤効果の可視化[14],アルツハイマー病モデルマウス脳内のβアミロイドの観察と定量的な解析[15],胚子の観察[16]などを幅広く行っている.

次にデバイスへの応用例として,リチウムイオン電池(LIB)内の電解液をオペランド(その場)観察した結果を示す[17,18].製品の状態ではX線が透過しないために,図6(a)に示すモデ

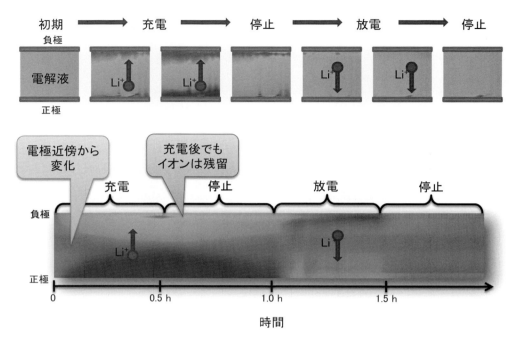

図7 LIBのオペランド（その場）観察結果．充放電に伴う電解液内の密度変化を高精細に初めて可視化することができた[17]．

ルデルを開発し，(b)のように干渉計の物体波光路に設置して電極に挟まれた電解液を横から観察した．

図7に充電－放電の1サイクル（合計2時間）における結果を示す．上図は各過程における投影像で，上が負極，下が正極でその間隔は1 mmに設定してある．充電を始めると負極側の位相が大きく－（赤）に変化し，停止後もその状態が保持され，放電後しばらく経過してから解消され，逆に＋（青）となることがわかる．なお，本結果はリチウムイオンだけでなく，アニオンの移動も含む全体の塩濃度を表しており，リチウムイオンの動きと位相の傾きが反転している．また，下図はセル中央付近のラインプロファイルを経時的に表示したグラフで，上記の現象に加えて，充電により電極近傍の塩濃度分布が変化してやがて電解液バルクに大きな塩濃度勾配が形成されることや，形成された塩濃度勾配は充電停止後も保持されてすぐには解消されないことなど，充放電中の電解液内の塩濃度分布の動的挙動をより直接的に可視化できている．これまで，LIBの解析は固体である電極を対象として数多く行われているが，電解液は液体で解析手法が限定されることに加えて，電池を未開封で観察する必要があるため，観察例がなく内部の挙動は未解明であった．本結果により，造影物質を用いることなく，詳細に観察可能なことが示された．今後は電解液の濃度や種類など各種の最適化に適用が期待される．

最後にマテリアルへの応用例として，南極の氷床コアを観察した結果を示す[19]．本件では，測定中にサンプルである氷が溶けないように，図8に示す専用のクライオチャンバーを用いて行った[20]．本チャンバーは液体窒素の冷

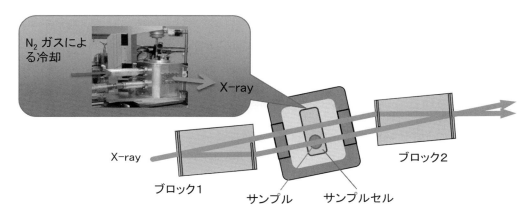

図8 試料冷却機構（クライオ）の写真と設置方法の模式図．

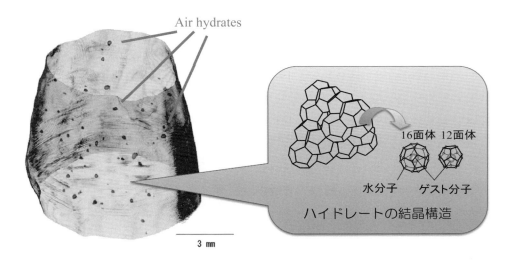

図9 南極の氷床コアの三次元観察結果．氷とほぼ同じ密度のエアハイドレートを高精細に可視化できている[19]．

気を用いて冷却を行っており，温度範囲は －80 ～ +100℃である．サンプルはチャンバー外の上部に取り付けた回転ステージにより回転する構成となっており，交換は回転ステージを上方に待避して行う．また，チャンバーは真空断熱構造となっており，X線が透過する部分には窓を設けてある．図9に南極のドームふじの地下1775.8 mから採掘された氷コア切片の三次元観察結果を示す．図中に細かい粒が多数含まれて

いることがわかる．この粒はエアハイドレートと呼ばれ，積雪内に含まれていた降雪時の空気が，長年にわたる雪の圧密により水分子の結晶が作るカゴに閉じ込められたものである．密度が氷とほぼ同じために従来のX線CTでは可視化できなかったが，本法により世界で初めて高精細に可視化することができた．氷河期と間氷期の氷を詳細に観察した結果，エアハイドレートの大きさと数密度が異なる傾向があり，古記

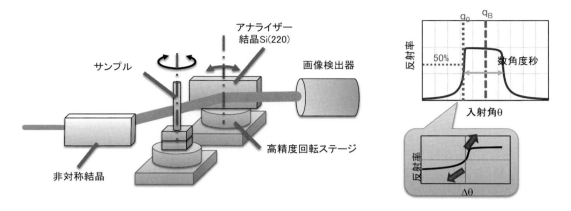

図10 屈折コントラスト法を用いた撮像系の模式図（左）と角度検出原理（右）.

地球環境の新しい測定法として期待される．また，後述する屈折コントラスト法と本クライオチャンバーを用いることで，メタンハイドレート（MGH）や天然ガスハイドレート（NGH）の観察を行い，自己保存現象の可視化[21]や輸送チェーン構築に向けた製造方法と品質関係の評価[22]などを行っている．

3. 屈折コントラスト法の原理と応用

屈折コントラスト法はアナライザー結晶と呼ばれる完全結晶から切り出した結晶板を用いて，サンプルによって生じた屈折角（位相シフトの空間微分）を検出する方法である．図10にKEK-PFのBL14Cに構築した撮像システムの模式図を示す[6]．本系は，非対称結晶と位置決めステージ系，サンプル位置決め回転機構，アナライザー結晶と位置決めステージ系，およびX線画像検出器から構成される．システムに入射したX線は，非対称結晶により横方向に拡大された後に試料に照射される．試料を透過したX線は，Si(220)回折を用いたアナライザー結晶により回折された後にX線画像検出器で検出される．図10の右図に示すように，アナライザー結晶ではブラッグ角を中心とする極めて狭い角度範囲（数秒）でのみX線は強く回折される．したがって，試料を待避した状態で回折されるX線の強度が半分となるように，アナライザー結晶に対するX線の入射角を調整しておけば，試料によって低角側に屈折されたX線の回折強度は減少し，高角側に屈折されたX線の強度は増加することになる．すなわち，アナライザー結晶は非常に精度の高い角度アナライザーとして動作し，回折X線の強度から位相シフトの空間微分量を検出することができる．

表2に本撮像系の主な仕様を示す．利用可能なX線のエネルギーは15～80 keV，観察視野は干渉法と同じで，18 keVにおいて50×35 mm^2，35 keVにおいて24×35 mm^{2}である．投影像の撮像時間は2～10秒，CTによる三次元測定の計測時間は30分～3時間程度である．X線画像検出器には主にテーパー比が1:1.5のファイバーカップリング型検出器（VHR）を利用している．テーパー比を考慮した実効的な画素サイズは12.5ミクロン，画素数は4008×2650，観察視野は53×35 mmである．なお，1枚の投影像だけでは，吸収による強度の減少と屈折に

表2 X線干渉法を用いた撮像システムの主な仕様

X線のエネルギー	15〜80 keV
観察視野	50×35 mm @ 17.8 keV
	24×35 mm @ 35 keV
密度分解能	〜mg/cm³ @ 17.8 keV
三次元測定時間	20分〜3時間（密度分解能に依存）

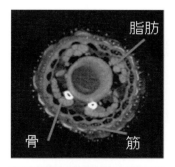
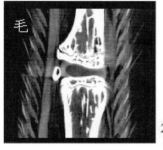

図11 ラット尾の三次元観察結果．脂肪や筋組織など軟組織に加えて，骨も高精細に描出できている[6]．

よる強度の変化を区別することができない．このために，アナライザー結晶をブラッグ角近傍で走査して各入射角において投影像を取得し，測定後に各画像から計算により位相シフト，擬似吸収像，および散乱像を求めている．この際，走査する角度範囲が広いほどダイナミックレンジは拡大し，重たい元素を含んだ試料の観察も可能になるが，同時に密度分解能が低下し，測定時間も増加してしまう[6]．このため，試料に対応して点数を決定しており，一般には11点から17点程度で測定を行っている．

図11にバイオメディカルの応用例として，ラット尾の三次元観察結果を示す[6]．X線のエネルギーは35 keVで，測定に要した時間は2時間である．本法の高い密度分解能により，筋，脂肪，および毛などの軟組織に加え，骨内部の構造まで高精細に描出できている．なお，背景領域におけるに揺らぎから密度分解能を算出したところ数mg/cm³であり，干渉法と比較すると1/10程度になっている．一方で，骨内部が正常に可視化できていることから密度ダイナミックレンジは1桁以上拡大しており，幅広い試料に適用できる汎用性の高い撮像法であることがわかる．

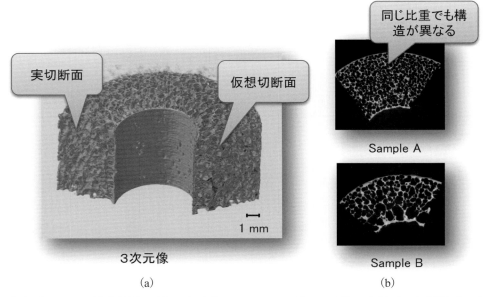

図12 発泡ポリマーの観察結果．(a) 三次元ボリュームレンダリング像で実断面と仮想断面の密度差も検出することができている．(b) 製造条件の異なるポリマーの断面像で同じ比重でも構造（気泡サイズ）の違いを描出できている[23]．

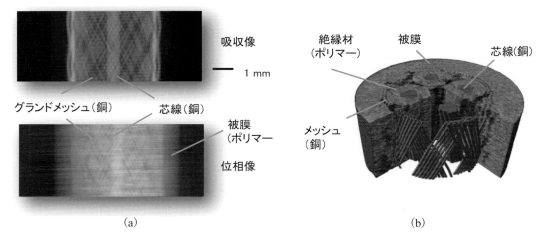

図13 複合材料（信号ケーブル）の観察結果．(a) 吸収像（上図）と位相像（下図）．位相像では被膜なども可視化できている．(b) 三次元ボリュームレンダリング像[24]．

図12(a)にマテリアルへの応用例として，発泡ポリマーの三次元観察結果を示す[23]．従来の吸収X線CTでは感度が低く，可視化が難しかった内部構造を高精細に描出できている．また，左側は実断面，右側は仮想的な断面である．両者で密度がわずかに異なっているが，実断面では切削により応力が解放されて材料が収縮し，密度が変化したためと考えられる．また，図12(b)は製造条件の異なるポリマーの断面像である．従来の密度比重計では両者の密度は同

じ値を示しており区別することができなかったが，本法により気泡のサイズなどの違いを非破壊で初めて検出することが可能になった．

位相シフト量はX線エネルギーの増加に対して依存性が低く，吸収係数に比べて緩やかに減少する．このため，高い透過能を有した高エネルギーX線においても軽元素に対して十分な感度（位相シフト量）を持つことになり，ケーブルなど金属と軽元素から構成された複合的な材料でも，両者を同時に可視化することが可能になる．図13にはエネルギー80 keVのX線を用いて単芯の信号ケーブルを測定した結果を示す[24]．(a) 上図が従来のレントゲン像（吸収像），下図が本法による位相像である．吸収像では銅製の芯線とグランドメッシュだけしか可視化できていないが，位相像では両者に加えて絶縁材料と被膜も可視化できている．また，(b) には4芯信号ケーブルの三次元観察結果を示す．投影像と同様に，芯線およびグランドメッシュに加えて，絶縁材料，ジャケット被膜，および空隙まで可視化できている．このため，樹脂で包埋された複合材料などにおいて，各材料間の空隙などの非破壊検査への適用が期待されている．

4. Zeffイメージング法とその他の応用

図2において縦軸から横軸を見ると，感度比（位相シフトと吸収量の比）は原子番号と1:1に対応していることがわかる（吸収端は除く）．すなわち，位相シフトΔpと吸収量(I/I_0)から元素に関する情報を取得することができる．この原理に基づいた元素マッピング法がZeffイメージング法[25]で，例えばエネルギー17.8 keVのX線に対して，

$$Z_{\text{eff}} = 88.4 \left(\frac{2\Delta p}{\ln\left(\frac{I}{I_0}\right)} \right)^{-0.347} \quad (1)$$

という近似式により，位相シフトΔpと吸収量(I/I_0)からから原子番号（複合材料の場合は実効原子番号）を直接的に算出することができる．図14にはX線干渉法により取得した金属箔

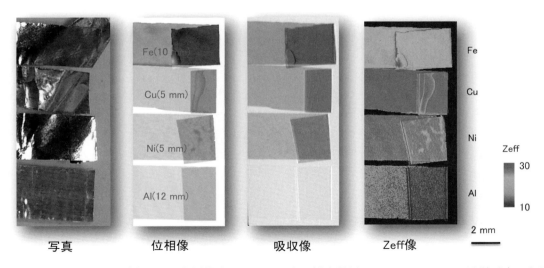

図14 Zeffイメージング法による金属箔（Al, Fe, Ni, Cu）の観察結果．NiとCuについては単元素であれば種類の同定まで行うことができる[25]．

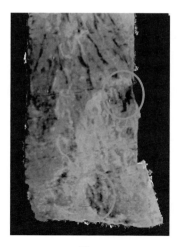 

Zeff像　　　　　　　　　写真

図15 Zeff イメージング法による錆びた鉄の観察結果．写真（右）の錆び（酸化）のより進んだ領域では酸素が増えるために，Zeff 値が低下している[26]．

(Al, Fe, Ni, Cu) の位相像と吸収像，および式 (1) から算出した Zeff 像を示す．Al では吸収が小さいために誤差が大きくなっているが，Ni や Cu における Zeff 値はそれぞれ 27.9 と 28.8 であり，元素番号（28 および 29）とほぼ同じ値が得られている．したがって，単元素であれば元素の種類を同定可能なことがわかる．

図15には本法を錆びた鉄に適用した結果を示す[26]．オレンジ色で示した領域の Zeff 値が小さくなっているが，写真（右）と比較するとより錆びが進んだ領域であることがわかる．錆び（酸化）により酸素が増え，この結果として Zeff が小さくなっていると考えられる．本法では価数の変化まで検出することはできないが，XAFSと異なり利用するX線のエネルギーを任意に選択できるため，厚いサンプルやデバイス内部の状態（劣化）観察への適用などが期待される．

Zeff イメージング法と同様に位相シフトと吸収を利用して，より高精度なセグメンテーション（領域分け）を行うこともできる[27]．図16には各種の有機材料（ナイロン，ポリエチレン（PE），ポリプロピレン（PP），アクリル）およびガラス球に本法を適用した結果を示す．なお，測定は本稿では触れていないタルボ干渉法を用いているが，検出原理が異なるだけで得られる物理量は上記X線干渉法や屈折コントラスト法と同じである．図16の (a) および (b) が吸収および位相像で，各画素の吸収量と位相シフト量に基づいて各点をプロットした結果が図 (c) の AP (Absorption-Phase) マップである．そして，APマップ上で領域をいくつかに分け，その結果に基づいて色分け（セグメンテーション）した結果が (d) である．本法により，各球を明瞭に識別できていることがわかる．なお，APマップ上で例えば PP と PE の横方向の領域は重複しており，吸収像だけでは両者を区別することができない．このように位相シフトと吸収の2つの物理量を用いることで高精度なセグメンテーションを行うことが初めて可能となる．

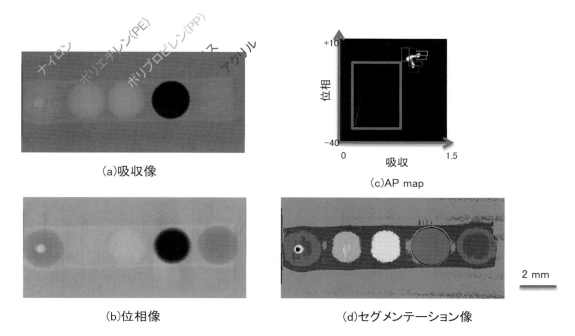

図16 吸収と位相を用いた高精度のセグメンテーション結果．両者を組み合わせることにより，吸収だけでは区別できなかった PE と PP の区別などが可能になる[27]．

まとめと今後の展望

位相イメージング法は X 線がサンプルを透過する際に生じた位相シフトを利用する方法で，従来の吸収を利用した方法に比べて軽元素に対して1000倍以上高感度である．このため，軽元素から主に構成された生体軟部組織や有機材料を高精細に観察することができる．また，高エネルギー X 線に対しても感度が高いために，金属と有機材料から構成された複合材料でも両者を同時に可視化することができる．さらに，位相シフトと吸収量を利用することで，元素に関する情報の取得やセグメンテーションなども可能となる．今後も学術・産業を問わず X 線イメージングに不可欠な方法として，さらに大きく発展すると考えられる．なお，実験室系への展開に適したタルボ干渉法など本稿で触れていない方法，応用例も数多くあり，参考文献を参考にしていただければ幸いである．

謝　辞

本稿で紹介したデータは，北里大学武田徹教授，Thet-Thet-Lwin 講師，産業技術総合研究所竹谷敏氏，高エネルギー加速器研究機構兵藤一行氏，㈱日立製作所平野辰巳氏，高松大郊氏，馬場理香氏との共同研究により取得した．この場を借りて深くお礼申し上げます．また，計測は高エネルギー加速器研究機構放射光施設の課題（2009S2-006 など）により実施した．

参考文献

1) A. Momose, J. Fukuda: *Med. Phys*., **22**, 375 (1995).
2) A. Momose, T. Takeda, Y. Itai, K. Hirano: *Nature*

Medicine, **2**, 473-475 (1996).

3) T. J. Davis, D. Gao, T. E. Gureyev, A. W. Stevenson, S. W. Wilkins: *Nature*, **373**, 595 (1995).

4) A. Momose, S, Kawamoto, I. Koyama, Y, Hamaishi, K. Takai, Y. Suzuki: *Jpn. J.Appl. Phys*., **42**, L866 (2003).

5) A. Snigirev, I. Snigirev, V. Kohn, S. Kuznetsov, I. Schelokov: *Rev. Sci. Instrum*., **66**, 5486 (1995).

6) A. Yoneyama, J. Wu, K. Hyodo, T. Takeda: *Med. Phys*., **35**, 4724-4734 (2008).

7) A. Yoneyama, R. Baba, K. Hyodo, T. Takeda: *European Congress of Radiology*, 2015/C-0531, 10.1594/ecr2015/C-0531.

8) P. Becker, U. Bonse: *J. of Appl. Crystallography*, **7**, 593 (1974).

9) A. Yoneyama, T. Takeda, Y. Tsuchiya, J. Wu, T. T. Lwin, A. Koizumi, K. Hyodo, Y. Itai: *Nucl. Inst. and Meth. in Phys*., Research **A 523**, 217-222 (2004).

10) A. Yoneyama, A. Nambu, K. Ueda, S. Yamada, S. Takeya, K. Hyodo, T. Takeda: *J. Phys. Conference Series*, **425**, 192007 (2013).

11) http://www.ads-img.co.jp/ad_products/zyla55hf/

12) T. Takeda, A. Momose, J. Wu, Q. Yu, T. Zeniya, T. T. Lwin, A. Yoneyama, Y. Itai: *Circulation*, **105**, 1708 (2002).

13) T. Takeda, A. Yoneyama, A. Momose, J. Wu, T. Zeniya, T. T. Lwin, Y. Tsuchiya, D. V Rao, K. Hyodo, K. Hirano, Y. Aiyoshi, Y. Itai: *Japan Society of Medical Physics*, **22**, 30 (2002).

14) A. Yoneyama, N. Amino, M. Mori, M., Kudoh, T. Takeda, K. Hyodo, Y. Hirai: *Jpn. J. Appl. Phys*., **45**, 1864-1868 (2006).

15) K. Noda-Saita, A. Yoneyama, Y. Shitaka, Y. Hirai, K. Terai, J. Wu, T. Takeda, K. Hyodo, N. Osakabe, T. Yamaguchi, M. Okada: *Neuroscience*, **138**, 1205 (2006).

16) S. Yamada, T. Nakashima, A. Hirose, A. Yoneyama, T. Takeda, T. Takakuwa: The Human Embryo, (2012).

17) 高松大郊, 平野辰巳, 米山明男, 浅利裕介：第56回電池討論会, 2E25（2015）.

18) D. Takamatsu, A. Yoneyama, Y. Asari, T. Hirano: *J. Am. Chem. Soc*., accepted, DOI: 10.1021/jacs.7b13357 (2018).

19) S. Takeya, K. Honda, A. Yoneyama, Y. Hirai, J. Okuyama, T. Hondoh, K. Hyodo, T. Takeda: *Rev. of Scientific Instruments*, **77**, 053705(2006).

20) S. Takeya, A. Yoneyama, K. Ueda, K. Hyodo, T. Takeda, H. Mimachi, M. Takahashi, T. Iwasaki, K. Sano, H. Yamawaki, Y. Gotoh: *J. of Physical Chemistry*, **C115**, 16193 (2011).

21) S. Takeya, A. Yoneyama, K. Ueda, H. Mimachi, M. Takahashi, K. Sano, K. Hyodo, T. Takeda, Y. Gotoh: *J. of Physical Chemistry*, **C116**, 13842 (2012).

22) H. Mimachi, S. Takeya, A. Yoneyama, K. Hyodo, T. Takeda, Y. Gotoh, T. Murayama: *Chemical Engineering Science*, **118**, 208 (2014).

23) 米山明男, 隅谷和嗣, 岡島敏浩, 上田和浩, 平井康晴：BL15における屈折コントラストイメージング法の検討, 九州シンクロトロン光研究センターシンポジウム（2007）.

24) A. Yoneyama, T. Takeda, T. Yamazaki, K. Hyodo, K. Ueda: *AIP Conference Proceedings*, **1234**, 477-480 (2010).

25) A. Yoneyama, K. Hyodo, T. Takeda: *Appl. Phys. Let*., **103**, 204108 (2013).

26) 米山 明男, 兵藤一行, 武田 徹：X線干渉計を用いたZeffイメージング法の検討, 第27回日本放射光学会年会（2014）.

27) A. Yoneyama, R. Baba, K. Hyodo: *European Congress of Radiology*, 2017/B-0313, 10.1594/ecr2017/B-0313.

WDXRFによる樹氷と雪の中の非水溶性イオウ化合物の化学形態別分析と東アジアの石炭燃焼排出物の冬期モンスーン下での長距離輸送機構

＊連絡著者：shoji.imai@tokushima-u.ac.jp

今井昭二 [a*], 上村 健 [b], 児玉憲治 [c], 山本祐平 [a]

Analysis of Chemical Species of Water-Insoluble Sulfur Compounds in Rime Ice and Snow and Long-range Transfer Mechanism of Coal Burning Emissions under Winter Monsoon Conditions

Shoji IMAI [a*], Takeshi KAMIMURA [b], Kenji KODAMA [c] and Yuhei YAMAMOTO [a]

[a] Division of Chemistry, Institute of Natural Science, Graduate School of Technology,
Industrial and Social Sciences, Tokushima University
2-1 Minamijosanjima-cho, Tokushima 770-8506, Japan
[b] Hitachi High-Technologies Corporation
3-31, Miyahara 3-chome, Yodogawa, Osaka 532-0003, Japan
[c] X-ray Instrument Division, Rigaku Corporation
14-8 Akaoji-cho, Takatsuki, Osaka 569-1146, Japan

(Received 22 January 2018, Accepted 23 January 2018)

We have conducted the analysis of chemical species of water-insoluble sulfur compounds in rime ice and snow and used the analysis to propose a long-range transport mechanism for coal-burning emissions in East Asia under winter monsoon conditions. Thin films of insoluble substances included in rime ice and snow on a 0.45 μm pore size membrane filter were analyzed by wavelength-dispersive X-ray fluorescence spectrometry with single dispersive crystal. Using this approach, we could analyze the sulfur-containing chemical species by examining the chemical shift of the S-Kα line. The chemical species containing sulfur were analyzed exclusively from the Ca and S concentrations in the residues of rime ice and snow. Single-particle analysis of the thin film on the membrane filter was performed for particles with size below 3 μm using a tabletop low-vacuum scanning electron microscopy with energy dispersive X-ray spectroscopy instrument. Particles were classified into six categories according to their compositions. Five major categories of spider chart distribution patterns were identified, and we proposed that they depended on the 24-hour back trajectory, such as Huabei, China, Northeast

---

a 徳島大学社会産業理工学研究部理工学域自然科学系　徳島県徳島市南常三島町 2-1　〒770-8506
＊連絡者：shoji.imai@tokushima-u.ac.jp
b 株式会社日立ハイテクノロジーズ大阪オフィス　大阪府大阪市淀川区宮原 3-3-31　〒532-0003
c 株式会社リガク X 線機器事業部　大阪府高槻市赤大路町 14-8　〒569-1146

China, Korea Peninsula, Heilongjiang-Russia, and Japan types. We could assign the generating area of the air pollutants using the mole ratios of water-soluble Cd, Pb, and nss-SO_4^{2-} species. These categories corresponded with the areas in China based on the isotope ratio of sulfur in Chinese coal and the isotope ratio of Pb collected in Japan.

[key words] Sulfur speciation, Inorganic small sphere, Coal, Long-range transfer, Rime, Snow

樹氷と雪の中の非水溶性イオウ化合物の化学形態別分析と東アジアの石炭燃焼排出物の冬期モンスーン下での長距離輸送機構の同定法についてまとめた．単一分光結晶を用いた波長分散型蛍光エックス線装置による樹氷や雪の濾過物であるメンブレンフィルター上の薄膜分析を行った．S-Kα 線の化学シフトからイオウの化学状態別分析が可能であった．樹氷と雪の試料に限ってはカルシウム濃度とイオウ濃度からも化学状態分析が可能であった．卓上型の低真空走査電子顕微境エネルギー分散型 X 線分光法 (SEM-EDX) を用いて濾過薄膜中の無機小球体粒子 (主に石炭フライアッシュ) の一粒子分析を行った．レーダーチャートパターンから 5 種類のカテゴリーが見つかり，かつ，24 h 後方流跡線から発生域を中国華北，北東中国，朝鮮半島，黒竜江省－ロシア沿海地方，および日本を発生域に特定することを提案した．溶存成分中の Cd，Pb，非海塩性硫酸イオンのモル比からそれらの発生域を特定できることもわかった．これらは，中国炭のイオウ同位体比，日本における鉛同位体比からの地域分けと一致した．

[キーワード] イオウ化学形態，無機小球体粒子，石炭，長距離輸送，樹氷，雪

1. はじめに

日本の都市幹線道路周辺での大気汚染問題から自動車・ディーゼル車排ガス規制や受動喫煙など健康リスクに関する身近な問題から逃げ場のない桁違いの汚染大気による健康リスクを懸念して越境大気汚染へと 2013 年冬に社会的関心事が変貌した．2013 年冬に呼吸器系や循環器系の障害・疾病，肺がんリスクを高めるなど社会の注目を集め過熱気味の報道も行われたため，一種の社会現象として浮遊性微小粒子状物質が $PM_{2.5}$ の呼称で社会に認知され定着した．

中国の急速な経済成長に伴い大気汚染が深刻になり $PM_{2.5}$ 関連報道から環境対策の必要性へと世論が展開した．中国では，安価な石炭に消費エネルギーの 7 割程度を依存している．冬季寒冷な気候の中国北部地域では，コストの面で有利な石炭ボイラーによるスチーム式の集中暖房が行われるために，11 月中旬から終了する春季まで燃焼排出物の影響が強い．石炭火力発電所は石炭微粉末燃焼による無機小球形粒子 (フライアッシュ) を生成する．国内の火力発電所では，電気集塵機等により捕集除去されセメント材料や環境修復材などとして再利用されているが，東アジアでは大気中に多くが放出されている．この影響で日本の樹氷や降雪にはフライアッシュが常態化している．石炭燃焼は，Cd，Pb，As などの低融点有害元素も大気中に放出する．SO_2 とともに石炭燃焼ススも北西季節風によって日本へ流入していることも，憂慮すべき事態である．石炭の産地によっては生成年代と成分組成が異なるために燃焼生成物にも原料炭に依存した特徴が現れる．日本海を越えての大気汚染物質の長距離輸送が公衆衛生や環境の視点から長年研究されてきた[1-8]．

現在では，環境省が全国に大気汚染物質の自

動モニタリング網を巡らせ,"大気汚染物質広域監視システム"として大気中濃度を"環境省そらまめ君"の愛称でリアルタイムに web 公開している. $PM_{2.5}$ の化学成分のモニタリング結果も"微小粒子状物質($PM_{2.5}$)測定データ"として web 公開されるなど情報公開が進んだ.

1.1 石炭鉱床,鉛排出量,鉛同位体比とイオウ同位体

中国の消費石炭のほとんどは中国炭である.中国華北では石炭紀後期からペルム紀初期,北東中国ではジュラ紀後期から白亜紀初期,黒竜江省-ロシア沿海州では第三期のものであり,石炭の化学成分も異なる.北朝鮮は中国華北と同じ鉱床であり,韓国と日本の石炭はおもに濠炭とインドネシア炭である.向井ら[6]による鉛($^{208}Pb/^{206}Pb$-$^{207}Pb/^{206}Pb$)同位体比に基づいた地域のグループ分け,本山ら[8]による石炭のイオウ同位体比($^{34}S\delta$)から得られた特徴は石炭鉱床の分布状況を反映している(Fig.1).鉛の排出量は石炭消費量の多い中国華北付近で高いことがわかる[9].今井ら[10, 11]が石炭フライアッシュの化学組成比から分類したAREA-A,AREA-B,AREA-B_2,AREA-C,AREA-Dの分布もまた石炭鉱床の分布を反映している.

1.2 非鉱物性イオウ化合物と同定法

中国炭にはパーセントオーダーのイオウ分が含まれる.石炭中のイオウ分は主に無機イオウ pyrite であり燃焼により二酸化イオウとして放出された後,長距離輸送中に大気中で酸化されて非海塩性硫酸イオンを生成する[12].石炭には含有率は高くないが有機イオウ化合物も含まれるが,不完全燃焼によってチオール類,スルフィドおよびジスルフィド類,チオフェン類と誘導体類の3カテゴリーに分類できる有機イオウ化合物が生成する[13, 14].非水溶性の無機態イオウ化合物は,硫酸イオン(S(VI))を含む鉱物粒子として濾過される.雪や樹氷試料を濾過したときのメンブレンフィルター上にイオウ分が濾過されていると予想される.

XRF,XPS や XAFS(XANES 等)を用いたイオウの状態分析の歴史は長い[15-28].二結晶分光システムを用いた波長分散蛍光X線分析においてS-Kβ線の化学シフトを利用する手法は報告さ

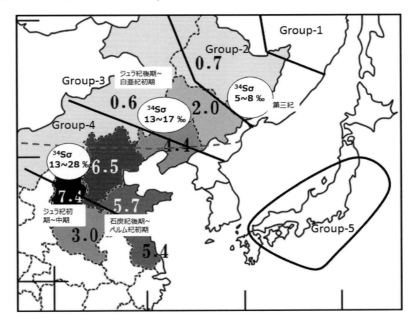

Fig.1 Classification based on isotope ratio of ^{208}Pb (Group 1〜5)[6] and $^{34}S\delta$; distribution of coal deposits in China[8] and Pb emissions in kg km^{-2} y^{-1} [9].

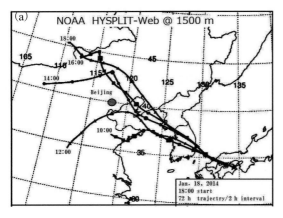 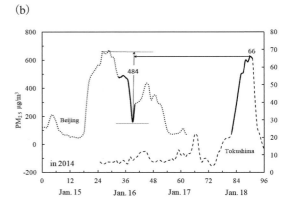

Fig.2 (a) Back trajectory. (b) PM2.5 in Beijing and Tokushima City.

れている[21-25]．伴らは，二結晶分光システムを用いた波長分散蛍光X線分光（WDXRF）法によるS-Kα線の化学シフトを利用して北京の大気粉塵中のイオウ原子の酸化別分析を行った．伊藤ら[28]は，一結晶WDXRFによるS-Kα線の化学シフトで試みた．ここで，今井ら[29]は，薄膜試料においてS-Kα線の化学シフト法を用いイオウの化学状態を分析した．さらに，樹氷や雪の試料では，イオウ分が硫酸イオン（S(VI)）として吸着している試料であることから，Ca濃度とイオウ濃度の相関性を利用して有機態と無機態の分別定量を行った．

1.3 四国への長距離輸送事例

中国で発生した大気汚染物質が日本へ長距離輸送される現象について濃度低下と大気汚染物質の拡散状況に興味がある．高濃度のPM$_{2.5}$が徳島県で観測された例がある．Jan.18, 2014の13-19時における徳島市での高濃度イベントは，アメリカ海洋気象局NOAAの公開ソフトHYSPLITS[30]による後方流跡線解析から大気塊が北京周辺を通過した時間帯（Fig.2 (a)）に記録的な高濃度であった北京のPM$_{2.5}$濃度が急激に低下した（Fig.2 (b)）．流跡線が徳島を通過す

る際，"環境省大気汚染物質広域監視システムAEROS：そらまめ君[31]"や徳島県のモニタリング速報値の公開情報[32]（Fig.2）から徳島県下でのPM$_{2.5}$濃度の変遷がわかる．北京付近の地表近くの大気エアロゾルが四国・徳島県を通過した．PM$_{2.5}$濃度の急激な低下が北京から484 μg m^{-3}のPM$_{2.5}$が流出したと仮定すれば徳島県で最大66 μg m^{-3}（ベース：10 μg m^{-3}）が輸送された分画として観測された．1/7～1/8に低下した．PM$_{2.5}$より大きい粒径の黄砂の半減距離が400 kmから北京－徳島間1700 kmでは1/20に減少する．PM$_{2.5}$の滞留時間が黄砂粒子のそれより長いことが原因する．

2. 樹氷と雪の気象学

2.1 樹氷の定義と特徴

樹氷とは，蔵王山系の樹氷が有名である．世界的に有名な蔵王の「樹氷」は，大正11～12年旧制二高・東北帝大山岳部が賽の磧で冬季合宿において「アイスモンスター（正式名称）」を誤認して以来，これを「樹氷」と呼ぶようになったと山形大理地球惑星・柳澤文孝先生[33]が同大環境保全センター報告 Vol.17, 2014 に紹介している．

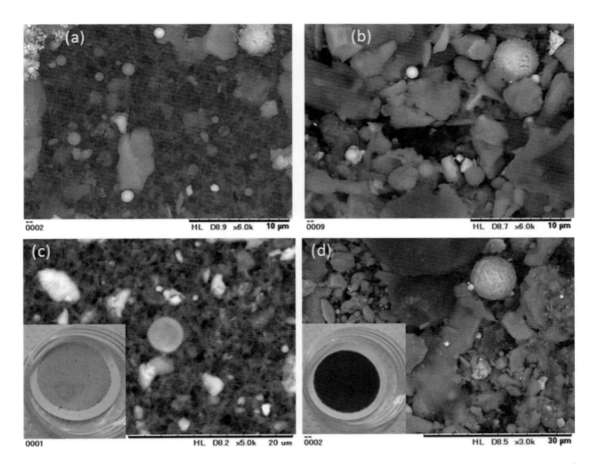

Fig.3 Scanning electron microscopy (SEM) image of insoluble species on a membrane filter and a photograph of the membrane filter [29]. (a), rime 500 g at Feb. 19, 2013 (×5000, ×3000); (b) rime 500 g at Feb. 23, 2013 (×5000, ×3000); (c) snow 498 g and (d) rime 106 g at Jan. 22, 2014 (×6000). Reprinted with permission from S. Imai et al.: *Anal. Sci.*, **34**, accepted for publication (2018). Copyright (2018) Japan Society for Analytical Chemistry.

　本報の"樹氷"とは，気象学的な真の「樹氷：rime」を意味する．樹氷は，気温 −5℃程度で大気中の過冷却水が地物に直接接触して風上方向へ生長する氷の結晶の塊であり外見として折り重なった「エビの尻尾」の外観を有する．気温が −10℃になると地物に衝突した過冷却水滴は，透明な氷として風上へ生長する粗氷を生成する．樹氷や粗氷に凝結核として取り込む粒子状物質のサイズは $PM_{2.5}$ に属する蓄積モード（0.1〜1 μm）の粒子である．樹氷や粗氷が接触する寒気を濾過することで慣性衝突効果（3 μm〜）やさえぎり効果（1〜3.5 μm）による大気エアロゾル粒子の沈着を誘発する．これらの沈着現象において表面積の大きな樹氷の沈着効率は，滑らかな表面をもつ粗氷のそれよりはるかに効率的である．大気中のススが効率的に沈着して「黒い樹氷」も生成する．4日間寒気にさらされた樹氷への粒子の取り込みを観測した（Fig.3）．

　四国の山岳における樹氷は，Fig.4に示すように中国山地に雪を降らせた寒気が再び樹氷を形成する特徴がある．この特徴は，蔵王山系での樹氷の形成過程に類似する．

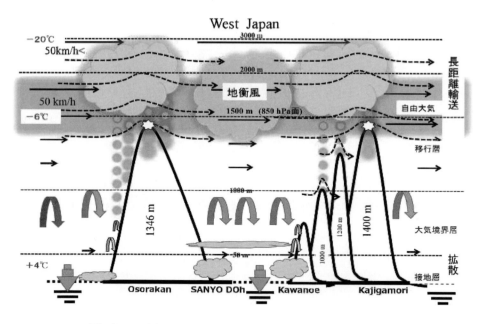

Fig.4 Model of formation of rime and snow in Shikoku island.

北四国の瀬戸内海沿岸の都市部のエアロゾルは，特別な地形の影響により東方向へ地上付近の季節風によって輸送されるために St.1 梶ヶ森（1400 m）における樹氷への影響は小さい．

2.2 降雪機構と湿性沈着機構

冬季にはシベリア寒気団から寒気が吹き出し日本へ降雪がもたらされる．アジア大陸において乾燥した寒気は，暖流の流れる日本海で水蒸気を多く取り込み日本海沿岸の山地や四国山地の北斜面側で降雪がある．降雪雲は，雲頂が 2500～3000 m，雲底が 1400～1500 m の低い雲である．降雪雲中の上昇気流によって大気エアロゾルが上昇し，過冷却水滴の凝結核となり $-20℃$ になると氷晶を形成，重力による落下と対流過程において水蒸気を取り込み雪の結晶は成長する．$PM_{2.5}$ の中でも蓄積モードの粒子状物質が凝結核になり湿性沈着（雲内洗浄（レイン・スノーアウト））する．雲底から地上へ雪の結晶が降下する間に大気中のエアロゾルなどを吸着する雲底洗浄（ウォッシュアウト）が起こる．しかし，標高の高い山岳，とくに雲低高度 1400 m 付近において採取した降雪試料では雲底洗浄の効果は無視できるほど小さい．硫酸イオンや硝酸イオンなどのガス成分は，輸送過程における光化学反応や沈着吸収効率などの複雑な問題が解析の困難さの原因の一つとなっている．自然界のバックグラウンド濃度が低く無機小球形粒子や Cd-Pb には大気化学反応の寄与が少ないことが容易に理解できる．

3. 高標高の研究フィールド

国内の都市からの大気汚染の影響を回避するために，遠隔地でありかつ 1000 m 以上の標高の高い山岳を主に選択した．Fig.5 に示したおもな観測点は高知県大豊町の県立自然公園梶ヶ森山頂の標高 1400 m 地点をはじめ，太田尾越，石鎚山，恐羅漢山，比婆山ひろしま県民の森，

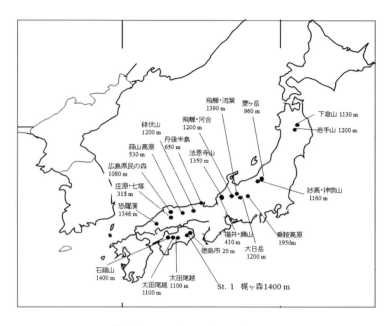

Fig.5 Locations of sampling site.

鉢伏山，法恩寺山，大日ヶ岳，飛騨河合，飛騨流葉，乗鞍山，妙高神奈山，菱ヶ岳，岩手山，八幡平下倉山など標高が 1000～1500 m である．広島県庄原，蒜山高原，丹後半島，福井県勝山市横倉は標高 500 m 程である．1500～2000 m にはシベリア寒気団からの季節風の地衡風が吹きエアロゾルの長距離輸送を担っている．図中の地名標記のない地点は，環境省の $PM_{2.5}$ 中の重金属元素のモニタリング地点である．平野部に設定されている．

4. Black Acid Rime Ice

永淵らが，1990 年代に九州北部および世界遺産の屋久島の高高度地帯の山岳で樹氷中に北東中国起源の石炭フライアッシュを発見した．黒色の濾過物と SEM-EDS により高濃度のイオウを検出した．Black Acid Rime Ice と呼んだ．柳澤らは，蔵王山系において Black Snow を観測した．元素状炭素であり，通称"煤〈スス〉"と呼ばれる．四国の山岳でも 2013 年に Black Acid Rime Ice が認知された．

5. WD-XRFによる濾過薄膜中イオウの状態分析

5.1 非鉱物性イオウ化合物[29]

中国炭にはパーセントオーダーものイオウ分が含まれる．石炭の不完全燃焼によって発生した燃焼ススには，有機イオウ化合物が含まれる．有機イオウ化合物は，チオール類，スルフィドおよびジスルフィド類，チオフェン類と誘導体類の 3 カテゴリーに分類できる．非水溶性の硫酸イオン（S(VI)）（イオン交換態）を含む鉱物粒子として存在する．イオウの状態分析の歴史は，長い．XPS や XAFS（XANES 等）分析が多い．二結晶分光システムを用いた WDXRF の S-Kβ 線の化学シフトを利用する手法は長い歴史を持つ．ここでは，雪や樹氷試料を濾過したときのメンブレンフィルター上の薄膜状の濾過物の市

販の一結晶型 WDXR を用いた薄膜法によって
イオウの化学状態の分析を試みた．樹氷を濾過
したメンブレンフィルターをそのまま分析に供

したときの WD-XRF スペクトルを Fig.6 に示し
た．

さらに，樹氷や雪の試料では，薄膜の試料中

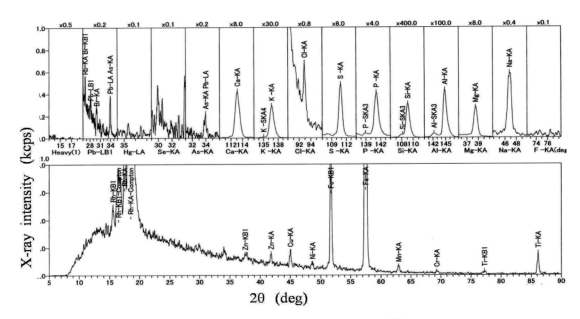

Fig.6 WDXRF spectrum of insoluble substance in rime at Feb. 21, 2014 [29]. Reprinted with permission from S. Imai et al.：*Anal. Sci.*, **34**, accepted for publication (2018). Copyright (2018) Japan Society for Analytical Chemistry.

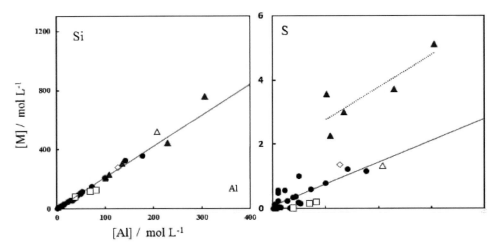

Fig.7 Plots of the concentrations of various elements vs. the aluminum concentration in the insoluble fraction of wet depositions [29]. ●, snow；▲, rime on No.1；△, hard rime on No.1；◇, rime on No.2；□, coal flys ash. Solid line, regression curve for snow; dotted line, regression curve for rime. Reprinted with permission from S. Imai et al.: *Anal. Sci.*, **34**, accepted for publication (2018). Copyright (2018) Japan Society for Analytical Chemistry.

のアルミニウム濃度に対して，鉱物成分には正の相関関係 (Fig.7-Si) が得られる．Si, Mg, Na, K, Ti では強い正の相関関係が得られたが，Fe, Ca, P, Mn, Zn, As, Pb では相関係数が小さかった．相関性が低いことは，鉱物質以外の化学種の存在を示す．イオウにおいては，二つの正の相関関係 (Fig.7-S) が得られた．Ca 濃度とイオウ濃度の相関性を利用して有機体と無機態を分別定量できた．樹氷では，鉱物質でないが Al と類似の起源をもつイオウ化合物の存在を示唆する．特異的である．有機イオウ化合物であると推察される．

5.2　S-Kα 線の化学シフト法 [29]

児玉ら [5] は，リガク製 ZSX PrimusII を用いての高分解モードと高感度モードで測定した S-Kα 線のピークシフトを利用した冬季湿性沈着中の S(VI) と S(−II) のスペシエーションの可能性を報告した．Fig.8 (A) に示した通り標準サンプル中の S-Kα 線のピークシフト（化学シフト (δ)）を求めた．Table 1 の結果が得られた．Fig.8 (B) に示したイオウ元素の平均酸化数と δ の相関関係から濾過物中のイオウの平均酸化数が次式によって求められる．

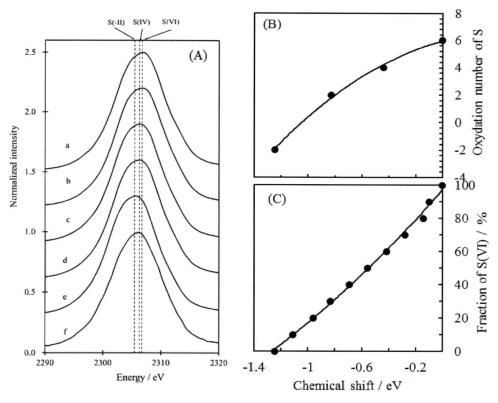

Fig.8 Wavelength Dispersive X-ray Fluorescence data for the insoluble substances in snow and rime together with standard samples[29]. (A) S-Kα spectrum: a, Na_2SO_4; b, $NaHSO_4$; c, Na_2SO_3; d, $NaHSO_4$; e, cystine, f, rime sample at Feb. 21, 2014. Reprinted with permission from S. Imai et al.：*Anal. Sci.*, **34**, accepted for publication (2018). Copyright (2018) Japan Society for Analytical Chemistry.

Table 1 X-Ray spectral chemical shift (δ) of S-Kα peak in standard sustrates.

	δ / eV				
	S (VI)	S (IV)	S (II)	S (0)	S (−II)
Imai [29]	Na$_2$SO$_4$	Na$_2$SO$_3$	Na$_2$S$_2$O$_3$		Cystine
	0.00	−0.44	−0.83		−1.25
	NaHSO$_4$	NaHSO$_3$			
	0	−0.44			
Kavčič [34]	(NH$_4$)$_2$SO$_4$	Na$_2$SO$_3$			TiS
	0.00 ± 0.04	−0.42±0.04			−1.35±0.04
	Fe$_2$(SO$_4$)$_3$				FeS
	−0.04 ± 0.04				−1.37±0.04
Wenqi [35]	inorg.-S (VI)	S (IV)	S (0)		inorg.-S' (−II)
	0.000 ∼ +0.020	∼−0.386	−1.195		−1.202∼ −1.301
	org.-S (VI)				org.-S (−II)
	−0.153∼ −0.323				−1.371∼ −1.411
Ito [36]	NaHSO$_4$	NaHSO$_3$	HOCH$_2$SO$_2$Na・2H$_2$O	Sulfer	
	0.00	−0.37	−0.56	−1.12	
		HOCH$_2$SO$_2$Na・2H$_2$O			
		−0.3			

[Observed oxidation number]
$$= -3.00 \times \delta^2 + 2.53 \times \delta + 5.93$$
$$r^2 = 0.9965 \quad (1)$$

また，S(VI) と S(−II) のスペクトルから合成したスペクトルから得られた δ (Fig.8 (C)) をベースにして，S(VI) と S(−II) の分率が計算されることになる．

f[S(VI)]%
$$= 13.12 \times \delta^2 + 93.24 \times \delta + 97.22$$
$$r^2 = 0.9964 \quad (2)$$

f[S(−II)]%
$$= 100 - f[\text{S(VI)}]\% \quad (3)$$

イオウの全含有量が，この XRF 測定で求められることから，それぞれの化学種の濃度も求めることができる．

樹氷，降雪および粗氷の濾過物中の非水溶性イオウと標品のイオウ化合物の δ 値を測定して Fig.9 にまとめた．粗氷中のイオウはほとんど

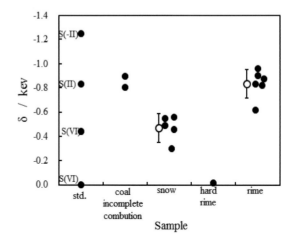

Fig.9 Chemical shift (δ) of the standard sample; emission from the incomplete combustion of coal, snow, hard rime, and rime [29]. Standar samples: S(VI), Na$_2$SO$_4$; S(VI), Na$_2$SO$_3$; S(II), NaHSO$_4$; S(−II), cystine. Average, I, ±S.D. Reprinted with permission from S. Imai et al.: *Anal. Sci.*, **34**, accepted for publication (2018). Copyright (2018) Japan Society for Analytical Chemistry.

どが S(VI) であることが Fig.9 からわかる．

5.3 Ca 濃度法 [29]

雲底近くで採取した雪には，凝結核と雲中の大気エアロゾルを含む．樹氷は −5℃で過冷却水滴が直接地物に衝突して発生し，凝結核と大気エアロゾルを含むが，慣性衝突する大気エアロゾルの量が多い．−10℃では粗氷を生成する．粗氷は，滑らかな表面であり大気エアロゾルが慣性衝突し難い形状をしている．粗氷には，S(VI) のみであることは S-Kα の δ 値 (Fig.9) からわかる粗氷中の Ca と S(VI) の相関関係は次式に示す．

$$[_{\text{crustal-}}S(VI)_{Ca}]^{\text{rime}} = 0.955 \times 0.3567 \times [_{\text{crustal-}}Ca]^{\text{rime}} \quad (4)$$

$$[_{\text{noncrustal-}}S(-II)_{Ca}]^{\text{rime}} = [_{\text{total-}}S]^{\text{rime}} - [_{\text{crustal-}}S(VI)_{Ca}]^{\text{rime}} \quad (5)$$

ここで，$[_{\text{total-}}S]^{\text{rime}}$ および $[_{\text{crustal-}}Ca]^{\text{rime}}$ は樹氷中の濾過物中の S および Ca 含有量であり，鉱物性である．$[_{\text{crustal-}}S(VI)_{Ca}]^{\text{rime}}$ は樹氷中の濾過物中の鉱物性の S(VI) 含有量，$[_{\text{noncrustal-}}S(-II)_{Ca}]^{\text{rime}}$ は樹氷中の濾過物中の非鉱物性の S(II) 含有量を示す．濃度は溶解試料中での溶液モル濃度 μmol L^{-1} に換算して示した．

濾過物中の crust.-S(VI) および S(II) の分画 % は，それぞれ $f[_{\text{crustal-}}S(VI)_M]^{\text{rime}}$% および $f[_{\text{noncrustal-}}S(-II)_M]^{\text{rime}}$% と定義すれば，

$$f[_{\text{crustal-}}S(VI)]^{\text{rime}}\% = [_{\text{crustal-}}S(VI)]^{\text{rime}}/[S]^{\text{rime}} \times 100 \quad (6)$$

$$f[_{\text{noncrustal-}}S(-II)]^{\text{rime}}\% = [_{\text{noncrustal-}}S(-II)]^{\text{rime}}/[S]^{\text{rime}} \times 100 \quad (7)$$

になる．雪試料中でも，同じ関係が成立する．Fig.10 から相関関係を示す実線をベースラインとして樹氷や雪の中の S(VI) を見積もる．化学シフトから求めた有機態イオウ濃度と Ca 濃度

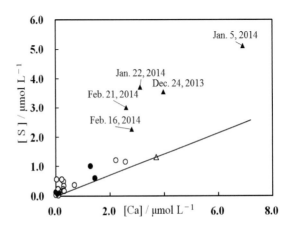

Fig.10 Plots of [M] vs. [S] in rime and snow collected in a one-day accumulation in Table 6 in the reference [29]. (A), Ca; (B), Si; (C), Al. Solid line is a ratio of [obs.M] vs.[obs.S] in the hard rime. ●, snow; ▲, rime; △, hard rime at No.1 site. ○, snow at various sites in Japan. Reprinted with permission from S. Imai et al.: *Anal. Sci.*, **34**, accepted for publication (2018). Copyright (2018) Japan Society for Analytical Chemistry.

Table 2 Mole fraction in percent (%) of S(VI) and S(−II) based on the chemical shift of S-Kα and the [M] in hard rime at No.1 site [29].

Date	σ / eV		[Ca]	
	S(VI)/%	S(−II)/%	S(VI)/%	S(−II)/%
Dec. 24, 2013	29.0	71.0	38.0	62.0
Jan. 22, 2014	29.7	70.3	28.6	71.4
Feb. 16, 2014	44.6	55.4	42.1	58.0
Feb. 21, 2014	25.9	74.1	29.5	70.5
Average±SD	32.3±8.4	67.7±8.4	34.6±6.4	65.5±6.4

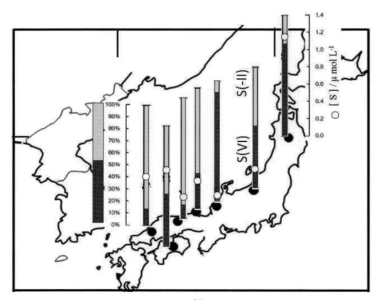

Fig. 11 Fraction of S(VI) and S(−II) of insoluble sulfur [29]. Reprinted with permission from S. Imai et al.： *Anal. Sci.*, **34**, accepted for publication (2018). Copyright (2018) Japan Society for Analytical Chemistry.

法の値は一致した（Table 2）．この手法を Ca 濃度法と定義する．この手法で全国の遠隔地の山岳における降雪中のイオウの化学状態分析と総量分析を行った結果を Fig.11 に示した．

6. 大気汚染物質発生地域の同定法

6.1 石炭フライアッシュからの同定法（SEM-EDX）[10, 11]

樹氷を ADVANTECH 製メンブレンフィルター（細孔 0.45 μm）で吸引ろ過後室温自然乾燥し，ろ過残渣中の石炭フライアッシュのなどの無機小球体粒子の一粒子分析のためにそのままの状態で SEM-EDX 装置に導入した．粒径 3 μm 以下の粒子の分析を行った．SEM-EDX 分析は，日立ハイテク製低真空卓上型 SEM の TM3000 型または TM3030 型（加速電圧 15.0 kV，収集時間 30.0 s）に EDX-SwiftED3000 を装着して用いた．この粒子の成分分析を EDX 分析で実施した（Fig.12）．

Fe, Al, Si, Ca, Mg, Na, K 等を検出した．Cr, Ni などの重金属が検出される粒子もある．一フィルターあたり数十から百個程度の粒子を成分によって分類した．石炭フライアッシュの典型的な主成分の (1) Fe, Si, Al, (Ca, Mg), (Na, K) を含む粒子をカテゴリー FA；(2) Ti を含む FA 粒子をカテゴリー FTi；(3) Fe, Si, Al, （イオン交換態の Na, K）をカテゴリー P_1；(4) Fe, Si, Al, (Ca, Mg) をカテゴリー P_2；(5) Fe を含まず Si, Al または Si をカテゴリー P_3；(6) 国内都市起源の粒子である Fe 粒子をカテゴリー UPFe でクラス分け (Fig.13) できる．ここで，これらの無機小球体粒子を ISP (inorganic sphere particulate) と称す．後方流跡線で 24～48 h 前の位置から中国華北は FA と FTi が特徴の AREA-A，北東中国は P_1 が特徴の AREA-B，朝鮮半島は AREA-B_2，黒竜江省−ロシア・沿海州は P_3 が特徴の AREA-C，日本は UPFe が特徴の AREA-D として 5 地域に分類 (Fig.14) できたこ

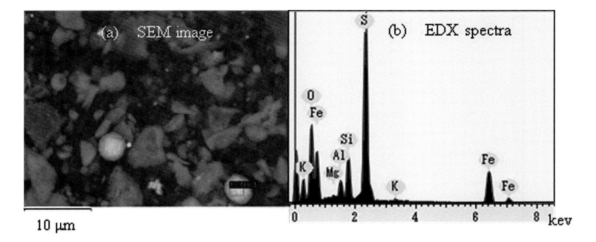

Fig.12 SEM image and energy dispersive X-ray spectra of small inorganic spherical particles in the residues of rime. Reprinted with permission from S. Imai et al.: *Anal. Sci.*, **34**, accepted for publication (2018). Copyright (2018) Japan Society for Analytical Chemistry.

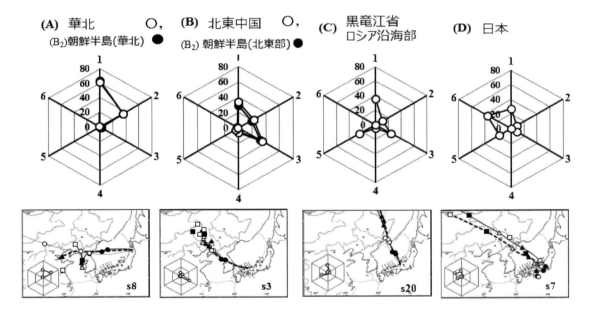

Fig.13 Hexagonal diagram models of distribution of inorganic small spherical particles in winter wet depositions collected at the summit of Mt. Kajigamori (St.1) and aerosol in Tokushima City, Japan[10, 11]. Cited with backtrajectry Hexagonal chart pattern: (A) Huabei chart, (B) Dongbei chart, (B₂) Korea Peninsula chart, (C) Heilongjiang-Primorsk・Russia chart, (D) Japan urban chart.

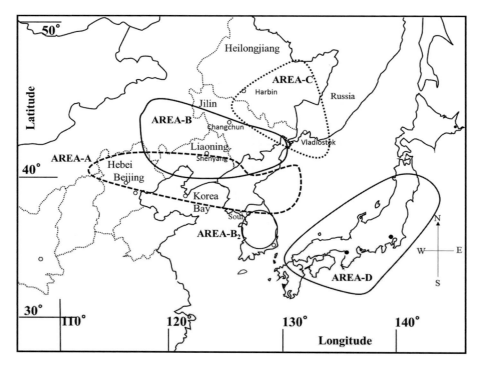

Fig.14 Locations of the regions of origin of atmospheric aerosols containing inorganic small spherical particles reported in previous works[10]. Categories: A, Hebei, China; B, south area of North East China; B_2, Korea Peninsula; C, north area of North East China and Maritime Province in Russia; D, Japan. Reprinted with permission from S. Imai et al.: *Bunseki Kagaku*, **67**, 95 (2018). Copyright (2018) Japan Society for Analytical Chemistry.

とから，発生地域を推定できる手法として有効である．

6.2 Pb-Cd プロットによる同定法 [37, 38]

中国における石炭燃焼による Pb と Cd の放出量から，Pb/Cd の重量比は山西省 40，河北省 50，遼寧省 94，吉林省 195，黒竜江省 31 と報告されている．石炭消費量は，山西省 1.2 億トン，華北（河北・北京・天津）1.5 億トン，遼寧省 0.63 億トン，吉林省 0.28 億トン，黒竜江省 0.37 億トン，北朝鮮 0.27 億トンである．韓国およびロシア沿海地方のエアロゾル中の Pb/Cd 比は 15 および 40 であり石炭消費は韓国 1.1 億トン，沿海地方 0.12 億トン，日本の都市の Pb/Cd 比は 30 ～40 であり，石炭消費は 1 億トンである．北九州の製鉄所近くで Pb/Cd = 99 に上昇，海沿地域で 3～18 もある．

四国の山岳における樹氷と降雪試料（一部降雨試料），および，日本海沿いの遠隔地での雪試料の Pb-Cd プロット（Fig.15）を行った．ISP に基づく AREA 分けに特徴的な相関関係があった．ここで，AREA-C に帰属される降雪に対する Pb と Cd の回帰直線が低濃度領域での途切れに気づく．AREA-C から寒気が流入する場合，多雪地帯であることが原因であると考えられる．未知試料中の Pb，Cd 濃度のプロットに最も近い回帰直線から発生地域が帰属できる．Pb/Cd 比による帰属と ISP のレーダーチャートによる発生源の帰属が異なる時もあるが，粒子の寿命の違いの影響である．

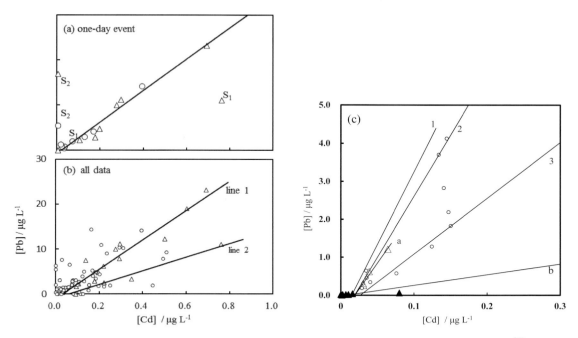

Fig.15 (a), (b) Plots of [Pb] vs. [Cd] of rime (△) and snow (○) samples collected on Mt. Kajigamori [37]. (a) data of the same day collection of rime and snow. S_1: Dec. 24, 2013 ; S_2: Feb. 19, 2012. (b) all data in 2014 y. ~2008 y. Line1: [Pb]=32.56・[Cd]−1.01 (r^2=0.9008); Line 2: [Pb]= 15.15・[Cd] −0.874 (r^2=0.9676). Reprinted with permission from S. Imai et al.: *Bunseki Kagaku*, **66**, 95, (2017). Copyright (2018) Japan Society for Analytical Chemistry. (c) Plots of Pb and Cd shown in Table 1 in the reference [38]. Categories: △, AREA-C; ▲, AREA-D. Correlation curve: Line a for △ of AREA-C, Line b for ▲ of AREA-D. Regression line obtained in remote area: Line 1, AREA-A; Line 2, AREA-B; Line-3, AREA-B_2. Reprinted with permission from S. Imai et al.：*Bunseki Kagaku*, **67**, 95 (2018). Copyright (2018) Japan Society for Analytical Chemistry.

ISPからの帰属はAREA-Aであったが，Pb/Cd比ではAREA-B_2となった事例では，この降雪現象の期間において寒気塊の流入経路を後方流跡線で求めたとき，72 h前にAREA-B，48 h前にAREA-A近く，24 h前までには朝鮮半島付近，そして日本海上空を経由した．黒竜江省付近にあった低気圧へ向かってAREA-B_2から大気が流入した結果である．複数の発生域の分別評価が可能である．

6.3　M（Cd, Pb）―水溶性SO_4^{2-}相関関係 [37]

Fig.16は，[Pb]−[nss-SO_4^{2-}]と[Cd]−[nss-SO_4^{2-}]のプロットを示した．雪中の[Pb]−[nss-SO_4^{2-}]プロットFig.16(a)において実線は同日採取試料（⊕）の場合に求めた回帰直線と破線は標準誤差範囲である．ほとんどの試料は標準誤差範囲内にあるがDec. 27, 2010；Dec. 8, 2008；Jan.1, 2009；Jan.10, 2009は直線より上方（Pbリッチ），Feb. 11, 2013（点P_1）；Feb. 23, 2013（点P_2）は下方（nss-SO_4^{2-}リッチ）であった．Fig.16(b)において樹氷の二つの相関関係は近い．

$$^{rime}Pb：[Pb] = 1.60・[nss\text{-}SO_4^{2-}]+0.138,$$
$$r^2 = 0.8843$$
$$^{rime}Pb_{s\text{-}rich}：[Pb] = 0.926・[nss\text{-}SO_4^{2-}] − 0.624, \quad (8)$$

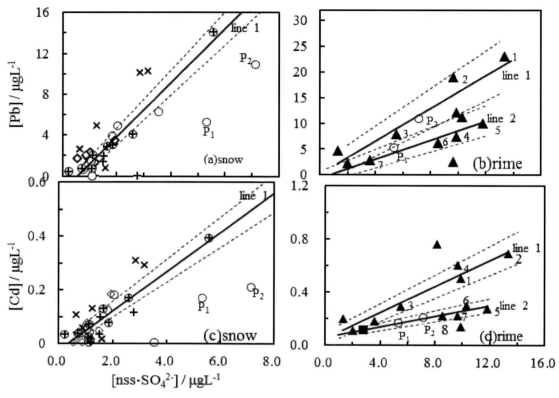

Fig.16 Plots of [Pb] vs. [nss-SO_4^{2-}] and [Cd] vs. [nss-SO_4^{2-}] in rime and snow [37].
(a), (c) ○ snow: 2014, 2013, 2012; ◇ 2011, 2010, ×2009, ＋2008, ⊕ same day sampling of rime and snow. (b) ▲ rime: 1. Jan. 22, 2014; 2. Feb. 9, 2012; 3. Jan. 23, 2013; 4. Feb. 16, 2012; 5. Feb. 29, 2012; 6. Dec. 28, 2013; 7. Feb. 16, 2014; (d) ▲ rime: 1. Jan. 5 , 2014 ; 2. Jan. 22, 2014; 3. Jan. 23, 2013; 4. Feb. 9, 2012 5. Jan. 29, 2012; 6. Feb. 16, 2013; 7. Mar. 14, 2013; 8. Dec. 28, 2013. (a), (c): line 1, regression line (solid) of same day sampling group (?) with standard error (dotted). (b), (d): line 1 and line 2 for regression line (solid) of the sample with standard error (dotted). Reprinted with permission from S. Imai et al.: *Bunseki Kagaku*, **66**, 95 (2017). Copyright (2018) Japan Society for Analytical Chemistry.

$r^2 = 0.9099$ (9)

の相関関係が得られた．樹氷中の回帰曲線のグループを ^{rime}Pb (line 1), ^{rime}Pb$_{s-rich}$ (line 2) と定義した．樹氷は，同日採取の雪より nss-SO_4^{2-} リッチであり，同じ起源の樹氷でも nss-SO_4^{2-} リッチになるグループ (line 2) が存在した．雪の [Cd]－[nss-SO_4^{2-}] プロット Fig.16 (c) では，同日採取試料 (⊕) における回帰直線の標準誤差範囲がほとんどであるが Cd リッチと nss-SO_4^{2-} リッチな試料がある．樹氷の Fig.16 (d) では，標準

誤差範囲が分離した明確な二つの相関関係が出現した．

^{rime}Cd：[Cd] $= 0.0488 \cdot$ [nss-SO_4^{2-}] $+ 0.0517$,
  $r^2 = 0.9376$ (10)
^{rime}Cd$_{s-rich}$: [Cd] $= 0.0202 \cdot$ [nss-SO_4^{2-}] $+ 0.0574$,
  $r^2 = 0.8718$ (11)

の相関関係であった．樹氷では ^{rime}Cd, ^{rime}Cd$_{s-rich}$ と表した．同日採取試料における回帰式の傾斜との比較から nss-SO_4^{2-} リッチなグループ (line 2) の存在が明確である．樹氷は，雪より nss-

SO_4^{2-} リッチであり，同じ起源の樹氷においても nss-SO_4^{2-} リッチになるグループが存在することが初めてわかった．

7. おわりに

本報において冬季モンスーンによる中国からの大気汚染物質の長距離輸送に関して WDXRF から石炭燃焼スス中の非水溶性イオウ化合物の化学形態別分析法，および SEM-EDX および GFAAS/ICP-MS 等により発生域の推定の手法が見出された．

(1) イオウの化学状態別分析

樹氷や雪の濾過に用いたメンブレンフィルター上の薄膜の元素分析を WDXRF による FP 法分析時の高感度モードにおける S-Kα 線の化学シフト，および，高分解能モードにおける S-Kα 線の化学シフトを用いることでイオウの化学状態別分析が可能であることがわかった．また，樹氷と雪試料に限定されるが濾過物中の Ca 濃度と S 濃度から低濃度の雪試料でも式(4)，(5)に基づいて化学形態分析が可能であった．感度が高いことから低濃度サンプルでも化学状態別分析ができる．

(2) SEM-EDX による発生域の同定

樹氷や雪に含まれる無機小球体粒子，主に石炭フライアッシュ粒子の組成比を基準に中国の火力発電施設からの放出物の長距離輸送機構が同定できることがわかった．組成の異なる粒子群のレーダーチャートパターンから華北部，北東部，朝鮮半島，黒竜江省－ロシア沿海地方，日本に分類でき，かつ，これらのカテゴリーはイオウ同位体および鉛同位体比に基づいた地域区分と一致した．火力発電施設を発生源として特定できるトレーサーとなった．

(3) Cd-Pb，Cd-SO_4，Pb-SO_4 の組成比

石炭燃焼によって大気中に Cd, Pb, および二酸化硫黄が多量に放出される．これらの濃度は燃料炭の化学組成に依存することを利用して濃度比と発生域との相関性を得た．同位体分析を必要としないために分析および解析操作は，簡便である．火力発電のみならず冬季暖房の石炭燃焼の影響も評価可能なトレーサーである．

以上のように中国からの石炭燃焼排出物の長距離輸送の機構や経路，発生域について X 線分光法により同定可能であることがわかった．

謝　辞

本研究の一部は，日本学術振興会科学研究費補助金「基盤研究（C）」(26340084) の支援によりなされたことを付記し，ここに謝意を表します．JSAC Anal. Sci. (Fig.3, 6, 7, 8, 9, 10, 11) および日本分析化学会分析化学誌 (Fig.12, 14, 15-1, 15-2, 16) においては再掲の許諾を得た．

参考文献

1) S. Tsunogai, T. Shinagawa: Geochem. *Soc. Japan.*, **11**, 1 (1977).
2) H. Mukai, Y. Ambe, T. Muku, K. Takeshita, T. Fukuma, J. Takahashi, S. Mizota: *Res. Rep. Natl. Inst. Environ. Stud. Jpn.*, **123**, 7 (1989).
3) Y. Sekine, Y. Hashimoto: *J. Japan Soc. Air Pollut.*, **26**, 216 (1991).
4) D. Zhao, J. Xiong, Y. Xu, W. Chan: *Atmos. Environ.*, **22**, 349 (1988).
5) X.-Y. Yang, Y. Okada, N. Tang, S. Matsunaga, K. Tamura, J.-M. Lin, T. Kameda, A. Toriba, K. Hayakawa: *Atmos. Environ.*, **41**, 2710 (2007).
6) H. Mukai, A. Tanaka, T. Fujii: *J. Japan Soc. Atmos. Environ.*, **34**, 86 (1999).
7) N. Akata, F. Yanagisawa, R. Motoyama, A. Kawabata,

A. Ueda: *Seppyou*, **64**, 173 (2002).

8) R. Motoyama, F. Yanagisawa, N. Akata, Y. Suzuki, Y. Kanai, T. Kojima, A. Kawabata, A. Ueda: *Seppyou*, **64**, 49 (2002).

9) H. Tian, K. Cheng, Y. Wang, D. Zhao, L. Lu, W. Jia, J. Hao: *Atmosph. Environ.*, **50**, 157 (2012).

10) 耒見祐哉, 佐名川洋右, 山本祐平, 上村 健, 今井昭二:分析化学 (*Bunseki Kagaku*), **63**, 837 (2014).

11) 今井昭二, 山本祐平, 上村 健:分析化学 (*Bunseki Kagaku*), **65**, 211 (2016).

12) S. Itabashi, H. Hayami: *J. Japan Soc. Atmosph. Environ.*, **50**, 138 (2015).

13) W. H. Calkins: *Energy and Fuels*, **1**, 59 (1981).

14) 菅原勝康, 遠ます幸生, 菅原拓男:素材物性学雑誌, **11**, 88 (1998).

15) G. P. Huffman, S. Mitra, F. E. Huggins, N. Shah, S. Vaidya, F. Lu: *Energy Fuels*, **5**, 574 (1991).

16) R. G. Hurly, E. W. White: *Anal. Chem.*, **46**, 2234 (1974).

17) L. S. Briks, J. V. Gilfrich: *Spectrochim. Acta Part B*, **33**, 305 (1978).

18) E. Martins, D. S. Urch: *Anal. Chim. Acta*, **286**, 411 (1994).

20) Y. Gohshi, O. Hirao, I. Suzuki: *Adv. X-ray Anal.*, **18**, 406 (1975).

21) S. Matsumoto, Y. Tanaka, H. Ishii, T. Tanabe, Y. Kitajima, J. Kawai: *Spectrochim. Acta Part B*, **61**, 991 (2006).

22) M. Kavčič, A. G. Kraydas, Ch. Zarkadas: *X-ray Spectrom.*, **34**, 310 (2005).

23) 斉 文啓, 河合 潤, 福島 整, 飯田厚夫, 古谷圭一, 合志陽一:分析化学 (*Bunseki Kagaku*), **36**, 301 (1987).

24) 安田誠二, 垣山仁夫:分析化学 (*Bunseki Kagaku*), **29**, 447 (1980).

25) 田辺晃生, 田中洋一, 田中大策, 谷口祐司, 豊田仁寿, 河合 潤, 石井秀司, 劉 振林, 位不拉音伊里夏堤, 早川慎二郎, 北島義典, 寺田靖子:分析化学 (*Bunseki Kagaku*), **53**, 1411 (2004).

26) 松本 諭, 石井秀司, 田辺晃生, 河合 潤:鉄と鋼, **93**, 62 (2007).

27) 伴 豊, 古谷圭一, 菊地 正, 汪 安璞, 黄 衍初, 馬 慈光, 呉 錦:大気汚染学会誌, **20**, 470 (1985).

28) H. Itoh, Y. Takahashi, A. Fukushima, Y. Gohshi: *Adv. X-ray Anal.*, **20**, 59 (1989).

29) S. Imai, Y. Yamamoto, T. Yamamoto, K. Kodama, J. Nishimoto, Y. Kikuchi: *Anal. Sci.*, **34**, accepted for publication (2018).

30) Air Resources Laboratory, National Oceanic and Atmospheric Administration (NOAA):NOAA HYSPLIT Trajectory model, Compute archive trajectories: <http://ready.arl.noaa.gov/HYSPLIT_traj.php>.

31) 環境省 PM2.5 モニタリングデータ (海外): <http://soramame.taiki.go.jp/>.

32) 徳島県, PM2.5 (微小粒子状物質) の大気汚染監視情報:<http://www.tokushima-hokancenter.jp/taiki/pc/top/>

33) 柳澤文孝:山形大学環境保全センター報告, Vol.17, 2014.

34) M. Kavčič, A. G. Kraydas, Ch. Zarkadas: *X-ray Spectrom.*, **34**, 310 (2005).

35) Qi Wenqi, J. Kawai, S. Fukushima, A. Iida, K. Furuya, Y. Gohshi: *Bunseki Kagak*, **36**, 301 (1987).

36) H. Itoh, Y. Takahashi, A. Fukushima, Y. Gohshi: *Adv. X-ray Anal.*, **20**, 59 (1989).

37) 今井昭二, 山本祐平, 佐名川洋右, 耒見祐哉, 黒谷 功, 西本 潤, 菊地洋一:分析化学 (*Bunseki Kagaku*), **66**, 95 (2017).

38) 今井昭二, 山本祐平, 清水魁人, 兼清恵理, 西本 潤, 菊地洋一:分析化学 (*Bunseki Kagaku*), **67**, 95 (2018).

解　説

第66回デンバーX線会議報告

山本　孝*

Report on the 66th Annual Conference on Applications of X-Ray Analysis (Denver X-ray Conference)

Takashi YAMAMOTO*

Department of Natural Science, Division of Science and Technology, Tokushima University
2-1 Minamijosanjima-cho, Tokushima 770-8506, Japan

(Received 27 January 2018, Accepted 27 January 2018)

　第66回X線分析の応用に関する年会，通称デンバーX線会議（DXC：Denver X-ray Conference）は2017年7月31日から8月4日までの5日間，アメリカ合衆国モンタナ州ビッグスカイリゾート（図1）にて開催された．本会議は国際回折データセンター（ICDD：International Centre for Diffraction Data）主催，X線回折および蛍光X線分光を中心としたさまざまなX線分析に関する装置，検出器，分析，定量手法の開発および関連技術，応用研究に関する展示および発表が行われる年次会合であり，筆者は初めての参加であった．チェアマンはTim Fawcett博士（ICDD）である．学会公式サイトの最終報告[1]によると，参加者総数はおよそ450名，企業出展は47社であり，プレナリーセッションでの招待講演3件，ワークショップ16セッション，

図1　デンバーX線会議が開催されたビッグスカイリゾート会場（イエローストーンカンファレンスセンター）の外観およびロビー．

徳島大学大学院社会産業理工学研究部　徳島県徳島市南常三島町2-1　〒770-8506
＊連絡著者：takashi-yamamoto.ias@tokushima-u.ac.jp

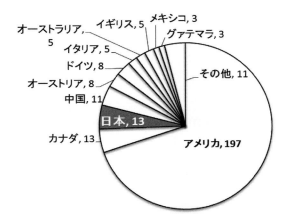

図2 国別事前参加登録者の分布．その他は2名以下．

口頭発表17セッション139件，ポスター発表83件の講演が行われた．事前登録者は21か国282名であり，その70％がアメリカ，次いでカナダと日本がそれぞれ5％，ヨーロッパ，アジア各国，オーストラリア他，1名だけの参加も9か国と参加国は多岐にわたった（図2）．日本からの参加者は8大学（大阪市大，京都大，筑波大，徳島大，名古屋工大，福岡大，明治大），2機関（JASRI，NIMS），3社（Techno-X，仁木工芸，三菱電機）所属13名であり，現地登録の方，国内企業の現地法人所属の方，企業展示の担当の方も多数おられた．

最近20年のDXCはコロラド州デンバー（7回），コロラドスプリングス（6回），スティームボートスプリングス（3回），ウエストミンスター（2回），モンタナ州ビッグスカイ（1回），イリノイ州ローズモント（シカゴ：1回）にて，同一都市で連続開催の無いよう開催されている．2013年まではデンバー市およびその近郊，2014年以降はモンタナ州ビッグスカイ－コロラド州デンバー地区－イリノイ州シカゴ地区の順で開催されている．ボウズマン・イエローストーン国際空港がビッグスカイリゾートのアクセスの起点となっている．ビッグスカイはカナダ国境に面するモンタナ州中央部のロッキー山脈に囲まれた一大スキーリゾート地であり，ローン山（標高3403メートル）麓に位置し，ゲレンデに直結したロッジとコンドミニアムが立ち並んでいる．会議場の標高はおよそ2,200メートルとのことである．学会会期中に稼働していたリフトの搬器には自転車運搬専用のものがあり，マウンテンバイクでゲレンデ内に設けられたバイク用のトレイルコースを駆け下りてくる人が多数見受けられた．家族連れも多く，ウインタースポーツのみならずアウトドアの一大拠点であるようであった．近くには著名人のプライベートゲレンデも複数あるようである．自然景観が美しい一帯はグリズリーの生息地でもあり，ゲレンデには遭遇した際の処し方の看板が目立つように設置されていた．当地での開催は2014年[2)]以来である．

DXC2017のプログラム構成は例年通り，はじめの2日間はワークショップとポスター発表，後半3日間は口頭発表であった．図3に本会議のタイムテーブルを示す．各マス内の名称は，各セッション名である．

ワークショップではそれぞれのセッションにてOrganizerとInstructorが概要，装置の構成および調整，試料調製，測定の実際，分析および注意点，解析ソフトウエア，また実験開始前の準備等について，初心者にも分かりやすく，また経験者に対しても注意を喚起する実践的な講義が行われた．教育的側面が強く，X線分光分析法に関する講習会をより幅広く深く掘り下げたようなものであった．講義資料は全てではないもののHandoutとしてダウンロード可能であり，また会場で配布されているセッションも

Date		Topic	Room			
			North Mammoth	South Mammoth	Amphitheatre	Cheyenne or Lamar/Gibbon
7/31	am	Special Topic	Getting Started at User Facilities			
		XRD			Specimen Preparation of XRD	
		XRF		Basic XRF		Trace Analysis Including TXRF
	pm	XRD	Stress		Polymers	
		XRF		Energy Dispersive XRF		Micro XRF
	evening		XRD Poster Session (37)			
8/1	am	XRD			Rietveld Refinement using In Situ Powder Diffraction Data I	
		XRF	Handheld XRF – The Silver Bullet or Fool's Gold?	Challenges in XRF Analysis: Sample Preparation, Spectral Interpretation and Soft X-ray Detection		Quantitative Analysis I
	pm	XRD	Strain & Phase Mapping of Industrial Materials & Processing by Synchrotron		Rietveld Refinement using In Situ Powder Diffraction Data II	
		XRF		Sample Preparation of XRF		Quantitative Analysis II
	evening		XRF Poster Session (46)			
8/2	am		Plenary Session			
	pm	Special Topic	New Developments in XRD/XRF Instrumentation I			
		XRD			Stress and Infrastructure	Rietveld
		XRF		Quantitative Analysis of XRF		
8/3	am	Special Topic	New Developments in XRD/XRF Instrumentation II	Imaging I	Mineral Exploration and Mining	
		XRD				Polymers
		XRF				General XRF and Environmental XRF
	pm	Special Topic		Imaging II		
		XRD	Applied Materials I		General XRD	
		XRF				Trace Analysis including TXRF
8/4	am	Special Topic				Energy Storage Materials
		XRD	Applied Materials II		Pair Distribution Function	
		XRF		Industrial Applications of XRF		

図3 タイムテーブル.

あった.

　筆者は初日午前の最初のセッションにて，Advanced Photon Source (APS) Lapidus 氏がオーガナイザーを務める Special Topic のワークショップ "Getting Started at User Facilities" に参加した．中性子回折，放射光施設での X 線回折/蛍光エックス線/XAFS 実験に関する講演が行われており，APS やオークリッジ国立研究所内などアメリカ各地の放射光，実験施設の各種ビームライン概要や実際に実験を行うための課題申請に関する紹介もあった．私事であるが，15 年前に ESRF での XAFS 実験に参加させていただく機会を得た．当時高エネ研と SPring-8 では XAFS 実験ステーションの基本設計は似ており，世界共通であろうと予想していた．ところが電離箱検出器ながら検出効率を調整するコンセプトが異なっており，驚いたことを記憶している．今回は利用経験の無い海外の放射光施設利用に関するものであり，放射光施設および該当分光法未経験者にも理解しやすいように工夫されており，興味深かった．

　2 日目午前の XRF のワークショップでは，京都大学河合先生がオーガナイザー，三菱電機上原博士，福岡大学市川先生がインストラクターを務められた "Challenges in XRF Analysis: Sample Preparation, Spectral Interpretation and Soft X-ray Detection" に参加した．測定精度に対する粒子径，試料形態，ガラスビードを含む各種調製法の影響，検出深さの算出法また測定装置に使用するケーブルや中継アダプター，検出器の設定次第でスペクトル形状に多大な影響を与えること，偽ピークが出現する実例紹介など，定性定量分析に対して重要な "実際" 等が詳しく紹介されており，有意義なものであった．図 3 の通りワークショップは 4 会場に分か

図 4　ポスター発表会場.

れ，XRD，XRF ともに複数が同時進行している．残念ながら興味がある講義すべてを聴講することは不可能であり，また改めて参加し，余裕をもって勉強したいと思った．

　初日と 2 日目の 17 時半から 19 時まではポスターセッションが開催された（図 4）．初日は XRD セッション 37 件，2 日目は XRF セッション 46 件の発表が行われ，活発な討論が行われた．測定装置，X 線管および検出器開発，高精度/簡便分析を達成するための手法，システム，解析法，データベース等の進歩に関するものが多く，解析対象が定まっており X 線分析結果からその意義や今後の展開等を議論する応用研究より，"製作（改良）する""測る""分析する"ことを主体とした発表が多く感じた．会場では両日ともアルコール類，軽食がふんだんに準備されており，各々が旧交を温め，また懇親を深めていた．また家族同伴で参加し，小さい子供と手を繋ぎながら発表または演者と討論している，海外リゾート地開催ならではのほほえましい姿も見られた．ポスターセッションでは Best Poster Awards として XRD と XRF でそれぞれ 2 件（D-2, D-81, F-75, F-84），また Best Student Poster が XRD，XRF ともそれぞれ 1 件選出さ

図5 プレナリーセッション．Student Travel Award 受賞者と講演する Paul Stutzman 氏．

れた (D-14, F-70)．

3日目午前にはプレナリーセッション（図5）が行われ，組織委員会の紹介の後，今年逝去されたウィーン工科大 Horst Ebel 教授の功績を偲び，追悼の意が表された．その後 ICDD の各種選考委員会により選出された Robert L. Snyder Student Travel Award，Jenkins Award（X線分析による材料評価），Barrett Award（粉末回折法への貢献），ICDD Fellow Award，Jerome B. Cohen Student Award 受賞者が紹介された．DXC2017 では日本国内からの受賞者はいなかったが，Shigehiro Takajo 氏（Los Alamos Nat'l. Lab）が Travel Award を受けられ，他10名とともに紹介されていた．授賞式に続き3件の招待講演が行われた．中でも Paul Stutzman 氏の "Hydraulic Cements for Construction: Cementitious Materials, Standards, Specifications, and X-ray Analysis" との演題で行われた講演は，古代ローマ時代からの建材用に利用されてきたセメントについて，その歴史，硬化体および水和反応過程の結晶相，組成評価がどのように行われてきたか，XRDによる定量分析の標準化への取り組みなどについて講演され，興味深いものであった．

3日目午後から最終日午前までは，一般口頭発表のセッションが4会場にわかれて行われた．筆者は4日目午前の "General XRF and Environmental XRF" セッションにて，XANES プリエッジピークと XRF $K\beta_5$ ピーク強度の関係性について講演する機会をいただいた．本セッションでは自治機関での XRF 関連の活動，低出力X線管を利用した三次元偏光 XRF 分光光度計の製作，微小粒子状物質（PM）の組成分析および発生源寄与評価への応用，ハンドヘルド型装置による土壌試料のスクリーニングや鉱山廃棄物の分析，ICP 分光法で行われていた医薬品中の微量金属の分析を XRF で行う取り組み，水銀定量分析用の標準試料製作と検証，コンプトン/レイリー散乱の強度比と検体組成の相関性に関する検討など，多岐にわたる内容の講演が行われ，大変興味深かった．また，最終日のまさに最後 "Energy Storage Materials" セッションで発表された Seshadri 氏による実験室系X線吸収分光分析装置の開発に関するものは印象深かった．X線吸収スペクトルは放射光施設で測定することが一般的であるが，近年は実験室系装置でも短時間で良好なスペクトルが測定可能な新しい概念の装置が開発されつつある[3]．本講演もその潮流に乗るものである．コンパクト

図 6 会場に横付けされた搬出用トレーラー.

な設計でかつ EXAFS が 10–20 分で測定可能,シンクロトロン放射光施設での専用ビームラインに匹敵するエネルギー分解能を示すとのことである.

さて,本会議は大ホールと通路を使用し X 線分析関連メーカー 47 社がブースを出展していた (いくつかの企業は複数のブースを出展).各社は最新機種を持ち込んでおり,多様な X 線機器,検出器,集光 / 分光素子,関連書籍 / データベース等がホール一面に並んでいる光景は圧巻であった.実際に参加者が最新機種での測定体験を行うことができるようになっているブースもあり,常に多くの参加者が,熱心に見学,情報交換等を行っていた.図 6 は学会終了後に企業展示ブースから機器を搬出するトレーラーであるが,このように何かとスケールが大きかった.

このたびデンバー X 線会議に初めて参加して強く感じたことは,X-ray Spectroscopy 以上に X-ray Spectrometry を重要視していることである.筆者はもともと材料開発,物性評価に関連した業務に携わっており,各種 X 線分光法は評価手法の一つとして使用していたにすぎなかった.今後それら材料を種々の X 線分析機器で評価するとしても精度と確度をどのように確保するか,より一層慎重に検討せねばと改めて思った.次回のデンバー会議は 2018 年 8 月 6–10 日にコロラド州デンバー北北西のウエストミンスター,その次は 2019 年 8 月 5–9 日,イリノイ州シカゴ西部のロンバードで行われることが予定されている.

参考文献

1) http://www.dxcicdd.com/17/summary.htm (2018 年 1 月 20 日閲覧).
2) 小川理絵, 古川博朗: X 線分析の進歩, **47**, 339 (2016).
3) 河合 潤: X 線分析の進歩, **49**, 63 (2018).

実海水による Ag 表面腐食の分析

SEM-EDX Analysis of Ag Corrosion by Seawater

Long ZE [a,b], Liang fu CHEN [b,c]*, Hui YANG [a] and Lan WU [a]

[a] Zhejiang-California International NanoSystems Institute, Zhejiang University
Hangzhou 310058, China
[b] Key Laboratory of Offshore Geotechnics and
Material of Zhejiang Province, Zhejiang University
Hangzhou 310058, China
[c] College of Civil Engineering and Architecture, Zhejiang University
Hangzhou 310058, China

(Received 10 October 2016, Revised 17 January 2018, Accepted 18 January 2018)

　　Silver metal corrosion is observed at the Huajiachi, which is a research barge of Zhejiang University at Zhoushan area in China using an SEM-EDX. Corrosion experiments on Ag specimens using 2.7 wt% artificial seawater for comparison are observed.
[Key words] Scanning electron microscope, Energy dispersive X-ray analysis, Ocean, Metal corrosion, Silver

　　Ag を自然海水環境である舟山(Zhoushan)地域の浙江(Zhejiang)大学研究用艀(はしけ)華家池(Huajiachi)号で金属腐食させ，SEM-EDX で観察した後電気化学的測定した．比較のために「人工海水の素」を 2.7 wt%に希釈した溶液を用いて銀試験片の腐食実験も行った．
［キーワード］走査型電子顕微鏡，エネルギー分散型 X 線分析，海洋，初期腐食，銀

1. はじめに

　海洋は地球表面の大半を占め，諸資源の宝庫であるが，これまでは各種工業の規模との関係から，経済的に不利な海洋資源が利用されることは非常に限られていた．しかし，最近では，エネルギー枯渇問題に関連して，海洋資源が重要なウェイトを占めるようになり，海洋開発の重要性が広く認識されるようになっている [1]．

　中国の海岸，埠頭では近年，金属腐食が問題になることが多い．幾人かの研究者が腐食摩耗は材料特性だけでなく，環境と作動条件に依存するかどうかを調べており，腐食は摩耗を加速させるのか，抑制するのかを問題にしている．我々は前報 [2] で Al-Mg 合金の孔食の SEM-EDX 分析を報告した．本報では銀の腐食について報告する．

　腐食摩耗はすべり表面周囲環境が化学的に表

＊連絡著者　中国浙江省杭州市　浙江大学　ZE Long　e-mail: zelong@zju.edu.cn / zelong2010@gmail.com

面と反応するような状況下で，反応生成物が表面から摩耗される時に発生する．腐食摩耗の特性として，急速な初期反応があり，その後，時間とともに緩やかになるケースや，化学反応が最初の速度のまま続くケースもある．後者は何の保護膜も形成されないか，形成されても膜がポーラス状か，脆い・剥がれやすいなどの理由が考えられる．海水中，水道水環境，純水および1％食塩水，NaCl 溶液中での金属の自然腐食試験や各種条件下での腐食試験の報告がある[3-5]．

通常は，腐食性試料を SEM-EDX で観察するためには，観察前に金属や炭素などの導電性の薄膜を真空蒸着あるいはイオンスパッタリングして，数十ナノメートル成膜して，走査型電子顕微鏡の二次電子像観察中の帯電を防ぐ必要がある．試料の形状が複雑であれば，均一に導電性薄膜を成膜するために，1回の成膜後，真空を破って試料を回転させて再び成膜するという操作を複数回行う必要がある．試料の準備には時間がかかりめんどうな操作が必要となる．近年，イオン液体を絶縁体試料に塗布して SEM の帯電防止に用いるという報告がされた[6-8]．澤らは希釈イオン液体を塗布することによって1マイクロメートル以下の化石や鉱物の微細組織を観察することに成功した[9-12]．本研究では，希釈したイオン液体を試料上にごく少量滴下すると帯電防止剤として，マイクロメートルオーダーの空間分解能で走査型電子顕微鏡二次電子像観察およびエネルギー分散型X線分析による組成分析ができた．

自然海水環境と比較ために用いた熱帯魚用の「人工海水の素」の主成分はナトリウム，マグネシウム，カリウム，カルシウム，塩素イオン，微量元素，生物活性物質である．水にすばやく溶け，ミネラルを含み熱帯魚の生存効果があり，安価である[13]．

本研究では Ag の初期海水環境中の腐食と損傷機構や防食めっきの効果などを SEM（走査型電子顕微鏡）-EDX（エネルギー分散型X線分析）と電気化学的測定によって検討した．

2. 実　験

Fig.1 に示すように，試料を海上大気帯，飛沫帯，干満帯潮汐（ちょうせき：tide），実験室の海水および「人工海水の素」といった異なる環境に暴露後の試験体を SEM-EDX 分析した．観察に用いた試料は面積 5 mm^2 の Ag 板であり，表面の汚染によって目的とする機能が充分発揮できない場合があるので，この板をそのまま，あるいはサンドペーパーで研磨，シンナー洗浄，アセトン中で3分超音波洗浄した後，舟山（Zhoushan）群島（30°30′N, 122°E）の浙江大学浮型艀（はしけ）華家池（Huajiachi）号（全長 19 m，幅 15 m，高 16 m，中国国内第一の浮型海洋実験所）で 200 時間飛沫帯など異なる環境に暴露した後に測定した[13, 14]．

比較のために，「人工海水の素」による実験室の海水に浸漬した試料を SEM で観察し，EDX により元素組成分析を行った．走査型電子顕微鏡（SEM）は Zeiss 社（ドイツ）のΣIGMA を用い，加速電圧を 15 kV，ビーム電流 85 μA，真空度 10^{-3} Pa で二次電子像を観察した．倍率 2×10^3 と 2×10^4 で像観察した．元素分析は Bruker XFlash 5010 型 SDD で 60 秒測定した．

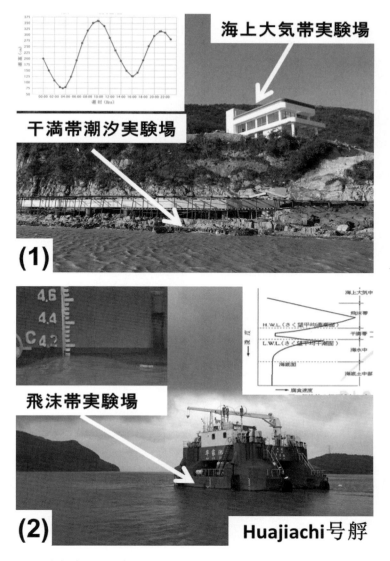

Fig.1 (1)は試料を海上大気帯と干満帯潮汐(ちょうせき:tide),(2)華家池(Huajiachi)号艀の飛沫帯異なる環境に暴露後の試験場.

3. 結果と考察

3.1 SEM-EDX分析結果

希釈したイオン液体を腐食性試料に滴下し,SEMで倍率 2×10^3 倍で観察した二次電子像をFig.2に示す.Fig.2は,(a)試験片のサンプル,(b)飛沫帯,(c)干満帯潮汐,(d)海上大気帯,(e)実験室の海水および(f)「人工海水の素」に浸漬した試料のSEM画像である.この倍率ではほどんど同じ画像が得られた.倍率を 2×10^4 としたSEM画像をFig.3に示す.(a)試験片のサンプルと(d)海上大気帯はほぼ同じ画像が得られた.(b)飛沫帯の腐食は鮮明であるが,(c)干満帯潮汐腐食は(e)実験室の海水,(f)「海水の

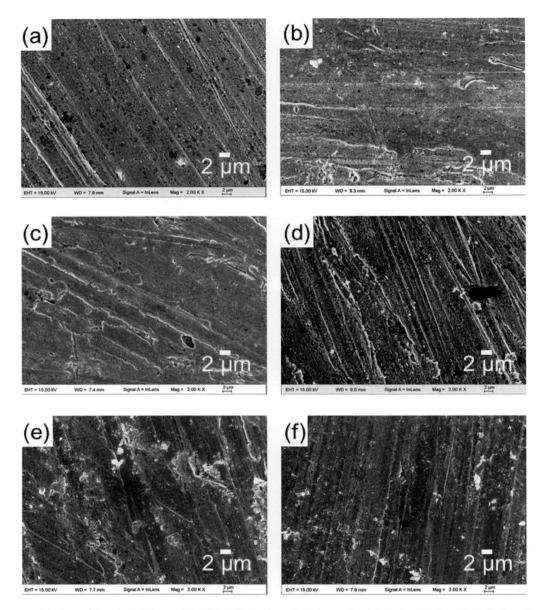

Fig.2 (a) サンプル，(b) 飛沫帯，(c) 干満帯潮汐（ちょうせき：tide），(d) 海上大気帯，(e) 実験室の海水，(f) 海水素の 2×10^3 倍率 SEM 画像．

素」とは異なる形態であった．Fig.3 (a) – (f) の EDX 分析結果を Fig.4 に示す．(a) は Cl, Ag, K, Ca, Ti の特性 X 線ピークが現れた．(b) は P, Cl, Ag, K, Ca, Ti の特性 X 線ピークが現れた．P ピークが現れた原因は実験室自然海水環境に浸漬した試験片はスタティック状態の場合には試料表面に厚い P 膜を形成したことが理由と考えられる．(c) は Al, Si , P, Cl, Ag, K, Ca, Ti の特性 X 線ピークが現れた．Si ピークが現れた原因は，海水の Si 濃度が高い場合には試料表

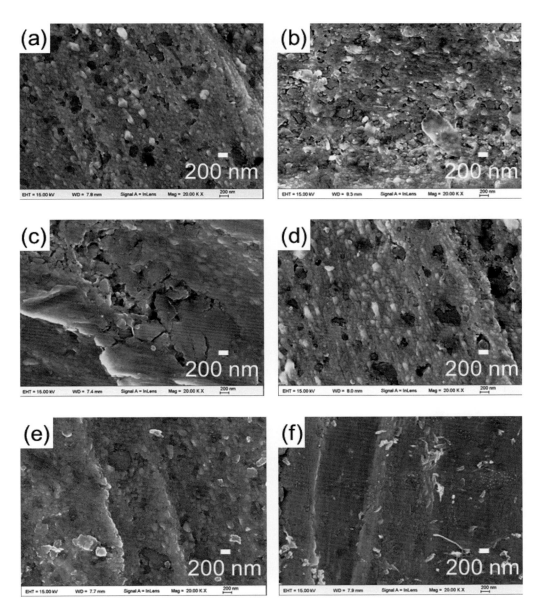

Fig.3 (a) サンプル，(b) 飛沫帯，(c) 干満帯潮汐 (ちょうせき：tide)，(d) 海上大気帯，(e) 実験室の海水，(f) 海水素の 2×10^4 倍率 SEM 画像．

面に厚い Si 膜を形成したことが理由と考えられる[15]．(d) は (a) と同じの Cl, Ag, K, Ca, Ti の特性 X 線ピークが現れた．(e) および (f) は (b) と同じ P, Cl, Ag, K, Ca, Ti の特性 X 線ピークが現れた．

以上の結果より，試料を海上大気帯，飛沫帯，干満帯潮汐，実験室の海水および「海水の素」といった異なる環境に暴露後の試験片 Ag 初期海環境腐食 SEM-EDX 分析から腐食にかかわる元素がわかった．

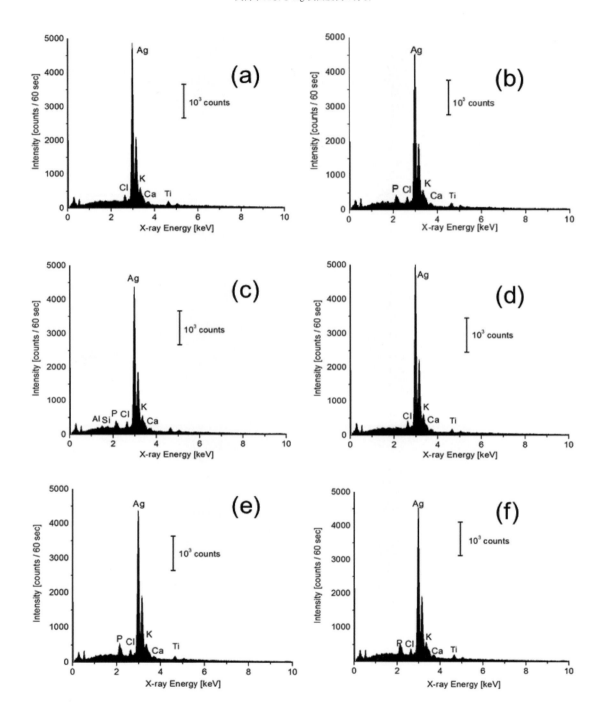

Fig.4 (a)サンプル，(b) 飛沫帯，(c) 干満帯潮汐（ちょうせき：tide），(d) 海上大気帯，(e) 実験室の海水，(f) 海水素の EDX 分析．

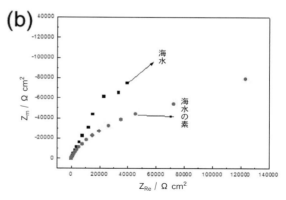

Fig.5 (a)と(b)電気化学インピーダンス測定結果.

3.2 電気化学的測定

Fig.5 は，Ag 電気化学インピーダンス測定結果を示す．Ag は 2 種類の媒体（自然海水環境と「人工海水の素」）では不安定である．自然海水環境では半径が大きいので耐食性が良いが，2 種類の媒体でインピーダンス値は平均 10^5 であった．

以上の結果より，華家池号の自然海水環境は人工海水の素 2.7 wt% を用いた場合よりも Ag の耐食性が良いことがわかった．

4. おわりに

Ag の腐食をイオン液体と人工海水の素を用いて SEM-EDX 観察し，鮮明な画像が得られた．EDX で組成分析したところ，試料を海上大気帯，飛沫帯，干満帯潮汐，実験室の海水および「海水の素」といった異なる環境に暴露後の試験片 Ag の初期海水環境腐食はほどんと同じことがわかった．華家池号の自然海水環境は人工海水の素 2.7 wt% よりも Ag の耐食性が良いことがわかった．

参考文献

1) 中野市次，鳥井康司：海洋環境における金属材料の腐食と防食，日本舶用機関学会誌，**16**，80-185 (1981)．

2) L. Ze, H. Zhang, A. Babapour, H. Yang, L. Wu: SEM-EDX Analysis of Al-Mg Alloy Corrosion by Seawater, *Adv. X-ray. Chem. Anal., Japan*, **48**, 117-121 (2017).

3) 内館道正，岩渕 明，劉 海波，清水友治：水潤滑環境下におけるトライボケミカル生成物の SEM 観察および EPMA 分析，トライボロジスト，**49** (2)，181-188 (2004)．

4) 遠藤吉郎，駒井謙治郎，藤田大東：腐食性環境中における金属の摩耗，機械学会論文集（第 1 部），**36** (292)，1961-1968 (1970)．

5) 駒井謙治郎，八木英次，遠藤吉郎：鋼の乾燥摩耗の遷移に及ぼす Cr 含有量の影響，材料，**32** (361)，1187-1193 (1983)．

6) 桑畑 進，鳥本 司：イオン液体の電子顕微鏡観察，表面科学，**28**，322 (2007)．

7) 桑畑 進，鳥本 司：種々の走査型電子顕微鏡を用いたイオン液体中での電極表面その場観察技術，表面技術，**59**，801 (2008)．

8) 奥山誠義，佐藤昌憲，赤田昌倫：イオン液体による出土繊維製品の調査法の研究，繊維学会誌，**67**，47 (2011)．

9) L. Ze, S. Imashuku, M. Ichida, J. Kawai：SEM Observation at High Magnification and EDX Analysis of Insulating Sample by Diluted Ionic Liquid,

HYOMEN KAGAKU, **32**, 659-663 (2011).

10) L. Ze, S. Imashuku, J. Kawai, D. Miki, S. Tohno：SEM-EDX Analysis of Insulator Specimens by Diluted Ionic Liquid ―Application to Volcanic Particles―, *BUNSEKI KAGAKU*, **61**, 947-951 (2012).

11) S. Imashuku, T. Kawakami, L. Ze, J. Kawai: Possibility of Scanning Electron Microscope Observation and Energy Dispersive X-Ray Analysis in Microscale Region of Insulating Samples Using Diluted Ionic Liquid, *Microsco. Microanal.*, **18**, 365 (2012).

12) L. Ze, J. Kawai：SEM-EDX Authenticity of Leather Wallet, X線分析の進歩, **42**, 471（2012）.

13) L. Ze, Q. Xu, H. Yang, L. Wu：SEM-EDX Analysis of Steel Corrosion by Seawater, X線分析の進歩, **47**, 125（2016）.

14) Zhoushan Fishing Ground, *Journal of Zhejiang Ocean University* (*Natural Science*), **32** (5), (2013).

15) 浙大科技島浮出水面，曾福泉，浙江日報，2015年3月23日，第001版.

フラックス法による YAG:Ce の合成

原田雅章[*], 上野禎一

Crystal Growth of YAG:Ce by a Flux Method

Masaaki HARADA[*] and Teiichi UENO

University of Teacher Education Fukuoka
1-1 Akamabunkyo-machi, Munakata, Fukuoka 811-4192, Japan

(Received 16 November 2017, Accepted 21 January 2018)

The flux synthesis of YAG:Ce crystals was investigated using a non-lead flux. By B_2O_3-KF flux the single crystals of YAG:Ce with a diameter of several 10 μm were obtained, and the yellow photoluminescence was observed. The X-ray fluorescence analysis of the obtained samples, however, showed that the Pb contamination from the furnace should be possible, which is to be considered in the experiment. And many small crystals in the bulky mass were obtained, urging our reconsideration to the crystal growth process.

[Key words] Flux synthesis, Single crystal, YAG:Ce, Non-lead, X-ray fluorescence

鉛を含まないフラックスによる YAG:Ce 単結晶のフラックス合成について検討した．B_2O_3-KF 系フラックスにより数 10 μm 程度の YAG:Ce 結晶を得ることができ，黄色蛍光も確認できた．しかし生成物に含まれる不純物を蛍光 X 線により分析したところ，微量ではあるが Pb が検出され，電気炉中に残存していた過去のフラックスからのコンタミネーションが疑われた．また焼成物は微結晶が分散した塊状となっており，結晶生成過程についても再考する必要があることが分かった．

[キーワード] フラックス法，単結晶，YAG:Ce，鉛フリー，蛍光 X 線

1. はじめに

化学組成 $Y_3Al_5O_{12}$ で表されるガーネット構造を有する化合物 YAG (Yttrium Aluminum Garnet) は光学材料として広く用いられている．例えば YAG:Nd 単結晶は高出力レーザー媒質（波長 1.06 μm）として，また YAG:Ce は疑似白色 LED の黄色蛍光体 (535 nm) として利用されている[1]．一般に YAG 単結晶はチョクラルスキー法（融液法）により大型のものが生産されているが，PbO-PbF_2 を用いたフラックス法[2]（溶液法）でも数 mm サイズの単結晶が得られている[3]．しかし近年 RoHS (Reduction of Hazardous Substances) 指令[4] 等により鉛化合物の使用が制限されるようになった．そこで我々は鉛を含まないフラックス (MoO_3-Li_2O, B_2O_3-KF [5], MoO_3-Li_2MoO_4 [6]) などによる YAG:Ce 単結晶の合成を検討している．今回は B_2O_3-KF 系フ

福岡教育大学化学教室　福岡県宗像市赤間文教町 1-1　〒811-4192　*連絡著者：haradab@fukuoka-edu.ac.jp

ラックスによる YAG：Ce 結晶合成について報告する．

2. 実 験

$Y_{3(1-x)}Al_5O_{12}:Ce_{3x}$ ($x = 0.03$) の組成となるように主成分の原料 Y_2O_3（信越化学, 99.99%），Al_2O_3（和光純薬, 特級），CeO_2（高純度化学, 99.99%）を秤量した．フラックスは KF（和光純薬, 無水, 特級, 98%）と B_2O_3（ナカライテスク, $\geqq$ 90.0%）の混合物を使用した．主成分とフラックスを 30 分程メノウ乳鉢で混合粉砕した後, 白金ルツボに入れ加熱試料とした．次にこれを横型カンタル線電気炉（九州熱昇㈱, 1.5 kW）に入れ, デジタル指示調節計（CHINO, DB1000）で温度制御を行い, 1050℃ で 1 週間合成実験を行った（昇温時間 2h）．得られた試料は室温まで冷却後（降温時間 4h），白金ルツボごと 60% HNO_3（Sigma-Aldrich, 比重 1.38）を希釈した溶液中で卓上型超音波洗浄器（Branson, B-220）を用いて振動洗浄し, その後水洗した．残った結晶等を時計皿上で自然乾燥し, 生成した結晶を実体顕微鏡観察下で分離し, CCD カメラにより結晶の写真撮影を行った．さらに SEM による結晶形の観察, XRD による物質同定, ホトルミネッセンス測定などの評価を行った．

3. 結果と考察

3.1 実体顕微鏡観察

OLYMPUS 社製ズーム式実体顕微鏡（SZ-61TR, 0.67～4.5×）に顕微鏡デジタルシステム（島津理化, Moticam2300, 5Mpixel）を取り付け, 付属のソフト（Motic Images Plus 2.2S）により jpeg 画像を PC に取り込んだ．倍率 4.5× で撮影した写真（1.9 mm×2.5 mm）を Fig.1 に示す．小さな結晶が多数確認できる．

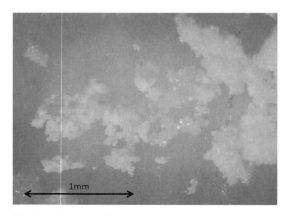

Fig.1 The optical image of YAG：Ce.

3.2 SEM 観察

得られた試料にイオンコーター（JEOL, JFC-1100）により 1.2 kV, 9 mA の条件で 20 分間金蒸着を施し, 走査型電子顕微鏡（JEOL, JSM-6510）で結晶形の観察を行った．倍率 1000× で撮影した写真（90 μm×120 μm）を Fig.2 に示す．数 10 μm サイズの結晶が生成していることがわかる．また晶癖としてガーネット構造に特徴的な十二面体 d{110} と偏方多面体 n{211} の結晶面が観察できる[7]．このことから, YAG の結晶が生成していることが分かった．ただ, $PbO-PbF_2$ 系のフラックスを使用したフラックス合成においては mm オーダーの結晶が得られているので, サ

Fig.2 The SEM image of YAG：Ce crystals.

イズはそれと比較すると2桁近く小さい[3]．

3.3　ホトルミネッセンス測定

青色LED（波長460 nm）を励起源として，合成したYAG：Ceの蛍光スペクトルを小型ファイバマルチチャンネル分光器（オーシャンオプティクス社，USB2000）で測定した．得られたスペクトルをFig.3に示す．530 nm付近にCe^{3+}の$5d \rightarrow 4f$遷移にもとづく発光が確認できた[8]．このことから，確かにYAG:Ceの結晶が生成していることが確認できた．

3.4　X線回折測定

得られた試料を粉砕し粉末X線回折測定を行った．測定条件は，Cu管球，管電圧40 kV，管電流20 mA，回折角$2\theta = 10 \sim 70°$（ステップ角$0.05°$）である．結果をYAGのX線回折データベースとともにFig.4に示す．この図よりほぼ単相のYAG:Ceが得られていることがわかるが，一部CeO_2のピークが見られ，Ceが完全にYと置換されていないことが分かった．また，超音波洗浄後の試料は写真から分かるように灰色となっており，超音波洗浄中に何らかの変化が起こっていることは明らかであるが，X線回折測定結果からは明確な違いは見当たらなかった．そこで，超音波洗浄前後の試料を蛍光X線で分析することにした．

3.5　蛍光X線測定

超音波洗浄前後の試料を蛍光X線により分析した．測定にはエネルギー分散型微小部蛍光X線分析装置（島津製作所，μEDX-1300）を使用した．本装置のX線源はRh管球，検出器はSi(Li)半導体検出器であり，測定条件は，電圧50 kV，電流100 μAとした．主成分のYとCeのピークの他に，Pbのピークが超音波洗浄前後で微量ながら観察された．Pbが検出された理由としては，今回は非鉛系のフラックスを使用して

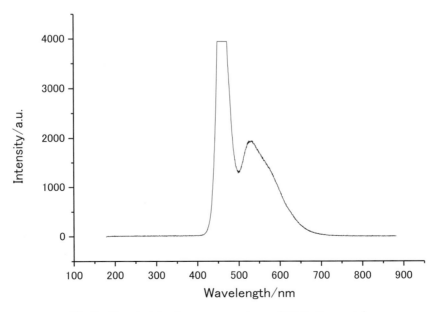

Fig.3　The photoluminescence spectrum of YAG：Ce. crystal.

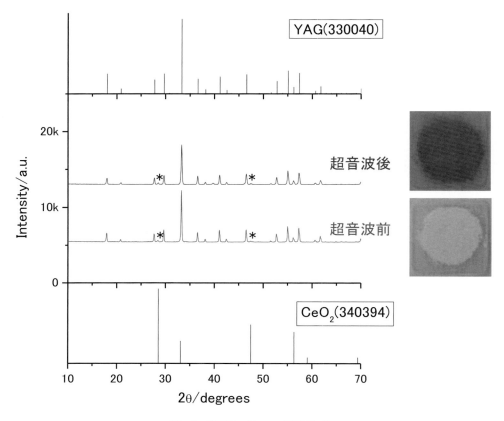

Fig.4 XRD patterns of YAG：Ce.

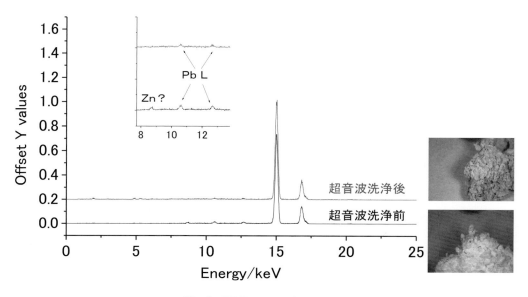

Fig.5 XRF spectra of YAG：Ce.

いるが，以前に鉛系のフラックスを使用して結晶合成を行った際に電気炉内に鉛化合物が付着して残り，それが今回の実験で生成物中に混入したことが考えられる．今回蛍光X線による分析を実施することにより，電気炉内からのコンタミネーションについても注意を払う必要があることが分かった．またこの蛍光X線分析結果から考えると，超音波洗浄により試料が変色した原因は，試料に混入した鉛が原因だと思われるが，これまでPb系のフラックスを使用した際にはこのような変色は観察されていない．これは，今回のフラックスB_2O_3-KFを用いた合成では，生成物がFig.5の写真から分かるように細かい結晶粒を含むフラックス塊となっているためだと思われる．塊状の焼成物が得られた点についても，結晶生成過程を含め今後検討する必要があることが分かった．

4. まとめ

非鉛系のフラックスB_2O_3-KFを用いて数10 μmサイズのYAG:Ceの結晶を合成することができた．生成物を蛍光X線で分析することにより，電気炉からのコンタミネーションについても考慮する必要があることが分かった．今後は，Ceのドープ量の評価などを行い，純粋でさらに大きな結晶を得るために，熱処理条件などの合成条件を変えて合成実験を実施する予定である．

謝　辞

粉末X線回折は北風嵐博士（山口大学工学部）に測定して頂きました．ここに感謝いたします．

参考文献

1) 田口常正："白色LED照明技術のすべて"，初版第2刷，(2010)，(工業調査会)．一ノ瀬昇，中西洋一郎："次世代照明のための白色LED材料"，初版，(2010)，(日刊工業新聞社)．
2) 大石修治，宍戸統悦，手嶋勝弥："フラックス結晶成長のはなし"，(2010)，(日刊工業新聞社)．
3) 上野禎一，福森崇文，狩谷明子，今井茉里奈，舛岡悠，福永いくみ，金子恭子，長澤五十六：福岡教育大学紀要，**63**, 109 (2014)．上野禎一，福森崇文，狩谷明子，今井茉里奈，長澤五十六：日本鉱物科学会2012年年会講演要旨集，p.117 (2012)．
4) 欧州委員会のRoHS指令のページ：http://ec.europa.eu/environment/waste/rohs_eee/
5) 渡辺興一，田口文祥：日本結晶成長学会誌，**19** (1), 117 (1992)；K. Watanabe, F. Taguchi: *J. Crystal Growth*, **131**, 181 (1993).
6) W. A. Bonner: *Mat. Res. Bull.*, **12**, 289 (1977).
7) E. S. Dana: "A textbook of mineralogy: with an extended treatise on crystallography and physical mineralogy", 4th ed. by W. E. Ford, p.592 (1959), (John Wiley, New York); L. G. Berry, B. Mason: "Mineralogy, concepts, descriptions, determinations", p.556-557 (1961), (Freeman, San Francisco).
8) G. Blasse, A. Bril: *J. Chem. Phys.*, **47**, 5139 (1967).

SACLA を用いた時間分解透過型 X 線回折による 1T′-MoTe₂ の格子ダイナミクス観測

下志万貴博 [a*], 中村飛鳥 [b], 石坂香子 [a,b], 田中良和 [c], 田久保 耕 [d], 平田靖透 [d], 和達大樹 [d], 山本 達 [d], 松田 巌 [d], 池浦晃至 [b], 高橋英史 [b], 酒井英明 [e], 石渡晋太郎 [b], 富樫 格 [c,f], 大和田成起 [c], 片山哲夫 [c,f], 登野健介 [c,f], 矢橋牧名 [c,f], 辛 埴 [d]

Lattice Dynamics of 1T′-MoTe₂ Studied by Time-Resolved Transmission X-Ray Diffraction at SACLA

Takahiro SHIMOJIMA [a*], Asuka NAKAMURA [b], Kyoko ISHIZAKA [a,b],
Yoshikazu TANAKA [c], Kou TAKUBO [d], Yasuyuki HIRATA [d], Hiroki WADATI [d],
Susumu YAMAMOTO [d], Iwao MATSUDA [d], Koji IKEURA [b], Hidefumi TAKAHASHI [b],
Hideaki SAKAI [e], Shintaro ISHIWATA [b], Tadashi TOGASHI [c,f], Shigeki OWADA [c],
Tetsuo KATAYAMA [c,f], Kensuke TONO [c,f], Makina YABASHI [c,f] and Shik SHIN [d]

[a] RIKEN Center for Emergent Matter Science (CEMS)
2-1 Hirosawa, Wako, Saitama 351-0198, Japan
[b] Quantum-Phase Electronics Center (QPEC) and Department of Applied Physics,
The University of Tokyo
7-3-1 Hongo, Bunkyo-ku, Tokyo 113-8656, Japan
[c] RIKEN SPring-8 Center
1-1-1 Kouto, Sayo-cho, Sayo-gun, Hyogo 679-5148, Japan
[d] Institute for Solid State Physics (ISSP), The University of Tokyo
5-1-5, Kashiwanoha, Kashiwa, Chiba 277-8581, Japan
[e] Department of Physics, Osaka University
1-1 Machikaneyama-cho, Toyonaka, Osaka 560-0043, Japan
[f] Japan Synchrotron Radiation Research Institute
1-1 Kouto, Sayo-cho, Sayo-gun, Hyogo 679-5198, Japan

(Received 17 November 2017, Accepted 25 December 2017)

We studied the ultrafast structural dynamics of 1T′-MoTe₂ by the time-resolved hard X-ray diffraction at SACLA. The bulk single crystals were cut into the thin flakes with thickness of 50 nm and used to observe the Bragg spots in a transmission geometry. The 200 and 020 Bragg peaks showed different evolution in thier intensity after the photoexcitation. The unusual

---

a 理化学研究所創発物性科学研究センター　埼玉県和光市広沢 2-1　〒351-0198　*連絡著者：takahiro.shimojima@riken.jp
b 東京大学大学院工学系研究科　東京都文京区本郷 3-7-1　〒113-8656
c 理化学研究所放射光科学総合研究センター　兵庫県佐用郡佐用町光都 1-1-1　〒679-5148
d 東京大学物性研究所　千葉県柏市柏の葉 5-1-5　〒277-8581
e 大阪大学大学院理学研究科　大阪府豊中市待兼山町 1-1　〒560-0043
f 高輝度光科学研究センター　兵庫県佐用郡佐用町光都 1-1-1　〒679-5198

lattice dynamics over 10 ps for 200 peak suggests the photoinduced modification of the one-dimensional structural chains. The present results might indicate the presence of the metastable state in 1T'-MoTe$_2$ which is not achieved in the thermal equirilibrium state.
[Key words] Time-resolved X-ray diffraction, X-ray free electron laser, Transition metal dichalcogenides

SACLAのX線自由電子レーザーを用いて1T'-MoTe$_2$の時間分解硬X線回折実験を行った．透過型配置において，厚さ50 nmに薄片化した単結晶試料の200および020ブラッグピークの回折強度を調べた．その結果，光照射後に両者が異なる時間スケールの強度変化を示すことが明らかとなった．特に200回折に顕著な数10 psにわたる強度変化は，1T'-MoTe$_2$の一次元鎖構造が高速に変調を受けていることを示唆している．本結果から，光励起により熱平衡状態では到達できない新規な準安定状態を見出した可能性が考えられる．
[キーワード] 時間分解X線回折，X線自由電子レーザー，遷移金属ダイカルコゲナイド

1. はじめに

近年，強相関電子系を初めとする様々な物質系においてポンププローブ法を用いた光励起後の超高速ダイナミクスの研究が盛んに行われている．特に線形応答領域から大きく外れた強励起下において，熱平衡状態では到達できない隠された相への相転移の可能性が議論されている．超高速緩和過程を調べる「時間分解型」の実験手法として，超短パルスレーザーを用いた様々な検出法が用いられている．例えば光による手法では，透過率・反射率，ラマン散乱，磁気光学効果や非線形分光などがある．また，電子状態の応答を調べる光電子分光やX線吸収，格子の応答を見るX線回折および電子線回折なども用いられている．これらの実験手法は互いに相補的な関係にあり，固体の光応答の完全な理解には複数のプローブによる統合的な理解が不可欠である．

これまで時間分解構造解析実験のプローブとしてX線がよく用いられてきた．短パルスかつ高強度のX線を得るためには放射光が有用であるが，約10 ps以下のパルス幅を得ることは難しい．近年ではレーザースライシング法や自由電子レーザーの開発が進み，fsオーダーの超短パルスX線が実用化されている．ポンププローブ法を用いたX線回折実験における課題として，固体を励起する近赤外レーザー光と格子情報を検出する硬X線との間の侵入長ミスマッチが挙げられる．前者では固体への侵入深さが100 nm以下であるのに対して，後者では一般に数µmである．この場合，光励起されていない試料深部の格子情報まで検出する懸念があるため，これまではX線を試料表面に対してほぼ平行に入射させる斜入射配置がよく用いられてきた[1,2]．しかし斜入射配置には，観測可能な回折スポットが制限される点や，試料端面においてX線の散乱が生じやすい等の困難が伴っていた．このような困難を取り除き，より確実に固体の光励起成分のみを検出するためには，ポンプ光の侵入長と同程度の厚さの試料を用いることが有効であると考えられる．そこで100 nm以下の厚さまで薄片化した単結晶試料を用いた透過型配置における時間分解硬X線回折実験を計画した．

本研究における観測対象として遷移金属ダイ

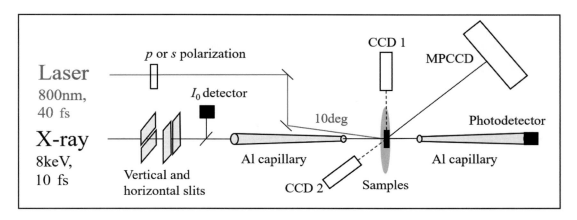

Fig.1 Experimental geometry for the time-resolved transmission hard-X ray diffraction study on the thin-flake 1T'-MoTe₂.

カルコゲナイド 1T'-MoTe₂ を選定する．本物質は，室温において Mo 原子と Te 原子が面内に一次元鎖構造を有する二次元層状物質である[3]．伝導面はファンデルワールス結合により互いに緩く結合しており，ウルトラミクロトーム（高精度ダイヤモンドカッター）を用いた薄片化が比較的容易である．これまでに遷移金属ダイカルコゲナイド系においては超高速格子ダイナミクスが盛んに研究され，電子と格子の強い結合が議論されてきた[4,5]．MoTe₂ は合成温度に応じて 2H（三角柱型配位）あるいは 1T'（八面体型配位）構造をとり，それぞれ半導体と半金属という大きな違いを示す[3]．これらの結晶多形の行き来は従来不可逆なものであるとされていたが，最近では可逆な相転移が可能であるとの報告もあり[6]，明らかになっていないことが多い．本研究では 1T'-MoTe₂ に対して透過型配置における時間分解硬 X 線回折実験を行い，非平衡状態における格子変形の可能性を探る．

2. 実験条件

本実験は SACLA ビームライン 3 の実験ハッチ 2 において行った[7]．測定系の概略を Fig.1 に示す．波長 800 nm のレーザー光を用いて試料を励起し，8 keV の硬 X 線を用いて格子情報を検出する．光学系に設置したディレーステージを操作することにより両者のタイミング制御を行う．X 線のスポットサイズを調整するために可動式のスリットを水平および垂直方向に設置した．また，大気に散乱される X 線が検出器（MPCCD）に取り込まれることを防ぐためにアルミ製のキャピラリにより可能な限り遮蔽した．試料手前では X 線の各パルスにおける強度を記録し，MPCCD のシグナル強度を規格化する．測定時における繰り返し周波数は 30 Hz，総合時間分解能は約 200 fs である．一般にポンププローブ実験では，繰り返し周波数が高くなるほど試料の残留熱が生じやすくなるため，ポンプ光の励起密度において上限が存在する．一方で低い繰り返し周波数ではこの問題は解消されるが，十分なシグナル強度が得られない．従って，低い繰り返し周波数と高い輝度を両立する X 線自由電子レーザーを用いることにより，強い光励起下における超高速格子ダイナミクスの観測が可能になる．

Fig.2 に試料周辺の実験配置を示す．ウルト

Fig.2 (a) Experimental setup around the samples. GaAs and Ce:YAG plates were used for the confirmation of the timing zero and the spatial overlap between hard X-ray and laser, respectively. (b) Thin-flake 1T′-MoTe$_2$ on a copper grid. (c) The same as b but in an enlarged scale.

ラミクロトームにより厚さ 50 nm まで薄片化した単結晶試料を透過電子顕微鏡用の銅製グリッド上に設置する．単結晶薄片（300 μm×300 μm）を設置したグリッドの空孔サイズ（直径 200 μm）より小さなスポットとなるよう，水平・垂直方向のスリットにより X 線を成形した（100 μm×100 μm）．またグリッドと同一平面上に GaAs 基板および Ce：YAG 基板を配置する．これらは硬 X 線と近赤外レーザーの時間的一致および空間的一致を確認するために用いられ，CCD1 および CCD2 により観察される（Fig.1）．

3. 結果と考察

1T′-MoTe$_2$ は室温において単斜晶構造（$P2_1/m$）を示し，Mo 原子が a 軸方向に周期性をもつ一次元鎖を形成する［Fig.3 (a)］．また，室温以上において一次元鎖を解消する構造相転移を示さないことが知られている．Fig.3 (b) に室温において観測した光励起後の 200 および 020 回折の強度変化を示す．本測定では十分な S/N 比を得るために各遅延時間において 30 秒間の積算を行った．また，ポンプレーザーの励起密度は 20 mJ cm^{-2} に設定した．レーザー照射直後の応答に着目すると，200 および 020 回折は 1 ps の間に回折強度が 2% ほど減少することが分かる．指数に依存しない応答を示すことから，格子温度の上昇に伴う回折強度の減少と考えることができる．さらに 200 回折の強度は光照射後 1 ps から 2 ps にかけて 1% ほど上昇する振る舞いも見られた．この応答は指数に大きく依存するため，光照射により異方的な格子変位が生じている可能性が示唆される．

さらに長い時間スケールにおける回折強度の変化を Fig.3 (c) に示す．020 回折に着目すると，格子温度の上昇によると考えられる約 3% の回折強度の減少が観測された．一方，200 回折の強度は光照射後 20 ps 程度の間大きな変化を示さず，その後約 40 ps 程度の間に約 4% の増大が見られた．光照射後 60 ps における回折強度を励起密度に対してプロットした結果を Fig.3 (d) に示す．励起密度 5 mJ cm^{-2} までは回折強度に変化が見られないが，さらに強い励起により回折強度が増大することが明らかとなった．このような閾値を示す回折強度の励起密度依存性は，例えば強相関電子系の光誘起相転移現象においても観測されている[8]．

今回観測された 200 回折の強度から，光照射直後において 1%/ps，さらに 20 ps 以降では 0.1%/ps という異なる応答速度を示す格子変位が示唆された．これらの応答は 020 スポットでは観測されないことから，特に a 軸方向への原子移動が生じていると考えられる．1T′-MoTe$_2$ は一

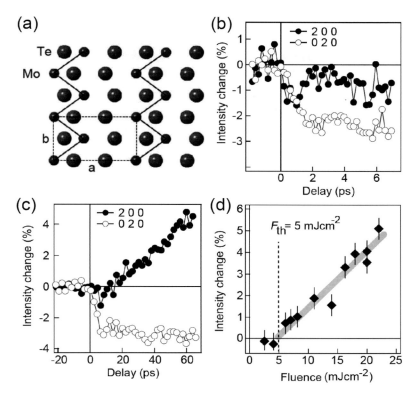

Fig.3 (a) Inplane crystal structure of 1T'-MoTe$_2$. The dotted rectangle represents the size of the unit cell. (b) Time dependence of the intensity for the Bragg peaks 2 0 0 and 0 2 0 of 1T'-MoTe$_2$. Fluence of the pump laser was 20 mJ cm^{-2}. (c) The same as b but in a longer time scale. (d) Fluence dependence of the intensity of the Bragg peak 2 0 0 at 60 ps.

次元鎖構造に垂直な a 軸方向に原子位置の自由度（歪み）をもち，一次元鎖構造が完全に解けた 1T 構造は安定には存在しない．1T′構造と 1T 構造を線形につなぐ構造モデルを仮定すると，光照射により 1T′歪みが最大で 10% ほど増大することが示唆される．応答速度の異なる 2 種類の格子変位は，熱平衡状態では起こりえない逐次的な一次元鎖構造の変調として理解できる可能性がある．

材料としての応用が期待されている．本研究から，室温の 1T′-MoTe$_2$ に対する強い光照射により，熱平衡状態では到達できない新規な格子ダイナミクスを見出した可能性が示唆された．今後，格子変形の詳細を明らかにするために，さらに多くの回折点データを収集する必要がある．また，この準安定状態が示す物性について，理論計算や他のポンププローブ測定との比較を行いながら明らかにすることが求められる．

4. まとめ

遷移金属ダイカルコゲナイドは格子変形により物性が大きく変化するため高速スイッチング

謝　辞

本研究は文部科学省 X 線自由電子レーザー重点戦略課題「固体と液体および界面の電子状

態,スピン状態のダイナミクス研究」(課題番号 2014A8044 および 2015B8056) において実施された.

参考文献

1) P. Beaud, et al.: *Nat. Mater.*, **13**, 923-927 (2014).
2) S. Gerber, et al.: *Nat. Commun.*, **6**, 7377 (2015).
3) K. Ikeura, et al.: *APL Materials*, **3**, 041514 (2015).
4) M. Eichberger, H. Schäfer, M. Krumova, M. Beyer, J. Demsar, H. Berger, G. Moriena, G. Sciaini, R. J. D. Miller: *Nature*, **468**, 799 (2010).
5) E. Möhr-Vorobeva, S. L. Johnson, P. Beaud, U. Staub, R. De Souza, C. Milne, G. Ingold, J. Demsar, H. Schaefer, A. Titov: *Phys. Rev. Lett.*, **107**, 036403 (2011).
6) D. H. Keum, S. Cho, J. H. Kim, D.-H. Choe, H.-J. Sung, M. Kan, H. Kang, J.-Y. Hwang, S. W. Kim, H. Yang, K. J. Chang, Y. H. Lee: *Nature Phys.*, **11**, 482 (2015).
7) M. Yabashi, H. Tanaka, T. Ishikawa: *J. Synchrotron Rad.*, **22**, 477 (2015).
8) P. Baum, D.-S. Yang, A. H. Zewail: *Science*, **318**, 788 (2007).

4f系化合物のX線吸収分光と時間分解測定への道

和達大樹 [a*], 田久保 耕 [a], 津山智之 [a], 横山優一 [a], 山本航平 [a],
平田靖透 [a], 伊奈稔哲 [b], 新田清文 [b], 水牧仁一朗 [b],
富樫 格 [b,c], 鈴木慎太郎 [a], 松本洋介 [a], 中辻 知 [a]

X-Ray Absorption Spectroscopy of 4f Compounds and Future Directions Toward Time-resolved Measurements

Hiroki WADATI [a*], Kou TAKUBO [a], Tomoyuki TSUYAMA [a],
Yuichi YOKOYAMA [a], Kohei YAMAMOTO [a], Yasuyuki HIRATA [a], Toshiaki INA [b],
Kiyofumi NITTA [b], Masaichiro MIZUMAKI [b], Tadashi TOGASHI [b,c],
Shintaro SUZUKI [a], Yosuke MATSUMOTO [a] and Satoru NAKATSUJI [a]

[a] Institute for Solid State Physics, The University of Tokyo
5-1-5, Kashiwanoha, Kashiwa, Chiba 277-8581, Japan
[b] Japan Synchrotron Radiation Research Institute
1-1-1, Kouto, Sayo-cho, Sayo-gun, Hyogo 679-5198, Japan
[c] RIKEN SPring-8 Center
1-1-1, Kouto, Sayo-cho, Sayo-gun, Hyogo 679-5148, Japan

(Received 23 November 2017, Revised 28 December 2017, Accepted 29 December 2017)

4f electron compounds like Yb systems are often called heavy electron systems, and show various anomalous quantum properties such as Kondo effects and superconductivity. However, compared to more common d electron systems, little has been studied about photoinduced phase transitions in f electron compounds. Here, we first describe the construction of soft X-ray time-resolved measurement instruments. We recently succeeded in time-resolved X-ray magnetic circular dichroism (XMCD) measurements in soft X-ray beamline BL07LSU in SPring-8. By using Fe L edge (soft X-ray), we observed demagnetization dynamics of FePt thin films with perpendicular magnetic anisotropy. As for dynamics study of Yb systems, we used both soft X-ray time-resolved and hard X-ray Yb L_3 edge absorption measurements. Here, we describe our static temperature-dependent measurements in SPring-8 and our challenges for time-resolved measurements in SACLA. We would like to continue systematic studies of 4f electron dynamics.

[Keywords] Time-resolved, X-ray absorption spectroscopy, 4f electrons, Photoinduced phase transition, BL07LSU

Yb系などの4f電子系化合物は，重い電子系とも呼ばれ，近藤効果や超伝導などの特有の多彩な量子物性を示す．しかし，よく知られたd電子系と比較して，f電子系化合物の光誘起相転移を研究した例はほとん

---

a 東京大学物性研究所　千葉県柏市柏の葉 5-1-5　〒277-8581　＊連絡著者：wadati@issp.u-tokyo.ac.jp
b 高輝度光科学研究センター　兵庫県佐用郡佐用町光都 1-1-1　〒679-5198
c 理化学研究所 放射光科学総合研究センター 兵庫県佐用郡佐用町光都 1-1-1　〒679-5148

ない．ここではまず，軟 X 線時間分解測定装置の建設について述べる．最近，放射光施設 SPring-8 の軟 X 線ビームライン BL07LSU において，時間分解 X 線磁気円二色性（XMCD）測定に成功した．軟 X 線にある Fe の L 吸収端を用い，垂直磁気異方性を持つ FePt 薄膜の消磁のダイナミクスを観測した．Yb 系のダイナミクス研究については，軟 X 線を用いた時間分解 X 線吸収分光測定と，硬 X 線にある Yb L_3 端での硬 X 線吸収分光測定を併用した．ここでは SPring-8 での静的な温度変化測定と SACLA における時間分解測定の試みについて述べる．今後，$4f$ 電子系のダイナミクスの研究を系統的に続けたいと考えている．

[キーワード] 時間分解，X 線吸収分光，$4f$ 電子，光誘起相転移，BL07LSU

1. はじめに

$4f$ 電子系化合物は，重い電子系とも呼ばれ，近藤効果や超伝導など，強相関電子に特有の多彩な量子物性を示す．よく知られた d 電子系よりもさらに「強相関電子」という言葉の本来の意味に近い．しかし，d 電子系と比較して，f 電子系化合物の光応答および，その高速励起－緩和過程を研究した例はほとんどない．特に YbAlB$_4$ の系[1]は，図 1 のような Yb^{2+} と Yb^{3+} の価数揺動を示し，強磁性と伝導の量子臨界的挙動や超伝導の発現と密接に絡み合っている[1,2]．電子相関が非常に強く，有限温度で価数揺動が起こる系において，光励起されたキャリア（電荷）が，どのような過程で，励起－緩和していくかを明らかにすることは，一般の強相関電子の電子応答ダイナミクスの基礎的な理解につながると考えられる．

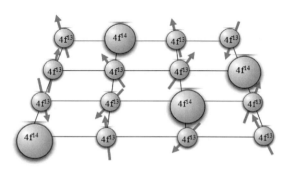

図1　YbAlB$_4$ の Yb^{2+}($4f^{14}$) と Yb^{3+}($4f^{13}$) の価数揺動．

本研究では，時間分解 X 線吸収分光により YbAlB$_4$ の Yb サイトの価数変化の光励起緩和超高速ダイナミクスの直接観測を目指した．具体的には，超短パルスレーザーとしてチタンサファイアレーザー（800 nm, 1.5 eV）をポンプ光として用い，放射光 X 線や X 線自由電子レーザーをプローブ光として用いる．チタンサファイアレーザーによりフェムト秒オーダーで電子系が励起され，価数変化を引き起こすことができると考えられる．

本稿ではその準備としてまず，軟 X 線時間分解測定装置の建設について述べる．田久保らは最近，放射光施設 SPring-8 の軟 X 線ビームライン BL07LSU において，時間分解 X 線磁気円二色性（XMCD）測定に成功した[3]．ここでは軟 X 線にある Fe の L 吸収端を用い，テスト試料として垂直磁気異方性を持つ FePt 薄膜の消磁のダイナミクスを観測した．FePt 薄膜は室温で強磁性を示し，永久磁石の上に置くことで容易に面直磁化が出ることから，本測定の第一段階として最適であった．

Yb 系のダイナミクス研究については，こうした軟 X 線を用いた時間分解 X 線吸収分光測定と，硬 X 線にある Yb L_3 端での硬 X 線吸収分光測定を併用して進めている．ここでは SPring-8 での静的な温度変化測定と SACLA における時間分解測定の試みについて述べる．

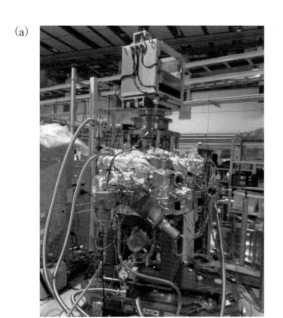 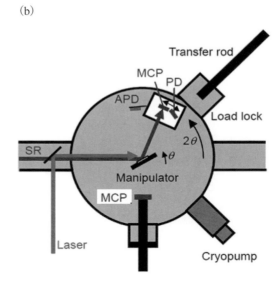

図2 (a) SPring-8 の BL07LSU における軟 X 線時間分解測定装置．(b) 装置内部の模式図．

2. 実　験

　YbAlB$_4$ 単結晶は Al のセルフフラックス法で合成された．詳細は文献[1]を参考にしていただきたい．軟 X 線時間分解測定装置の建設は SPring-8 の BL07LSU で行った．Yb L$_3$ 吸収端の硬 X 線吸収分光測定は SPring-8 BL01B1 で行った．YbAlB$_4$ 試料を窒化ホウ素粉末と混ぜ，ペレットを作製することで透過法での測定を行った．時間分解硬 X 線吸収分光測定は SACLA の BL3 で行った．この際は，蛍光法での測定を行った．時間分解測定においては，ポンプ光としてチタンサファイアレーザー（800 nm, 1.5 eV）を用いている．

3. 結果・考察

3.1　SPring-8 の軟 X 線ビームライン BL07LSU における軟 X 線時間分解測定装置の建設

　田久保らは最近，東大物性研軟 X 線ビームラインである SPring-8 の BL07LSU において図2(a)のような軟 X 線時間分解測定装置の建設を報告した[3]．図2(b)に装置内部の模式図を示す．軟 X 線ビームラインへの接続のため，装置内は超高真空となっている．チタンサファイアレーザーの繰り返し周波数は 1 kHz 程度であり，放射光 X 線と同期している．これを装置に導き入れることで，チタンサファイアレーザーをポンプ光，放射光 X 線をプローブ光として用いるポンプ-プローブ法による時間分解 X 線測定が可能となる．この測定の時間分解能は放射光の時間幅である 50 ps 程度となり，1 ps 以下の時間領域は SACLA などの X 線自由電子レーザーが必要となる．

　この測定装置では，2θ 上のマイクロチャンネルプレート（MCP）やアバランシェフォトダイオード（APD）を用いた共鳴軟 X 線回折測定と，MCP を試料に近づけることで電子収量や蛍光収量を測定する X 線吸収分光測定の両方を

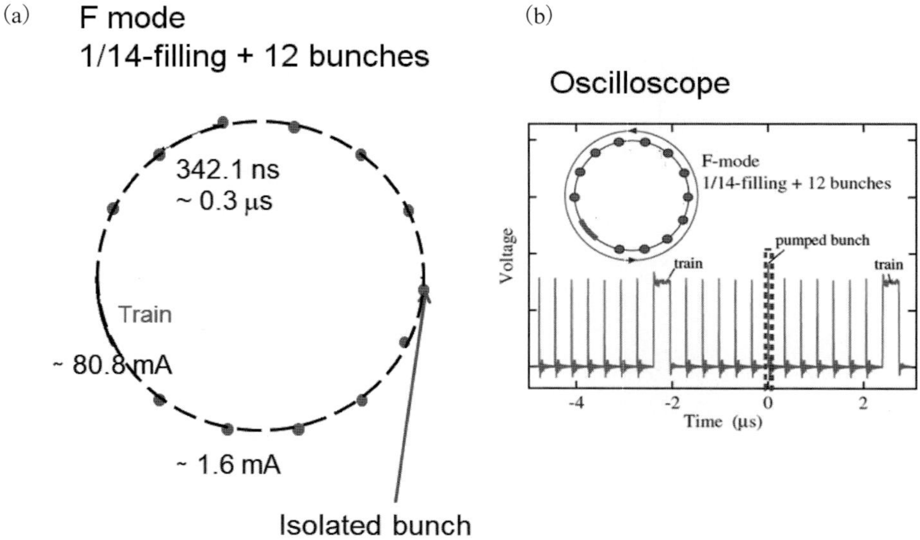

(a) F mode
1/14-filling + 12 bunches

342.1 ns
～0.3 μs

Train
～80.8 mA

～1.6 mA

Isolated bunch

(b) Oscilloscope

F-mode
1/14-filling + 12 bunches

train   pumped bunch   train

図3 (a) 時間分解測定にふさわしい SPring-8 の F モード．(b) F モードでの時間分解測定の際のオシロスコープ上で見た検出器（例えば MCP）からのシグナルの時間構造の例．

行うことができる．

図3 (a) に時間分解測定にふさわしい SPring-8 の F モードの時間構造を示す．孤立した電子バンチを用いて時間分解測定を行うことができる．電子バンチ同士が 300 ns 程度と十分に時間が空いていることも必要な条件である．図3 (b) は F モードでの時間分解測定の際のオシロスコープ上で見た検出器（例えば MCP）からのシグナルの時間構造の例を示す．MCP からのシグナルはアンプで増幅されてオシロスコープに入る．レーザーパルスの当たったバンチ（図中の pumped bunch）からの強度を測定することができる．X 線吸収分光測定の際，MCP の位置には敏感であり，強度が飽和せず線形応答を示すように注意しなければならない．レーザーの周波数は 1 kHz であり，レーザーが約 1 ms に一度試料にあたることになる．孤立バンチからの X 線は約 5 μs に一度試料にあたる．また，蓄積リングにおいて孤立バンチの電流量が 1.6 mA，全電流量が 100 mA であることも考えると，全放射光のうちの

$$1/200 \times 1.6/100 \sim 10^{-4}$$

と，1万分の1程度の強度のみを使って行う測定と言える．

図4に第一段階として行った FePt 薄膜の測定結果を示す．図4 (a) に FePt 薄膜の Fe L 端での静的な XMCD スペクトルである．FePt 薄膜は 50 nm の厚さで (001) 配向であり，MgO (100) 単結晶基板上に 500℃で超高真空中のマグネトロンスパッタリング法で作製されている．こうして得られた薄膜は垂直磁気異方性を持つため，約 260 mT の強度の磁石の上に置いて面直方向に磁化させることができる．図中で RCP は右円偏光，LCP は左円偏光である．図4 (b) に 707 eV での FePt 薄膜の時間分解 XMCD の結果を示す．X 線のエネルギーである 707 eV は，図4 (a) から XMCD（RCP と LCP の差）が最も強いエネルギーとして選ばれている．XMCD はレーザーが当たると強度が減少する様子が見られている．これが消磁であり，50 ps のスケー

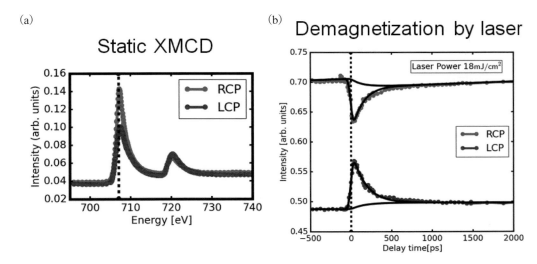

図 4 (a) FePt 薄膜の Fe L 端での静的な XMCD スペクトル．(b) 707 eV で測定した FePt 薄膜の時間分解 XMCD．

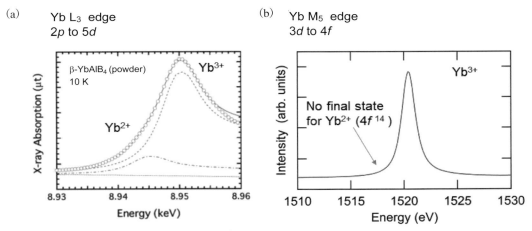

図 5 YbAlB$_4$ の Yb (a) L$_3$ 端[2] と (b) M$_5$ 端での X 線吸収分光スペクトル．

ルで起こったように見えるが，これは放射光の時間幅である．その後，150 ps 程度のゆっくり時定数での回復を示している．2 ns 程度たっても XMCD は完全に回復していないが，次のバンチからの X 線が当たる 300 ns 程度たてば完全に回復している．このように，時間分解 X 線測定に成功を収めており，4f 電子系にもまさに適用しようという段階になっている．

3.2 YbAlB$_4$ の X 線吸収分光測定

ここでは，YbAlB$_4$ に対する静的な温度変化測定と時間分解測定について述べる．まず，Yb 系などの 4f 電子系に対しては，どの吸収端で測定を行うかを選択する必要がある．例えば図 5 (a) に硬 X 線の Yb L$_3$ 端 ($2p$–$5d$ 吸収端) を用いた測定の報告例 (XANES 領域) を示す[2]．8.945 keV に Yb^{2+}，8.950 keV に Yb^{3+} の構造が見られている．Yb^{2+} は $4f^{14}$，Yb^{3+} は $4f^{13}$，と

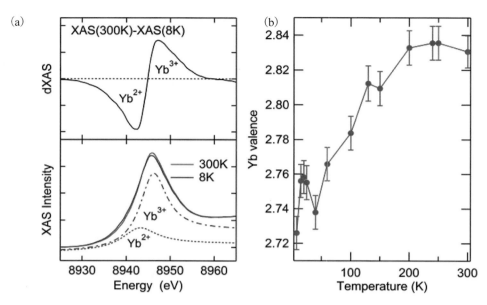

図6 (a) YbAlB$_4$ の Yb L$_3$ 端での XANES スペクトルの温度変化. (b) (a) より決めた YbAlB$_4$ の Yb の価数の温度変化.

4f電子数が異なるため,4f電子にもっと直接アクセスする軟X線のM$_5$端(3d–4f吸収端)のほうがよりふさわしいと感じられるが,実際にはスペクトルは図5(b)のようになる.Yb系ではYb^{2+}は4f^{14}とすでに4f軌道が完全に埋まっており3d–4f吸収が起こらず,Yb^{2+}とYb^{3+}に分離している様子は観測できない.この軟X線の吸収端を用いてYb^{3+}の絶対量のダイナミクスを測定することも可能かもしれないが,我々としては当面はYb^{2+}とYb^{3+}が両方観測できる硬X線のYb L$_3$端を用いることにした.

図6(a)にYbAlB$_4$のYb L$_3$端でのXANESスペクトルの温度変化を示す.300 K と 8 K で弱いながらも明瞭な温度変化が見られている.差分スペクトルから分かるように,高温ではYb^{3+}が増加する様子が見られている.図6(b)にこのようにして得られたYbAlB$_4$のYbの価数の温度変化を示す.低温では約2.72価,高温では約2.84価であり,温度上昇とともに徐々に価数が増加する様子が見られている.50 K 付近ではいったん価数の減少があるが,これは200 K 程度の近藤温度[1]とは合っておらず,起源は未解明である.価数変化は全体で 0.1 価程度とかなり小さなものである.これらの振る舞いは,同じ4f電子系でEu^{2+}とEu^{3+}の間の価数揺動を示すEuNi$_2$(Si$_{1-x}$Ge$_x$)$_2$とはかなり異なっている.EuNi$_2$(Si$_{1-x}$Ge$_x$)$_2$においては,低温で価数上昇が見られ,価数の変化は 0.6 程度と非常に大きい(最近の文献では 4)など).

図6のようなXANESスペクトルの温度変化が得られたため,次に時間分解X線吸収分光の測定を行った.その結果を図7に示す.図7(a)にYbAlB$_4$のXANESスペクトルの遅延時間依存性を示す.ここで遅延時間(Delay)とは,試料にレーザーが当たった後にX線が当たるまでにかかる時間である.レーザーが当たる前の -15 ps とレーザーが当たった瞬間の 0 ps のスペクトルの比較より,レーザー照射によって電子温度の

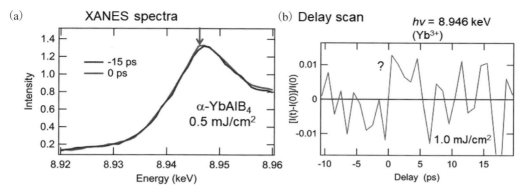

図7 (a) YbAlB$_4$ のXANESスペクトルの遅延時間依存. (b) 遅延時間スキャン測定の結果.

上昇が起こり Yb^{3+} が増加する様子が見られた. そこで, Yb^{3+} のピークに対応する 8.946 keV において, 遅延時間スキャン測定を行った. その結果が図7(b)であり, ?のような強度変化が見られたが, エラーバーが大きいせいもあり, ダイナミクスを明確に得ることができなかった. そのため, この図で横軸の 0 ps は, レーザーが試料に当たる瞬間としてのきちんとした定義ができなかった. 今後は, 価数の温度変化が大きな Eu 系なども視野に入れて, 4f 電子系のダイナミクスの研究を進めたいと考えている.

4. まとめ

本稿では 4f 電子系のダイナミクス研究に対する我々の取り組みを紹介した. 準備として, 軟X線時間分解測定装置の建設について述べた. 放射光施設 SPring-8 の軟X線ビームライン BL07LSU において行った FePt 薄膜の時間分解 XMCD 測定で見られた消磁のダイナミクスについて述べた. その後, Yb 系のダイナミクス研究について SPring-8 での静的な温度変化測定と SACLA における時間分解測定について述べた. 今後は Yb 系に加え, 価数の温度変化の比較的大きな Eu 系なども価数ダイナミクス研究の対象としたいと考えている.

謝 辞

本研究は文部科学省X線自由電子レーザー重点戦略研究課題「固体と液体及び界面の電子状態, スピン状態のダイナミクスの研究」により助成を受けて行った. SPring-8 BL01B1 での硬X線吸収分光測定は課題番号 2014A1664 で, SPring-8 BL07LSU での軟X線時間分解測定装置の建設は課題番号 2016A7403, 2016A7504, 2016B7403, 2016B7518, 2017A7403 で, SACLA BL3 での時間分解硬X線吸収分光測定は課題番号 2014B8064 で行われた.

参考文献

1) K. Kuga, G. Morrison, L. Treadwell, J. Y. Chan, S. Nakatsuji: *Phys. Rev.*, B **86**, 224413 (2012).
2) Y. H. Matsuda, T. Nakamura, K. Kuga, S. Nakatsuji, S. Michimura, T. Inami, N. Kawamura, M. Mizumaki, J. Korean: *Phys. Soc.*, **62**, 1778 (2013).
3) K. Takubo, K. Yamamoto, Y. Hirata, Y. Yokoyama, Y. Kubota, S. Yamamoto, S. Yamamoto, I. Matsuda, S. Shin, T. Seki, K. Takanashi, H. Wadati: *Appl. Phys. Lett.*, **110**, 162401 (2017).
4) K. Ichiki, K. Mimura, H. Anzai, T. Uozumi, H. Sato, Y. Utsumi, S. Ueda, A. Mitsuda, H. Wada, Y. Taguchi, K. Shimada, H. Namatame, M. Taniguchi: *Phys. Rev.*, B **96**, 045106 (2017).

小型偏光 X 線励起による鋼材の XRF 測定

杉野智裕[*], 田中亮平, 河合 潤

Stainless Steel Analysis Using Compact 3D-polarized XRF Spectrometer

Tomohiro SUGINO[*], Ryohei TANAKA and Jun KAWAI

Department of Materials Science and Engineering, Kyoto University
Sakyo-ku, Kyoto 606-8501, Japan

(Received 28 November 2017, Revised 26 January 2018, Accepted 31 January 2018)

　　We assemble a compact three dimensional-polarized X-ray fluorescence (XRF) spectrometer with a low wattage power X-ray tube (four watts, tungsten target) and measure stainless steels. We use acrylic resin as a polarizer and the incident X-rays are polarized by the Compton scattering. We find that the intensity of nickel Kα of the 3D-XRF spectra is less than that of 2D-XRF spectra because of the shift of tungsten Lα line to the lower energy side of the nickel absorption K-edge by the Compton scattering.

[Key words] XRF, Polarization, Compton scattering

　低出力な X 線源（4 ワット，タングステンターゲット）を用いてコンパクトな偏光蛍光 X 線装置を試作し，ステンレス鋼材の測定を行った．偏光子にはアクリルを使用し，Compton 散乱によって偏光させた白色 X 線を励起光として利用した．2 次元光学系のスペクトルと比較すると，励起光のタングステン Lα 線が Compton 散乱でニッケル K 吸収端の低エネルギー側にシフトすることで，3 次元光学系における Ni Kα ピークの強度が減少することを確認した．

[キーワード] 蛍光 X 線分析，偏光光学系，Compton 散乱

1. はじめに

　蛍光 X 線分析において 3 次元偏光光学系を利用した場合，バックグラウンドの低減による高感度化が報告されている．Fig.1 に 3 次元偏光光学系を示す．X 線源－偏光子－試料－検出器を 3 つの直交する軸上に配置することで，入射 X 線が検出器方向に散乱されずバックグラウンドが低減する．偏光 X 線を得る方法として，Bragg 反射[1,2]，Barkla 散乱[3,4] および 2 次ターゲット法[5-7] がある．3 次元光学系の蛍光 X 線装置はすでに製品化されており，装置名（メーカー，X 線管電力，市販された年）は，Spectro XEPOS (Ametek, 50 ワット, 1998 年), Epsilon 5

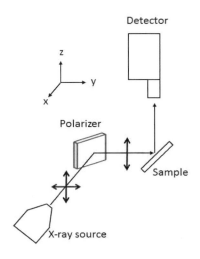

Fig.1 3D-polarized geometry.

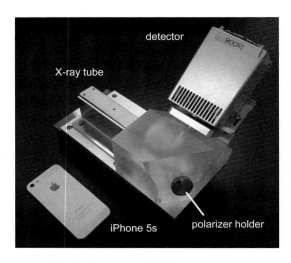

Fig.2 3D-polarized XRF spectrometer.

(PANalytical, 600 ワット, 2003 年), NEX CG (Rigaku, 50 ワット, 2008 年) である. また最近では Pessanha らによってこれらの市販装置より小型の偏光光学系蛍光 X 線装置（50 ワット）が開発された[8].

我々の研究グループは Compton 散乱を光子と電子の衝突ではなく，電子の de Broglie 波による X 線の回折とみなすことで高い偏光度を有する白色 X 線の生成が可能であるという報告を行っており[9]，実際に偏光素子として軽元素材料を用いた偏光度測定実験で，高い偏光度が得られることを確認している[10]. そこで我々は Compton 散乱で生成した偏光 X 線を励起光とした偏光蛍光 X 線装置を試作し，鋼材の測定を行った. 本稿では測定したスペクトルをもとに，Compton 散乱がスペクトルに及ぼす影響について報告する.

2. 実験手法

試作した装置の写真を Fig.2 に示す. 大きさの比較のため隣に iPhone 5s® を配置した. X 線源および検出器には ULTRA-LITE MAGNUM (Moxtek, 最大出力 4 ワット, タングステンターゲット), SDD (RES-Lab, 大阪) を使用した. Fig.3 に装置内光学系の写真を示す. X 線源－偏光子－試料－検出器のそれぞれの間隔は 1 cm とした. 試料外からの散乱 X 線を防ぐためにスリットを検出器側に設置した. 偏光子は棒状のアクリルの先端に取り付け，X 線の入射方向と逆方向から差し込む方式をとった (Fig.3 (a)). そのため，偏光子をアクリルとする場合は偏光子台に何も取り付けず測定を行った. 本研究では偏光子としてアクリルと鉛板を使用した（低い原子番号と高い原子番号の代表）. 試料にはステンレス鋼材 SUS316L を使用した. Table 1 に SUS316L の組成を示す. 管電圧は 25 kV および 40 kV, 管電流は 1 μA, peaking time を 6 μs として大気中で測定を行った. 比較のために X 線管－試料－検出器の角度が 90° になるように配置した 2 次元光学系でも測定を行った.

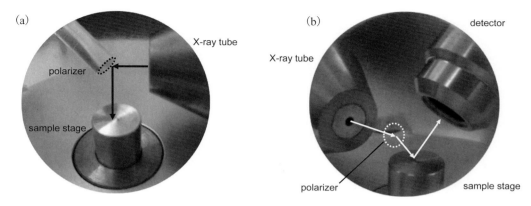

Fig.3 Photos of 3D geometry. (a) a view from the detector and (b) a view from the polarizer.

Table 1 Composition of SUS316L (mass%).

C	Si	P	S	Cr	Mn	Ni	Mo
≤0.03	≤1	≤0.045	≤0.03	16−18	≤2	12−15	2−3

3. 結果と考察

2次元,3次元光学系で測定したスペクトルをFig.4に示す.3次元光学系の偏光子にはアクリルを用いた.2次元,3次元光学系での測定時間は(a)管電圧25 kVでそれぞれ90, 900秒,(b)管電圧40 kVでそれぞれ90, 180秒とした.

Fig.4においてX線管由来である特性X線のW Lβに着目すると,管電圧25 kVでは3次元光学系で減少しているが,40 kVでは同程度となっている.その理由としては,管電圧を上げると高計数率となるため数え落としが多くなることや,高エネルギーのX線は偏光子内や試料内で多重散乱を起こすため偏光度が下がること[11]などが考えられる.例えば計数率に関して,25 kV, 40 kVにおける2次元光学系のICR (input count rate)はそれぞれ4126 cps, 5877 cpsであった.それに対しOCR (output count rate)はそれぞれ3245 cps, 4210 cpsでOCR/ICRが0.79, 0.71であったため,40 kVにおいて数え落としが多

くなっていることが確認できる.したがって,W Lβ強度を正しく比較するためには,入射X線の強度を小さくする,peaking timeを短くするなど測定条件を調整する必要がある.

測定したNi Kα, Kβピーク強度が3次元光学系で減少することを発見したので,その理由について考察した.3次元光学系では偏光子のアクリル板によって入射X線が90°方向にCompton散乱されるので,次式に従い波長が変化する.

$$\lambda' - \lambda = \frac{h}{mc}(1 - \cos\theta)$$

λ'は散乱後の波長,λは散乱前の波長,hはプランク定数,mは電子質量,cは光速度,θは散乱角である.散乱角$\theta = 90°$のときのW Lαの散乱後の波長およびエネルギーを計算した結果,X線管のターゲットであるWの特性X線W Lα (8.40 keV)はCompton散乱によって0.14 keV低エネルギー側にシフトする.散乱後のW LαのエネルギーはNiのK吸収端

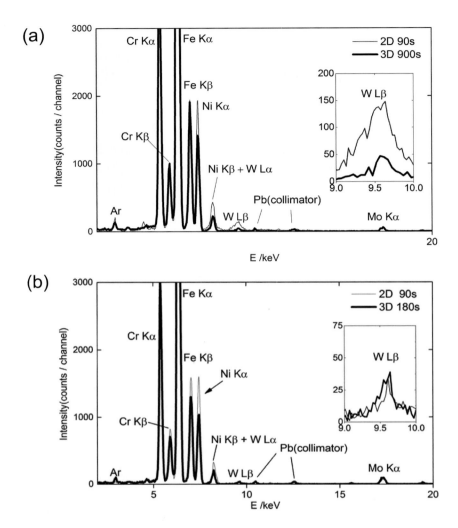

Fig.4 Measured XRF spectra of SUS316L. (a) 25 kV and (b) 40 kV X-ray tube voltage.

(8.33 keV) よりも低くなり，Ni を励起できなくなる．そのため Ni ピークは 3 次元光学系で強度が減少すると考えられる．観測される Ni ピークは，W Lβ 線，エネルギーの高い白色 X 線，および弾性散乱された W Lα に励起されたものである．

Fig.5 に偏光子をアクリルまたは鉛としたときのスペクトルを示す．管電圧 25 kV，管電流 1 μA でそれぞれの偏光子で 3 回ずつ 500 秒間測定を行い，平均を取り Fe Kα ピークの最大値で規格化した．偏光子がアクリルの場合，Ni Kα ピーク強度が相対的に減少した．Hubbel[12] の計算結果によると 10 keV における炭素と鉛の散乱断面積は Table 2 の通りである．アクリルの化学式は $(C_5O_2H_8)_n$ であり，散乱断面積が炭素と同程度と考えると，鉛よりもアクリルでは Compton 散乱（非弾性散乱）の生じる確率が大きい．アクリル偏光子で散乱された W Lα

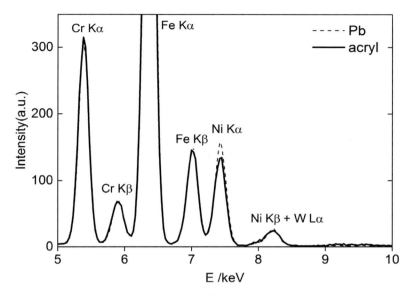

Fig.5 Measured XRF spectra of SUS316L. An X-ray polarizer used was lead or acryl. The spectra are normalized with respect to the Fe Kα peak maximum.

Table 2 Cross sections of carbon and lead for 10 keV photons (b/atom).

	Coherent	Incoherent
C	6.11	3.84
Pb	1.73×10^3	5.25×10^1

(1barn = 10^{-28} m^2)

線はコヒーレント対 Compton 散乱が 6.11：3.84 (≒1.6：1) で混ざったものからなるが，一方，偏光子を鉛でおきかえて測定した場合には，W Lα 線はコヒーレント光のみからなるとみなすことができる (1730÷52.5 ≒ 33)．従ってアクリルの場合には Compton 散乱による上記のエネルギーシフトが起こりやすい．これによって Ni Kα ピーク強度が相対的に減少したと考えられる．

4. おわりに

Compton 散乱で生成した偏光 X 線を励起光とした偏光蛍光 X 線装置を試作し，鋼材の測定を行った．3 次元光学系で偏光子にアクリルを用いた場合，入射 X 線の W Lα が Compton 散乱によって Ni K 吸収端よりも低エネルギーにシフトすることで，Ni Kα ピークの強度が減少することを確認した．また，偏光子にアクリルを用いた場合，鉛を用いた場合よりも Compton 散乱の割合が大きいため Ni Kα ピークの強度が減少することを確認した．

謝　辞

3 次元偏光光学系を採用した市販分析装置について情報を提供していただいた Ametek SPECTRO の宮城琢磨氏と Dirk Wissmann 氏に感謝申し上げます．また本研究で使用した分光器について，アクリルブロックを材料として選択するというアイデア (このアイデアは 3D プリンタによる X 線装置製作へとつながることになった)，CAD 設計とデータ (同じデータは 3D プリンタで利用可能) の提供，および切削加工のアクリルブロック分光器を製作していただい

た RES-Lab 株式会社の志村尚美氏に感謝申し上げます．本研究の一部は一般社団法人日本鉄鋼協会第 26 回鉄鋼研究振興助成「鉄及び鋼の蛍光 X 線分析方法の研究」（河合）によるものです．

参考文献

1）K. P. Champion, R. N. Whittem: Utilization of Increased Sensitivity of X-ray Fluorescence Spectrometry due to Polarization of the Background Raditation, *Nature*, **199**, 1082 (1963).

2）H. Aiginger, P. Wobrauschek, C. Brauner: Energy-Dispersive Fluorescence Analysis using Bragg-Reflected Polarized X-Rays, *Nuclear Instruments and Methods*, **120**, 541 (1974).

3）J. C. Young (Department of Physics, California State University, Chico CA), R. A. Vane, J. P. Lenahan (Trace Analysis Laboratory, Hayward CA): Polarization for Background Reduction in Energy Dispersive X-Ray Spectrometry, #140, in the book of abstract "1973 Pacific Conference on Chemistry and Spectroscopy", November 1-3, 1973, San Diego, CA, October (1973). This conference was a joint meeting of Ninth Western Regional Meeting (American Chemical Society) / 12th Pacific Conference (Society for Applied Spectroscopy).

4）T. G. Dzubay, B. V. Jarrett, J. M. Jaklevic: Background Reduction in X-Ray Fluorescence Spectra using Polarization, *Nuclear Instruments and Methods*, **115**, 297 (1974).

5）P. Standzenieks, E. Selin: Background Reduction of X-Ray Fluorescence Spectra in a Secondary Target Energy Dispersive Spectrometer, *Nuclear Instruments and Methods*, **165**, 63 (1979).

6）J. Boman: Sample Area Dependence in Quantitative EDXRF Analysis, *X-Ray Spectrometry*, **20**, 321 (1991).

7）J. Boman, P. Standzenieks, E. Selin: Beam Profile Studies in an X-Ray Fluorescence Spectrometer, *X-Ray Spectrometry*, **20**, 337 (1991).

8）S. Pessanha, M. Alves, J. M. Sampaio, J. P. Santos, M. L. Carvalho, M. Guerra: A Novel Portable Energy Dispersive X-Ray Fluorescence Spectrometer with Triaxial Geometry, *Journal of Instrumentation*, **12**, P01014 (2017). http://iopscience.iop.org/article/10.1088/1748-0221/12/01/P01014

9）R. Tanaka, T. Sugino, N. Shimura, J. Kawai: 3D-Polarized XRF Spectrometer with a 50 kV and 4 W X-Ray Tube, *Advances in X-Ray Analysis*, **61** (2018) (in press).

10）R. Tanaka et al.: Linear Polarizer for Continuous White X-rays (in preparation).

11）J. Heckel, R. W. Ryon: Polarized beam X-ray Fluorescence Analysis, in "Handbook of X-ray Spectrometry", 2nd ed. R. Van Grieken, A. Markowicz (eds.) (1993, 2002) chapter 10, p.615.

12）J. H. Hubbel: Photon Cross-Sections, Attenuation Coefficients and Energy Absorption Coefficients from 10 keV to 100 GeV, NSRDS-NBS 29, National Bureau of Standards (1969). http://nvlpubs.nist.gov/nistpubs/Legacy/NSRDS/nbsnsrds29.pdf

Bottled Pure Water for Low-Power Portable TXRF Analysis

Bolortuya DAMDINSUREN* and Jun KAWAI

Department of Materials Science and Engineering, Kyoto University
Sakyo-ku, Kyoto 606-8501, Japan

(Received 30 November 2017, Revised 30 January 2018, Accepted 31 January 2018)

Bottled water named "Purifie" produced by Organo Corporation, Japan, is examined for portable-type total reflection X-ray fluorescence (TXRF) spectrometer. "Purifie" is a 500 mL bottled water. "Purifie" is used for a light-weight (7 kg) portable TXRF spectrometer with an X-ray tube (625 mW) and a Si-PIN detector. This spectrometer is designed for field analysis. Ultrapure water for LC/MS analysis is compared as a reference. The concentrations of K and Ca in the two water samples are determined at ppb level by an internal standard method. The results show that the "Purifie" bottled water is satisfactorily usable for portable TXRF spectrometer in the field.

[Key words] Pure water, Water testing, X-ray fluorescence, Low power TXRF

1. Introduction

Pure water is used in a wide range of laboratory processes. At least three grades or types of laboratory water are available as defined by a number of standards including the ASTM (American Society for Testing and Materials) D1193-91, ISO (International Organization for Standardization) 3696, the CLSI-CLRW (Clinical and Laboratory Standards Institute) C3-A4 and USP (United States Pharmacopoeia) [1]. Waters of the highest purity have often been described as "Type I or Grade I" ultrapure waters, and are generally used for the most critical applications including HPLC and trace analysis. Ultrapure water typically has a resistivity of at least 18 MΩcm and a total organic carbon (TOC) limit of 50 μg/L. Grade II water is purer still at 1 MΩcm, and it is often suitable for preparing culture media, and for microbiological procedures. Grade III is defined in terms of resistivity, which should be a minimum of 0.2 MΩcm. It has a microorganisms specification of less than 100 CFU/mL as well as <0.2 mg/L TOC. This type of water is named purified water, and is generally suitable for glass washing, cooling applications, polisher feed for preparation of ultrapure water, cosmetics and chemical manufacturing [2,3].

Total reflection X-ray fluorescence (TXRF) analysis is an analytical technique suitable for trace elements determination in various sample types [4,5]. Portable low-wattage TXRF spectrometers with pictogram detection limits (DL) have recently been commercialized [6,7]. Moreover, as DL is separately specified in certain analyses, in addition to a negligible level of contamination, the usage of ultrapure water of consistent quality is critical. High purity water is the most useful material

---

*E-mail: damdinsuren.bolortuya.27z@st.kyoto-u.ac.jp, bolortuya_d9@yahoo.com

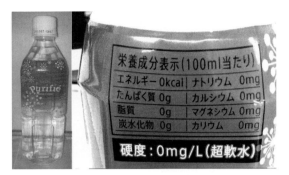

Fig.1 The appearance of "Purifie" commercial bottled water and its table of contents.

in TXRF analysis. The water must be free of metals to preserve analytical instruments from any contamination and to avoid interference with analyzed elements, in order to ensure the precision and accuracy of measurements. Particularly, any contamination from the laboratory conditions will increase the background equivalent concentration and DL, resulting in poorer performance of the technique. Therefore, the suitability of analytical water is defined by the general rule that the measured element should not be detectable in the blank [8, 9].

In the cleaning procedures for sample preparation, a huge amount of ultrapure water is required but this water needs a machine. As an alternative low-cost pure water, we examined "Purifie" commercial bottled water (500 mL) produced by Organo Corporation, Japan, which records no contaminants in the table of contents (Fig.1). The purpose of the present work was to establish whether "Purifie" pure water would be appropriate for TXRF analysis.

2. Experimental

Sample preparation

A quartz glass substrate 30 mm × 30 mm in size and 5 mm thick was used as a sample holder. After the blank quartz was measured, 10 μL of "Purifie" water was dropped and dried on the sample holder, and the measurement was repeated with the same conditions. Further, pipetting and drying a 10 μL volume of the water sample were repeated 150 times for total of 1.5 mL of water.

Similarly, commercial bottled water for LC/MS analysis from a chemical company was chosen as a reference material and examined in the same way as described above.

For the determination of detection limits a mixed sample containing 10 mg/L of each element was prepared from 1000 mg/L standard solutions of K, Ca, Ti, V, Cr, Mn, Fe, Co and Ni. A total volume of 100 μL of the sample was dried onto the quartz substrate in order to prepare an analyte containing 1 μg of each element. However, 1.7 μg of potassium was concentrated on the sample carrier as the Cr standard solution contains potassium dichromate (VI) ($K_2Cr_2O_7$).

Apparatus

All measurements were carried out with a low power portable TXRF [6,7,10] comprising a Magnum X-ray tube (Moxtek Inc., USA), waveguide collimator and a Si-PIN detector X-123 (Amptek Inc., USA). The tube with a tungsten target was operated at 625 mW (25 kV and 25 μA). The glancing angle of the incident beam was set to 0.04°, and the measuring time was 3600 s in air.

Calculations of elemental concentration and detection limits

The detection limit (DL_i) of the TXRF analysis was calculated by the following equation [10]:

$$DL_i = \frac{3C_i}{I_i} \times \sqrt{I_{BG,i}}, \tag{1}$$

where C_i is the known value of the analyte element [μg/L], and I_i and $I_{BG,i}$ are the net intensity and the background intensity of the Kα line of the analyte element, respectively.

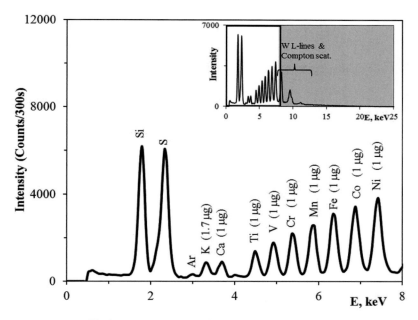

Fig.2 TXRF spectrum of mixed standard solution (300 s).

For quantification analysis the samples were standardized with 250 µg/L Co as an internal standard. The concentration (C_i) of the analyte element i in the pure water sample was determined by using the following equation [11]:

$$C_i = \frac{S_s I_i C_s}{S_i I_s}, \qquad (2)$$

where C_s is the concentration of the internal standard element [µg/L], S_s the relative sensitivity for the internal standard element, defined by Eq.2 for standard samples, S_i the relative sensitivity for the analyte element, and I_i and I_s the net intensities of the internal standard element and analyte element, respectively.

3. Results

Fig.2 shows a spectrum of the mixed standard sample containing 1 µg of Ca, Ti, V, Cr, Mn, Fe, Co and Ni and 1.7 µg of K. The Si, S, W, and Ar lines found in Fig.2 were due to the quartz sample carrier (Si), the standard solution (S), the X-ray tube (W), and air (0.93% Ar). The detection limits for 9 elements were calculated using Eq.1 based on the measurement of the mixed standard sample and are listed in Table 1.

The detection limits of these elements were generally as small as several tens of µg/L. In the case of ultrapure water, it is desirable that the amounts of analyte elements do not exceed the detection limits

Table 1 Detection limits in µg/L for different elements using TXRF.

Z	Element	[µg/L]
19	K	40.5
20	Ca	23.8
22	Ti	13.3
23	V	10.3
24	Cr	8.6
25	Mn	6.9
26	Fe	5.9
27	Co	5.7
28	Ni	7.0

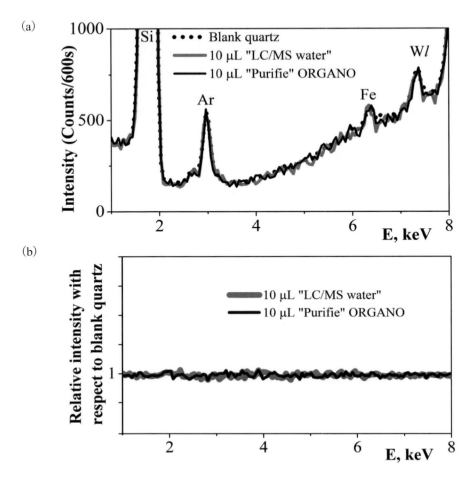

Fig.3 Comparisons of TXRF spectra, (a) among blank quartz, 10 μL "Purifie", and 10 μL "LC/MS water", (b) between 10 μL "Purifie" and 10 μL "LC/MS water", relative to the intensity of blank quartz.

level in Table 1.

Fig.3 shows a comparison of the TXRF spectra of blank quartz, and 10 μL amounts of water samples; "Purifie" and "LC/MS water". As shown in Fig.3a, the Si, Ar and W lines were detected in all spectra as described for Fig.2. The Fe would be from components of the instruments. The intensities of pure water spectra with respect to the counts of blank quartz are shown in Fig.3b, and all of the relative intensities obtained were approximately constant at unity.

Fig.4 shows a comparison of TXRF spectra including blank quartz and the 1.5 mL amounts of the water samples. As shown in Fig.4a, the background chemical elements were also counted as in Fig.2 and Fig.3a. However, the peaks of K and Ca in pure water spectra were higher than in the corresponding part of the blank quartz spectrum. The relative intensities of Ca in "Purifie" and K and Ca in "LC/MS water" were clearly contrasted from other lines, as shown in Fig.4b. By the internal standard method (Eq.2), concentrations of 55 ± 8 μg/L of Ca in the "Purifie" water and 59 ± 8 μg/L of Ca and 157 ± 22 μg/L of K in the "LC/MS water" were determined. As presented

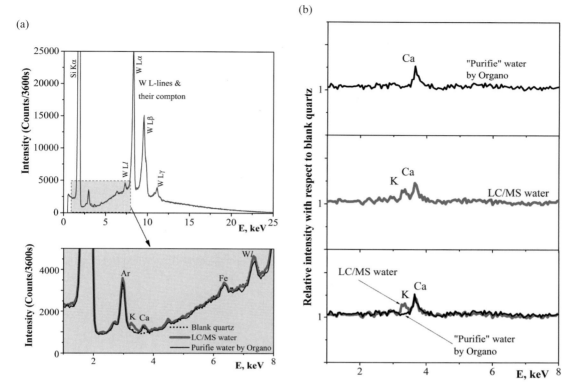

Fig.4 (a) Compared TXRF spectra of blank quartz and 1.5 mL amounts of "Purifie" and "Ultrapure Water", and (b) comparison of relative intensities of 1.5 mL pure water samples with respect to the blank quartz.

in the results, the calculated amount of Ca (5.5 μg in 100 mL) in the "Purifie" was lower than the value (0 mg in 100 mL) in the table of contents (Fig.1).

These measurement results of 10 μL water samples indicate that they are appropriate for cleaning and sample preparation in the field for TXRF analysis.

4. Conclusion

The present work investigated the 500 mL commercial bottled pure water "Purifie" (Organo Corp., Japan) by the low-power (a half watt) portable TXRF spectrometer. In results, the Ca peaks were shown on the TXRF spectra of both of "Purifie" water and LC/MS reference water. It could be that the calcium amount was concentrated on the sample holder as environmental atmosphere and air conditioner in room, during the repeated sample dropping process. Further, the potassium was only found in the LC/MS water. This may be contaminated due to the laboratory condition because the water has been kept for 2 months since the opening of the sealed container. Even though Ca was indicated in the water, Ca is an element less frequent to analyze in the practical analysis, and we can use "Purifie" for potable TXRF sample preparation, in the field or outside of laboratory.

Acknowledgements

One of the present authors (BD) was supported by the "Higher Engineering Education Development" joint project of Government of

Mongolia (GM) and Japan International Cooperation Agency (JICA). The authors thank Shigeaki Wada of Organo Corporation (http://www.organo.co.jp/english/) for providing the "Purifie" water.

References

1) Water Quality Standards (https://puretecwater.com/downloads/water-quality-standards.pdf).
2) A. Bennett, C. Authoring: *Pumps & Process Magazine*, **67,** 39-42 (2010).
3) R. C. Hughes, P. C. Murau, G. Gundersen: *Anal. Chem.*, **43**, 6, 691-696 (1971).
4) R. Stossel, A. Prange: *Anal. Chem.*, **57**, 2880-2885 (1985).
5) M. Schmeling: *Adv. X-Ray Anal.*, **45**, 544-553 (2002).
6) S. Kunimura, J. Kawai: *Adv. X-Ray Anal.*, **53**, 180-186 (2010).
7) H. Nagai, H. Shino, Y. Nakajima, J. Kawai: *Adv. X-Ray Anal.*, **59**, 144-151 (2016).
8) Ch. Suzuki, J. Yoshiniga, M. Morita: *Anal. Sci.*, **7**, 997-1000 (1991).
9) N. Ishii, S. Mabic: "Optimal Water Quality for Trace Elemental Analysis", Lab Water Application Note, (2011), (Millipore Sigma, Billerica, MA).
10) S. Kunimura, T. Shinkai: *Anal. Sci.*, **33**, 5, 635-698 (2017).
11) R. Klockenkämper, A. von Bohlen: "Total reflection X-ray fluorescence analysis and related methods", 2nd Ed, pp.238-248 (2015), (Wiley, Hoboken, NJ).

コンプトン散乱により 45 度方向に反跳する
電子のド・ブロイ波を回折格子とした
波長に依存しない X 線偏光素子

田中亮平[*], 河合 潤

Polarizer for Continuous White X-Rays Using The de Broglie Wave of 45°-Recoil Electron via Compton Scattering

Ryohei TANAKA[*] and Jun KAWAI

Department of Materials Science and Engineering, Kyoto University
Sakyo-ku, Kyoto, 606-8501 Japan

(Received 30 November 2017, Revised 29 January 2018, Accepted 1 February 2018)

　　The de Broglie wavelength and a scattering angle of a recoil electron in a polarizer were calculated based on the wave picture of Compton scattering. The de Broglie wave of the recoil electron changes its wavelength so as to move to the direction of 45 degrees to the incident X-rays. The recoil electron in the polarizer satisfies 45-degrees Bragg diffraction condition with respect to any wavelength of the incident X-rays. Therefore, The de Broglie wave of the recoil electron can be regarded as a "Bragg crystal" with a variable lattice spacing, which can generate highly polarized continuous white X-rays without changing the optics.

[Key Words] X-ray polarization, Continuous white X-rays, Compton scattering, de Broglie wave

　　散乱による偏光 X 線の生成について，入射 X 線が 90 度方向に Compton 散乱される場合の偏光素子中の反跳電子の de Broglie 波長と進行角度の入射 X 線エネルギー依存性を，Compton 散乱の波動論描像に基づき求めた．Compton 散乱により生じた反跳電子の de Broglie 波は，入射 X 線に対し 45 度方向に遠ざかるように移動し，入射 X 線のエネルギーに応じた波長を有すると考えられる．すなわち，偏光素子中の反跳電子は入射 X 線に対し 45 度回折条件を満たす，任意の入射 X 線波長に対して偏光 X 線を生成可能な格子面間隔可変の回折結晶と考えることができる．これより，Compton 散乱断面積が大きい軽元素材料を偏光素子として用いることで，偏光度の高い白色 X 線を生成することができると考えられる．

[キーワード] X 線偏光，白色 X 線，コンプトン散乱，ド・ブロイ波

京都大学大学院工学研究科材料工学専攻　京都府京都市左京区吉田本町　〒 606-8501　[*]連絡著者：tanaka.ryohei.5r@kyoto-u.ac.jp

コンプトン散乱により45度方向に反跳する電子のド・ブロイ波を回折格子とした波長に依存しないX線偏光素子

1. はじめに

偏光光学系蛍光X線分析 (XRF) はBragg回折[1,2]，2次ターゲット方式[3,4]，X線の弾性散乱[5-7]により生成した偏光X線を元素の励起に用いる分析手法である．Bragg回折を用いた方法は，偏光素子に分光結晶を用い，45度Bragg回折を起こすことで高い偏光度を有するX線を生成可能で，線源由来のX線が検出されずバックグラウンドが低減するため高感度分析が可能である．しかし，回折条件を満たす波長を有するX線のみが偏光するため，測定対象元素に応じたX線管とBragg結晶の組み合わせが必要となり，未知試料分析には不向きである．AigingerらはCuターゲットX線管，Bragg結晶にCu(113) ($2d$ = 2.18 Å)を用いた．このときCu Kαの回折角は45度01分となり，45度Bragg回折を起こすため，回折線は高い偏光度を有するが，原子番号29以上の元素分析には適用できない．2次ターゲット方式は，金属板などの2次ターゲットにX線を入射させることで生じる2次X線を励起光として利用する方法であり，得られる偏光X線は単色である．多元素分析を行う場合，複数の2次ターゲットを交換して用いるという点では回折方式に比して簡便ではあるが，X線の偏光度は劣る．BomanらはMoターゲットX線管，2次ターゲットにMo板を用いて，X線を照射した際に生じる2次X線の強度分布を測定し，その分布を考慮し試料や検出器の配置を変化させることで，セルロース標準試料中に含まれるバナジウムなどの微量元素に対しナノグラムの検出下限を達成した．X線の弾性散乱現象を用いる方法は，偏光素子において弾性散乱されたX線を励起光として用いる．Dzubayらは，MoターゲットX線管，偏光素子に炭素を用い入射X線を弾性散乱させて生じた偏光X線を用いることで高いS/N比を実現した．ここでは軽元素である炭素からの散乱を利用しているため，弾性散乱線だけでなく非弾性散乱線も発生しており，それらの偏光X線を利用していることになる．X線散乱で生じる偏光X線は白色光であり未知試料分析向きだが，偏光度はBragg回折を用いた方法に比して劣る．

未知試料中微量元素分析の高感度・高精度化のためには，Bragg回折および弾性散乱方式の長所をあわせもつ新たな偏光X線生成手法，すなわち高い偏光度を有する白色X線生成手法の確立が必要となる．

偏光光学系XRFに関して我々は今までに，スピン・軌道相互作用に基づくスペクトル強度の偏光依存性について，励起される電子の有する角運動量の半古典的描像に基づき理論計算を行うことで，電子軌道の対称性やスピンなどの情報を，偏光光学系を用いた蛍光X線分析の定量精度に影響を及ぼす因子として考慮する必要性を示した[8]．これに対し，波長可変の偏光X線が生成可能なシンクロトロン放射光を用いれば，偏光に依存したスペクトル変化の実験的な解明が可能ではないかというコメントを受けた[9]．その後，我々のグループでは最大出力4ワットの低出力X線源を用いた小型偏光光学系XRF装置の試作と鋼材分析への適用を行い，偏光素子において生じるCompton散乱がスペクトル強度比に影響を与えることを明らかにした[10,11]．本研究では，偏光光学系を用いた場合に偏光素子から90度方向に生じるCompton散乱線に着目し，その波動論描像に基づき，偏光素子中の反跳電子のde Broglie波長と進行角度の入射X線エネルギー依存性を計算した．そ

コンプトン散乱により45度方向に反跳する電子のド・ブロイ波を回折格子とした波長に依存しないX線偏光素子

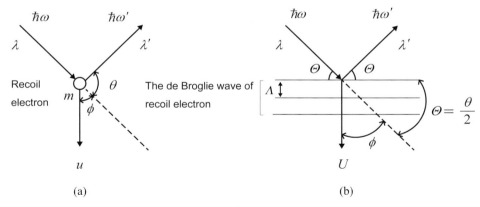

Fig.1 Schematics of Compton scattering (a) particle picture (b) wave picture.

の結果，反跳電子のde Broglie波は入射X線に対し45度回折可能な格子面間隔可変のBragg結晶として機能する，入射X線の波長に依存しないX線偏光素子と考えることができることがわかった．本報では，Compton散乱により生じる反跳電子のde Broglie波を回折格子と考えた，白色X線の偏光手法について報告する．

2. 計算方法および結果

Compton散乱に関するSchrödingerの波動論描像[12)]に基づき，反跳電子のde Broglie波長，位相速度，進行角度の入射X線エネルギー依存性を求めた．Fig.1にCompton散乱の粒子論・波動論描像の模式図を示す．質量mの静止電子に対し，波長λを有するX線が入射するとき，θ方向に散乱されるX線の波長λ'は以下の(1)で表される．

$$\lambda' = \lambda + \frac{h}{mc}(1-\cos\theta) \qquad (1)$$

ここでhはプランク定数，cは光速である．以下に波動論描像に基づく式(1)の導出を示す[13, 14)]．波動論ではX線が入射したときに動き出す反跳電子をde Broglie波，すなわち電子密度波とみなす．入射X線に対し反跳電子がϕ方向に群速度uで遠ざかるとき，そのde Broglie波は位相速度$U=u/2$でϕ方向に遠ざかる．ϕ方向にUで移動する観測者がϕ方向からみた入射X線の相対速度は$c-U\cos\phi$となる．このとき観測者からみた入射X線の波長λ_iは

$$\lambda_i = \frac{c}{c-U\cos\phi}\lambda \qquad (2)$$

となり，ドップラーシフトを起こす．また，散乱X線の相対速度は$c+U\cos(2\Theta+\phi)$であり，このとき観測者からみた散乱X線の波長λ'は

$$\lambda' = \frac{c}{c+U\cos(2\Theta+\phi)}\lambda_i \qquad (3)$$

となる．(3)から

$$\begin{aligned}\frac{c}{\lambda'} &= \frac{c+U\cos(2\Theta+\phi)}{\lambda_i}\\ &= \frac{c}{\lambda_i}\left\{1+\frac{U}{c}\cos(\theta+\phi)\right\}\\ &= \frac{c}{\lambda_i}\left\{1+\frac{U}{c}\cos(\pi-\phi)\right\}\left(\because \frac{\theta}{2}+\phi=\frac{\pi}{2}\right)\\ &= \frac{c}{\lambda_i}\left(1-\frac{U}{c}\cos\phi\right)\\ &= \frac{c}{\lambda_i}\left(1-\frac{U}{c}\cos\phi\right)^2 \quad (\because (2)) \qquad (4)\end{aligned}$$

となり，(4)において2次の項を無視すれば

コンプトン散乱により45度方向に反跳する電子のド・ブロイ波を回折格子とした波長に依存しないX線偏光素子

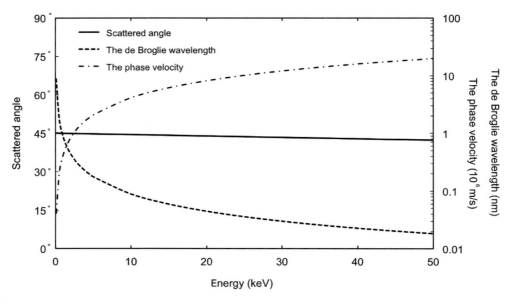

Fig.2 The energy dependence of the de Broglie wavelength, the phase velocity, and the scattered angle of the recoil electron.

$$\frac{c}{\lambda'} = \frac{c}{\lambda}\left(1 - \frac{U}{c}\cos\phi\right)^2 \approx \frac{c}{\lambda}\left(1 - \frac{2U}{c}\cos\phi\right)$$

$$= \frac{c}{\lambda}\left(1 - \frac{2U}{c}\sin\frac{\theta}{2}\right) \quad (5)$$

となる.いま反跳電子を de Broglie 波と考えたときの波長を Λ とすると,de Broglie 波の運動量は $\frac{h}{\Lambda}$ と表される.他方,粒子としての電子の運動量は質量 m と群速度 u の積であるから,それらは等しく $\frac{h}{\Lambda} = mu$ となる.これより

$$U = \frac{h}{2m\Lambda} \quad (6)$$

が成り立つ.また,入射X線が反跳電子の de Broglie 波により回折されると考えたときに成立する Bragg の回折条件 $2\Lambda\sin\Theta = \lambda$ を(6)とあわせると

$$U = \frac{h}{m\lambda}\sin\Theta = \frac{h}{m\lambda}\sin\frac{\theta}{2} \quad (7)$$

となる.(7)を(5)に代入すると

$$\frac{1}{\lambda'} = \frac{1}{\lambda}\left(1 - 2\frac{h}{mc\lambda}\sin^2\frac{\theta}{2}\right)$$

$$= \frac{1}{\lambda}\left\{1 - \frac{h}{mc\lambda}(1 - \cos\theta)\right\}$$

$$= \frac{1}{\lambda} - \frac{h}{mc\lambda^2}(1 - \cos\theta) \quad (8)$$

となる.ここで波長が大きく変化しない($\lambda' \approx \lambda$)とすると,(1)が導ける.粒子論描像では,光子と電子の非弾性衝突によって散乱X線が低エネルギー側にシフトすると考える.波動論描像では,反跳電子の de Broglie 波を位相速度 U で遠ざかる周期的な電子密度波により入射X線が回折されることで,散乱X線がドップラー効果により長波長になり,低エネルギー側にシフトすると考える.すなわち,反跳電子の de Broglie 波が Bragg 結晶として機能することを意味する.これが,Schrödinger が考えた Compton 散乱の波動論描像である.ここでは $\theta = 90°$ 方向にX線が散乱されるときに生じる反跳電子について計算を行った.Compton 散乱された入射X

線のエネルギーの変化分，$\hbar\omega' - \hbar\omega$，が反跳電子の運動エネルギー$\frac{1}{2}mu^2$に変換されるとして，電子の位相速度$U$を求めた．ここで，$\omega, \omega'$は入射X線と散乱X線の角振動数，$\hbar$は$h$を$2\pi$で割ったものである．また，入射X線の進行方向に対する運動量保存則，$\frac{h}{\lambda} = mu\cos\phi$，から反跳電子の進行角度$\phi$を求めた．反跳電子をde Broglie波とみなしたときの波長Λは(6)より求めた．

Fig.2 に反跳電子のde Broglie波長，位相速度，進行角度の入射X線エネルギーに対する依存性を示す．X線が静止電子に対し入射し，X線のエネルギーの減少分が散乱電子の運動エネルギーに変換されるとして計算すると，入射X線エネルギーが高くなるにつれて反跳電子のde Broglie波長は短くなるが，進行角は45°を保ち続けることがわかった．また，位相速度は入射X線エネルギーが10-50 keVのとき，光速の1-10%となった．

3．考　察

我々のグループにおける小型偏光光学系XRFによるステンレス鋼の分析に関する研究[9,10]では，タングステンターゲットのX線管を用いた際に，試料中に含まれるNi Kαの強度が2次元配置XRFを用いた測定に比べて減少するという結果を得た．これは，入射X線であるW Lα (8.40 keV)が，偏光素子により90度方向にCompton散乱されることで低エネルギー側にシフトし（8.26 keV），Ni K吸収端（8.33 keV）よりもエネルギーが低くなることでNiを励起できなくなることが原因である．このように偏光光学系では偏光素子にX線が照射される際にCompton散乱が生じる．例えば，入射X線エネルギーが10 keVのとき，$\theta = 90°$で観測される散乱X線のエネルギーと入射X線のエネルギー差は192 eVとなる．エネルギーの差分が反跳電子の運動エネルギーに変換されるとすると，電子のde Broglie波長は0.1 nm，位相速度は4×10^6 m/sとなる．このとき，反跳電子のde Broglie波は，光速の1%の速度で遠ざかる格子面間隔が1 Åの回折結晶であると考えることができる．また，de Broglie波の波長・位相速度は入射X線エネルギーに応じて変化する一方，de Broglie波の進行方向は入射X線に対し45度方向で変化しない．すなわち，Compton散乱により生じる反跳電子のde Broglie波は，入射X線エネルギーに応じて格子面間隔を変える，任意の波長に対して45度回折可能な回折結晶として機能するため，Compton散乱X線はBragg回折方式により生じるX線と同様に偏光していると考えられる．このことから，原子番号が小さくCompton散乱断面積の大きい軽元素材料であれば，結晶性の違いに関係なく，非結晶性物質であっても高い偏光度を有する白色X線生成可能な偏光素子として利用できると考えられる．

ただし，ここでは偏光素子中の電子が静止しており，反跳電子のde Broglie波が平面波であるという仮定の下で，de Broglie波の進行角度の見積もりを行った．自由電子近似の成り立たない絶縁体を偏光素子として用いる場合，電子は運動量分布を有しており[15,16]，反跳電子の密度波を回折格子として考える際の格子は単結晶としてではなく，モザイク結晶として取り扱う必要があると考えられる．また，高エネルギーの入射X線に対してはde Broglie波の位相速度は光速に近づくことから，相対論効果を考慮する必要があると考えられる．

4. おわりに

Compton 散乱の波動論描像に基づき，偏光素子中の反跳電子の de Broglie 波長，位相速度，進行角度の入射 X 線エネルギーに対する依存性を求めた．Compton 散乱により生じる反跳電子の de Broglie 波は入射 X 線エネルギーに応じて波長を変化させながら，$\phi = 45°$ 方向に遠ざかる．45 度 Bragg 回折される X 線は高い偏光度を有するため，$\phi = 45°$ 方向に遠ざかっていく電子密度波によって回折される X 線の偏光度も高いと考えられる．Compton 散乱断面積の大きい，軽元素材料を偏光素子として用いることで，偏光度の高い白色 X 線の生成が可能となり，未知試料中の微量元素分析の高感度・高精度化につながると考えられる．

謝　辞

本研究は科研費（17H06792）の助成を受けたものである．また，日本女子大学の林久史先生には，第 53 回 X 線分析討論会（徳島，2017）において偏光素子中の電子の運動量分布に関するコメントをくださり，文献 16) を紹介していただいた．ここに感謝の意を記します．

参考文献

1) K. P. Champion, R. N. Whittem: Utilization of increased sensitivity of X-ray fluorescence spectrometry due to polarization of the background radiation, *Nature*, **199**, 1082 (1963).
2) H. Aiginger, P. Wobrauschek, C. Brauner: Energy-dispersive fluorescence analysis using Bragg-reflected polarized X-rays, *Nuclear Instrument and Methods*, **120**, 541 (1974).
3) P. Standzenieks, E. S. Lindgren: Background reduction of X-ray fluorescence spectra in a secondary target energy dispersive spectrometer, *Nuclear Instrument and Methods*, **165**, 63 (1979).
4) J. Boman, P. Standzenieks, E. Selin: Beam profile studies in an X-ray fluorescence Spectrometer, *X-ray Spectrometry*, **20**, 321 (1991).
5) J. C. Young, R. A. Vane, J. P. Lenehan: Background reduction by polarization in energy dispersive X-ray spectrometry, in: Western Regional Meeting of the American, Chemical Society, San Diego, CA, October (1973).
6) T. G. Dzubey, B. V. Jarrett, J. M. Jaklevic: Background reduction in X-ray fluorescence spectra using polarization, *Nuclear Instrument and Methods*, **115**, 297 (1974).
7) R. H. Howell, W. L. Pickles, J. L. Cate Jr.: X-ray fluorescence experiments with polarized X rays, No. UCRL-75623; CONF-740809-5. California Univ., Livermore, USA, Lawrence Livermore Lab., (1974), .
8) 田中亮平，秋庭　州，河合　潤：偏光光学系における蛍光 X 線理論強度，X 線分析の進歩，**48**, 256 (2017).
9) 第 52 回 X 線分析討論会でのコメント（東京，2016).
10) R. Tanaka, T. Sugino, N. Shimura, J. Kawai: 3D-Polalized XRF Spectrometer with a 50 kV and 4 W X-Ray Tube, *Advances in X-Ray Analysis*, **61**, (2018) (in press).
11) 杉野智裕，田中亮平，河合　潤：小型偏光 X 線励起による鋼材の XRF 測定，X 線分析の進歩，**49**（印刷中）.
12) E. Schrödinger: Uber den Comptoneffekt, *Annalen der Physik*, **82**, 257 (1927).
13) 河合　潤："量子分光化学 増補改訂版"，pp.10-13 (2015)，（アグネ技術センター）.
14) A. Landé: Quantum Mechanics, pp.15-18 (1951), (Pitman, New York).
15) H. Hayashi (personal communication).
16) H. Hayashi, Y. Udagawa, J.-M. Gillet, W. A. Caliebe, C.-C. Kao: Chemical Applications of Inelastic X-Ray Scattering, in T. K. Sham eds., "Chemical Applications of Synchrotron Radiation", Chap.18, pp.850-908 (2002), (World Scientific, Singapore).

同軸ケーブルが影響するX線スペクトルの変化

吉田昂平*, 田中亮平, 河合 潤

Effect due to Coaxial Electric Cables on X-Ray Spectra

Kohei YOSHIDA*, Ryohei TANAKA and Jun KAWAI

Department of Materials Science and Engineering, Kyoto University
Sakyo-ku, Kyoto 606-8501, Japan

(Received 30 November 2017, Revised 30 January 2018, Accepted 1 February 2018)

In the energy dispersive X-ray (EDX) analysis, electric pulses are transferred through the concentric electric cables. Effects associated with signal disturbances due to the electric cables are measured. When a long cable is used, the pulse height is reduced, which causes a spectral shift to the lower energy side. When impedance matching is not achieved, pulses are reflected, which causes artificial peaks in the spectra. Spectral shifts depend on the pulse height analyzers (PHA) used.

[Key Words] X-ray spectra, Coaxial cable, Pulse height analyzer

エネルギー分散型 (EDX) 蛍光 X 線分析では，電気パルス信号の波高分布から X 線スペクトルを得るため，スペクトルは同軸ケーブルの影響を受けやすい．本研究では，同軸ケーブルのインピーダンスや長さがスペクトルに与える影響を調べた．ケーブルが長くなると，波高分析器 (PHA) に依存したスペクトルのエネルギーシフトが生ずることがわかった．インピーダンスの不整合な部分での信号反射が，ケーブルを長くした場合には無視できなくなり，X 線スペクトルの低エネルギー領域に偽ピークが出現する可能性がある．

[キーワード] X 線スペクトル，同軸ケーブル，波高分析器

1. はじめに

エネルギー分散型 (EDX) 蛍光 X 線分析では，検出器－プリアンプ－メインアンプへと電気パルス信号が伝えられる．このパルス信号の電圧値分布を波高分析器 (PHA) によって度数分布に変換しスペクトルを得る．近年の蛍光 X 線分析装置は，アナログ回路からデジタルシグナルプロセッサ (DSP) への移行が進んでいる．DSP は，プリアンプのアナログ信号を，デジタル・オシロスコープと同じ原理によってデジタル信号に変換し，信号整形などによるデジタル処理によって重畳したパルスを分離し，百万 cps を超える高計数率でも波高分析可能である．スペクトル歪みやバックグラウンドノイズの低減も可能である[1]．DSP における信号処理はブラックボックス化されており，実験者が信号処理過程を意識することは少なくなった．しかし基礎

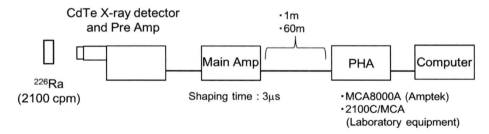

Fig.1 Block diagram of experimental circuit.

研究目的でスペクトルを測定する時には，デジタル計測だけでなく，信号処理過程を確認できるアナログ計測も同時に行うことが重要である．アナログ計測のX線スペクトルでは，加速器実験のように長いケーブルを使用するとき，低エネルギー側に本来存在しないピークが出現することが知られている．デジタル計測でもスペクトルをゆがめる因子を明らかにしておく必要がある[2]．

放射光実験では，実験ハッチから計測ラックまでのケーブル長が数十メートルになることも珍しくない．製造工程管理のための蛍光X線装置を波長分散型からエネルギー分散型に置き換える場合には，波長分散装置では問題とならなかったケーブル長の問題を考慮する必要がある．本研究では，同軸ケーブルに起因するパルス信号の変化を測定し，X線スペクトルが受ける影響を調べた．

2. 実 験

ケーブルによるパルス信号変化を測定するために，ファンクションジェネレータで発生させたパルス信号を，同軸ケーブルの長さを変えながらオシロスコープを用いて測定した．同軸ケーブルは，インピーダンスが50 Ωのもの（RG-58C/U）と73 Ωのもの（RG-59A/U）の2種類を用意した[3]．50 Ωのケーブルについては，15 mのものを複数繋ぎ合わせることで最長60 mとした．

PHAに入力されるパルス信号が変化した場合のスペクトルへの影響を調べるために，ラジウムRI線源（ガイガーカウンター校正用，2100 cpm）を測定した．

Fig.1に実験装置の構成図を示す．メインアンプとPHA間のケーブルの長さを変化させて測定を行った．測定にはAmptek社製CdTe検出器（XR-100T-CdTe）および付属のメインアンプ（PX2T-CdTe）を用いた．また，使用するPHAによって得られるスペクトルに差があるかどうかを調べるために，Amptek社製MCA8000Aとラボラトリ・イクイップメント・コーポレーション（つくば市）製2100C/MCAを用いた．

3. 結果および考察

Fig.2にオシロスコープを用いて測定したパルス信号を示す．(a), (b)は50 Ωケーブル長が1 mと60 mの場合の信号である．パルス信号の幅は200 nsである．RG-58C/Uの長さが1 mから60 mに変わるだけで，Fig.2 (b)に示すように，信号の立ち上がりもテールも鈍るとともに，パルス高さが変化した．パルス高さはケーブル1 mあたり0.1 %減少した．EDX測定においては，パルス波高の減衰は，X線スペクトルのエネルギーシフトを意味する．スペクトルは

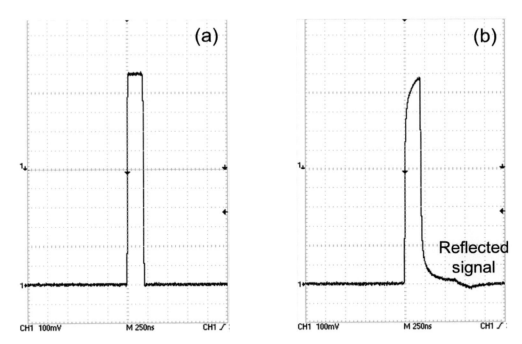

Fig.2 Pulse signal measured with (a) 1 m and (b) 60 m cables.

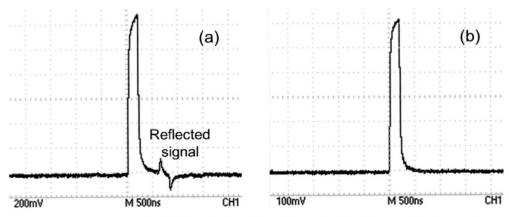

Fig.3 Pulse signal measured with (73 Ω, 3 m) + (50 Ω, 60m) cable (a) without or (b) with a terminator.

低エネルギー側へシフトする.

　同軸ケーブルによって内部導体線材が異なる.RG-58C/U は軟銅線を芯線に用い,RG-59A/U は銅被膜鋼線を用いている.同じ長さのケーブルであっても,内部導体線材によって抵抗が違う.それに応じて信号強度の減少率が変化すると考えられる.

　Fig.2 (b) ではパルス信号の後部に弱い信号が見られた.この信号は,ケーブルが長くなるほど主パルス信号から離れた位置に出現する.信号経路の端でパルス信号の一部が反射したものである.Fig.3 (a) には,50 Ω のケーブル(60

m) と 73 Ω のケーブル (3 m) を直列接続した場合のパルス信号を示す．接続順はファンクションジェネレータ→73 Ω ケーブル (3 m) → 50 Ω ケーブル (60 m)→オシロスコープである．50 Ω のケーブルのみを使用した場合よりも強い反射信号が現れた．信号経路における 73 Ω のケーブルの接続位置を変化させると，反射信号の位置も変化した．インピーダンスの不整合位置でパルス信号の一部が反射したからである．長いケーブル使用時に主パルスから時間遅れで現れる反射信号は，EDX 測定における波高分析時にパルス信号の一つとしてカウントされるため，スペクトル中の低エネルギー側に本来存在しない元素のピークが出現する原因となる．信号の反射を防ぐためには，ターミネータ (Fig.4) を使用する．Fig.3 (a) の信号経路にターミネータを取り付けたときの信号を Fig.3 (b) に示す．Fig.3 (a) にあった時間遅れの反射信号が除去された．

Fig.5 には，ラボラトリ・イクイップメント・コーポレーション製 PHA を使用して測定した

Fig.4　Photo of a terminator.

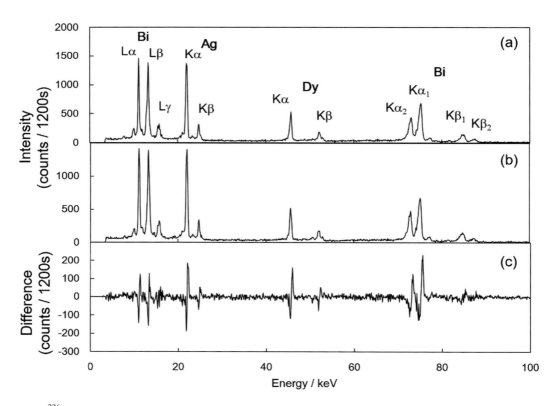

Fig.5　^{226}Ra spectra measured with (a) 1 m and (b) 60 m cables, and (c) difference spectrum (1 m−60 m), using a Laboratory Equipment 2100C/MCA.

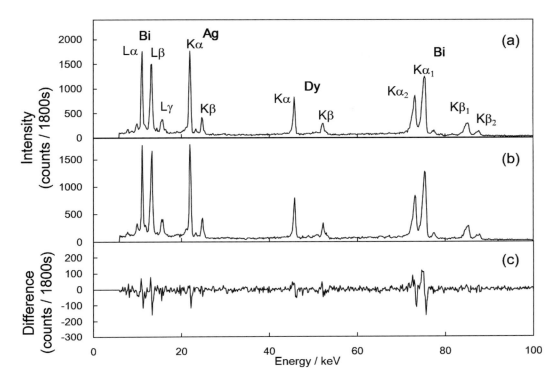

Fig.6 Same as Fig.5, but using an AMPTEK MCA8000A.

ラジウム RI 線源のスペクトルを示す．(a), (b) にケーブル長が 1 m と 60 m の場合のスペクトルを，(c) にそれらの差スペクトルを示す．チャンネル数は 1024 である．見かけはほとんど同じスペクトルでも，差スペクトル (c) から，エネルギーがシフトしていることが分かる．このシフトは再現性があることも確認した．ケーブルを付け替えただけでも，エネルギーキャリブレーションをやり直さなければならないことは明白である．差スペクトルによって，ケーブルが長い場合にはスペクトルが低エネルギー側にシフトすることがわかる．また，そのシフト幅は低エネルギー側では 1 チャンネル以下であるのに対し，高エネルギー側では 2～3 チャンネルとなった．ケーブルが長くなったためにパルス波高が低下し，スペクトル全体が原点を基点として縮小されたと考えられる．一方で，スペクトル強度には有意な差はなかった．

Fig.6 に Amptek 社製 PHA を使用して測定したラジウム RI 線源のスペクトルを示す．(a), (b) はケーブル長が 1 m と 60 m の場合のスペクトル，(c) には差スペクトルを示した．チャンネル数は 1024 である．差スペクトルに着目すると，ラボラトリ・イクイップメント・コーポレーション製 PHA とは逆に，長いケーブルを使用した場合にはスペクトルが高エネルギー側にシフトしたことがわかる．また，そのシフト幅は X 線エネルギーには依存せず，スペクトルの全領域で 1 チャンネル以下であった．一方，ピーク強度は大差なかった．スペクトルが高エネルギー側にシフトした原因として，ケーブルが長くなるとアース電位が高くなり，出力され

るパルス波高が短いケーブルよりも高くなったのではないかと考えられた．そこで，60 m のケーブルを用いた状態でその両端のグラウンドを 1 m の銅線で接続し，さらにサッシの金属材にアースした．しかし高エネルギー方向へのシフトは解消されなかったことから，別の要因があると考えられる．

インピーダンス不整合状態でケーブルを長くしても，パルス信号の反射に起因する低エネルギー側のピークは X 線スペクトルには現れなかった．メインアンプの shaping time が 3 μs 固定式だったので，今回使用した長さのケーブルではパルス信号と反射信号が分離しなかったためと考えられる．高計数率測定等の目的で短い shaping time で測定した場合には，反射信号に起因するピークが，スペクトルの低エネルギー領域に出現する可能性がある．

4. おわりに

EDX 測定において，信号経路でのパルス信号変化がスペクトルにおよぼす影響を明らかにするために，同軸ケーブルの長さやインピーダンスの影響を測定した．長いケーブルを用いた場合には，X 線スペクトルがエネルギー軸方向にシフトしたが，そのシフト方向は使用する PHA によって異なった．EDX スペクトルはこうした影響を受けたスペクトルを測定するため，研究目的でスペクトルを測定する場合には，DSP を信頼することなく，アナログ計測ともクロスチェックすることが重要である．

謝　辞

京大宇治キャンパスで 2017 年 10 月に開催された PIXE シンポジウムにおいて同軸ケーブルの材質やコモンモードのチェック方法のコメントをいただいた広島大学の西山文隆先生に感謝します．DSP だけに頼らないでアナログ計測を重視すべきであるとのコメントをいただいた京都大学量子理工学教育研究センター土田秀次先生に感謝します．

参考文献

1) T. Papp, J.A. Maxwell, A. Papp, Z. Nejedly, J. L. Campbell: On the role of the signal processing electronics in X-ray analytical measurements, *Nuclear Instruments and Methods in Physics Research B*, **219-220**, 503 (2004).
2) 西山文隆：PIXE 分析にありがちな Pitfalls（落とし穴）―信頼できるデータを得るために―，X 線分析の進歩，**41**, 61 (2010)．
3) 株式会社フジクラホームページ：RG タイプ高周波ケーブル，http://www.fujikura.co.jp/products/infrastructure/coaxialcables/01/_icsFiles/afieldfile/2009/07/23/cd1203_10_rg_p6_8.pdf

FP 法によるエネルギー分散蛍光 X 線の高精度化の基礎研究

山崎慶太[*], 田中亮平, 河合 潤

Improving the Precision of EDXRF using the Fundamental Parameter Method

Keita YAMASAKI[*], Ryohei TANAKA and Jun KAWAI

Department of Materials Science and Engineering, Kyoto University
Sakyo-ku, Kyoto 606-8501, Japan

(Received 30 November 2017, Revised 26 January 2018, Accepted 9 February 2018)

We assess the quantitative accuracy of energy dispersive X-ray fluorescence (EDXRF) analysis by measuring spectra of stainless steel using an EDXRF spectrometer combined with a modified FP method whose integral variable is transformed from wavelength, λ, to energy, E. In the present paper, E^2 term is included in the conventional FP method, which leads to the improvement of quantitative accuracy of EDXRF.

[Key words] Energy dispersive X-ray spectrometry, Fundamental parameter method, Peak fitting

エネルギー分散型蛍光 X 線分析装置の定量分析精度を評価するため,ファンダメンタルパラメータ法を用いた組成計算プログラムを作成した.白岩－藤野の式の積分変数をエネルギー E に変換する際に E^2 の項を導入し,さらにガウスフィッティングを用いて測定スペクトルから微量元素のピークを取り出すことで,定量精度が向上することが確認できた.

[キーワード] エネルギー分散型蛍光 X 線分析装置,ファンダメンタルパラメータ法,ピークフィッティング

1. はじめに

エネルギー分散型蛍光 X 線分析装置 (EDXRF) は迅速分析や多元素同時分析が可能で,近年小型化も進んでいることから,蛍光 X 線分析装置の主流となっている.しかし,EDXRF は Si 検出器の分解能が Mn Kα で約 160 eV であり主成分のピーク付近の微量元素を検出することが難しく,また半導体検出器の経時変化によりスペクトルの再現性に問題があるため[1],製鋼工程の分析や精密な定量分析が必要な分析には波長分散型蛍光 X 線分析装置 (WDXRF) が必ず用いられている.また,EDX に使用されているデジタルシグナルプロセッサ (DSP) やファンダメンタルパラメータ (FP) 計算定量ソフトは中身が公開されておらずブラックボックス化しているため,測定誤差の特定が困難である.そこで,ファンダメンタルパラメー

タ (FP) 法による組成計算プログラムを作成し，EDX の定量精度に影響する要因について検討した．

2. FP計算および試料の測定

2.1 FP法[2]

FP 法とは，試料から発生する蛍光 X 線の強度をある初期濃度を仮定して理論計算により求め，実測のスペクトル強度に収束させていくことで未知試料の組成を求める手法である．例えば，ステンレス鋼材中の Fe から発生する蛍光 X 線 Fe Kα の強度 $I(\text{FeK}\alpha)$ は次のように表される．

$$I(\text{FeK}\alpha) = I_1(\text{FeK}\alpha) + I_2(\text{FeK}\alpha)$$

ここで，$I_1(\text{FeK}\alpha)$ は入射 X 線が Fe を励起したことにより発生した 1 次蛍光 X 線の強度，$I_2(\text{FeK}\alpha)$ はステンレス鋼材中の他の元素由来の 1 次蛍光 X 線が Fe を励起したことにより発生した 2 次蛍光 X 線の強度である．同様に 3 次以上の項の蛍光 X 線も発生するが，2 次蛍光 X 線強度に比べて 1 桁小さいので，本稿での FP 計算の際には無視した．本稿では SUS304 中の 4 元素，Cr, Mn, Fe, Ni についてそれぞれの蛍光 X 線理論強度，$I(\text{CrK}\alpha)$, $I(\text{MnK}\alpha)$, $I(\text{FeK}\alpha)$, $I(\text{NiK}\alpha)$, を用いて組成計算を行った．

Cr, Mn, Fe, Ni の蛍光 X 線理論強度，$I_1(\text{CrK}\alpha)$, $I_2(\text{CrK}\alpha)$, $I_1(\text{MnK}\alpha)$, $I_2(\text{MnK}\alpha)$, $I_1(\text{FeK}\alpha)$, $I_2(\text{FeK}\alpha)$, $I_1(\text{NiK}\alpha)$, は白岩-藤野の式[3] によって次のように求めることができる．

$$I_1(\text{CrK}\alpha) = \int_{\lambda_{\min}}^{\lambda_{\text{CrK}\alpha,\text{edge}}} Q_{\text{CrK}\alpha}(\lambda) \cdot \frac{I_0(\lambda)}{\frac{\mu(\lambda)}{\sin\varphi} + \frac{\mu(\text{CrK}\alpha)}{\sin\psi}} \cdot \frac{1}{\sin\psi} d\lambda$$

$$I_1(\text{MnK}\alpha) = \int_{\lambda_{\min}}^{\lambda_{\text{MnK}\alpha,\text{edge}}} Q_{\text{MnK}\alpha}(\lambda) \cdot \frac{I_0(\lambda)}{\frac{\mu(\lambda)}{\sin\varphi} + \frac{\mu(\text{MnK}\alpha)}{\sin\psi}} \cdot \frac{1}{\sin\psi} d\lambda$$

$$I_1(\text{FeK}\alpha) = \int_{\lambda_{\min}}^{\lambda_{\text{FeK}\alpha,\text{edge}}} Q_{\text{FeK}\alpha}(\lambda) \cdot \frac{I_0(\lambda)}{\frac{\mu(\lambda)}{\sin\varphi} + \frac{\mu(\text{FeK}\alpha)}{\sin\psi}} \cdot \frac{1}{\sin\psi} d\lambda$$

$$I_1(\text{NiK}\alpha) = \int_{\lambda_{\min}}^{\lambda_{\text{NiK}\alpha,\text{edge}}} Q_{\text{NiK}\alpha}(\lambda) \cdot \frac{I_0(\lambda)}{\frac{\mu(\lambda)}{\sin\varphi} + \frac{\mu(\text{NiK}\alpha)}{\sin\psi}} \cdot \frac{1}{\sin\psi} d\lambda \quad (1)$$

$$\begin{aligned}
I_2(\text{CrK}\alpha) &= \frac{1}{2\sin\psi} \int_{\lambda_{\min}}^{\lambda_{\text{CrK}\alpha,\text{edge}}} \frac{Q_{\text{FeK}\alpha}(\lambda) \cdot Q_{\text{CrK}\alpha}(\text{FeK}\alpha) \cdot I_0(\lambda)}{\frac{\mu(\lambda)}{\sin\varphi} + \frac{\mu(\text{CrK}\alpha)}{\sin\psi}} \cdot \left\{ \frac{\sin\psi}{\mu(\text{CrK}\alpha)} \cdot \ln\left(1 + \frac{\mu(\text{CrK}\alpha)/\sin\psi}{\mu(\text{FeK}\alpha)}\right) \right. \\
&\left. + \frac{\sin\varphi}{\mu(\lambda)} \cdot \ln\left(1 + \frac{\mu(\lambda)/\sin\varphi}{\mu(\text{FeK}\alpha)}\right) \right\} d\lambda \\
&+ \frac{1}{2\sin\psi} \int_{\lambda_{\min}}^{\lambda_{\text{CrK}\alpha,\text{edge}}} \frac{Q_{\text{NiK}\alpha}(\lambda) \cdot Q_{\text{CrK}\alpha}(\text{NiK}\alpha) \cdot I_0(\lambda)}{\frac{\mu(\lambda)}{\sin\varphi} + \frac{\mu(\text{CrK}\alpha)}{\sin\psi}} \cdot \left\{ \frac{\sin\psi}{\mu(\text{CrK}\alpha)} \cdot \ln\left(1 + \frac{\mu(\text{CrK}\alpha)/\sin\psi}{\mu(\text{NiK}\alpha)}\right) \right.
\end{aligned}$$

$$+\frac{\sin\varphi}{\mu(\lambda)}\cdot\ln\left(1+\frac{\mu(\lambda)/\sin\varphi}{\mu(\mathrm{NiK\alpha})}\right)\Bigg\}d\lambda$$

$I_2(\mathrm{MnK\alpha})$

$$=\frac{1}{2\sin\psi}\int_{\lambda_{\min}}^{\lambda_{\mathrm{MnK\alpha,edge}}}\frac{Q_{\mathrm{NiK\alpha}}(\lambda)\cdot Q_{\mathrm{MnK\alpha}}(\mathrm{NiK\alpha})\cdot I_0(\lambda)}{\dfrac{\mu(\lambda)}{\sin\varphi}+\dfrac{\mu(\mathrm{MnK\alpha})}{\sin\psi}}\cdot\Bigg\{\frac{\sin\psi}{\mu(\mathrm{MnK\alpha})}\cdot\ln\left(1+\frac{\mu(\mathrm{MnK\alpha})/\sin\psi}{\mu(\mathrm{NiK\alpha})}\right)$$

$$+\frac{\sin\varphi}{\mu(\lambda)}\cdot\ln\left(1+\frac{\mu(\lambda)/\sin\varphi}{\mu(\mathrm{NiK\alpha})}\right)\Bigg\}d\lambda$$

$I_2(\mathrm{FeK\alpha})$

$$=\frac{1}{2\sin\psi}\int_{\lambda_{\min}}^{\lambda_{\mathrm{FeK\alpha,edge}}}\frac{Q_{\mathrm{NiK\alpha}}(\lambda)\cdot Q_{\mathrm{FeK\alpha}}(\mathrm{NiK\alpha})\cdot I_0(\lambda)}{\dfrac{\mu(\lambda)}{\sin\varphi}+\dfrac{\mu(\mathrm{FeK\alpha})}{\sin\psi}}\cdot\Bigg\{\frac{\sin\psi}{\mu(\mathrm{FeK\alpha})}\cdot\ln\left(1+\frac{\mu(\mathrm{FeK\alpha})/\sin\psi}{\mu(\mathrm{NiK\alpha})}\right)$$

$$+\frac{\sin\varphi}{\mu(\lambda)}\cdot\ln\left(1+\frac{\mu(\lambda)/\sin\varphi}{\mu(\mathrm{NiK\alpha})}\right)\Bigg\}d\lambda \quad (2)$$

式(2)について，CrはFe KαとNi Kαから2次励起されるため2つの積分式，MnおよびFeはNi Kαに2次励起されるため1つの積分式となっている．NiについてはCr-Mn-Fe-Ni合金中では2次励起されない．Cr, Mn, Fe, NiのK吸収端エネルギーと，Kα線およびKβ線のエネルギーをTable 1に示す[4]．

式(1), (2)中の各パラメータは定数，あるいは入射X線の波長λの関数で表される．I_1(FeKα), I_2(FeKα)を例にパラメータを以下に示す．

$Q_{\mathrm{FeK\alpha}}(\lambda)$：波長λの入射X線による，試料の単位重量当たりの蛍光X線 Fe Kαの発生効率．詳しくは後述する．$I_0(\lambda)$：入射X線強度．$\mu(\lambda)$：波長λの入射X線の，試料全体における質量吸収係数．質量吸収係数には加成性があり，Cr-Mn-Fe-Ni合金の試料全体の質量吸収係数$\mu(\lambda)$は，Cr, Mn, Fe, Niの質量吸収係数を$\mu_{\mathrm{Cr}}(\lambda)$, $\mu_{\mathrm{Mn}}(\lambda)$, $\mu_{\mathrm{Fe}}(\lambda)$, $\mu_{\mathrm{Ni}}(\lambda)$，各元素の重量分率を，$W_{\mathrm{Cr}}$, W_{Mn}, W_{Fe}, W_{Ni}とすると次のように求めることができる．

$$\mu(\lambda)=W_{\mathrm{Cr}}\cdot\mu_{\mathrm{Cr}}(\lambda)+W_{\mathrm{Mn}}\cdot\mu_{\mathrm{Mn}}(\lambda)\\+W_{\mathrm{Fe}}\cdot\mu_{\mathrm{Fe}}(\lambda)+W_{\mathrm{Ni}}\cdot\mu_{\mathrm{Ni}}(\lambda)$$

ただし，$W_{\mathrm{Cr}}+W_{\mathrm{Mn}}+W_{\mathrm{Fe}}+W_{\mathrm{Ni}}=1$，である．Fig.1にFeの質量吸収係数を示す．グラフをプロットする際にはNISTのデータベース[5]を使用した．

$\mu(\mathrm{FeK\alpha})$：試料全体における蛍光X線 Fe Kαの質量吸収係数．φ：入射X線の入射角．ψ：蛍光X線の取り出し角．$\lambda_{\min}$：入射X線の最短波長，$\lambda_{\mathrm{FeK\alpha,edge}}$：蛍光X線 Fe Kαの吸収端波長．

Table 1 Absorption energies and K X-ray line energies[4] (keV).

	K absorption edge	Kα	Kβ
Cr	5.987	5.414	5.946
Mn	6.535	5.898	6.490
Fe	7.109	6.403	7.057
Ni	8.329	7.478	8.264

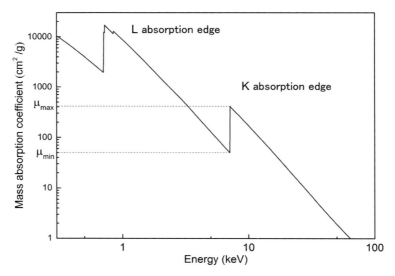

Fig.1 Mass absorption coefficient for Fe. This graph is plotted based on NIST database[5].

$Q_{NiK\alpha}(\lambda)$：波長 λ の入射 X 線による，試料の単位重量当たりの蛍光 X 線 Ni Kα の発生効率．
$\mu(NiK\alpha)$：蛍光 X 線 Ni Kα の試料全体の質量級数係数．

また，蛍光 X 線の発生効率 $Q_{FeK\alpha}(\lambda)$ は次式で表される．

$$Q_{FeK\alpha}(\lambda) = \mu_{Fe}(\lambda) \cdot W_{Fe} \cdot \omega_{Fe} \cdot J_{K,Fe} \cdot R_{FeK\alpha}$$

ここで，ω_{Fe}, $J_{K,Fe}$, $R_{FeK\alpha}$ は以下の通りである．

ω_{Fe}：Fe の蛍光収率．蛍光収率とは，元素に K 殻空孔が生じた際に蛍光 X 線が発生する確率のことである．$J_{K,Fe}$：Fe の K 線におけるジャンプ比．ジャンプ比とは，吸収された X 線により K 殻の電子が放出される割合のことであり，Fig.1 中の μ_{max}, μ_{min} を用いて，

$$J_{K,Fe} = (\mu_{max} - \mu_{min})/\mu_{max}$$

と表される．

$R_{FeK\alpha}$：蛍光 X 線 Fe Kα のスペクトル比．発生する K 線のうち Kα 線と Kβ 線の配分比のこ

とであり，例えば Fe Kα の強度を $I(FeK\alpha)$，Fe Kβ の強度を $I(FeK\beta)$ とすると，

$$R_{FeK\alpha} = I(FeK\alpha) / \{I(FeK\alpha) + I(FeK\beta)\},$$

と表される．

白岩－藤野の式の積分変数は λ であるが，今回実験に用いた装置はエネルギー分散型であり，測定スペクトルはエネルギーの関数として得られる．岩田らの先行研究[6]によると，強度積分式の積分変数を角度 θ からエネルギー E に変換すると，単にエネルギー軸（横軸）のみならず，スペクトル強度（縦軸）も変化する．式 (1), (2) の積分変数を波長 λ からエネルギー E に変換すると以下のように E^2 の項が現れる．

まず，波長とエネルギーの関係式，$E = hc/\lambda$，の両辺を微分すると，$d\lambda$ と dE の関係が次のように求まる：$dE\lambda + Ed\lambda = 0$．従って，

$$d\lambda = -hc/E^2 \cdot dE. \tag{3}$$

式 (3) を式 (1), (2) に代入すると，

$$I_1(\text{FeK}\alpha) = hc \int_{E_{\text{Fe,edge}}}^{E_{\max}} Q_{ip}(E) \cdot \frac{I_0(E)}{\mu(E)/\sin\varphi + \mu(\text{FeK}\alpha)/\sin\psi} \cdot \frac{1}{\sin\psi} \cdot \frac{1}{E^2} dE \quad (4)$$

$$I_2(\text{FeK}\alpha)$$

$$= \frac{hc}{2\sin\psi} \int_{E_{\text{Fe,edge}}}^{E_{\max}} \frac{Q_{\text{NiK}\alpha}(E) \cdot Q_{\text{FeK}\alpha}(\text{NiK}\alpha) \cdot I_0(E)}{\frac{\mu(E)}{\sin\varphi} + \frac{\mu(ip)}{\sin\psi}} \cdot \left\{ \frac{\sin\psi}{\mu(\text{FeK}\alpha)} \cdot \ln\left(1 + \frac{\mu(\text{FeK}\alpha)/\sin\psi}{\mu(\text{NiK}\alpha)}\right) \right.$$

$$\left. + \frac{\sin\varphi}{\mu(E)} \cdot \ln\left(1 + \frac{\mu(E)/\sin\varphi}{\mu(\text{NiK}\alpha)}\right) \right\} \cdot \frac{1}{E^2} dE \quad (5)$$

を得る．この変換は $I_1(\text{CrK}\alpha)$, $I_2(\text{CrK}\alpha)\cdots$, $I_1(\text{NiK}\alpha)$ においても同様である．元の式 (1), (2) と比べて，変換した式には $1/E^2$ の項が含まれている．今回作成したプログラムでは式 (4), (5) から試料の組成を計算した．

2.2 FP 計算プログラム

本稿では Excel 2010 を用いて FP 計算を行った．式中の蛍光収率，ジャンプ比，スペクトル比は文献値[2,7]を使用し，質量吸収係数は NIST のデータベース[5]を使用した．パラメータを Table 2 に示す．

組成を求める際には，2.1 節の式 (1), (2) を用いた場合と式 (4), (5) を用いた場合の 2 通りで計算を行い，式の変換による結果の違いを比較した．式 (1), (2) および (4), (5) の積分計算の際には，被積分関数を 0.02 keV ごとの区間に分割し，長方形近似を用いた区分求積法により蛍光 X 線の理論強度を求めた．積分範囲は各元素の吸収端エネルギーより低エネルギー側のステップ (Fe: 7.10 keV, Ni: 8.32 keV, Cr: 5.98 keV, Mn: 6.52 keV) から，X 線管からの入射 X 線の最大エネルギーまでとした．

なお，蛍光 X 線の理論強度と実測強度は逐次近似式[8]を用いて収束させた．初期濃度によらず，20 回程度の計算で，$\left|\frac{W_n - W_{n-1}}{W_n}\right| \leq 10^{-5}$，となった．

2.3 SUS304 および入射 X 線スペクトルの測定

エネルギー分散蛍光 X 線分析装置の EDX-800（島津製作所）を用いて，SUS304 の小片 (30 mm×30 mm, 厚さ 0.1 mm) を測定した．測定条件として，ターゲットを Rh, 管電圧を 50 kV, 管電流を 13 μA, 計測時間を 100 s とし，大気中で測定を行った．実測スペクトルを Fig.2 に示す．横軸は 0.02 keV ごとに強度をカウントしてある．同一試料を 5 回測定し，組成を求める際には得られた 5 つのスペクトルに対して Savitzky-Golay の 5 点スムージングを 10 回行ったものを用いた．

また，試料としてアクリルを同条件で測定すると，コンプトン散乱により 1 keV 程度低エネルギー側にシフトするが，X 線管からの入射 X

Table 2 Fluorescence yield, jump ratio, and spectrum ratio for Cr, Mn, Fe, and Ni [2,7].

	Cr	Mn	Fe	Ni
Fluorescence yield	0.283	0.313	0.342	0.414
Jump ratio	0.886	0.884	0.878	0.873
Spectrum ratio	0.891	0.868	0.899	0.889

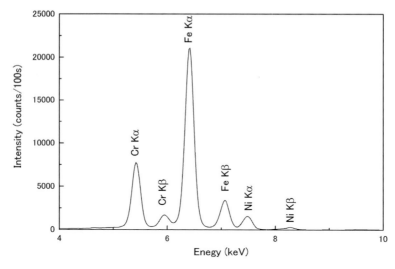

Fig.2 Measured SUS304 spectrum using a Shimadzu EDX-800 spectrometer.

線スペクトルを得ることができる[9]．本稿ではアクリルの測定により得られたスペクトルを用いて FP 計算を行った．

2.4 ピークフィッティングによる Mn Kα のスペクトル分離

Table 1 より，Cr Kβ, Mn Kα エネルギーはそれぞれ 5.947 keV, 5.899 keV であり，Fig.2 のスペクトルにおいて Mn Kα を確認することができない．そこで，ガウス関数を用いて Cr Kα のピークフィッティングを行い，Cr の Kα 線と Kβ 線の強度比から Cr Kβ を求め，実測スペクトルから Cr Kα, Cr Kβ を引くことで Mn Kα を分離した．また，Fe, Ni についても Kα 線のガウスフィッティングを行った．各元素の Kα 線と Kβ 線の強度比は島津の EDX-800 に付属しているソフトにインプットされている値を用いた．Cr, Mn, Fe, Ni の Kα 線と Kβ 線の強度比を Table 3 に示す．

Table 3 Intensities for Kα lines and Kβ lines of Cr, Mn, Fe, and Ni, which are based on EDX-800 (Shimadzu).

	Kα line	Kβ line
Cr	100	15
Mn	100	15
Fe	100	15
Ni	100	14

3. 結果および考察

計算により求めた Cr, Mn, Ni の組成の平均と標準偏差を Table 4 に示す．残部は Fe の濃度である．また，JIS 規格による SUS304 の化学組成[10]を Table 5 に示す．

3.1 含有元素が Fe, Cr, Ni の 3 種のみと仮定した場合

初めに，実測スペクトル (Fig.2) に Cr, Fe, Ni の Kα 線および Kβ 線が見られるため，試料に含まれる元素を Fe, Cr, Ni の 3 種類のみと仮定し，Cr Kα, Fe Kα, Ni Kα の NET 強度を求め組

Table 4 Mean values (μ) and standard deviations (σ_{n-1}) of Cr, Ni, and Mn in SUS304 (%). Calculation conditions are shown as follows: alloy / used equations.

Calculation condition	Cr		Ni		Mn	
	μ	σ_{n-1}	μ	σ_{n-1}	μ	σ_{n-1}
Fe-Cr-Ni / (1), (2)	21.7	0.3	7.3	0.3	—	—
Fe-Cr-Ni / (4), (5)	20.8	0.3	7.9	0.3	—	—
Fe-Cr-Ni-Mn / (1), (2)	21.6	0.2	7.4	0.1	1.1	0.2
Fe-Cr-Ni-Mn / (4), (5)	20.6	0.2	8.0	0.1	1.1	0.2

Table 5 Chemical composition of SUS304 [10] (%).

	C	Si	Mn	P	S	Ni	Cr
SUS304	MAX 0.08	MAX 1.00	MAX 2.00	MAX 0.045	MAX 0.030	8.00〜10.50	18.00〜20.00

成を計算した．Table 4 より，式 (4), (5) を用いて求めた組成の方が JIS 規格値に近づいていることがわかる．

なお，式 (1), (2) を用いる場合は，測定で得られたスペクトルのエネルギー（横軸）を $E = hc/\lambda$ の関係式より波長に変換し，それを式 (1), (2) にそのまま代入して理論強度を求めている．この時，スペクトル強度は 0.02 keV ごとのステップでカウントされており，横軸を波長に変換すると短波長側のカウント幅が長波長側のカウント幅に比べて狭くなるため，Table 3 の計算結果に違いが見られる．

3.2 含有元素が Fe, Cr, Ni, Mn の 4 種のみと仮定した場合

2.4 節に示したように各元素のスペクトルをガウス関数でフィッティングし，それにより求めた Cr Kα, Mn Kα, Fe Kα, Ni Kα の NET 強度を用いて組成を計算した．実測スペクトルから Cr Kβ と Mn Kα を分離した様子を Fig.3 に示す．Fig.3 において，実測スペクトルをドット，ガウスフィッティングにより求めたスペクトルを

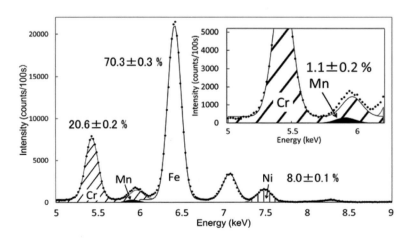

Fig.3 SUS304 spectra. Measured (dot) and Gaussian fitted (line) spectra.

実線で表している．Fig.3 より，実測スペクトルでは確認できなかった Mn Kα を分離することで，組成計算の過程で Mn の項を含めることができた．Table 4 より，試料中の微量元素として Mn を含めることにより Cr, Ni の組成が JIS 規格値に近づいた．また，3.1 節の結果と同じように，変換した式 (4), (5) を用いた方が JIS 規格値に近づいた．

4. おわりに

白岩－藤野の式を積分変数が E の式に変換し，それを用いた FP 計算プログラムを作成した．EDX による SUS304 の測定スペクトルを用いて含有元素が Cr, Fe, Ni の 3 元素のみと仮定した場合と，ガウスフィッティングにより Mn Kα を取り出し含有元素が Cr, Mn, Fe, Ni の 4 元素のみと仮定した場合について計算を行った．計算の結果，Mn の項を含めた方が JIS 規格値に近づき，ピーク分離により EDX の定量精度が向上したと考えられる．また，どちらの場合においても変換した式 (4), (5) を用いた方が JIS 規格値に近づいており，式中に $1/E^2$ の項を含めることで定量精度が向上したと考えられる．

謝　辞

本研究の一部は一般社団法人日本鉄鋼協会第 26 回鉄鋼研究振興助成「鉄及び鋼の蛍光 X 線分析方法の研究（河合）」によるものです．

参考文献

1) 河合　潤：蛍光 X 線分析―詳しい説明―，"蛍光 X 線分析"，2 章，(2012)，(共立出版)．
2) 越智寛友，岡下英男：ファンダメンタルパラメータ法による新素材の蛍光 X 線分析，島津評論，**45**，(1・2)，51-61 (1966)．
3) T. Shiraiwa, N. Fujino: Theoretical Calculation of Fluorescent X-Ray Intensities in Fluorescent X-Ray Spectrochemical Analysis, *Japanese Journal of Applied Physics*, **5**, 886-899 (1966).
4) A. Markowicz: X-ray Physics, in "Handbook of X-ray Spectrometry", 2nd ed., R. E. Van Grieken, A. A. Markowicz (eds.) chapter 1, p.36, p.47 (1993, 2002).
5) NIST: X-Ray Form Factor, Attenuation, and Scattering Tables. https://physics.nist.gov/PhysRefData/FFast/html/form.html
6) A. Iwata, K. Yuge, J. Kawai: Intensity correction of WD-XRF spectra from 2θ to energy, *X-Ray Spectrometry*, **42**, 16-18 (2013).
7) M. R. Kacal, I. Han, F. Akman: Measurements of K shell absorption jump factors and jump ratios using EDXRF technique, *The European Physical Journal D*, **69**, 103-109 (2015).
8) J. W. Criss, L. S. Birks: Calculation Methods for Fluorescent X-Ray Spectrometry, *Analytical Chemistry*, **40**, 1080-1086 (1968).
9) 河合　潤：蛍光 X 線分析，"第 5 版　鉄鋼便覧　第 4 巻　分析・試験"，p.48，(2014)，(日本鉄鋼協会)．
10) JIS G 4308：2013，ステンレス鋼線材．

共焦点型微小部蛍光 X 線分析法を用いた毛髪中の元素分布解析

蓬田 直也[*]，辻 幸一

Elemental Distribution Analysis in the Hair by Confocal Micro XRF

Naoya YOMOGITA[*] and Kouichi TSUJI

Department of Applied Chemistry & Bioengineering, School of Engineering, Osaka City University
3-3-138 Sugimoto, Sumiyosi-ku, Osaka 558-8585, Japan

(Received 15 December 2017, Accepted 18 January 2018)

　　Confocal micro X-ray fluorescence is an effective method for obtaining information about elemental distribution inside the sample. A hair has trace elements such as Ca and Zn, so it is possible to examine deficiency of these elements and whether we take harmful metal by scanning one's hair. Then, we tried obtaining elemental map at any position and revealing information about elemental distribution from the hair root to top by applying confocal micro XRF. We also investigated the possibility about invasion of element from outside by analyzing fluorescent X-ray intensity of hair on surface and at center in specific cross section. In the hair applied a permanent wave, it became clear that it receives strong contamination from the outside.

[Key words] Confocal micro X-ray fluorescence analysis, Micro analysis, Elemental imaging, Hair analysis

　　共焦点型微小部蛍光 X 線分析法は，試料内部の元素分布情報を取得できる方法として有効である．毛髪には Ca や Zn といった微量成分が存在し，毛髪を分析することによって，これら元素の摂取量の過不足評価や有害金属摂取の検査が可能と予想される．そこで，共焦点型微小部蛍光 X 線分析法を用いて，任意の位置での元素イメージング取得，および，毛根から先端にかけての元素分布情報の解明を試みた．特定の断面において毛髪表面と内部の強度を解析することによって，外部からの元素の侵入の可能性についても調査した．パーマ処理を行った毛髪では，外部からの Ca 汚染の影響が特に顕著であることが明らかになった．

[キーワード] 共焦点型蛍光 X 線分析，微小部分析，元素イメージング，毛髪分析

1. はじめに

　毛髪は毛母細胞で作られており，3 日に約 1 mm の速度で定常的に成長するので，毛髪への元素の流入は，血液から毛母細胞への流入と対応している．つまり毛根から先端へ毛髪を測定することで，現在から過去に遡って元素の増減の変化を知ることができる．Fe や Zn，Ca と

大阪市立大学大学院工学研究科　大阪府大阪市住吉区杉本 3-3-138　〒 558-8585　[*]連絡著者：m16tc50j38@st.osaka-cu.ac.jp

いった元素は，その含有量は微量ではあるものの，生命活動において重要な役割を果たしている．たとえばCaは，骨格を構成する重要な元素であると同時に，筋肉の刺激や収縮に関する神経伝達物質でもあり，血液中でその濃度は一定に保たれている．これはCaが不足すると骨が溶け出して，血液中のCa濃度を一定に保つ働きが人体に備わっているからである．しかしCa濃度が血液中の約1/10000と非常に小さい細胞はCaの変化にとても敏感であり，上記のように骨が溶け出すことによって逆にCaが過剰な状態になる．つまり，Ca摂取量の不足によって結果的に細胞内のCa濃度が上昇する．この現象は「カルシウムパラドックス」と呼ばれており，細胞機能の低下を招き，免疫疾患や高血圧，動脈硬化等を引き起こす．したがって，Ca量の経時的変化を調べることで，病気の予兆や経過の判断に役立てることができる[1]．

これまでの毛髪内元素分析では，主にICP発光質量分析法が用いられてきた[2-4]．しかし同法では100本以上の毛髪が必要になる上，酸に溶かして溶液化する試料準備が必要となる．全反射蛍光X線分析を用いた例もある[5,6]が，同様に溶液化させる手間がかかる．また，断面の元素分布像取得には，放射光微小部蛍光X線分析法を用いた報告もある[7〜9]が，元素分布の測定に断面を切り出しており，煩雑な測定となってしまう問題がある．

一方，ポリキャピラリーのようなX線集光素子が発達したことによって，実験室において，微小部の蛍光X線分析が可能となった[10-12]．従来の微小部蛍光X線分析では，試料内部までX線が侵入し，試料表面および試料内部の蛍光X線が同時に検出され，どの場所から発生した蛍光X線であるかを特定することが困難であった．そこで，この問題を解決するため，X線照射側と検出器側の双方にポリキャピラリーX線レンズを配置し，両者のポリキャピラリーX線レンズの焦点を合致させる共焦点型微小部蛍光X線分析法が開発された[13-16]．この手法では，共焦点以外からの蛍光X線は検出されないので，特定の微小空間内で発生した蛍光X線のみを検出することができる．2003年には深さ方向の実施例が報告されており[17]，著者らの研究室においても，共焦点型微小部蛍光X線分析装置を試作し，生体試料[18]，植物試料[19-21]，固液界面[22,23]，文化財[24]，法科学試料[25]，鉄鋼試料の腐食[26,27]などの事例に応用してきた．以前に著者らが分析した鉄鋼試料に関して，本装置による非破壊的元素マッピング像と，断面を切り出した試料表面のSEM-EDSによる元素分布像との比較検討を行っており，その結果から，共焦点型蛍光X線分析装置による元素マッピング像の信頼性が示されている[28]．これまでに，著者らは，毛髪試料に対して本分析法を適用し，非破壊的に毛髪断面の3次元分布像を取得できる可能性を示した[29]．しかし，吸収効果の有無には言及したものの，定量的な吸収効果については考察されていなかった．また，同法を用いて毛髪内水銀を測定した例もある[30]が，1断面内像を報告しただけであった．そこで本論文では，毛髪を伸長方向に立てることなく，寝かせたままの状態で，断面において取得したCaやFeの分布像を示すとともに，毛髪の根元から先端にかけての像の変化および元素濃度の変化を測定したので，合わせて報告する．

2. 実　験

2.1 共焦点型微小部蛍光X線分析装置の構成

蛍光X線が空気によって吸収されるのを防ぐ

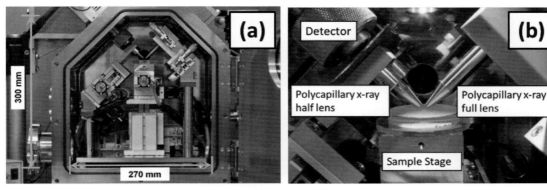

Fig.1 Photograph of confocal micro-XRF instrument [31]. (a) Overall view. (b) Magnified view.

ため，Fig.1 に示すような真空仕様の装置を用いた [31]．真空容器内の最大高さ，幅，奥行きは 300 mm×270 mm×190 mm である．真空容器内の空気は油回転式真空ポンプにより排気され，真空度は 1.5 Pa 以下とした．空冷式微小焦点型 X 線管（MCBM50-0.6B, rtw, Germany）を真空容器外に 45°の角度で配置し，ターゲット材に Rh (50 μm×50 μm 焦点) を用いることで，X 線管から照射される一次 X 線に含まれる Rh Lα 線 (2.70 keV) により，軽元素の励起効率の向上を図った．X 線管から照射される一次 X 線は，真空容器側面に取り付けられた厚さ 100 μm の Be 窓を通して真空容器内に導入した．蛍光 X 線の検出には SDD (Vortex, EX-60, Hitachi High-Tech. Inc., Japan) を用いており，この検出器の素子面積は 50 mm^2，エネルギー分解能は Mn Kα 線 (5.90 keV) において 130 eV 以下である．検出器先端は O リングを介して真空容器内に直接導入した．なお，検出器からの信号は増幅器 (572A amplifier, ORTEC Co., USA) を介して多重波高分析器 (NT2400/MCA, Laboratory Equipment Co., Japan) により波高値を分別し，PC 上にスペクトルとして表示した．

本装置では，X 線管と検出器にポリキャピラリー X 線フル／ハーフレンズ (X-ray Optical Systems, USA) を取り付けた．ポリキャピラリー X 線フルレンズの全長は 100.0 mm であり，入射側焦点距離は 30 mm，出射側焦点距離は 2.5 mm である．また，ポリキャピラリー X 線ハーフレンズは全長 36 mm，出射側焦点距離 3.0 mm である．

試料ステージはコンピューターからステッピングモーターを介して 1 μm の精度で制御される自動 x-y-z ステージ（x-y ステージ：XA04A-R2-1J，z ステージ：ZA07A-R3S-2H, Kohzu Precision Co., Ltd, Japan）を用いた．また，真空容器上部の覗き窓にはカラー CCD カメラ（20 倍率，焦点距離 140 mm, TOSHIBA Teli Co., Japan）を取り付け，測定位置の調整に利用した．

2.2 試料準備

毛髪をパーマネントウェーブ処理の有無（パーマ処理を施してないものを以下「毛髪 A」，パーマ処理を施したものを以下「毛髪 B」とする．それぞれ，22 歳男性，24 歳男性の毛髪である．）で 2 本採取した後，純水で水洗し，Fig.2 (a) に示すような分析ホルダーに取り付けた．なお，パーマ処理は一般に毛髪にダメージを与えるとされるので，外部から毛髪表面への汚染の有無について調べることとした．共焦点型微

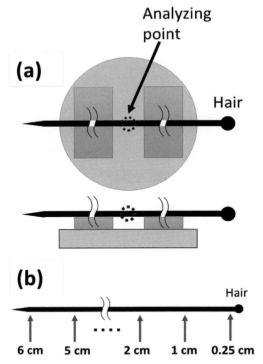

Fig.2 (a) Schematic diagram of sample holder with hair sample. (b) Measurement point of hair.

小部蛍光 X 線分析装置を使用して，この非切断面における毛髪の断面を毛根付近から先端まで任意の箇所で測定した．毛髪 A は毛根から 1 cm ごとに測定を行ったが，毛髪 B に関しては 10 cm を超える長い毛髪であり，測定部位を 2 cm ごととした．ここで，毛根部は太さによるばらつきが大きいため，本研究では毛根から 0.25 cm の位置を毛根として扱った．この測定の様子（毛髪 A）を Fig.2 (b) に示す．

また，Fig.2 (a) のように毛髪を空間中に保持することで，基板由来のバックグラウンドを抑えることにした．管電圧-管電流は 50 kV-0.5 mA で動作させ，180 μm × 180 μm（分析点間隔 5 μm × 5 μm）の測定範囲を，1 点当たりの測定時間を 20 秒とし，真空下で測定した．

3. 結果および考察

3.1 パーマネントウェーブ処理を施していない毛髪の分析

毛髪 A の断面における元素分布像を Fig.3 に示す．Fig.3 の像において X 線管は右上，検出器は左上に配置されている．S と Ca の像では

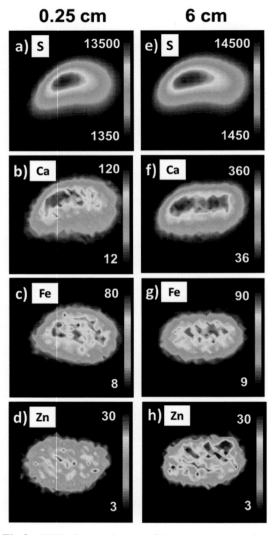

Fig.3 XRF elemental maps of S Kα (a), Ca Kα (b), Fe Kα (c), Zn Kα (d), S Kα (e), Ca Kα (f), Fe Kα (g), Zn Kα (h) of hair A. The analyzing position were 0.25 cm (a 〜 d) and 6 cm (e 〜 f) from the hair root. The analyzing area was 180 μm × 180 μm.

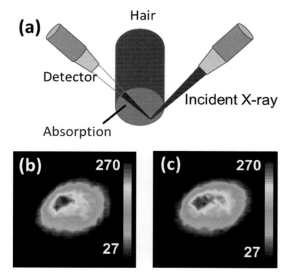

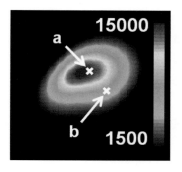

Fig.5 Attenuation of X-ray in S Kα mapping. The intensity (a) and (b) were 1.45×10^4 and 4.45×10^3 counts, respectively. The attenuation of fluorescent X-ray from a to b was about 31 %.

Fig.4 Absorption effect about X-ray. (a) Schematic diagram of self-absorption in hair. (b) XRF elemental map of Ca, (c) Ca which was put upside down.

下部の強度が弱くなっているのが確認でき，相対的に像の上部の強度が強くなっている．このような不均質な強度分布が得られた原因として毛髪中での蛍光 X 線の吸収効果（Fig.4 (a)）が考えられる．これを確認するために，測定した毛髪を裏返し，上下左右反転させた状態で同一部分の測定を行ったところ，Fig.4 (c) のように，像に反転は見られなかった．また，強度の分布も変化しておらず，この像における Ca の見かけ上の強度の偏りは吸収効果が影響しているものといえる．S, Ca に比べて相対的にエネルギーが大きい Fe や Zn の蛍光 X 線像では，下部まで強度がはっきりしている．これは，吸収効果による影響が小さいことと一貫している．毛髪は，90 % 以上がケラチンというたんぱく質から構成されている．そのケラチンを構成する必須アミノ酸の含有率は文献 [32] に示されているため，この数値と既知の分子式から毛髪内の元素組成を計算すると，質量比で C：H：O：N：S ＝ 45：7：28：15：5（ミネラル成分は 1 % 以下）となった．この値を用いておおよその吸収量を計算すると，S Kα (2.31 keV) の場合，毛髪中を 40 μm 進めば約 24.1 % に減衰する．実際の像で 40 μm 離れた位置での強度を見ると，Fig.5 に示すように，点 a から点 b にかけて蛍光 X 線強度が 30.9 % 減衰していることが確認されたので，吸収効果による影響があったことを示唆する．

共焦点から検出器まで毛髪部分を何 μm 通過したかを計算し，検出器でカウントした強度 I から実際に発生したであろう蛍光 X 線 I_0 を Lambert-Beer の式によって理論計算した．この様子を Fig.6 (a) に，再構築後の断面分布図を Fig.6 (b) に示す．なお，毛髪 A の像は潰れたような形をしていたため，Fig.6 における像の再構築には毛髪 B の結果を用いた．毛髪 A の像が円形になっていないのは，測定した 180 μm×180 μm の断面に対して毛髪の伸長方向が垂直になっていなかったためだと考えられる．吸収効果を考慮して再構築した分布図は，もとの図に比べて強度の偏りが小さい．また，像の下部における吸収効果の影響も軽減され，像の不均質性を補正することができた．

Fig.3 では，測定を行った 7 ヶ所のマッピン

グのうち2ヶ所を示したが，Ca において，大きな強度変化が見られた．ここで，毛髪全体での各元素の強度変化を見るために，マッピング面内で積算強度をとり，毛根での強度を1に規格化してグラフ化したものを Fig.7 に示す．任意の測定箇所においての元素強度を比較する際，X 線照射部での毛髪太さの違いによる蛍光 X 線強度値の変動を補正する必要がある．しかし，照射部分の質量，体積ともに測定するのは困難であったので，生活習慣等に左右されずに万人がほぼ一定の濃度値を持つ S [33)] との強度比をとり，各分析点における毛髪の太さ補正を行った．よって Fig.7 を含め，これ以降は用いる全ての元素強度を S の強度で割ったもの（その値に対して毛根での強度を1とし，規格化を行っている）を用いる．

Fig.7 では，毛根から先端における S, Ca, Fe, Zn の規格化強度を示している．毛根から毛先にかけて S, Fe, Zn は大きな強度変化が見られず，ほぼ一定量含まれているのに対し，Ca

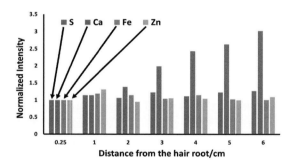

Fig.6 (a) Schematic diagram of calculation of absorption amount. (b) XRF elemental map of Ca Kα of hair B at 3 cm from the hair root before calculation. (c) Corrected map of Ca Kα.

Fig.7 Normalized intensity of hair A from the hair root to top with confocal micro-XRF.

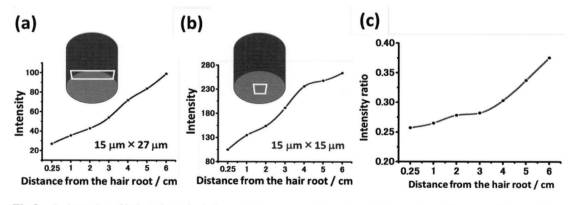

Fig.8 Ca intensity of hair A from the hair root to top in specific region. (a) On surface (15 μm × 27 μm), (b) At center (15 μm × 15 μm), (c) Its ratio (on surface / at center).

は毛先ほど強度が強くなっている．この原因として，その当時に毛根から多くのCaが取り込まれたことと，外部からの付着の2つが考えられる．これを探るために，得られた断面マッピングの数値データからFig.8のように表面付近と中央のみを抽出し，それぞれ毛根からの距離に対してプロットした．さらに各測定点において表面付近の強度に対する中央の強度をとった比も同様にFig.8内に示す．Fig.8では，表面と中央のどちらにおいても毛先ほどCa強度の上昇が確認され，表面でのCa強度に対する中央でのCa強度の比の値も増加している．つまり毛先ほど表面でのCa強度が相対的に大きくなっていることを示しており，外部からのCaの付着を示唆している．これは外部からのCa汚染が起こった場合，表面近傍への影響が大きいと考えられるからである．この結果より，Fig.7における毛根から毛先へのCa強度の増加の原因の一つとしてCaの外部汚染が挙げられる．外部汚染の例としては，洗髪による軟水からのCa付着等が挙げられる．これは毛髪自体がpH4.5～5.5の弱酸性であり，中性である水道水でもダメージを受けてしまうことに由来する．さらに毛先ほど洗髪回数が多くなることや，長期にわたって紫外線に曝されることによるダメージ[34]も外部汚染を加速する原因となる．なお，この結果はCaの摂取量に変動が起こったことを否定するわけではない．

3.2 パーマネントウェーブ処理を施した毛髪の分析

毛髪Bの断面における元素分布像をFig.9に示す．毛髪Aの場合と同様にCaのみが毛先にかけて強度が大きくなっているが，毛髪Aよりも毛先での相対的Ca量が多いことが分か

る．毛髪BにおいてもFig.7と同様に各点における積算強度を規格化し，毛根から毛先までの変化の様子をFig.10に示す．この結果より，毛髪Aと同様にS, Fe, Znに関しては強度に変化が見られなかった．また，毛髪Bにおいて先端

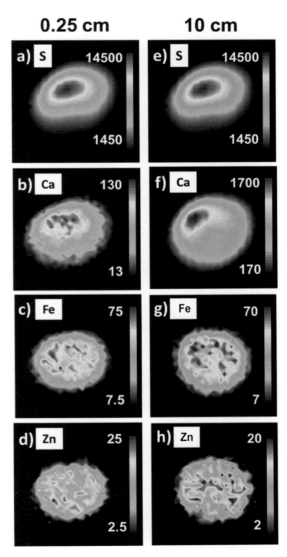

Fig.9 XRF elemental maps of S Kα (a), Ca Kα (b), Fe Kα (c), Zn Kα (d), S Kα (e), Ca Kα (f), Fe Kα (g), Zn Kα (h) of hair B. The analyzing position were 0.25 cm (a ~ d) and 10 cm (e ~ f) from the hair root. The analyzing area was 180 μm × 180 μm.

でCa強度が急激に増加した原因はパーマ処理が主な原因であると考えられる．これは毛先でのCaが毛根付近のCaの20倍以上にもなっており，単に摂取量の増減があっただけとは考えにくいからである．パーマ処理は毛髪中のジスルフィド結合やイオン結合の切断－形成を含んでおり，物理的損傷に加えて化学的損傷を毛髪に与える[35]．よってその後の洗髪等でCaが付着する可能性は十分考えられる．また，パーマ処理の中間過程で水洗の行程も含まれており，この際に軟水中のCaが侵入する可能性もある．これらを検証するために，Fig.8と同様のデータ処理を行い，Ca強度を表面と中央のそれぞれから抽出しプロットしたものをFig.11に示す．

表面・内部のどちらにおいてもパーマ処理（約3ヶ月前＝3 cmの部分）直後のCa強度に大きな変化が見られないのは，この部分はパーマ時に毛根付近に存在していた毛髪であり，パーマの影響を受けていないためだと考えられる．さらに，Caの強度変化が最も顕著な4 cm→6 cmの部分において中央Ca強度/表面Ca強度の値が低下していることから，パーマ処理時の化学的ダメージによってCa汚染が内部にまで及んでいる可能性が示唆される．表面だけでなく中央のグラフにおいてもCa強度の急激な増加が認められることからも，この化学的ダメージによる可能性は支持される．これらの結果より，パーマ処理を施した毛髪は外部からのCa汚染に敏感であり，パーマ処理から約1ヶ月後以降で急激にCa強度が変化することが分かる．この考えを用いることで，逆にパーマ処理の時期等を推定することができ，法科学等への適用が期待される．

4．まとめ

共焦点型微小部蛍光X線分析法は，これまで主に毛髪分析に用いられてきたICP発光質量分析法と比較して簡便かつ非破壊な分析手法であ

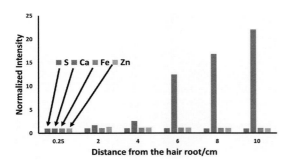

Fig.10 Normalized intensity of hair B from the hair root to top with confocal micro-XRF.

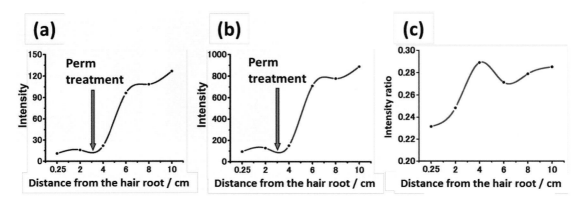

Fig.11 Ca intensity of hair B from the hair root to top in specific region. (a) On surface (15 μm × 27 μm), (b) At center (15 μm × 15 μm), (c) Its ratio (on surface / at center).

る．検出限界の面では劣るものの，毛髪中に含まれるSやCaはXRFの検出限界値を上回っており，XRFで十分に観察することができる．よって，毛髪分析に同法を用いるメリットは大きいと考える．本論文では，共焦点型微小部蛍光X線分析法を用い，毛髪を切り出すことなく，断面の元素イメージングを行った．検出器から遠い位置から発生した蛍光X線は自己吸収の影響を受けることが分かったが，吸収光路や毛髪の組成を見積もることで，その効果の補正も行った．一方，パーマ処理を行った毛髪では，根元から先端にかけて，Caレベルの急激な増加が見られた．これはパーマ時のダメージに起因すると考えられ，処理を施した時期とも一致することから裏付けられる．また，両毛髪において，先端にかけての表面強度と内部強度の比の変化は，外部由来のCa汚染の可能性を示唆した．本法が共焦点配置となっているというメリットを生かし，非破壊的に，毛髪表面における経時的な元素の流入に関する情報を得ることができた．

また，パーマの有無に関わらず，毛根から毛先までのCaの変化を見るには外的要因に十分注意する必要がある．さらに，外部からの正確なCa汚染量を知るには，①外部汚染の影響が小さい毛根付近を詳細に測定する，②一定期間ごとに同一検体の毛髪を分析する，③敢えてCa汚染を起こし，そのCa強度変化を追跡する，といった方法がある．③の具体例としては毛髪のモデル試料を用意し，Ca高濃度水溶液に浸漬させ，洗髪を繰り返すといったことが挙げられる．今後，このような解析を含め，毛髪内元素の侵入経路や蓄積の様子を明かしていく必要がある．

参考文献

1) 千川純一, 山田耕作, 秋元利男, 桜井 弘, 安井裕之, 山本 仁, 江原正明, 福田浩之：日本放射光学会誌, **18**, 84（2005）.
2) R. Puchyr, D. Bass, R. Gajewski, M. Calvin, W. Marquardt, K. Urek, M. Druyan, D. Quig：*Biol. Trace Elem. Res.*, **62**, 167 (1998).
3) E. Saussereau, C. Lacroix, A. Cattaneo, L. Mahieu, J. Goulle：*Forensic Sci. Int.*, **176**, 54 (2008).
4) G. Giangrosso, G. Cammilleri, A. Macaluso, A. Vella, N. D'Orazio, S. Graci, G. Maria, F. Galvano, M. Giangrosso, V. Ferrantelli：*Bioinorg. Chem. and Appl.*, **2016**, 5408014 (2016).
5) A. Khuder, M. Bakir, J. Karjou, M. Sawan：*J. Radioanal. and Nucl. Chem.*, **273**, 435 (2007).
6) A. Khuder, M. Bakir, R. Husan, A. Mohammad：*Environ. Monit. Assess.*, **143**, 67 (2008).
7) A. Iida, T. Noma：*Nucl. Instrum. Meth. Phys. Res. B*, **82**, 129 (1993).
8) N. Shimojo, S. Homma-Takeda, K. Ohuchi, M. Shinyashiki, G. Sun, Y. Kumagai：*Life Sci.*, **60**, 2129 (1997).
9) I. Kakoulli, S. Prikhodko, C. Fischer, M. Cilluffo, M. Uribe, H. Bechtel, S. Fakra, M. Marcus：*Anal. Chem.*, **86**, 521 (2014).
10) 辻 幸一：ぶんせき, **2006**, 378.
11) 田中啓太, 堤本 薫, 荒井正浩, 辻 幸一：X線分析の進歩, **37**, 289（2006）.
12) 中澤 隆, 中野和彦, 辻 幸一：ぶんせき, **2011**, 654.
13) W. M. Gibson, M. A. Kumaknov：*Proc. SPIE*, **1736**, 172 (1993).
14) M. A. Kumaknov：*X-Ray Spectrom.*, **29**, 343 (2000).
15) G. J. Havrilla, T. Miller：*Powder Diffr.*, **19**, 119 (2004).
16) B. Kanngießer, W. Malzer, A. Fuentes Rodriguez, I. Reiche：*Spectrochim. Acta B*, **60**, 41 (2005).
17) B. Kanngießer, W. Malzer, I. Reiche：*Nucl. Instr. and Meth. B*, **211**, 259 (2003).
18) K. Nakano, K. Tsuji：*J. Anal. At. Spectrom.*, **25**, 562 (2010).
19) 中野和彦, 辻 幸一：分析化学（*Bunseki Kagaku*),

20) K. Tsuji, K. Nakano：*Spectrochim. Acta B*, **62**, 549 (2007).
21) K. Tsuji, K. Nakano：*X-Ray Spectrom.*, **36**, 145 (2007).
22) K. Tsuji, T. Yonehara, K. Nakano：*Anal. Sci.*, **24**, 99 (2008).
23) 北戸雄大，平野新太郎，米谷紀嗣，辻 幸一：X線分析の進歩, **46**, 269（2015）.
24) K. Nakano, K. Tsuji：*X-Ray Spectrom.*, **38**, 446 (2009).
25) K. Nakano, C. Nishi, K. Otsuki, Y. Nishiwaki, K. Tsuji：*Anal. Chem.*, **83**, 3477 (2011).
26) S. Hirano, K. Akioka, T. Doi, M. Arai, K. Tsuji：*X-Ray Spectrom.*, **43**, 216 (2014).
27) 辻 幸一，平野新太郎，八木良太，中澤 隆，秋岡幸司，荒井正浩，土井教史：鉄と鋼, **100**, 897（2014）.
28) K. Akioka, T. Doi, R. Yagi, T. Matsuno, K. Tsuji：Proc. of the 11th Int. Conf. on Zinc and Zinc Alloy Coated Steel Sheet Galvatech 2017, Tokyo, Japan, ISIJ, 161 (2017).
29) 蓬田直也，北戸雄大，松野剛士，辻 幸一：第51回X線分析討論会講演要旨集，p.109（2015）.
30) V. V. Zvereva, V. A. Trunova, D. S. Sorokoletov, N. V. Polosmak：*X-Ray Spectrom.*, **46**, 563 (2017).
31) T. Nakazawa, K. Tsuji：*X-Ray Spectrom.*, **42**, 374 (2013).
32) 日本パーマネントウェーブ液工業組合技術委員会編："SCIENCE of WAVE パーマネントウェーブとヘアケアの科学" 改訂版，p.51（2002），（新美容出版）.
33) I. Rodushkin, M. D. Axelsson：*Sci. Total Environ.*, **305**, 23 (2003).
34) 渡辺智子：日本化粧品技術者会誌, **48**, 271（2014）.
35) M. Oku, H. Nishimura, H. Kanehisa：*Journal of Society of Cosmetic Chemists of Japan*, **21**, 198 (1987).

膜厚数十 μm の絶縁性膜試料に対する
簡便な全電子収量軟 X 線吸収測定

村松康司 [a*], 谷 雪奈 [a], 飛田有輝 [a], 濱中颯太 [a], Eric M. GULLIKSON [b]

Soft X-Ray Absorption Measurements of Several-Tens-Thick Insulating Films using a Total Electron Yield Method

Yasuji MURAMATSU [a*], Yukina TANI [a], Yuuki TOBITA [a], Sohta HAMANAKA [a] and
Eric M. GULLIKSON [b]

[a] Graduate School of Engineering, University of Hyogo
2167 Shosha, Himeji, Hyogo 671-2201, Japan
[b] Center for X-Ray Optics, Lawrence Berkeley National Laboratory
1 Cyclotron Road, Berkeley, CA 94720, U.S.A.

(Received 27 December 2017, Accepted 22 January 2018)

X-ray absorption spectra (XAS) of insulating materials such as papers, clothes, and tapes which are put on conductive carbon tape have been measured using a total-electron-yield (TEY) method. TEY-XAS measurements were performed in BL-6.3.2 at the Advanced Light Source and in BL10 at the NewSUBARU. Although thickness of the insulating samples is several tens μm, sample currents of more than several pA can be detected and TEY-XAS were successfully obtained in C K, O K, and F K regions.

[Keyword] Insulating materials, Total electron yield, Soft X-ray absorption spectroscopy, Synchrotron radiation

絶縁性膜試料を導電性基板に密着させて測定する全電子収量軟 X 線吸収分光 (TEY-XAS) 法の適用範囲を拡大することを目指して，膜厚数十 μm の紙 (薬包紙，コピー用紙，ろ紙)，布 (ワイプ布)，テープ (ポリイミド，スコッチ™ 3M テープ，ポリテトラフルオロエチレンテープ) など絶縁性膜試料の TEY-XAS スペクトルを測定した．実験は Advanced Light Source の BL-6.3.2 と NewSUBARU の BL10 で行い，Ｃ K 端～Ｏ K 端～Ｆ K 端の試料電流と TEY を測定した．その結果，軟 X 線照射によりこれらの膜試料には膜厚方向に数 pA～数十 pA の試料電流が流れ，各吸収端の TEY-XANES を容易に測定できることを明らかにした．

[キーワード] 絶縁物，全電子収量，軟 X 線吸収分光，放射光

---

a 兵庫県立大学大学院工学研究科　兵庫県姫路市書写 2167　〒 671-2201　*連絡著者：murama@eng.u-hyogo.ac.jp
b Center for X-Ray Optics, Lawrence Berkeley National Laboratory　1 Cyclotron Road, Berkeley, CA 94720, U.S.A.

1. 緒 言

一般に，X線照射により試料表面から放出される電子（光電子，オージェ電子，二次電子）の強度はX線吸収強度に比例する．したがって，この全放出電子量に相当する試料電流を計測する全電子収量 (TEY : total electron yield) 法は，X線吸収スペクトル (XAS : X-ray Absorption Spectrum) の測定法の一つとして多用される[1,2]．しかし，TEY法は試料電流を計測するため導電性試料には容易に適用できるが，絶縁性試料の場合には試料電流が流れにくくチャージアップが起きるため工夫を要する．例えば，絶縁性試料を粉体にして導電性基板に保持することで導電性基板と接する試料表面積を増やし，表面電流を効率的に計測する方法は広く用いられている[3,4]．粉体化できない絶縁性バルク試料の場合は，電極を試料表面に接し，電極近傍にX線ビームを照射することでチャージアップを抑制して表面電流を導く方法が提案されている[5,6]．一方，我々は膜厚が数μmの絶縁性膜試料の場合，導電性基板にこの膜試料密着させて軟X線を照射すれば下地の導電性基板を介して膜試料の全試料電流を容易に計測できることを見出した[7-10]．この方法を用いれば，様々な絶縁性膜（バルク）試料のTEY-XASを容易に測定できることが示唆された．そこで，本研究では本法の適用範囲を拡大することを目指し，紙，布，テープなどの膜厚が数十μmの絶縁性膜試料を対象として，これらのTEY-XASを測定した[11-12]．

2. 実 験

TEY-XAS測定にはAdvanced Light Source (ALS) のBL-6.3.2[13]を主として用い，NewSUBARU (NS) のBL10[14-17]で再現性を確認した．BL-6.3.2/ALSでは，刻線密度1200 mm^{-1}の回折格子と40μmスリットを用いて分光し，リングの蓄積電流 (I_{sr}) は top-up mode 運転の500 mAである．BL10/NSでは，刻線密度1800 mm^{-1}の回折格子と15μmスリットを用いて分光し，リング蓄積電流300 mA入射のdecay mode運転下で測定した．測定領域はCK端，OK端，FK端および200〜600 eV領域に設定した．入射光の強度スペクトルは清浄な金 (Au) 板の試料電流 (I_0) で計測し，各試料の試料電流 (I) を I_0 で除してTEY (= I/I_0) とした．なお，BL-6.3.2/ALSとBL10/NSのビームライン分光器はともに不等間隔刻線回折格子を搭載したHettrick-Underwood型分光器であるが，BL-6.3.2の定偏角は172°であるのに対してBL10/NSでは168°である．また，ビームラインに設けられた前置ミラー群の斜入射角はBL-6.3.2/ALSが2〜2.5°であるのに対してBL10/NSは3°であり，後者のほうが高エネルギー領域の光強度が低くなる．この光学配置の差により，本実験の測定エネルギー領域ではBL-6.3.2/ALSのほうがBL10/NSよりも高次回折光の混入率が高くなる．具体的にCK端XANESの測定において，BL-6.3.2/ALSのほうがBL10/NSに比べて2次回折光としてOK端のスペクトルが多く重畳する．

BL-6.3.2/ALSで測定した試料の写真と各試料の詳細（試料名，厚さ，密度）をFig.1に示す．試料は市販の紙，布，テープに大別される．紙は薬包紙（試料名としてPWPと表記），厚さの異なる3種類のコピー用紙（富士ゼロックス/C^{2}紙2種 CPF64とCPF78，長門屋商店/環境紙，CPN157），および濾紙（アドバンテック東洋/定性ろ紙，FPP）である．布は実験用のワイプ布であり，レーヨン原料（クラレ/クリーンワイ

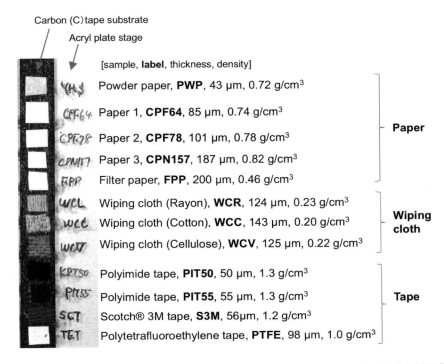

Fig.1 Photo and details of paper, wiping cloth, and tape samples measured in BL-6.3.2/ALS.

パー，WCR），コットン原料（チヨダ/コットンシーガル，WCC），セルロース原料（旭化成/ベンコット，WCV）の3種類である．テープは厚さの異なる2種類のポリイミドテープ（アズワン/ポリイミドテープ，PIT50, PIT55）と事務用粘着テープ（スコッチ™/メンディングテープ，S3M），およびポリテトラフルオロエチレンテープ（ニチアス/ナフロンシールテープ，PTFE）である．これらを約5 mm角の小片に切り出して，アクリル板ステージに貼った導電性カーボンテープ（C tape）の上に密着させた．この C tape を介して流れる試料電流を測定チャンバーの外に設けた電流計で計測して TEY-XAS を得た．また，NewSUBARU の BL10 でも同様の試料を調製し，TEY-XAS を測定した．

実験にあたり，各試料の厚さと密度はマイクロメータと電子天秤を用いて測定し，いずれの試料も膜厚方向の電気抵抗率は LC メータを用いて 10^8 Ωcm 以上の絶縁物であることを確認した．参照試料として市販のカーボンブラック粉末（CB）と，紙や布の組成に近い methyl (Me) cellulose 粉末を用いた．

3. 結果と考察

3.1 軟 X 線照射により膜を流れる試料電流

BL-6.3.2/ALS において，C K 端の 305 eV と O K 端の 540 eV に入射エネルギーを固定し，試料列に沿って入射ビームを走査したときの試料電流変化を Fig.2 に示す．なお，図中の左から右へ全長 90 mm をビーム走査（走査ステップは 0.2 mm，1 ステップあたりの計測時間は 300 ms）した後，ただちに右から左へ走査した．どちらの走査方向においても，各試料の試料電流は C tape 基板の電流より低くなるものの約 10

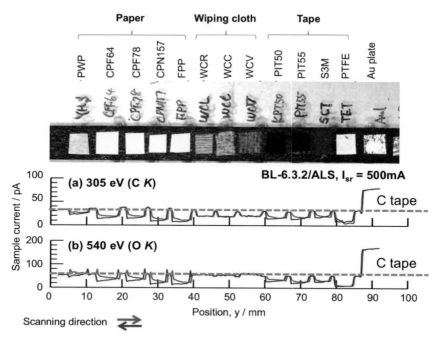

Fig.2 Sample current mapping of the samples put on conductive carbon tape.

pA以上の電流がCK端とOK端ともに検出されることを確認した．ただし，布は紙やテープよりも試料電流値が高い．これは布のかさ密度が紙やテープよりも低く，入射ビームの透過率が高いためと考えられる．試料電流値の低い紙とテープでは，ビーム走査にともなって試料電流が減少し，チャージアップがわずかに観測された．このチャージアップ挙動は両走査方向で同様であった．これは軟X線照射による膜厚方向の導電性の発現が可逆的な現象であることを示唆し，絶縁破壊による電気伝導ではないことを示す．

3.2 試料電流スペクトルとXANES

BL-6.3.2/ALSで測定した200～600 eV（PTFEのみ750 eV）領域の試料電流スペクトル(a)とTEY-XAS (b)をFig.3に示す．なお，試料電流スペクトルにはAu板のI_0も描いた．試料電流スペクトルをみると，Au板は最大で200 pA，C tapeやCBおよびMe celluloseは60 pAの試料電流である．これに対して布とテープは最大で10 pA程度であり，布は60 pA程度の試料電流が流れる．PTFEを除く試料の主成分はCとOであり，それぞれのK吸収端で試料電流ピークがみられるが，CK端の電流値はOK端よりも著しく低い．なおフッ素（F）を成分として含むPTFEではFK端で試料電流ピークが観測された．試料電流IをI_0で除したTEY-XASをみると，全ての紙，布，テープはCK端とOK端の吸収ピークを明瞭に呈し，PTFEではFK端ピークを呈した．ただし，OK端ピークに対するCK端ピークの強度比に注目すると，試料電流値が比較的高い布のCK端ピーク強度はOK端ピークに匹敵する強度を示すのに対して，試料電流値の低い紙とテープのCK端ピーク強度は明らかに低い．この考察は後述する．

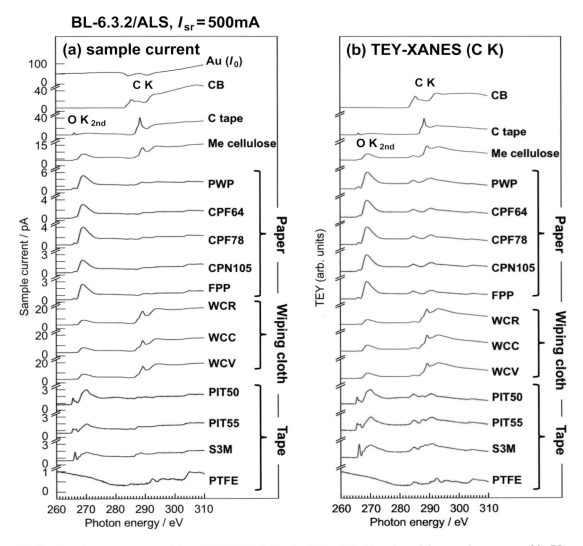

Fig.3 Sample current spectra (a) and TEY-XAS (b) in the 200〜750 eV region of the samples, measured in BL-6.3.2/ALS.

　BL-6.3.2/ALS で測定した C K 端の試料電流スペクトルと TEY-XAS を Fig.4 (a), (b) に示す. なお, C K 端 XANES は 285 eV 以上の構造であるが, 265 eV 付近から立ち上がる構造は O K 端の 2 次回折光である. このように O K 端の 2 次回折光が顕著に現れるのは, 前述したように BL-6.3.2 のビームライン分光器の定偏角が 172°と広いためである. 試料電流が 10 pA 以下の紙 (PWP, CPF64, CPF78, CPN105, FPP) とテープ (PIT50, PIT55, S3M) の TEY-XANES では C K 端 XANES が観測されるものの, これ以上に O K 端の 2 次回折構造が強く観測された. 一方, 試料電流が 20 pA 程度流れる布 (WCR, WCC, WCV) では, O K 端の 2 次回折構造は低く, C K 端 XANES が明瞭に観測できた. なお, 酸素を組成として含まない PTFE の試料電流は 1 pA

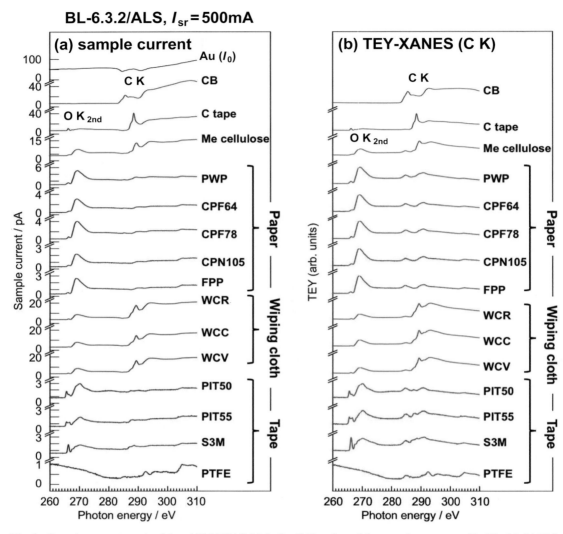

Fig.4 Sample current spectra (a) and TEY-XAS (b) in the C K region of the samples, measured in BL-6.3.2/ALS.

程度と極めて低く，O K 端の 2 次回折構造はみられないものの O K 端領域の TEY がバックグラウンドを高くするため，C K 端 XANES の強度は低い．つまり，BL-6.3.2/ALS では試料電流 10 pA 以下の試料に対して O K 端の 2 次回折光が C K 端 XANES に顕著に重畳するものの，C K 端 XANES を観測できることがわかった．なお，BL-6.3.2/ALS では O K 端の 2 次回折光を低減させるために 600 nm 厚の Ti 膜フィルターを試料上流に挿入することができるが，このフィルターを用いると入射光強度が 1 桁低くなるため，試料電流も低くなり紙やテープの XANES を測定することは難しい．BL10/NS で測定した試料の C K 端の試料電流スペクトルと TEY-XAS を Fig.5 (a)，(b) に示す．なお，蓄積電流は 300 mA に規格化して試料電流スペクトルを描画した．紙とテープの試料電流はいずれも数 pA で布は 20 pA 程度と，BL-6.3.2/ALS

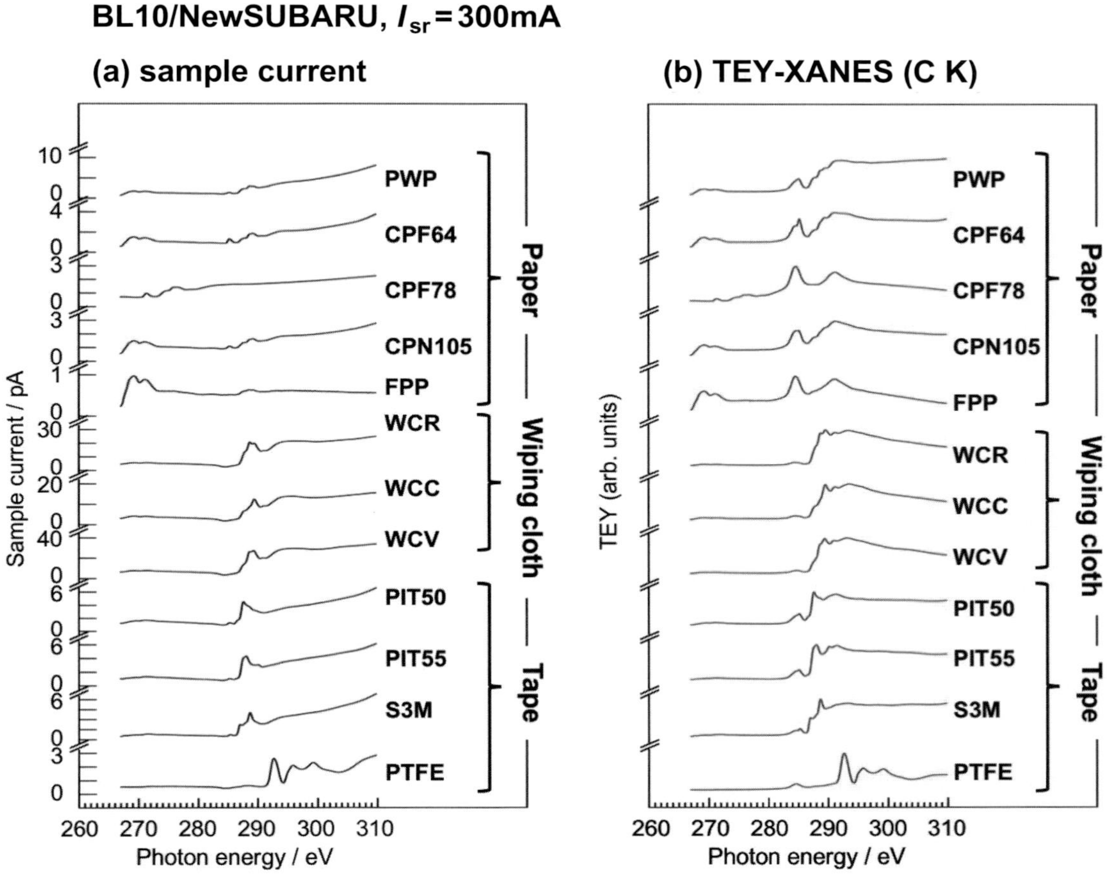

Fig.5 Sample current spectra (a) and TEY-XAS (b) in the C K region of the samples, measured in BL10/NewSUBARU.

の値と同程度である．しかし，いずれの試料もＯＫ端の2次回折光に起因する構造は低く，ＣＫ端 XANES が明瞭に観測できる．これは前述したように，BL10/NS の高次光混入率が BL-6.3.2/ALS よりも低いためである．なお，BL-6.3.2/ALS と BL10/NS のいずれにおいても紙の XANES は 285 eV 付近と 290 eV 付近にピークを呈し，これは紙の主成分である Me cellulose のピーク位置とほぼ一致する．したがって，数 pA 以上の試料電流が計測できる試料であれば，光強度の低いＣＫ端においても本法で十分に XANES 分析が可能であると判明した．

BL-6.3.2/ALS で測定したＯＫ端の試料電流スペクトルと TEY-XAS を Fig.6(a), (b) に示し，PTFE のＦＫ端スペクトルを Fig.6(c), (d) に示す．ＣＫ端の場合と同様に紙とテープの試料電流は 10 pA 以下であるが，布では 50 pA 程度の試料電流が流れる．ＯＫ端領域では重畳する高次光成分は無視できるため，酸素を含まない PTFE を除いて，いずれの試料も S/N 比の高いＯＫ端 XANES が得られた．紙は成分の Me cellulose と類似の XANES 形状を示し，これは主に水酸基の存在を示す．布の酸素も水酸基に近いが，テープは試料ごとに XANES 形状

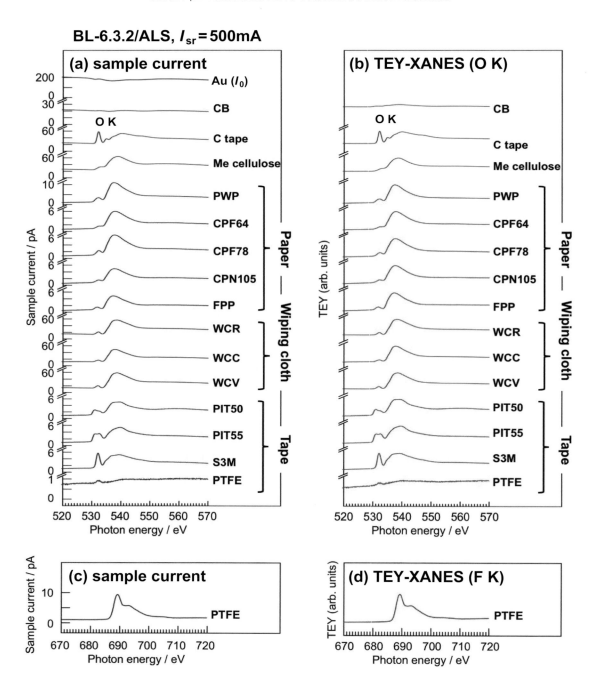

Fig.6 Sample current spectra (a) and TEY-XAS (b) in the O K and F K regions of the samples, measured in BL-6.3.2/ALS.

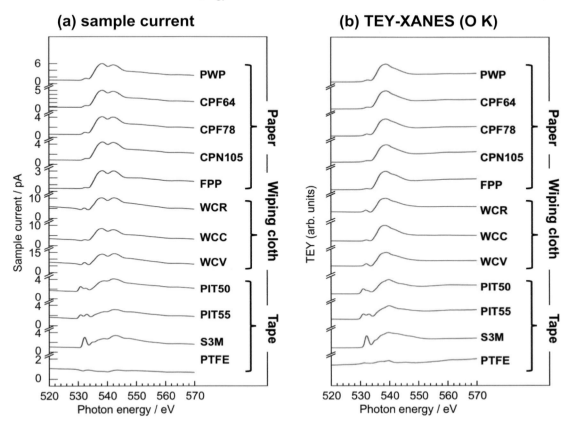

Fig.7 Sample current spectra (a) and TEY-XAS (b) in the O K region of the samples, measured in BL10/NewSUBARU.

が異なり化学状態の差異を示唆する．PTFEのFK端では10 pA程度の試料電流が流れ，FK端XANESも容易に測定できた．BL10/NSで測定したOK端の試料電流スペクトルとTEY-XASをFig.7 (a)，(b) に示す．試料電流値はBL-6.3.2/ALSに比べて低いものの紙とテープで数pA，布で10 pA程度がながれ，このOK端XANESはBL-6.3.2/ALSでのXANES形状をほぼ再現した．以上より，CK端よりもエネルギーの高いOK端では，高次光の影響もほぼ無く，XANESが容易に測定できることがわかった．

3.3　CK端とOK端のXANES強度

前述したように，試料電流値が比較的高い布のCK端ピーク強度はOK端ピークに匹敵するのに対して，試料電流値の低い紙とテープのCK端ピーク強度はOK端ピークに比べて著しく低い．例として，Me celluloseと紙CPF64の試料電流スペクトルおよびTEY-XASをFig.8に示す．CK端の吸収ピークにはOK端の2次回折光が重畳しているため正確な見積もりは困難であるが，Me celluloseのCK端ピーク/OK端ピーク高比はMe celluloseが約1であるのに対して，CPF64では約0.1である．この現象を

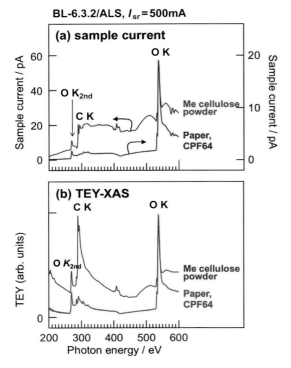

Fig.8 Comparisons in sample current (a) and TEY-XAS (b) between the Me cellulose powder and paper (CPF64), measured in BL-6.3.2/ALS.

解釈するため，CK端とOK端における軟X線の透過率に着目して考察する．BL-6.3.2/ALSで測定した紙CPF64の軟X線透過スペクトルをFig.9 (a) に示す．なお，0.7 μm厚のpolyester (PET) 膜の透過スペクトルを併せて示す．PET膜は十分に薄いため軟X線が透過し，CK端とOK端における吸収構造が明瞭に観測でき，透過測定が正常になされていることを確認できる．一方，CPF64は85 μmの厚さで軟X線がほとんど吸収されるため透過X線はBL-6.3.2のフォトダイオードでは検出できない．そこで，celluloseを主成分とする紙を仮定し，CK端〜OK端の透過率を計算した．密度をCPF64と等しい0.736 g/cm^{3}とし，膜厚を1〜20 μmまで変化させた計算透過スペクトルをFig.9 (b) に

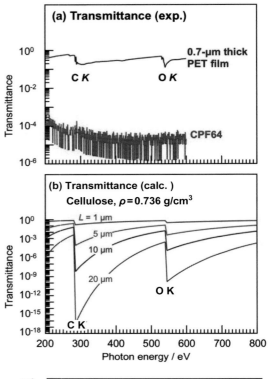

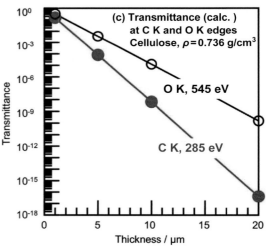

Fig.9 Upper panels show the measured transmittance spectrum of paper (CPF64) and reference PET film (a), and the calculated transmittance spectra of paper (cellulose film) with the thickness of 1〜20 μm. Lower panel shows the thickness-dependence of calculated transmittance at the C K and O K edges of paper (cellulose film).

示す．計算にはCenter for X-ray Optics（CXRO）のウェブサイト[18]で公開されている計算パッケージ[19]を用いた．ＣＫ端，ＯＫ端ともに膜厚が厚くなるにしたがって急激に透過率が減少する．しかし，両吸収端における透過率を膜厚に対してプロットしたFig.9（c）をみると，ＣＫ端のほうがＯＫ端よりも膜厚に対する透過率の減衰が急激であることがわかる．これはCPF64のような数十μm厚の試料の場合，ＣＫ端領域の軟Ｘ線はＯＫ端領域に比べて透過長が短くなることを意味する．本法で検出される試料電流のメカニズムは不明であるが，試料に侵入する軟Ｘ線の光電効果で発生する光電子やオージェ電子さらには二次電子，およびこれらと対をなす正孔が関与して導電パスが形成されると推察される．そして，軟Ｘ線透過長の短いＣＫ端領域での導電率はＯＫ端に比べて低くなり，結果として膜を通して流れる試料電流を計測する厚膜試料のTEY-XASではＣＫ端のピーク強度がＯＫ端に比べて低くなると考えられる．

4. 結論

絶縁性膜試料を導電性基板に密着させて測定する全電子収量軟Ｘ線吸収分光（TEY-XAS）法の適用範囲を拡大することを目指して，膜厚数十μmの紙，布，テープなどの全TEY-XASスペクトルを測定した．導電性基板のC tapeに密着させた絶縁性膜試料では，試料電流が数pAであればＣＫ端～ＯＫ端のTEY-XASを十分に測定できることを明らかにした．ただし，ＣとＯを含む試料の場合，ＯＫ端の二次回折光がＣＫ端に重なる場合があるので，TEY-XAS測定では高次光に留意する必要があることがわかった．以上より，本法を用いれば紙，布，テープなど厚さが数十μmの絶縁性膜試料の全電子収量軟Ｘ線吸収スペクトルを容易に測定できることを明らかにした．

謝 辞

Ｘ線照射により発現するバルク内の導電現象について議論していただきました日本原子力研究機構の馬場祐治博士に感謝いたします．

参考文献

1) J. Stöhr, C. Noguera, T. Kendelewiez: *Phys. Rev.*, **B30**, 5571-5579 (1984).
2) J. Stöhr: "NEXAFS Spectroscopy", pp.118-133 (1996), (Springer-Verlag).
3) G. J. Baker, G. N. Greaves, M. Surman, M. Oversluisen: *Nucl. Instrum. Meth. in Phys. Res.*, **B97**, 375-382 (1995).
4) H. M. Wang, G. S. Henderson: *J. Non-Cryst. Solids*, **354**, 863-872 (2008).
5) T. Ohkochi, M. Kotsugi, K. Yamada, K. Kawano, K. Horiba, F. Kitajima, M. Oura, S. Shiraki, T. Hitosugi, M. Oshima, T. Ono, T. Kinoshita, T. Muroa, Y. Watanabe: *J. Synchrotron Rad.*, **20**, 620-625 (2013).
6) Y. Muramatsu, E. M. Gullikson: *Adv. X-ray Chemical Anal., Japan*, **48**, 317-326 (2017).
7) 村松康司，大内貴仁：第76回分析化学討論会要旨集，F1010, pp.103（2016）．
8) 村松康司，大内貴仁，濱中颯太：日本分析化学会第65年会要旨集，F1007, pp.88（2016）．
9) 村松康司，大内貴仁：第52回Ｘ線分析討論会要旨集，O22, pp.102-103（2016）．
10) 村松康司，大内貴仁：第77回分析化学討論会要旨集，F2006, pp.68（2017）．
11) 村松康司，谷 雪奈，飛田有輝，平井佑磨，吉田圭吾：日本分析化学会第66年会要旨集，D3001, pp.68（2017）．
12) 村松康司，谷 雪奈：紙，布，第53回Ｘ線分析討論会要旨集，O2-28, pp.73-74（2017）．
13) J. H. Underwood, E. M. Gullikson, M. Koike, P. J. Batson, P. E. Denham, K. D. Franck, R. E. Tackaberry,

W. F. Steele: *Rev. Sci. Instrum.*, **67**, 3372 (1996).

14) 村松康司, 潰田明信, 原田哲男, 木下博雄：X線分析の進歩, **43**, 407-414 (2012).

15) 村松康司, 潰田明信, 植村智之, 原田哲男, 木下博雄：X線分析の進歩, **44**, 243-251 (2013).

16) 植村智之, 村松康司, 南部啓太, 原田哲男, 木下博雄：X線分析の進歩, **45**, 269-278 (2014).

17) 植村智之, 村松康司, 南部啓太, 福山大輝, 九鬼真輝, 原田哲男, 渡邊健夫, 木下博雄：X線分析の進歩, **46**, 217-325 (2015).

18) Center for X-Ray Optics のウェブサイトで公開されている X-Ray Database の URL; http://henke.lbl.gov/optical_constants/filter2.html

19) B. L. Henke, E. M. Gullikson, J. C. Davis: *Atomic Data and Nuclear Data Tables*, **54**, 181-342 (1993).

大気に暴露した機械研磨六方晶窒化ホウ素 (h-BN) の
軟 X 線吸収分析

村松康司 [a*], 花房篤志 [a], 吉田圭吾 [a], Eric. M. GULLIKSON [b]

Soft X-Ray Absorption Analysis of Mechanically-Ground Hexagonal Boron Nitride (h-BN) Exposed to Atmospheric Air

Yasuji MURAMATSU [a*], Atsushi HANAFUSA [a], Kiego YOSHIDA [a] and
Eric M. GULLIKSON [b]

[a] Graduate School of Engineering, University of Hyogo
2167 Shosha, Himeji, Hyogo 671-2201, Japan
[b] Center for X-Ray Optics, Lawrence Berkeley National Laboratory
1 Cyclotron Road, Berkeley, CA 94720, U.S.A.

(Received 4 January 2018, Accepted 16 January 2018)

To clarify the oxidation reaction of mechanically ground (MG) hexagonal boron nitride (h-BN), X-ray absorption near-edge structure (XANES) in the B K, N K, and O K regions of MG-h-BN were measured in BL-6.3.2 at the Advanced Light Source (ALS) and in BL10 at the NewSUBARU. From the XANES measurements and theoretical analysis using the discrete variational (DV) -Xα method, it can be confirmed that nitrogen atoms in hexagonal BN layers are substituted with oxygen atoms by exposure to atmospheric air after MG process.

[Keywords] Hexagonal boron nitride, Mechanical grinding, Soft X-ray absorption spectroscopy, Synchrotron radiation, Molecular orbital calculation, Local structure, Oxidation

機械研磨 (MG) の後に大気に曝した六方晶窒化ホウ素 (h-BN) の反応生成物 (MG-h-BN) を軟 X 線吸収分光法で分析した．MG 時間を変化させた MG-h-BN の B K 端，N K 端，O K 端の X 線吸収端構造 (XANES) を Advanced Light Source の BL-6.3.2 と NewSUBARU の BL10 で測定した．MG により h-BN の B-N 結合が乖離して窒素が脱離し，この MG-h-BN が大気に触れると酸素が取り込まれ，最終生成物は酸化ホウ素 (B_2O_3) になった．B K 端 XANES を Discrete Variational (DV) -Xα 分子軌道計算法で解析した結果，BN 六角網面の窒素原子は順次酸素原子で置換されることが判明した．

[キーワード] 六方晶窒化ホウ素，機械研磨，軟 X 線吸収分光法，放射光，分子軌道計算，局所構造，酸化反応

a 兵庫県立大学大学院工学研究科　兵庫県姫路市書写 2167　〒 671-2201　＊連絡著者：murama@eng.u-hyogo.ac.jp
b ローレンスバークリー国立研究所　1 Cyclotron Road, Berkeley, CA 94720, U.S.A.

1. 緒 言

ボールミルを用いたメカニカルアロイング（MA：mechanical alloying）法は合金合成の重要な手法であり，Benjamine [1,2] によって初めて用いられた．MA 法では非平衡状態で反応が進むため，熱平衡状態では困難な合金の生成が期待される．六方晶窒化ホウ素（h-BN）は物理的・化学的に安定な材料であり，MA のホウ素源や窒素源として用いられる．具体的な研究例として窒化鉄 [3]，B-C-N 化合物 [4-6]，Si-B-C-N 化合物 [7] の合成等がある．しかし，MA では閉鎖系の非平衡状態で反応が進むため，生成物が大気に暴露されると空気による酸化反応が進むと考えられる．また，非平衡状態における MA 処理が h-BN の局所構造に与える影響については不明な点が多く，詳細な分析は未だなされていない．実際に我々は h-BN とグラファイト粉末の MA 生成物を大気下で取り出して X 線吸収端構造（XANES：X-ray absorption near-edge structure）を測定したところ，MA 時間に依存して B K 端 XANES は顕著に変化するものの最終生成物は酸化ホウ素（B_2O_3）に至ることと，C K 端 XANES からはグラファイトがカーボンブラック様に変化するものの B-C 結合および C-N 結合の形成は観測されなかった [8]．

そこで，本研究では機械研磨（MG：mechanical grinding）が h-BN に与える影響を明らかにすることを目的として，大気に暴露した機械研磨 h-BN の局所構造とその反応過程を放射光軟 X 線吸収分光法で分析した．

2. 実 験

2.1 機械研磨 h-BN の調製

市販の h-BN 粉末（デンカボロンナイトライド）1 g をジルコニア製の球（直径 10 mm）とともにメノウ製の円筒型 MA 容器（容積 80 mL）に Ar 雰囲気下で封入した．これを遊星運動する MA 装置（Fritsch 社製，遊星ボールミル P-6 型）にセットした．MG 時間は，1 h, 24 h, 48 h, 120 h, 240 h, 480 h とした．MG 処理した試料（MG-h-BN と表記）を大気下でとりだし，放射光測定用のインジウム基板にスパチュラで押し付けて保持した．

なお，MA 容器の材質や研磨条件による基本的な差異がないことを確認するため，ステンレス製の容器（容量 80 mL）と球（直径 11 mm）を用い，八の字運動する MA 装置（SPEX 社製，8000M）で処理した MG-h-BN 試料も調製した．

2.2 XANES 測定

XANES 測定は Advanced Light Source（ALS）のビームライン BL-6.3.2 [9] で行った．

回折格子の刻線密度は 1200 mm^{-1} でスリット幅は 40 μm に設定し，B K 端，N K 端，O K 端を測定した．所定の吸収端において入射エネルギーを走査しつつ試料電流を計測する全電子収量（TEY：total electron yield）法で XANES を描画した．また，配向性を調べるため，試料面への入射角は 90°（直入射），54.5°（マジックアングル），30° と変化させた．

なお，ステンレス製の MA 容器と球で MG した試料は NewSUBARU の BL10 で XANES を測定した．その結果，MG-h-BN の生成物に MA 容器の材質や研磨条件による基本的な差異がないことを確認できたため，以降，メノウ容器とジルコニア球の MG で調製した MG-h-BN を BL-6.3.2/ALS で測定した XANES に絞って議論を進める．

3. 結果と考察

3.1 B K 端, N K 端, O K 端の XANES 強度と MG 時間との相関

入射角 54.5°のマジックアングルで測定した MG-h-BN と参照試料 (h-BN, B_2O_3) の B K 端, N K 端, O K 端の XANES を Fig.1 に示す. なお, B K 端ピークの高さを揃えて描画した. MG 時間が長くなるにつれ N K 端ピーク強度が減少し, O K 端ピーク強度が増大することがわかる. この変化を定量的に表すため, B K 端 XANES

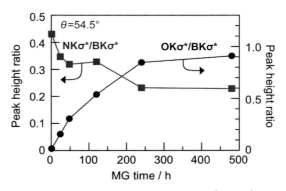

Fig.2 Relative peak intensities of N Kσ^*/B Kσ^* and O Kσ^*/B Kσ^* as the function of MG time.

の σ^* ピーク高に対する N K 端 XANES の σ^* ピーク高と O K 端 XANES の σ^* ピーク高の MG 時間依存性を Fig.2 に示す. MG にしたがい B 原子に対して N 原子が減少する一方, O 原子が増加することがわかる. さらに, 両者の挙動は MG 時間 240 h でほぼ一定になることから, 窒素の脱離と酸素の取り込みは相補的に進むことがわかった.

3.2 XANES の MG 時間依存性と入射角依存性

MG-h-BN と参照試料の B K 端 XANES を Fig.3 に示す. なお, 各スペクトルは σ^* ピーク高で規格化し, 入射角を 30°, 54.5°, 90°に変化させたスペクトルを重ねて描いた. h-BN は 192 eV に π^* ピークを呈し, この π^* ピークは入射角が大きくなる (直入射に近づく) につれて低くなる. これは BN 六角網面が積層し, 配向性が高いことを示す. MG が進むにつれて MG-h-BN のこの π^* ピーク高は低くなるとともに入射角依存性も小さくなる. さらに, MG-h-BN には π^* ピークの高エネルギー側に 3 個のピークがあらわれ, MG 時間 480 h の MG-h-BN では 194 eV のピークに収斂する. また, σ^* ピーク

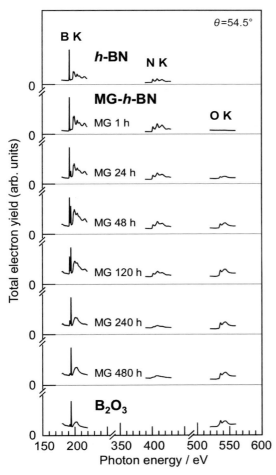

Fig.1 TEY-XANES in the B K, N K, and O K regions of MG-h-BN and reference h-BN and B_2O_3.

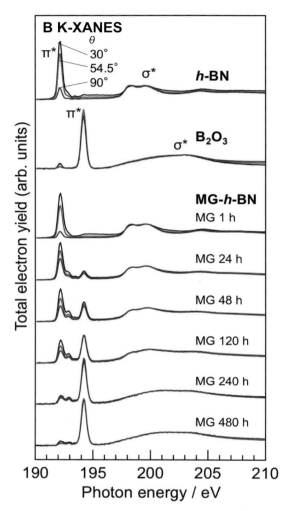

Fig.3 Incident-angle-dependent B K-XANES of MG-h-BN and references h-BN and B_2O_3.

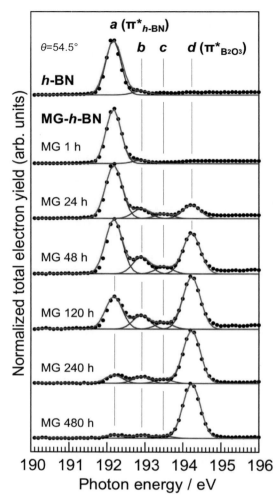

Fig.4 B K-XANES of MG-h-BN measured with the magic angle.

も MG が進むにつれて h-BN の 200 eV 付近に現れるダブルピーク形状が徐々に崩れ，200〜205 eV に広がるブロードな形状に変化する．このように MG が進んだ XANES 形状は π^*, σ^* ピークともに B_2O_3 の形状と一致することから，MG 後大気暴露した MG-h-BN の最終生成物は B_2O_3 であると判明した．

マジックアングルで測定した B K 端 XANES の π^* ピーク近傍を拡大したスペクトルを Fig.4 に示す．MG によって h-BN の π^* ピーク (192.2 eV, ピーク a と表記) の高エネルギー側，192.9 eV (b)，193.5 eV (c)，194.2 eV (d) に 3 個のピークが現れ，これをガウス関数でフィッティングした．なお，同様なピーク構造は h-BN に関する既報[8,10,11]でも報告されている．各ピークのフィッティングピークの高さと MG 時間との相関を Fig.5 に示す．これから，MG が進むにしたがってピーク a は減少し，ピーク b と c は

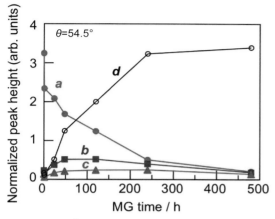

Fig.5 The π^* peak satellite ($a \sim d$) intensities in the B K-XANES as the function of MG time.

MG 時間 48 h まで増加するが，これを超えると徐々に減少し，最終的にピーク $a \sim c$ はほぼ消失する．ピーク b, c が途中で一旦増加することは，ピーク b, c を呈する化合物が MG の中間生成物であることを示唆する．一方，B_2O_3 の π^* ピークに相当するピーク d は MG にしたがって増加し，MG 時間 240 h で飽和する．このピーク d の時間変化は Fig.2 に示した O K ピーク高の時間変化と対応する．これらピーク $a \sim d$ の変化から，MG によって h-BN の 3 配位 B 原子に結合する 3 個の N 原子が順次脱離し，ここに大気からの O 原子が結合して最終的に B_2O_3 に至る置換反応が示唆される．このとき，h-BN の N 原子が O 原子に置換されると BN 六角網面構造が乱れ配向性は低下する．Fig.3 に示した B K 端 XANES における π^* ピークの入射角依存性の MG 時間依存性はこの反応による構造変化を反映したものと考えられる．MG 時間に対するピーク $a \sim d$ 高の入射角依存性を Fig.6 (a) に示す．なお，ピーク高と入射角依存性 (vs. $\cos^2\theta$) の相関において，この近似直線の傾きは配向性の指標となり [12]，傾きの値が正ならば基板面に対して水平配向，負ならば垂直配向，ゼロならば無配向を示す．Fig.6 (a) から求めた傾きの MG 時間依存性を Fig.6 (b) に示す．ピーク a では，MG が進むにつれて正の傾きを示す h-BN から徐々に傾きは小さくなる．ピーク b, c では，MG の初期段階で傾きは正を示すが，MG が進むにつれて傾きは小さくなる．ピーク d の傾きは，MG の初期ではわずかに正であるが，MG が進むとほぼゼロになる．整理すると，MG 反応初期における傾きはピーク $a \gg b > c > d$ であり，酸素が取り込まれはじめる MG 初期においては h-BN の六角網面構造に基づく配向性が残される．しかし，酸素の導入量が増えるにしたがって配向性が消失し，最終的に B_2O_3 の非晶質構造に変化すると考えられる．

MG-h-BN と h-BN の N K 端 XANES を Fig.7 に示す．MG-h-BN の XANES の概形は MG が進んでも h-BN とほぼ同じである．したがって MG によって h-BN 中の窒素の化学状態はほとんど変化しないと考えられる．ただし，h-BN が呈する π^* ピークの入射角依存性は MG が進むにつれて消失する．これは，前述したように，MG によって窒素が順次酸素に置換され非晶質構造に変化することで説明できる．

MG-h-BN と B_2O_3 の O K 端 XANES を Fig.8 に示す．MG 時間 1 h では π^* ピークの顕著な入射角依存性が観測され，O 原子が h-BN の六角網面構造に固溶することが示唆される．この入射角依存性は MG 時間 48 h までみられ，MG 反応の初期段階では六角網面構造が保持されるという B K，N K 端 XANES の入射角依存性の結果と整合する．MG 時間が 120 h 以上になると入射角依存性は消え，非晶質の B_2O_3 に変化することが確認できる．

以上の B K 端，N K 端，O K 端 XANES の

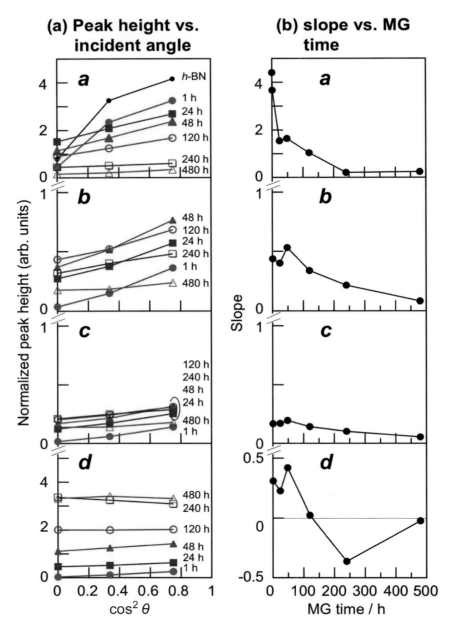

Fig.6 Left panel (a) shows the incident-angle-dependence of the π^* peak satellites ($a \sim d$). Right panel (b) shows the slope of the approximated lines in the incident-angle-dependence of the π^* peak satellites, as the function of MG time.

MG 時間依存性および入射角依存性より，MG の初期段階では，N 原子が脱離したあとに O 原子が B-O 結合を形成しながら徐々に h-BN 六角網面に取り込まれてゆくことが判明した．そして，一定以上，特に今回の MG 条件下では 240 h 以上の MG によって MG-h-BN はほぼ配向性

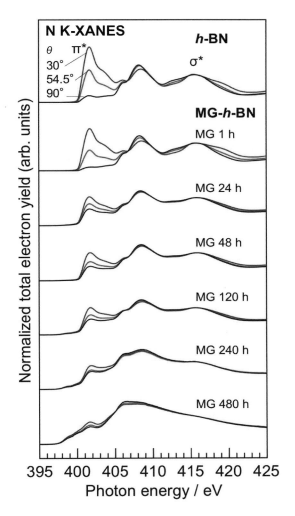

Fig.7 Incident-angle-dependent N K-XANES of MG-h-BN and reference h-BN.

Fig.8 Incident-angle-dependent O K-XANES of MG-h-BN and reference B_2O_3.

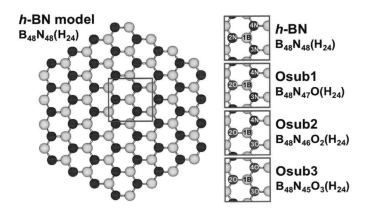

Fig.9 Cluster models of a basal h-BN and oxygen substitute models (Osub1, Osub2, Osub3) for the DV-Xα calculations.

を失い，最終生成物として非晶質の B_2O_3 に至ることがわかった．

3.3 DV-Xα 分子軌道法による XANES の解釈

XANES から推測された h-BN の MG 反応過程を DV-Xα 分子軌道法[13]で検証した．計算に用いたクラスターモデルを Fig.9 に示す．基本となる h-BN クラスターモデルは水素終端した六角網面構造の $B_{48}N_{48}H_{24}$ である[14]．クラスター中心の B 原子（1B でラベル）は 3 個の N 原子（2N～4N）と結合する．この 2N～4N を順次 O 原子（2O～4O）で置換した置換モデル（$B_{48}N_{48-x}O_xH_{24}$, $x = 1$～3）をそれぞれ Osub1, Osub2, Osub3 とした．これらのモデルは市販の分子モデリングソフトウェア Chem3D で構築して MM2 法で構造最適化処理を施した．各モデルについて DV-Xα ソフトウェア[15]を用いて基底状態計算を行い，注目原子の電子状態密度（DOS：density of states）を算出した．

h-BN と Osub1～3 における，1B, 2N～4N, 2O～4O の非占有 DOS を Fig.10 に示す．なお，分子軌道（MO：molecular orbital）エネルギーは最高被占軌道（HOMO）からのエネルギーで表示した．基本クラスターの h-BN をみると，1B の $B2p^*$-DOS のうち $B2s^*$-DOS と重ならない領域が π^* 軌道に対応する．この $B2p^*$-DOS の π^* 成分は $N2p^*$-DOS の π^* 成分と重なり，これらが混成していることがわかる．Osub1 をみると，B1s 軌道は h-BN に比べて 2.6 eV の内殻シフトを生じる．また，1B の $B2p^*$-DOS の π^* 成分は $O2p^*$-DOS の π^* 成分と重なり，これらが混成して B-O 結合が形成されることがわかる．Osub2 では，B1s 軌道はさらに深く内殻シフト（5.5 eV）を生じ，1B の $B2p^*$-DOS の π^* 成分は 2O と 3O の $O2p^*$-DOS の π^* 成分と重なり，これらが

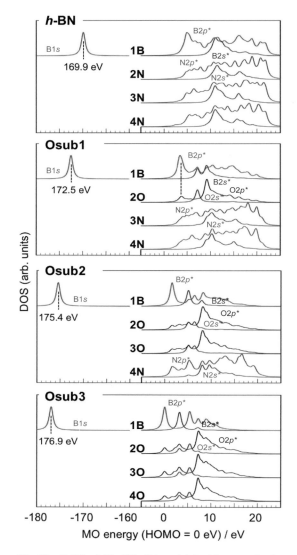

Fig.10 DOS of 1B, 2N~4N, and 2O~4O atoms in the h-BN, Osub1, Osub2, and Osub3 models.

混成して B-O 結合が形成される．Osub3 も同様に，B1s 軌道はさらに深く内殻シフト（7.0 eV）を生じ，1B の $B2p^*$-DOS の π^* 成分は 2O, 3O, 4O の $O2p^*$-DOS の π^* 成分と重なり，これらが混成して B-O 結合が形成される．

B K 端 XANES は B1s 軌道から $B2p^*$ 軌道への電子遷移を観測しているため，Fig.10 に示

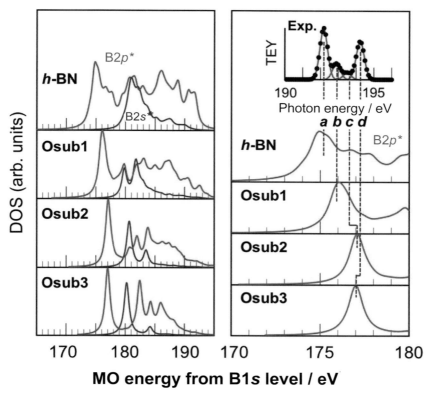

Fig.11 Left panel shows the unoccupied B2p^*- and B2s^*-DOS in the h-BN, Osub1, Osub2, and Osub3 models, in which MO energy is displayed from the B1s energy level. Right panel shows the unoccupied B2p^*-DOS in the π^* peak region, compared to the measured B K-XANES of MG-h-BN.

した各モデルにおける1BのB-DOSをB1s軌道のからのMOエネルギーに変換したDOSをFig.11に示す．併せて，B2p^*-DOSのπ*ピークとMG-h-BN（MG時間48 h）のB K端XANESと比較した．前述したように，Osub1～Osub3では置換するO原子が増えるにつれてB1s軌道の内殻シフトが深くなるため，各モデルのπ*ピークはh-BNに対して高エネルギー側にシフトし，このシフトはB K端XANESで観測されたピークa～dに対応する．このようなh-BNの酸化構造に関するDV-Xα計算結果は既報[16]でも確かめられている．

以上より，MG-h-BNにおける酸化反応は，BN六角網面のN原子がO原子に順次置換されるモデルで解釈できた．

4. 結論

大気に暴露したMG-h-BNの局所構造とその反応過程を明らかにするため，MG時間を変化させたMG-h-BNの軟X線吸収スペクトルを測定し，DV-Xα法でスペクトル解析した．MGしたh-BNを大気に暴露すると徐々に酸化されるが，その酸化反応はBN六角網面のN原子がO原子に順次置換される過程を経ることがわかった．そのため，部分酸化のMG初期段階では，六角網面構造が保持された配向構造がXANES

の入射角依存性として現れる．さらに MG が進み O 原子が一定以上取り込まれると配向構造が崩れ，最終生成物として非晶質の B_2O_3 に変化すると判明した．

参考文献

1) J. S. Benjamin: *Met. Trans.*, **1**, 2954 (1970).
2) J. S. Benjamin: *Sci. Amer.*, **234**, 40-48 (1976).
3) J. G. Tao, B. Yao, J. H. Yang, S. J. Zhang, S. Z. Bai, Z. H. Ding, W. R. Wang: *J. Alloys Comp.*, **384**, 268-273 (2004).
4) B. Yao, B. Z. Ding, W. H. Su: *J. Appl. Phys.*, **84**, 1412-1416 (1998).
5) B. Yao, L. Liu, W. H. Su: *J. Appl. Phys.*, **86**, 2464-2467 (1999).
6) J. Ozaki, T. Anahara, N. Kimura, C. Ida, A. Oya, B. B. Bokhonov, M.A. Korchagin, M. Sakashita: *Tanso*, **228**, 153-157 (2007).
7) Z. Yang, D. Jia, Y. Zhou, C. Yu: *Ceram. Int.*, **33**, 1573-1577 (2007).
8) Y. Muramatsu, S. Kashiwai, T. Kaneyoshi, H. Kouzuki, M. Motoyama, M. M. Grush, T. A. Callcott, J. H. Underwood, E. M. Gullikson, R. C. C. Perera: *ALS Compendium of User Abstracts and Technical Reports 1993-1996*, 47 (1997).
9) J. H. Underwood, E. M. Gullikson, M. Koike, P. J. Batson, P. E. Denham, K. D. Franck, R. E. Tackaberry, W. F. Steele: *Rev. Sci. Instrum.*, **67**, 3372-3375 (1996).
10) I. Jimenes, A. Jankowski, L. J. Terminello, J. A. Carlisle, D. G. Sutherland, G. L. Doll, J. V. Mantese, W. M. Tong, D. K. Shuh, F. J. Himpsel: *Appl. Phys. Lett.*, **68**, 2816-2818 (1996).
11) I. Jimenes, A. F. Jankowski, L. J. Terminello, D. G. Sutherland, J. A. Carlisle, G. L. Doll, W. M. Tong, D. K. Shuh, F. J. Himpsel: *Phys. Rev.*, **B 55**, 12025-12037 (1996).
12) 村松康司，E. M. Gullikson：X 線分析の進歩，**42**，267-272（2011）．
13) H. Adachi, M. Tsukada, C. Satoko: *J. Phys. Soc. Jpn.*, **45**, 875-883 (1978).
14) Y. Muramatsu, T. Kaneyoshi, E. M. Gullikson, R. C. C. Perera: *Spectrochimica. Acta*, **A 59**, 1951-1957 (2003).
15) 足立裕彦監修："はじめての電子状態計算"，(1998)，三共出版．
16) M. Niibe, K. Miyamoto, T. Mitamura, K. Mochiji: *J. Vac. Sci. Technol.*, **A28**, 1157, (2010).

X線分析顕微鏡を用いた,
食品中元素の定量マッピング機能の検討

中野ひとみ[a*], 仲西由美子[b], 田中 悟[a], 駒谷慎太郎[a]

Study of Quantitative Mapping of Elements in Food Using X-Ray Analytical Microscope

Hitomi NAKANO [a*], Yumiko NAKANISHI [b], Satoshi TANAKA [a] and
Shintaro KOMATANI [a]

[a] HORIBA TECHNO SERVICE Co.,Ltd Analytical Technology Center
2 Kisshoin-Miyanohigashi-cho, Minami-ku, Kyoto, 601-8305 Japan
[b] NISSHIN SEIFUN GROUP INC., Research Center For Basic Science Research and Development,
Qulality Assuarance Division
5-3-1 Tsurugaoka, Fujimino-city, Saitama, 356-8511 Japan

(Received 15 January 2018, Revised 17 January 2018, Accepted 18 January 2018)

Mapping analysis of cross section of pasta was carried using table type X-ray analytical microscope (Micro-XRF) and visualization of salt concentration distribution was displayed. Table type Micro-XRF has advantages that low tube voltage and current of the X-ray tube greatly minimize surface discoloration of samples including organic ones caused by X-ray irradiation, and can be easily handled in a laboratory.

Calibration curve of salt was created using boiled pasta which salt concentration was known. Pasta samples which salt concentratons were unknown were analysed and it was confirmed that the salt was permeating from the outside to the inside of the pasta. It was also possible to confirm the salt concentration distribution by performing quantification using a calibration curve. It also showed a positive correrarion with salt concentration obtained by the coulometric titration method. By using Micro-XRF, it was shown that the quantitative map image of elements in food can be confirmed nondestructively.

[Key words] X-ray analysis microscope, Food, Salt concentration, Quantitative maping analysis, Non-destructive analysis

卓上型のX線分析顕微鏡（Micro-XRF）を用いて，パスタ断面のマッピング分析を行い，塩分濃度分布の可視化を行った．卓上型のMicro-XRFは，X線管の管電圧，管電流が低く，有機物の試料でもX線による表面焼けなどの変色が起こりにくく，簡易に実験室で扱えるという利点がある．

塩水で茹で，塩分濃度が既知であるパスタ試料を用いて塩分濃度の検量線を作成し，比較用のパスタ試料

---

a 株式会社堀場テクノサービス分析技術センター　京都府京都市南区吉祥院宮の東町2　〒601-8305
＊連絡著者：hitomi.nakano@horiba.com
b 株式会社日清製粉グループ本社 R&D・品質保証本部基礎研究所　埼玉県ふじみ野市鶴ヶ岡 5-3-1　〒356-8511

をマッピング分析したところ，パスタ外周から中心に向かって塩分濃度が低くなっている様子を画像で確認できた．さらに，定量値は電量滴定法で得られた塩分濃度と正の相関を示した．Micro-XRF を用いることにより食品中の元素の定量マッピング像を非破壊で確認できる可能性が示唆された．

[キーワード] X 線分析顕微鏡，食品，塩分濃度，定量マッピング分析，非破壊

1. はじめに

X 線分析顕微鏡[1]を用いた定量マッピング分析を，パスタを試料として検証した．パスタを含む食品中の元素分析は品質管理によく用いられている．食品中塩分の測定法にはさまざまなものがあるが，食品の塩分測定に良く用いられるモール法，電量滴定法[2,3]では，試料の前処理や溶液の調製などに，煩雑な作業と時間を要する上に，数百マイクロメートルレベルの塩分分布情報を得ることはできない．さらに，食品の安全面においても，簡便かつ安全な分析が求められていることから，含水のままでも測定ができる蛍光 X 線分析は有用であると考えられる．

本研究では，食品塩分管理における，数百マイクロメートルレベルの領域の塩分濃度分布を観察することのできる X 線分析顕微鏡の定量マッピング機能の有用性について検討した．パスタ断面の塩素のマッピング分析を行い，あらかじめ作成した検量線から，塩分濃度のマッピング像に変換し，パスタ断面の塩分濃度分布を可視化することができた．

2. 試 料

試料として用いたパスタは，材料である小麦粉（デュラムセモリナ）と水を質量比 100：27 で混合し，押出し式製麺機により直径 1.7 mm のロング形状になるように作製した．作製した生麺を所定の濃度の食塩水で 4 分間茹で，歩留りを 225 % とした．なお，吸水率を「茹で歩留り」

と表し，以下の式から算出した．

$$A = (B/C) \times 100 \quad (1)$$

　　A：茹で歩留り (%)，
　　B：茹でた後のパスタ質量 (g)，
　　C：茹でる前のパスタ質量 (g)

茹でた後のパスタと，RO (Reverse Osmosis) 水を質量比 1：9 で混合し，ブレンダーでホモジナイズし，塩分分析計 SAT-210（東亜ディー・ケー・ケー株式会社製）で測定した後，茹でたパスタの質量に対する塩分濃度を算出した．

残りのパスタは急速冷凍し，凍結した後，乾燥機（VirTis Wizard 2.0, SP industries, USA）で一晩凍結乾燥した．

検量線作成用試料として，塩分濃度が，① 0 mass%，② 0.47 mass%，③ 0.99 mass% のパスタ試料を測定し，塩分濃度が，④ 0.58 mass%，⑤ 0.24 mass% のパスタ試料を，この検量線を用いた塩分濃度との比較用試料とした．

3. 測定方法

3.1 測定装置

測定は X 線分析顕微鏡 XGT-7200V（堀場製作所製）を用いて実施した．XGT-7200V は，Fig.1 に示すように 1 次 X 線（管電圧定格 50 kV，管電流 1 mA，Rh ターゲット）を X 線導管で集光させて試料に照射する．この装置ではガラス製のモノキャピラリー（X 線ビーム径 100 μm）を採用している．試料の斜め 45 度上部に配置したシリコンドリフト検出器（SDD）により蛍光 X 線のマッピング像を作成することができる[4,5]．

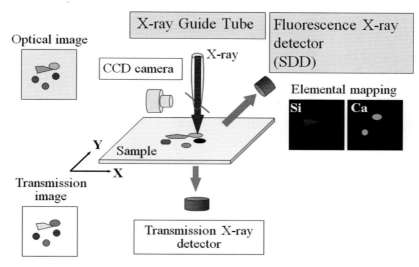

Fig.1 Explanatory image of sample observation using XGT-7200V.

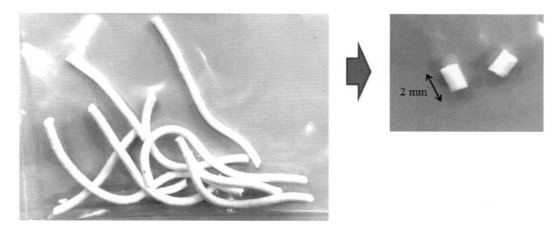

Fig.2 Pasta sample cut to 2 mm length after freeze dry.

3.2 試料の設置

長さ約 2 mm にカットしたパスタ (Fig.2) を，切断面を上にして両面テープを用いて試料台に固定してマッピング分析を実施した (Fig.3).

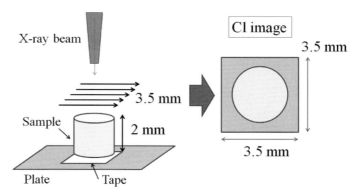

Fig.3 Sample setting and mechanism of mapping analysis.

3.3 X線分析顕微鏡による分析

マッピング分析はX線で試料をスキャンすることにより元素ごとのマッピング像を取得でき，元素の強度分布を知ることができる．また，得られたマッピング像から任意のエリアを指定することにより，そのエリアの積算スペクトルを生成することができ，平均の元素情報を得られる．本実験では，パスタ断面全面を指定してマッピング分析を行い，あらかじめ作成した検量線から，塩分濃度のマッピング像に変換し，パスタ断面の塩分濃度分布を表示した．

測定は，X線管の管電圧を15 kV，管電流を1 mA，X線ビーム径をφ100 μm，マッピングエリアを3.5 mm×3.5 mm，測定時間を10000 秒，マッピングの画素数を65536（256×256），1画素のX線収集時間152 ms に設定して行った．マッピング像から指定したエリアの積算スペクトルから，Cl-Kα（2.58 から 2.64 keV）のエネルギー領域のX線強度を取得し，その強度を登録することにより検量線作成および未知試料の定量を行った．なお，塩分測定のためにCl-Kα のX線強度を用いたのは，Na-Kα（1.04 keV）より高エネルギーであり，蛍光X線の検出効率が高いためである．

4. 測定結果・考察

4.1 検量線

検量線作成用の試料① 0 mass%，② 0.47 mass%，③ 0.99 mass% のマッピング像上から，パスタ部分のみ指定して生成した積算スペクトルから得られたCl-Kα 強度は，試料① 0 mass% は 6.6 cps/mA，試料② 0.47 % 試料は 31.8 cps/mA，試料③ 0.99 mass% は 56.6 cps/mA（ともに管電圧 15 kV，管電流 1 mA）となった．この結果得られた検量線を式(2)に，検量線グラフをFig.4 に示す．強度を濃度に換算するため，検量線はY軸に塩分濃度（mass%），X軸にCl 強度（cps/mA）として表示した．

$$A = 0.0198 \times B - 0.1396 \quad (2)$$

A：塩分濃度（mass%），
B：Cl 強度（cps/mA）

相関係数 $R^2 = 0.9974$ となり，Cl 強度と塩分濃度の間に正の相関があることが確認できた．なお，塩分濃度が低いため，Cl による自己吸収が少ないため，検量線回帰には一次式を用いた．

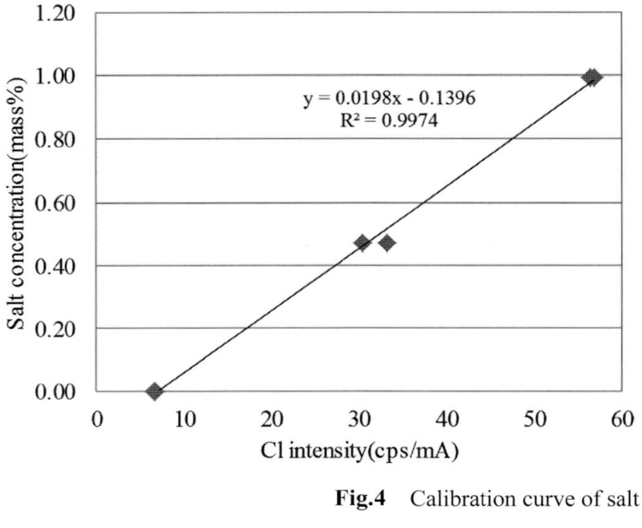

Sample	Salt concentration (mass%)	Cl Intensity (cps/mA)
①	0.00	6.71
	0.00	6.54
②	0.47	30.45
	0.47	33.12
③	0.99	56.39
	0.99	56.86

Fig.4 Calibration curve of salt concentration.

4.2 塩分濃度の定量マッピング および定量線分析

パスタ試料④ 0.58 mass%，試料⑤ 0.24 mass% の Cl-Kα マッピング像から画素ごとのカウント数を出力させ，画素ごとの測定時間で規格化し単位を cps/mA に換算してから，式 (2) の検量線を用いて Cl 強度を求め，画素ごとの塩分濃度定量値をマップ表示したものを Fig.5 に示す．さ

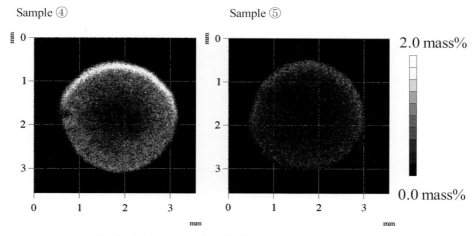

Fig.5 Salt concentration distribution of pasta sample 4 and 5.

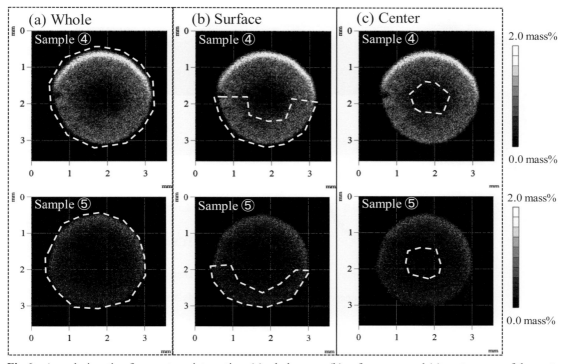

Fig.6 Area designation for spectrum integration, (a) whole areas, (b) surface areas and (c) center areas of the pasta sample 4 and 5.

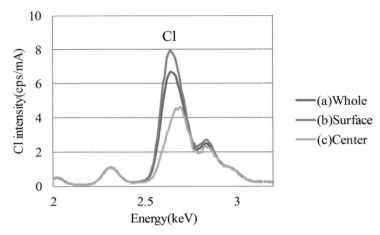

Fig.7 Comparison of Cl-Kα peaks of (a)whole, (b)surface and (c)center area of the pasta sample 4.

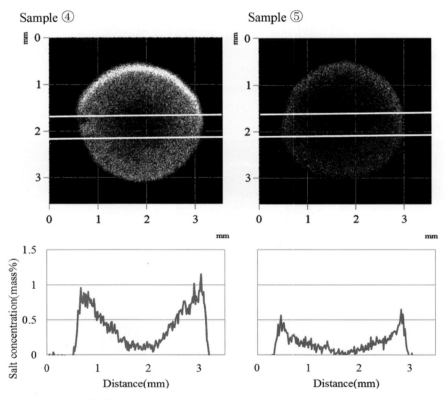

Fig.8 Salt concentration profiles of pasta sample 4 and 5.

らに Cl-Kα マッピング像上において，Fig.6 (a)：パスタ全体，Fig.6 (b)：外周，Fig.6 (c)：中心で任意の領域を指定し，得られたスペクトルの重ね合わせを Fig.7 に，塩分濃度定量値の比較を Table 1 に示した．Fig.8 にパスタ試料断面を横切る形での定量線分析を示した．試料④ 0.58

Table 1 Quantitative values of pasta sample 4 and 5. Unit (mass%)

		Sample ④	Sample ⑤
Salt concentration (Coulometric titration)		0.58	0.24
XGT	Whole	0.59	0.24
	Surface	0.68	0.29
	Center	0.22	0.08

mass%，試料⑤ 0.24 mass% ともに，外周の塩分濃度が中心の約3倍であることが確認された．

なお，試料の奥側（画像の上部分に相当）は蛍光X線強度が高くなるエッジ効果が発生していると考えられるため，Fig.6 (b)：外周については，エッジ効果を受けない，パスタの手前側（画像の下部分に相当）を用いて定量を行った．蛍光X線分析装置 XGT-7200V では，1次X線は試料の直上より照射され，検出器は斜め奥45度上に位置している．通常，試料表面および内部から発生した Cl の蛍光X線は，試料表面に出てくるまでに試料内部において試料成分による吸収の影響を受けるが，検出器に近い試料の縁の部分（画像の上部分に相当）では，自己吸収の影響が周辺に比べて少なくなるため，X線の発生強度が高くなっているものと推測される．これをエッジ効果という．

4.3　電量滴定法の塩分値と定量値との比較

電量滴定法で求めた塩分濃度に対し，XGT-7200V によるパスタ全体の塩分濃度定量値は，良い正の相関を示していた．一方で，マッピング分析の結果，外周と中心では塩分濃度に大きく差があり，外周部分の定量値は中心部分での定量値の 3～3.5 倍となった（Table 1）．

5.　おわりに

X線分析顕微鏡による塩分濃度の定量マッピング分析機能の検証を試みたところ，試料全体の塩分濃度は電量滴定法と正の相関が得られた．さらに定量マッピング機能を用いることにより食品中の塩分濃度の分布を知ることができた．

今回の結果から，X線分析顕微鏡による元素分布測定が，食品中の元素分布の確認に対して有効である可能性が示唆された．非破壊での観察・測定が可能であり，試料への負荷がないため，食品だけでなく，さまざまな測定に利用できる[6-10]．今後，食品加工への応用にも期待される．

参考文献

1) 駒谷慎太郎：X線分析顕微鏡，"蛍光X線分析の実際"，中井 泉 編，p.142, (2016), (朝倉書店).
2) 農林省農林水産技術会議事務局編：食品分析研究会報告書, 48 年度, p.41, (1974).
3) 新野 靖：食品分析における食塩濃度の測定法, 調理科学, **27**, No.1, 57-62, (1994).
4) S. Ohzawa: *Readout English Edition* (*Horiba Technical Reports*), **12**, 78 (2008).
5) S. Komatani, T. Aoyama, S. Ohzawa, K. Tsuji: Development of Compact X-ray Analytical Microscope, X線分析の進歩, **43**, 241-247, (2012).
6) K. Marumo, T. Nakashima, Y. Watanabe: Micro XRF chemical analysis of sulfide minerals from seafloor hydrothermal deposits, X線分析の進歩, **46**, 213-225, (2015).
7) Y. Muramatsu, R. Murakami, E. M. Gullikson: Evaluation of the weathered Japanese roof tiles of Himeji Castle (3); Elemental mapping of the surface carbon films by soft X-ray absorption spectroscopy, X線分析の進歩, **46**, 309-316, (2015).
8) 青山朋樹：動植物試料のX線分析顕微鏡による観

察・研究, "蛍光X線分析の実際", 中井 泉 編, p.230, (2016), (朝倉書店).

9) 中野ひとみ, 中村ちひろ, 横山政昭, 駒谷慎太郎, 武部友亮, 西田治文：X線分析顕微鏡によるペルム紀珪化泥炭化石中の脊椎動物骨の発見, X線分析の進歩, **48**, 375-385, (2017).

10) 中村ちひろ, 中野ひとみ, 横山政昭, 駒谷慎太郎：陸上に生息する節足動物の大アゴ先端部の亜鉛蓄積の測定, X線分析の進歩, **48**, 365-374, (2017).

X線分析顕微鏡 (XGT) による植物の元素分布測定

中村ちひろ*, 中野ひとみ, 横山政昭, 駒谷慎太郎

Elemental Distribution Measurement of Plants by X-Ray Analysis Microscope

Chihiro NAKAMURA*, Hitomi NAKANO, Masaaki YOKOYAMA and
Shintaro KOMATANI

HORIBA TECHNO SERVICE Co., Ltd Analytical Technology Center
2 Kisshoin-Miyanohigashi-cho, Minami-ku, Kyoto 601-8305, Japan

(Received 19 January 2018, Accepted 21 January 2018)

    X-ray elemental mapping of two species of vascular plants (*Aristolochia debilis* and *Athyrium yokoscense*) was performed using an X-ray analysis microscope XGT (HORIBA, Ltd.). We could obtain distribution patterns of different kinds of element in the living plant body. The pattern is gauged with fluorescence evoked by X-ray that narrowed down to the material from a capillary of the XGT.

    The observation was designed to avoid dehydration of plant samples in the detection chamber during the X-ray exposure. We report here some results as an example of XGT use for fresh plant material.

[Key words] X-ray analytical microscope, *Athyrium yokoscense*, *Aristolochia debilis*, Maping analysis, Elemental analysis

    維管束植物から2種類の植物 (ウマノスズクサ, ヘビノネゴザ) を選び, X線分析顕微鏡XGT (堀場製作所製) を用いて, 生体内の各種元素の分布測定 (マッピング分析) をおこなった. XGTはモノキャピラリーで絞ったX線で測定する蛍光X線分析顕微鏡である. 植物サンプルを乾燥させずに測定する方法を工夫した結果, マッピング分析から得られた元素分布が葉齢などによって異なることが判明したので, 生体試料の分析事例として紹介する.

[キーワード] X線分析顕微鏡, ヘビノネゴザ, ウマノスズクサ, マッピング分析, 元素分析

1. はじめに

    X線分析顕微鏡 (XGT) (堀場製作所製) はモノキャピラリーを採用して, X線を細く絞って非破壊で照射する蛍光X線分析顕微鏡である. 生体サンプルに対してもX線による影響がほとんどなく, 簡易に元素分布を測定することができる[1].

株式会社堀場テクノサービス分析技術センター 京都府京都市南区吉祥院宮の東町2 〒601-8305
*連絡著者: chihiro1.nakamura@horiba.com

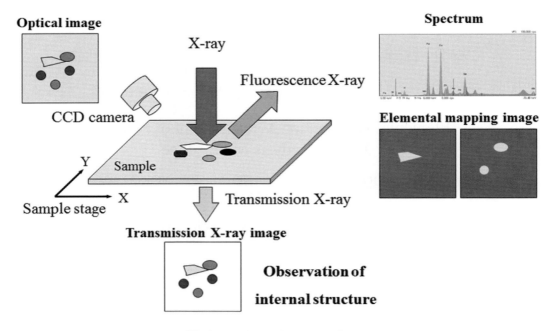

Fig.1 The internal structure of XGT.

近年は人体試料について測定した情報の法医学検証への利用や[2]，動物サンプルの分析による理学的な研究報告も，いくつか出されている[3-5]．しかし，植物サンプルを扱った報告例はほとんどない[5,6]．これは植物サンプルを乾燥させ，腊葉標本（さくようひょうほん）として保存することが一般的であることと関係しているように思われる．

今回は，生育状態のまま採集した新鮮な植物サンプルについて，XGTを用いてマッピング分析する方法を検討し，元素分布の確認をおこなった．分析により，植物の元素分布の特徴を確認できたので事例として紹介する．

2. 使用機器

測定には，X線分析顕微鏡XGT-5200（堀場製作所製）を使用した．X線分析顕微鏡は，Fig.1に示すように光学像と同軸で1次X線が照射で

きるように設計されている．1次X線はX線導管から照射されるが，この装置ではモノキャピラリーを採用している．モノキャピラリーは，ガラス製X線導管内にて，X線を全反射させながら導き，導管そのものを細く絞って照射する蛍光X線分析顕微鏡型の方式である．透過X線検出器（試料台の下に配置）により透過X線像を，エネルギー分散型X線検出器（45度斜め上に設置）により蛍光X線像を作成することができる．

X線分析顕微鏡で分析を行うには試料を試料室に導入し，光学顕微鏡で分析位置領域を指定して実行するだけでよく，試料にダメージを与える前処理や，試料室の真空引きも必要ではない．そのため，今回のような生物試料を測定する場合であっても，試料を乾燥したりする必要はない．X線と同軸で試料を観察できる光学系が，搭載されているため目的の測定ポイントに

対し，X線の照射位置がずれることなく位置調整ができる（Fig.1）[1]．

3. サンプル

3.1 ウマノスズクサ（*Aristolochia debilis* Sieb. et Zucc.）

ウマノスズクサ（*Aristolochia debilis*）はウマノスズクサ科ウマノスズクサ属の多年生つる植物である．葉はトランプのスペードのマークのような形をしている．茎は細く，初めは直立しているが，やがて他のものに巻きつく[5]．

3.2 ヘビノネゴザ（*Athyrium yokoscense* (Fr, et Sav.) Christ）

シダ植物メシダ科のヘビノネゴザ（*Athyrium yokoscense*）は重金属超集積植物として知られている．古くから鉱山などを見つけるための指標植物として知られ，生体内にCd, Pd, Cu, Zn などの重金属を，高濃度に蓄積することが報告されている[7,8]．

4. 測定方法

植物サンプルは，押し花のように乾燥させて平面として保存することが多い．このように保存されているサンプルはそのまま試料台に乗せて測定した（ウマノスズクサ,ヘビノネゴザ）[3,4]．

生きた状態での元素分布を確認する場合には，測定時間内に乾燥して変形し（萎れ）ないように，茎の切り口の部分に湿った脱脂綿をあてがったり，根や地下茎を水に浸した状態で固定して，葉への水分供給が持続するように工夫をした（ウマノスズクサ）（Fig.2）．

それぞれPET薄膜（80 mmφ）に挟んで試料台に固定し，測定した．測定はXGT-5200を用いて部分真空（試料は大気中）で測定をおこなった．

Fig.2 Measurement sample (Aristolochia debilis).

5. 測定結果

5.1 ウマノスズクサ

乾燥させたウマノスズクサの成葉について測定を行った（Fig.3）．Sは斑点模様が数点見られ，偏析している様子が確認される．Caは，葉全体に元素が蓄積されていることが確認された．KとZnは葉脈と葉柄に集積している傾向が認められた．Sの斑点模様箇所をポイント分析した結果，Sが高く検出されていることが確認された（Fig.4）．葉脈をポイント分析した結果，S, K, Ca, Znが確認された（Fig.5）．

生きた状態のウマノスズクサの成葉についても元素分布を測定した（Fig.6）．KとZnは葉脈と葉柄に集積している傾向が認められた．Caも葉脈と葉柄に集積しているが，葉の外周にもCaが集まっている箇所がみられた．それに対し，Sは葉脈以外の部分に集積していることが認められた．乾燥葉で観察されたSの斑点模様のような偏析は，確認されなかった．

葉齢による違いを検証するため，生きた状態のウマノスズクサ未成熟葉の元素分布も測定した（Fig.7）．Znは成熟葉同様に，葉脈と葉柄に集積がみられたが，Kにはその傾向はみられなかった．Caは成熟葉と同様に葉脈と葉柄だけ

X線分析顕微鏡(XGT)による植物の元素分布測定

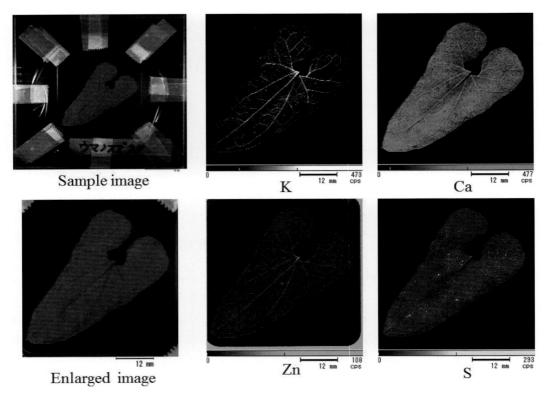

Fig.3 Aristolochia debilis (dry).

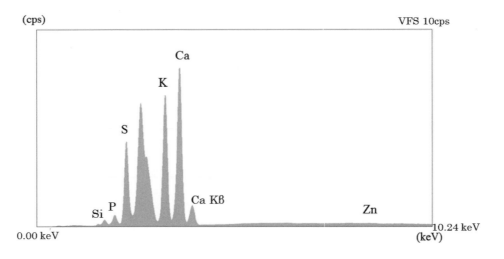

Fig.4 X-ray fluorescence spectral figure of Aristolochia debilis by sulfur (dry).

でなく，外周にも Ca が集まっている箇所がみられた．特に図の左上にあたる，欠損部分に著しい集積がみられた．S も成熟葉同様に，葉脈以外の部分に集積している傾向が認められた．

X線分析顕微鏡（XGT）による植物の元素分布測定

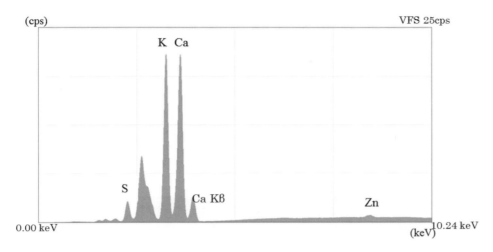

Fig.5 X-ray fluorescence spectral figure of Aristolochia debilis (dry).

Fig.6 Aristolochia debilis (Mature leaves).

5.2 ヘビノネゴザ

同じ維管束植物に属するシダ植物のヘビノネゴザについて，元素分布を測定した（Fig.8）．ウマノスズクサの成熟葉同様に，K，Caは葉脈

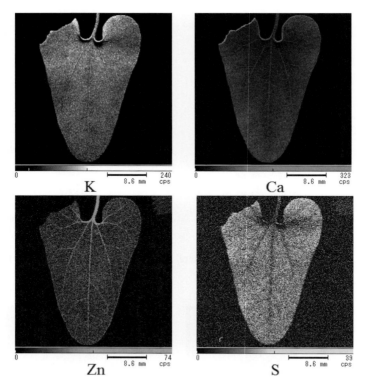

Fig.7 Aristolochia debilis (Immature leaf).

と茎に集積がみられた．Znは葉脈だけでなく，胞子嚢群のある場所に集積がみられた．Sはウマノスズクサと同様に，葉脈以外の部分に集積していることが認められた．

胞子嚢に特定元素が集積しているかどうか確認するために，胞子嚢群周辺の詳細マッピングをおこなった（Fig.9）．その結果，Znの高濃度部分は胞子嚢そのものではないことが確認された．胞子嚢の付近をポイント分析すると，Znのスペクトルが確認された（Fig.10）．

6. まとめ

ウマノスズクサとヘビノネゴザのいずれも，Sの元素分布は共通しており，葉脈以外の生物活性の高い部分に分布していることが確認された．K, Ca, Znについては，葉齢や傷の有無，植物種によって分布の傾向が一致しなかった．

ウマノスズクサの未成熟葉ではKの蓄積がほとんど見られず，葉齢が進むにつれ葉脈部分へのKの蓄積が確認された．Znは成熟葉，未成熟葉でも葉脈と葉柄に集積がみられた．Caは葉脈と葉柄だけでなく，葉の外周にも蓄積している箇所があり，欠損部分に多く分布する傾向がみられた．欠損部分に多く集中していることについては今後も検討をしていきたい．

ウマノスズクサでは乾燥させた成熟葉を測定し，生きた状態での測定結果と比較をした．元素によっては分布が異なっており，同じ成熟葉を測定しても，生きた状態でのサンプル測定とは違いがあることが確認できた．

ヘビノネゴザでは胞子嚢の近くにZnの集積が見られたが，胞子嚢そのものにZnが蓄積し

X線分析顕微鏡（XGT）による植物の元素分布測定

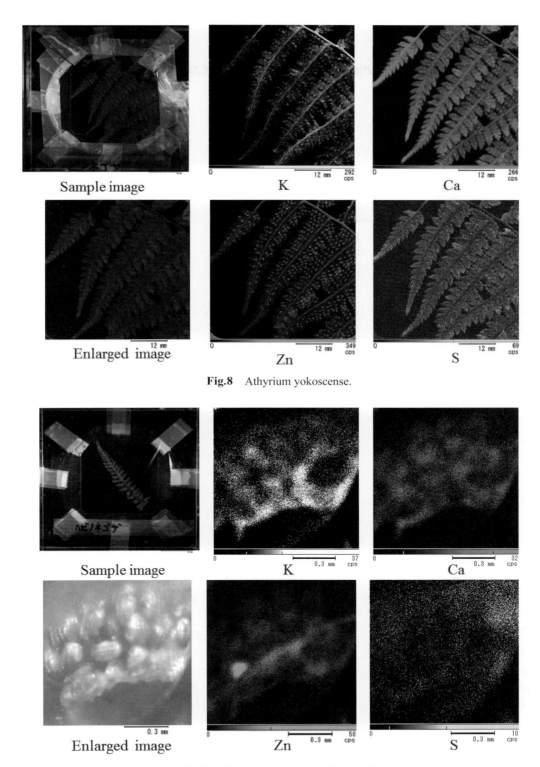

Fig.8　Athyrium yokoscense.

Fig.9　Athyrium yokoscense (Enlarged).

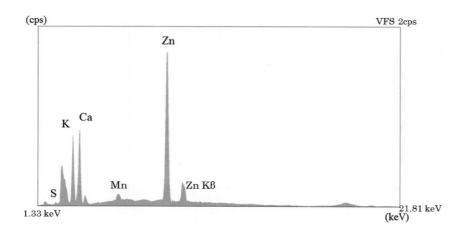

Fig.10 X-ray fluorescence spectral figure of Athyrium yokoscense.

ているわけではないことが確認された．このようなZn分布が起こる経過や理由については今後も検討を続けていく予定である．

　測定方法を工夫すると，XGTを使って植物サンプルを測定して，興味ある知見が容易に得られることが分かった．今後は多くの植物研究分野で，活用されることが期待される．

謝　辞

　本研究を進める上で，植物について助言をいただいた中央大学/西田治文先生と，ヘビノネゴザの生品を提供していただいた日本シダの会の岡武利氏に御礼申し上げます．

参考文献

1) 駒谷慎太郎：X線分析顕微鏡，"蛍光X線分析の実際（第2版）"，中井　泉編，pp.142-150（2016），（朝倉書店）．
2) Y. Makino, H. Abe, M. Yokoyama, S. Torimitsu, F. Chiba, H. Yokota, T. Oka, H. Iwase: Mercury embolism of the lung and right ventricle revealed by postmortem computed tomography and X-ray analytic microscopy, *Forensic Sci Med Pathol*, DOI 10.1007/s12024-015-9696-2 (2015).
3) 中野ひとみ，中村ちひろ，横山政昭，駒谷慎太郎，武部友亮，西田治文：X線分析顕微鏡によるペルム紀珪化泥炭化石中の脊椎動物骨の発見，X線分析の進歩，**48**，375-385（2017）．
4) 中村ちひろ，中野ひとみ，横山政昭，駒谷慎太郎：陸上に生息する節足動物の大アゴ先端部の亜鉛蓄積の測定，X線分析の進歩，**48**，365-374（2017）．
5) M. Kubo-Irie, M. Yokoyama, Y. Shinkai, R. Niki, K. Takeda, M. Irie: The transfer of titanium dioxide nanoparticles from the hostplant to butterfly larvae through a food chain, *scientific reports*, (2016).
6) 青山朋樹：動植物試料のX線分析顕微鏡による観察・研究，"蛍光X線分析の実際"，中井　泉編，pp.230-231（2016），（朝倉書店）．
7) 廣瀬菜緒子，山口直人，後藤文之，保倉明子：X線分析の進歩，**48**，429-437（2017）．
8) 西田治文："化石の植物学―時空を旅する自然史―"，(2017)，（東京大学出版会）．

新開発のポータブル X 線粉末回折計による
北斎肉筆画の分析

中井　泉 [a*], 赤城沙紀 [a], 平山愛里 [a], 村串まどか [a], 阿部善也 [a],
K. タンタラカーン [b], 谷口一雄 [b], 下山　進 [c]

On Site Analysis of Hokusai Paintings Using Newly Developed Portable X-Ray Powder Diffractometer

Izumi NAKAI [a*], Saki AKAGI [a], Airi HIRAYAMA [a], Madoka MURAKUSHI [a],
Yoshinari ABE [a], Kriengkamol TANTRAKARN [b],
Kazuo TANIGUCHI [b] and Susumu SHIMOYAMA [c]

[a] Department of Applied Chemsry, Faculty of Science, Tokyo University of Science
1-3 Kagurazaka, Shinjuku-ku, Tokyo 162-8601, Japan
[b] TechnoX Co.
5-18-20 Higashinakajima, Higashiyodogawa-ku, Osaka 553-0033, Japan
[c] Kibi International University, Professor Emeritus
8 Igamachi, Takahashi, Okayama 716-8508, Japan

(Received 8 February 2018, Revised 23 February 2018, Accepted 24 February 2018)

　　We have developed a portable X-ray powder diffractometer suitable for analysis of paintings. The diffractometer is composed of θ-θ type goniometer, light weight MAGPRO^{TM} X-ray tube and SDD.　We can change X-ray tube from Cu to Cr, easily. 60 kV X-ray tube is suitable for XRF analysis utilizing white X-rays from high energy exciting source. Thus, we can obtain diffraction data and XRF data from the same sample point. We obtained a chance to analyze painting of Katsushika Hokusai (1760-1849) using this diffractometer and demonstrated the performance of the new diffractometer.
　　We brought a set of portable analytical instruments necessary for analysis of paintings to Hokusaikan in Obuse, Nagano: i.e. X-ray powder diffractometer, X-ray fluorescence spectrometer, Raman spectrometer, infrared camera, and conducted nondestructive onsite analysis of the paintings. The analyzed samples include the ceiling painting "Onami" and "Menami" (1845) drawn by Hokusai in his eighties and the pair of hanging scroll "Kiku-zu" (1840-1849). First, focusing on blue pigments, we succeeded in identifying multiple blue pigments, including Prussian blue. Analysis of the yellow pigment used in "Kiku-zu" revealed the use of As-S glass, an artificial new yellow pigment, just developed in Europe at that time, was identified and offering a new knowledge from the art historical point of view. Furthermore, we

---

a 東京理科大学理学部応用化学科　東京都新宿区神楽坂1-3　〒162-8601　＊連絡著者：inakai@rs.kagu.tus.ac.jp
b 株式会社テクノエックス　大阪府大阪市東淀川区東中島5-18-20　〒553-0033
c 吉備国際大学　岡山県高梁市伊賀町8　〒716-8508

have revealed use of multiple red colors showing attractive coloration. It was proved scientifically that Hokusai was drawing vivid colors by using various colorants.

[Key words] Portable X-ray powder diffractometer, On site analysis, Painting, Hokusai

絵画の分析に適した，可搬型粉末 X 線回折計を開発した．回折計は，ゴニオメータと小型軽量の MAGPRO™ X 線管球，SDD 検出器から構成されている．X 線源は Cu 管球と Cr 管球を容易に交換できる．X 線管球は 60 kV の高圧を印加できるので，白色 X 線励起による重元素の蛍光 X 線分析に有用である．本装置では，回折データと蛍光 X 線による元素情報が同一場所から得ることができる．

本装置を使って，葛飾北斎 (1760-1849) の肉筆画を分析する機会をえた．我々は長野県小布施市の北斎館に本研究で開発した可搬型の粉末 X 線回折計 (p-XRD) をはじめ，蛍光 X 線分析装置 (p-XRF)・ラマン分光分析装置 (p-MRS)・赤外カメラなどを持ち込み，非破壊オンサイト分析を行った．分析資料は北斎が晩年に描いた天井図「男浪」「女浪」(1845 年) と双幅の掛け軸「菊図」(1840-1849 年) である．はじめに，青色に着目したところ，北斎が好んで用いたと言われているプルシアンブルーをはじめ，複数の青色色材の同定に成功した．次に黄色顔料の分析を行い，「菊図」では当時開発されたばかりの人工黄色顔料 As-S ガラスを同定し，美術史的に新しい知見を得ることができた．さらに，複数の赤色顔料の同定にも成功し，北斎が同じ色調の顔料を使い分けていることが明らかになった．葛飾北斎が様々な色を用いることで鮮やかな色彩を描いていたことが，科学的に立証された．

[キーワード] ポータブル粉末 X 線回折計，その場分析，絵画，北斎

1. はじめに

文化財の分析では，物質同定が重要な役割を持ち，なかでも粉末 X 線回折法は結晶性物質の同定法として，極めて有効な手法であり，実験室系の粉末 X 線回折装置は最も広く普及している材料分析装置である．ところが，文化財の分析に適した，ポータブル粉末 X 線回折装置の開発は世界的にも限られたグループでしか行われていない．わが国では，ポータブル回折計の開発は，大阪電気通信大学の谷口一雄ら[1]と早稲田大学の宇田応之[2]らによって，先駆的開発が行われた．宇田の装置はその後改良が加えられ，理研計器から市販され，ツタンカーメンのマスクの分析などで優れた成果が得られている[5]．しかし，重量が 30 kg を越え可搬性の点でポータブルとは言えず，応用が限られている．谷口の装置は，以下に述べるように，小型軽量の路線で装置開発がなされ[4,5]，2 号機は総重量 15 kg と可搬性に優れ[6,7]，国宝の尾形光琳の「紅白梅図屏風」の分析[8,9]などで多くの成果を得ている．本論文で紹介する 3 号機は，2 号機の 10 年の経験を元に改良を加え，特に絵画の分析を念頭において開発を進めた．幸い，長野県の小布施の北斎館で北斎の肉筆画を開発した 3 号機 (PT-APXRD III) で分析する機会に恵まれたことから，本論文では，前半で開発した回折計の紹介を行い，後半で回折計の 3 号機の性能評価をかねて，ポータブル分析装置を駆使して行った，北斎の作品の分析の成果を紹介する．

2. 絵画の分析

絵画は経年変化を受けるため，必要に応じて修復を行う必要がある．適切な修復手法の選定に際して，絵画材料に関する物質科学的知見を得ることが必要となる．しかしながら，絵画は

貴重な文化財資料であるため，所蔵施設（美術館など）の外へ持ち出すことが容易ではなく，分析に伴う破壊も望ましくない．そこで著者らは，複数の可搬型分析装置を様々な施設に持ち込んで，絵画をはじめとする文化財資料の非破壊オンサイト分析を数多く展開している[7-14]．本研究で対象とする葛飾北斎（1760-1849年）は，江戸時代後期，化政文化を代表する浮世絵師であり，「冨嶽三十六景」が代表作として知られている．北斎の作品は色彩感覚に優れ，欧米の画家たちにも多くの影響を与え，世界的に知られている日本を代表する画家である．

本研究では長野県小布施市にある北斎館にて3日間にわたり，葛飾北斎の肉筆画4点の分析調査を実施した．小布施は北斎が晩年に過ごした地で知られ，北斎館は北斎の作品を多数所蔵している．世界的にも著名な数多くの作品が残されている一方で，科学的な研究が適用された例は少なく，使用された画材（顔料や染料）に関して十分に理解されていない．本研究では，可搬型分析装置を駆使して，当時北斎が用いていた色材や技法を解明することを目的とした．調査の中で，新開発の可搬型粉末X線回折計をはじめ，絵画の分析に有用な可搬型の蛍光X線分析装置，ラマン分光分析装置，紫外可視蛍光分光分析装置，赤外カメラ，デジタル顕微鏡を用いて，複合的かつ多角的な分析調査を実施した．本稿では主に顔料分析の成果を報告する．

3. 粉末X線回折計の開発

3.1 ポータブル粉末回折計の開発の背景

我々は，文化財のその場分析を目的として，ポータブル粉末X線回折計（p-XRD）の開発を続けてきた．1号機は，2003年に開発され[4,5]，エジプトの発掘現場でも活躍し貴重な分析データが得られた．本装置は，X線管球とX線検出器を別々のアームにのせてθ軸のまわりを回転する機構であったため，試料とX線源と検出器の同一平面性が保証されないという難点があった．信号処理はアナログで，電源・信号処理部が重く，20 kgと可搬性にかけていた．これらの難点を克服して2007年に2号機が開発された[6]．ゴニオメータ部にレールを導入し，X線管球と検出器は，回転式リニアベアリングを使ってそれぞれレール上を滑らかに滑らせ，ギアで角度送りをする機構で，平面性と同軸性を保持し，精度の高い角度制御を可能とした．信号処理系にはデジタル信号プロセッサ（DSP）を採用した．2008年には蛍光X線分析の機能も導入した[7]．装置は，ゴニオメータ部とコントローラ部からなり，持ち運ぶ時は，39×24×27 cmと39×16×36 cmの2つのアルミニウム製トランクケースに収納可能で，総重量は15 kgで，一人で持ち運びが可能である．本装置は，尾形光琳の「国宝紅白梅図屏風」の研究をはじめ，さまざまな文化財の分析に応用され活躍した[8,9]．

2号機の文化財分析における10年の使用経験を元に，世界の回折計の開発状況をサーベイした[9]ところ，革新的な装置はいまだ開発されていないことから，次世代の新しい装置の開発が期待された．このたび科研費の補助をうけて，特に絵画分析を指向した装置の開発が実現した．3号機（PT-APXRD III）のv.1が2016年に開発され，アムステルダム国立美術館で，フェルメールやレンブラントの絵画の分析を行い，その有用性と問題点を明らかにした[12]．さらに改良を加えてPT-APXRD IIIのv.2が2017年に完成した．最も重要な改良点は，X線管球をCu管球からCr管球にかえられるように改良したことである．

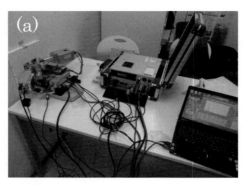

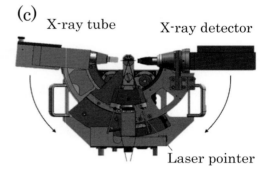

Fig.1 (a) An overview of the portable X-ray powder diffractometer. (b) A photograph of the goniometer measuring a painting. (c) Schematic diagrams of the goniometer.

3.2 新開発の回折計 [12]

可搬型粉末X線回折計 PT-APXRD III は テクノエックス㈱との共同開発品である．写真を Fig.1 (a), (b), (c) に示す．ゴニオメータ部，測定コントローラ部，制御用のノートパソコンで構成されており，持ち運ぶ際にはこれら全てをアルミニウム製のトランクケース2つに収めることができる．総重量は16 kgで可搬性に優れている．X線管のターゲットとしてCuを，検出器としてSDD (sillicon drift detector) を採用している．Cuをターゲットとして使用しているため，Cuを主成分として含む物質を分析する場合，回折パターンのバックグラウンドが大きくなるので，Cr管球等に変更可能である．しかし，過去の経験により，Cu管球でも物質同定において大きな問題はないことがわかってい

る．X線管球からの白色X線をスリットとコリメータで集光し，試料に照射する．検出器は Cu Kα 線のみを選択して検出することができるため，フィルターやモノクロメータによるX線の単色化が不要である．X線管球と検出器の両方が，基板上の円弧状レールに沿って，θ軸を中心として回転する．パルスモータで最小送り角 0.01°で駆動し，現在の角度はエンコーダで読み取っている．ゴニオメータの稼働やX線の発生，測定の開始・終了などの操作は全てノートパソコン上の専用ソフトから行うことができる．典型的な測定条件を Table 1 に示す．

3.3 回折計の性能評価

①NISTのシリコン標準試料SRM640cを用いて，絵画の分析条件に近いスミアマウント法で，

Table 1 Typical measurement conditions of p-XRD/XRF.

	XRD	XRF
X-ray tube	Cu target	
Detector	SDD	
Maximum exciting voltage/tube current	60 kV/0.2 mA	
Exciting X-ray	Cu K$_\alpha$	Cu+white
Angular range	5° < 2θ < 70° 25° < 2θ < 70° (Wall surface)	—
Step width	0.1°	—
Scattering angle	—	90°
Measurement time	1-3 s/step	100 s (Live time)
Atmosphere	Air	

Table 2 X-ray powder diffraction data of silicon, standard reference material NIST-SRM640c.

NIST-SRM640c		Silicon (PDF:27-1402)		
d/Å	Int.	d/Å	Int.	hkl
3.173	100	3.1355	100	111
1.936	52	1.9201	55	220
1.649	28	1.6375	30	311

Table 3 L.L.D. of a glass standard reference material NIST-SRM610.

Elements	L.L.D. (ppm)
Ti	39.3
Fe	13.6
Sr	31.9
Sb	90.6
Ba	181

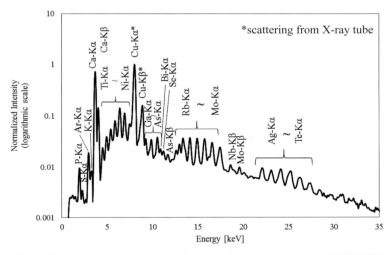

Fig.2 X-ray fluorescence spectrum of a glass standard reference material NIST-SRM610.

角度精度を評価した．Table 2 に 3 強線の d 値を PDF の値と比較して示す．両者は良い一致を示し，実用的に十分であると判断できた．
② 本装置の蛍光 X 線分析装置としての性能評価を行った．NIST ガラス標準物質 SRM610 のスペクトルを Fig.2 に示す．試料の重元素濃度は各元素 500 ppm である．検出下限を Table 3 に示す．Fe で検出下限は 13.6 ppm,

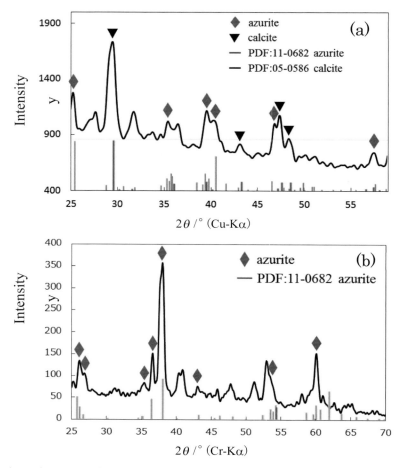

Fig.3 Comparison of X-ray powder diffraction patterns of paintings measured with (a) Cu tube and (b) Cr tube.

Baで181 ppmと微量成分の分析が可能であった．Moxtek社のMAGPRO^{TM}管球は60 kVの高圧をかけることができるので，白色X線による重元素の励起が可能で，Fig.2に示すように，重元素の分析で威力を発揮する．

③平面的な絵画をゴニオメーターで計測すると，絵画平面とゴニオが干渉するため低角側の回折反射は測定できない．本装置では，測定可能な2θの最低回折角は24°であり，それより低角の情報が必要な時は，波長の長いX線を用いることが有効である．絵画の青色顔料Azuriteについて測定した回折パターンを，

(a) Cu管球と(b) Cr管球の測定結果を比較してFig.3に示す．いずれも1試料の測定に要する時間は30分程度である．両試料とも岩群青（鉱物名：azurite, $Cu_3(CO_3)_2(OH)_2$）を含む油彩画であるが，試料は異なっている．Fig.3 (a)の試料は，後述する葛飾北斎の絵画「菊図」の青色顔料（Fig.4 b1）である．測定可能な2θの最低回折角は24°であるが，Cr管球ではCu管球の17.20°の低角のピークが26°付近に検出できている．Azuriteの最強線も38°付近に検出できており，物質同定に有力な低角側の回折ピークが測定できるので，Cu管球で

は低角側の反射が測定できない物質の同定に特に有効である．なお，X線管球の交換は，現場で30分程度で平易に行うことができる．以上の結果より，高精度できわめて実用性の高い装置が開発できたと判断できた．

4. 本研究で用いた他の可搬型分析装置とその分析条件

4.1 可搬型蛍光X線分析装置（p-XRF）[8, 10]

可搬型蛍光X線分析装置 OURSTEX 100FA-III は OURSTEX㈱と当研究室の共同開発品である．本装置は高圧発生部，計数回路コントローラ，測定ヘッド，制御用ノート型パソコン，小型ポンプから成る．総重量15 kg 程度であるため持ち運びが可能である．

X線源として，Pd管球を備え，さらに励起X線を単色化するための結晶モノクロメータを搭載している．そのためモノクロメータの利用を切り替えることで管球から発生したX線をそのまま試料に照射して測定を行う白色X線励起モードと，管球からのX線をモノクロメータにより単色化してから照射する単色励起モードの種類の測定を選択して行うことができる．単色X線は 5～20 keV に吸収端を持つ元素に対しての感度が高く，バックグラウンドの低いスペクトルが得られる．これに対して白色X線は，K や Si といった軽元素の励起効率が高く，また単色X線では励起できない Sn や Sb といった重元素の分析にも用いられる．これら2つのモードを使い分けることで試料中に含まれる元素を幅広くかつ高感度で分析することが可能となる．

検出器には SDD を用いており，内部のペルチェ冷却素子による冷却で，常に −28℃ での安定した動作が可能になっている．測定ヘッドとチャンバーはカプトン膜で分けられており，SDD 周りを小型ポンプにより減圧することでチャンバーが開放系の分析で，原子番号13のAl以上の軽元素の検出が可能となっている．本研究では基本的に白色X線励起モードでの分析を行った．

4.2 可搬型顕微ラマン分光分析装置（p-MRS）

可搬型顕微ラマン分光分析装置は米国 B&W TEK. 社製の MiniRam^{TM} を用いた．本装置に接続可能な励起レーザー源として緑色（波長 532 nm）のイットリウム・アルミニウム・ガリウム（YAG）レーザーと赤色（波長 785 nm）の半導体レーザーの2種類があるが，本研究では汎用性の高い赤色半導体レーザーを使用した．検出器として 2048 pixel の CCD 検出器を備え，レーザー照射によって試料から発生したラマン散乱のうち，ストークス線を検出する．レーザー源および CCD を搭載した本体からは光ファイバ製のケーブルが延びており，測定プローブに接続されている．プローブ先端をそのまま試料に近づけるだけでラマンスペクトルの測定ができるため，試料の形状や場所を問わず，きわめて柔軟性の高い分析を行うことができる．さらに，プローブ部分を専用の顕微システム（倍率 ×50, ×40, ×20）に接続することでレーザーを最小約 50 μm まで集光させ，顔料一粒子レベル

Table 4 Typical measurement conditions of p-XRF.

X-ray tube	Pb target
Detector	SDD
Cooling system	Peltier element
Monochrmator	Graphite crystal
Maximum tube voltage	40 kV
Maximum tube current	Direct 0.25 mA
	Monochrome 1.00 mA
Measurement time	100 s

の微小部分析を行うことができる．また，顕微ヘッドにはカメラが内蔵されており，操作コンピュータ上で測定点の光学像を観察することが可能である．

4.3 赤外写真

赤外写真には中判デジタル一眼レフカメラ PENTAX 645D IR を使用した．フィルター FUJI86 を用いることで可視光をカットし撮影を行った．

5. 分析資料

「菊図」（Fig.4 (a)）は葛飾北斎が 1840–1849 年に描いた双幅の掛け軸である．「大輪菊」などあらゆる種類の菊が複数の顔料で描かれているが，本稿では青色，黄色および赤色顔料に着目して分析を行った．

怒濤図「女浪」（Fig.4 (b)），「男浪」（Fig.4 (c)）

Fig.4 (a)"Kikuzu", (b)"Menami", (c)"Onami".

は，葛飾北斎の晩年の肉筆画であり，1845 年に小布施の上町祭り屋台の天井絵として描かれた．我々は波の青色顔料を中心に絵画全体で複合分析を行った．

6. 結果と考察

6.1 青色顔料 A

菊図に使われている青色顔料 A（Fig.4 中に測定点を b1 で示す）は，p-XRF による化学組成分析から，Cu, Ca が特徴的に含まれていることがわかった．Fig.3 (a) は同一点において p-XRD によって得られた回折パターンである．これより，青色顔料 A は岩群青（鉱物名：azurite, $Cu_3(CO_3)_2(OH)_2$）と同定された．測定点の回折データを PDF データ（azurite：PDF 11-0682）とともに Table 5 に示す．格子定数を計算した結果，a = 5.029 (10) Å，b = 5.849 (11) Å，c = 10.273 (29) Å となり，azurite の格子定数の文献値 a = 5.008 Å，b = 5.844 Å，c = 10.336 Å と比較して良い一致が得られた．Fig.3 (a) の回折パターンには，azurite と方解石（calcite, $CaCO_3$）が共存している．これは，azurite と共存する，菊の花びらの白色顔料が方解石であることを示している．貝殻を白い顔料として使った物で，胡粉とよばれる．貝殻は，方解石とあられ石の結晶多形があり，ハマグリ，アサリ，真珠はあられ石，牡蠣，ホタテ貝は方解石であるので，北斎は牡蠣胡粉をつかっていたことがわかる．男浪，女浪の白はすべて牡蠣胡粉であることがわかった．波の表現でも，白は胡粉が多用されていた．

6.2 青色顔料 B

波（Fig.4）の紺色部分（b2）と水色部分（b3）の XRF スペクトルを Fig.5 に示す．Ca, Cu の強度に着目すると，2 点において明確な差が見られないことから，これらの元素は下地由来だと考えられる．一方，紺色部分（b2）では Fe の強度が大きいことから，北斎が好んで用いていたとされる Fe 系顔料のプルシアンブルー（ベロ藍，$Fe_4[Fe(CN)_6]_3$）の可能性が示唆された．そこで，ベロ藍が特徴的な赤外吸収を示すことに着目し[15]，絵画の赤外写真を撮影した結果を Fig.6 に示す．紺色部分では明らかに赤外光が吸収されて黒色を呈しており，本研究によって葛飾北斎が好んでいたとされるベロ藍がここに使われていることを明らかにできた．

Table 5 X-ray powder diffraction data of blue pigment and azurite.

Blue pigment		azurite (PDF: 11-0682)		
d/Å	Int.	d/Å	Int.	hkl
3.67	25	3.674	50	$\bar{1}02$
3.52	100	3.516	100	102
2.53	45	2.54	25	022
2.28	98	2.287	35	$\bar{1}22$
2.24	39	2.224	70	211
1.94	36	1.948	20	$\bar{2}13$
1.82	14	1.824	17	$\bar{1}24$
1.79	25	1.786	9	124
1.60	58	1.595	15	133

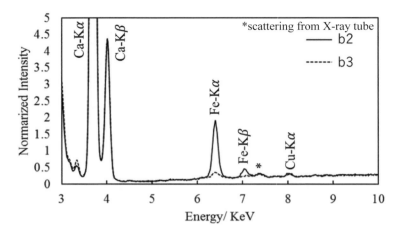

Fig.5 XRF spectra of blue parts (b2, b3).

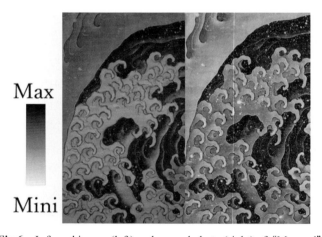

Fig.6 Infrared image (left) and normal photo (right) of "Menami".

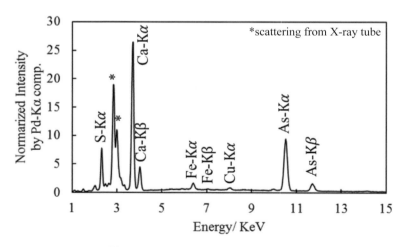

Fig.7 XRF spectrum of yellow part (y1).

6.3 黄色顔料

Fig.4の菊図の菊の花 (y1) の黄色を分析した. Fig.7に示したXRFスペクトルより, 黄色顔料部分 (y1) では明瞭なSおよびAsのピークを検出した. この2元素を含む黄色顔料として石黄 (鉱物名: orpiment, As_2S_3) が知られるが, MRSによる分析を行ったところ, 石黄ではなくAs-Sガラスであることが判明した (Fig.8). As-Sガラスは1846年から石黄に替わる黄色の人工顔料として製造が開始されており[16], 欧州における西洋画においてその使用が多数確認されている当時としては新しい顔料であった[17-19]. 以上のことより, 北斎が新しい色材であるAs-Sガラスを好んで用いていた可能性, または, 北斎が顔料を購入するルートの中で混入した可能性などが推察された. 本図は, 北斎の娘のお栄の作ともいわれており, 北斎なら黄色に使い慣れた石黄を使うことも考えられることから, この絵の起源を考える上で, 重要な知見となる可能性もあり, 興味深い.

6.4 赤色顔料

本研究では北斎が肉筆画の縁絵に使用した様々な赤色顔料を同定することができた. Fig.9に赤色顔料の測定点をまとめた. これらの測定点でXRFスペクトルを測定したところ, Fig.10に示すように, エンゼルの髪の毛の赤茶色r1ではFe, 赤い鳥の羽r2ではHg, 赤い渦模様r3ではHgとともにPbが特徴的に検出され, これら3箇所 (Fig.9) で異なる種類の赤色顔料が使用されていることが示唆された. そこでp-XRDによりp5の点で結晶相の分析を行ったところ, r1ではFig.11に示すように弁柄 (鉱物名: hematite, Fe_2O_3) と白色顔料の胡粉 (方解石 $CaCO_3$) が同定された. 他の点では, Fig.12に示したMRS分析によりr2で (鉱物名: 辰砂 cinnabar, HgS) を同定した. さらにr2では朱とともに鉛丹 (鉱物名: minium, Pb_3O_4) を同定し,

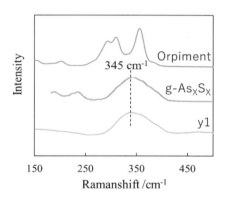

Fig.8 MRS spectrum of yellow part (y1) compared to yellow pigments (orpiment, As-S glass)[17, 18].

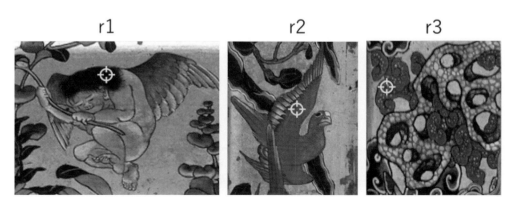

Fig.9 Measurement points of red pigment.

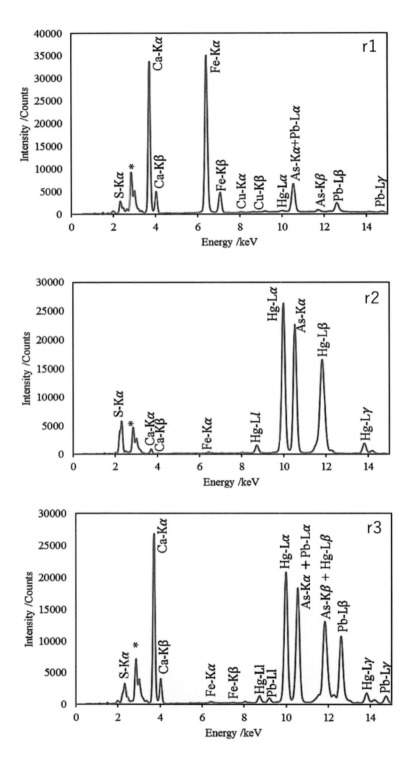

Fig.10 XRF spectra of red parts (r1 ~ r3). *Scattering from X-ray tube.

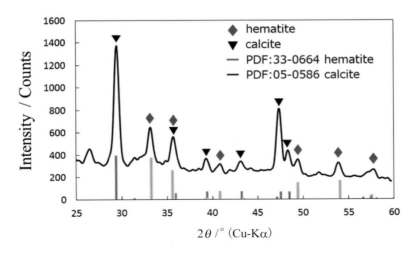

Fig.11 XRD pattern of red part (r1).

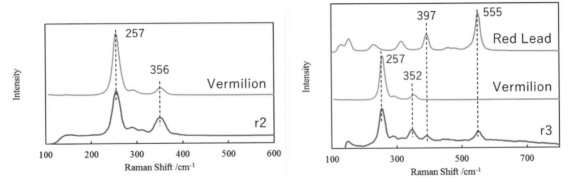

Fig.12 MRS spectra of the red parts: (left) r2 and (right) r3.

異なる 2 色の赤色顔料を混色することで色調を微妙に調整していたことが明らかになった．これら 3 種類の赤色顔料は当時一般的に使用されていたものであるが，一絵師が晩年の作品で同色系の様々な顔料を使い分けていたことは大変興味深い．

4. 結 言

X 線管球を容易に交換できる，優れた性能の新世代粉末 X 線回折計の開発に成功した．その有用性は，本論文後半の北斎の肉筆画の分析の成果を通して，見ることができるであろう．本装置はアムステルダム国立美術館で，レンブラントやフェルメールの絵画の分析 [12, 19] に用いられ，多くの成果が得られており，大変実用性の高い装置が完成したといえる．今後は絵画のみならず，文化財の結晶性物質全般の分析で活躍が期待される．また，本装置は環境試料，地球科学試料のフィールド分析にも有用であろう．

応用では，他の可搬型分析装置も複合的に用いることで，葛飾北斎が好んで用いていたとさ

れるベロ藍や新しい人工黄色顔料であるAs-Sガラスを同定することができた．なお，北斎の作品には染料も用いられていた．染料の分析には，当研究室で開発した，ポータブルUV-VIS・蛍光分光分析装置で有用な情報が得られているので，追って稿を改めて報告したい．

謝　辞

　本研究を進めるにあたり，貴重な資料を分析する許可をくださった北斎館の平松快典理事長はじめ北斎館関係者の方々に深く御礼申し上げます．北斎の作品の分析は，NHKのTV番組「歴史秘話ヒストリア」「NHKドキュメンタリー」の企画の一環でなされました．ディレクターの坂口春奈氏，DAI MEDIAの河野純基氏はじめ，多くの番組作成スタッフの皆様のご協力に深く感謝申し上げます．また，粉末X線回折計の開発にご尽力くださったテクノエックス㈱の技術陣に厚く御礼申し上げます．回折計の開発は，科学研究費基盤研究(B) 24350041, 17H02018の支援を受けて実現しました．記して謝意を表します．

参考文献

1) S. Maeo, S. Nomura, K. Taniguchi: Conference Proceedings of 10th Asia Pacific Conference on Non-Destructive testing (2001).
2) M. Uda: *Nucl. Instr. Meth. Phy. Res.*, **B226**, 75-82 (2004).
3) 宇田応之:"いにしえの美しい色—X線でその謎に迫る—"，アグネ技術センター (2011)．
4) 前尾修司，中井　泉，野村恵章，山尾博行，谷口一雄：X線分析の進歩，**34**, 125-132 (2003)．
5) 真田貴志，保倉明子，中井　泉，前尾修司，野村恵章，谷口一雄，宇高　忠，吉村作治：X線分析の進歩，**34**, 289-306 (2003)．
6) 中井　泉，前尾修司，田代哲也，K. タンタラカーン，宇高　忠，谷口一雄：X線分析の進歩，**38**, 371-386 (2007)．
7) 阿部善也，K. タンタラカーン，中井　泉，前尾修司，宇高　忠，谷口一雄：X線分析の進歩，**39**, 209-222 (2008)．
8) 阿部善也，権代紘志，竹内翔吾，白瀧絢子，内田篤呉，中井　泉：分析化学，**60** (6), 477-487 (2011)．
9) I. Nakai, Y. Abe: *Applied Physics A*, **106**, 2, 279-293 (2012).
10) Y. Abe, I. Nakai, K. Takahashi, N. Kawai, S. Yoshimura: *Analytical and Bioanalytical Chemistry*, **395** (7), 1987-1996 (2009).
11) 高橋寿光，西坂朗子，阿部善也，中村彩奈，中井　泉，吉村作治：エジプト学研究，**19**, 59-96 (2013)．
12) A. Hirayama, Y. Abe, A. van Loon, N. De Keyser, P. Noble, F. Vanmeert, K. Janssens, K. Tantrakarn, K. Taniguchi, I. Nakai: *Microchmical Journal*, **138**, 266-272 (2018).
13) 馬場慎介，澤村大地，村串まどか，柳瀬和也，井上暁子，竜子正彦，山本雅和，中井　泉：X線分析の進歩，**48**, 284-307 (2017)．
14) 今井藍子，柳瀬和也，馬場慎介，中井　泉，中村和之，小川康和，越田賢一郎：X線分析の進歩，**48**, 235-248 (2017)．
15) Elisabeth West FitzHugh: "Pigments in Later Japanese Paintings", (Freer Gallery of Art), (2003).
16) Y. Luo, E. Basso, H. D. Smith II, M. Leona: *Herit Sci*, **4**, 17 (2016).
17) B. Lafuente, R. T. Downs, H. Yang, N. Stone:"The power of databases: the RRUFF project", In Highlights in Mineralogical Crystallography, pp.1-30 (2015).
18) M. Vermeulen, J. Sanyova, K. Janssens: *Heritage Science*, **3**, 9 (2015).
19) A. van Loon, P. Noble, A. Krekeler, G. Van der Snickt, K. Janssens, Y. Abe, I. Nakai, J. Dik: *Herit Sci*, **5**, 26 (2017).

既掲載 X 線粉末回折図形索引 〔No.1(Vol.8) ～ No.10(Vol.18)〕

凡　例

1. この索引には，「X線分析の進歩」8集から18集に掲載されている粉末X線回折図形の物質名を収録した．
2. 収録した外国語は英・米語，その他外国語，固有名略号，記号などを区別することなく，原語のままアルファベット順に配列してある．
3. 位置，立体構造あるいは種類，原子価などを示す算用数字，d-，l- などの化合物に付けられる記号は一般にこれを無視して配列した．ただしギリシャ文字の接頭語をもつ術後，たとえば α-Quartz などは，その文字を Alpha-，としたものも収録し，Alpha-Iron などとともにアルファベット順に配列した．
4. 各欄右側の数字は所在の巻数（ボールド体）および頁数を示す．

(1) 物質名英文索引

A

d-α-Alanine	**14**	149
dl-α-Alanine	**14**	151
l-α-Alanine	**14**	150
d-Alpha-Alanine	**14**	149
dl-Alpha-Alanine	**14**	151
l-Alpha-Alanine	**14**	150
Alpha-Aluminum Oxide	**10**	139
Alpha-Iron	**9**	94
Alpha-Quartz	**8**	19
Aluminium	**12**	121
Aluminum Hydroxide Silicate	**18**	287, 288, 289
α-Aluminum Oxide	**10**	139
Ammonium Chloride	**8**	191
Ammonium Lead Chromate	**12**	113
Ammonium Vanadium Oxide	**12**	114
Anatase	**9**	96
Andesite	**16**	251
Antimony	**12**	134
Arcanite	**12**	124

B

Barium Carbonate	**10**	137
Barium Fluoride	**8**	195
Barium Iron Oxide	**10**	140
Basalt	**16**	253
Beryllium Oxide	**11**	204
Beryllium Sulfate Tetrahydrate	**11**	205
Black Iron Oxide	**9**	95
Bromellite	**11**	204
Bunsenite	**9**	91

C

Calcite	**10**	135, 136
Calcium Carbonate	**10**	135, 136
Calcium Fluoride	**11**	193, 196
Calcium Sulfate Dihydrate	**9**	89
Cerium Oxide	**13**	173
Chlorargyrite	**11**	195
Chromium Oxide	**10**	141
Copper Oxide	**10**	138
Corundum	**10**	139

D

Dipotassium Dilead Trichromate	**12**	111
Dysprosium Oxide	**13**	179

E

Erbium Oxide	**13**	177

F

Fluorite	**11**	193, 196
	15	287, 288

G

Gadolinium Oxide	**13**	178
d-Glutamic Acid	**14**	152
dl-Glutamic Acid	**14**	154
l-Glutamic Acid	**14**	153

H

Halite		**8**	194
Hematite	**9** 92,	**15**	289, 290
Hieratite		**11**	194
Holmium Oxide		**13**	180

I

α-Iron	**9**	94
Iron Oxide	**9**	92

既掲載 X 線粉末回折図形索引〔No.1（Vol.8）～No.10（Vol.18）〕

K
Kaolinite	**17**	287, 288, 289

L
Lanthanum Oxide	**13**	172
Lead Nitrate	**10**	143
Lithiophosphate	**11**	200
Lithium Carbonate	**11**	197, 198
Lithium Fluoride	**8**	196
Lithium Formate Mono Hydrate	**11**	202
Lithium Oxalate	**11**	201
Lithium Perchlorate Trihydrate	**11**	203
Lithium Phosphate	**11**	200
Lithium Sulfate Hydrate	**11**	199
Lutetium Oxide	**13**	184

M
Magnesium Oxide	**9**	93
Magnetite	**9**	98
Mercury Chloride	**13**	186
d-Methionine	**14**	155
dl-Methionine	**14**	157
l-Methionine	**14**	156
Molybdenum Oxide	**12**	120
Musan Iron Ore	**14**	174

N
Neodymium Oxide	**13**	175
Nickel	**12** 123, **13**	187
Nickel Oxide	**9**	91
Niter	**12**	126

P
Potassium Ammonium Lead Chromate	**12**	112
Potassium Bromide	**8**	192
Potassium Chloride	**8**	193
Potassium Hydrogen Phosphate	**12**	125
Potassium Lead Chromate	**12**	111
Potassium Nitrate	**12**	126
Potassium Silicon Fluoride	**11**	194
Potassium Sulfate	**12**	124
Praseodymium Oxide	**13**	174

Q
α-Quartz	**8**	190

R
Rubidium Bromide	**11**	206
Rubidium Chloride	**11**	207
Rubidium Iodide	**11**	208
Rubidium Nitrate	**11**	209
Rubidium Sulfate	**11**	210
Rutile	**9**	97

S
Samarium Oxide	**13**	176
Selenium	**12**	122
d-Serine	**14**	158
dl-Serine	**14**	159
Silicon	**10**	142
Silicon Dioxide	**8**	190
Silver Chloride	**11**	195
Sintred Ore	**16**	252
Sodium Chlorate	**12**	131
Sodium Chloride	**8**	194
Sodium Hydrogen Carbonate	**12**	130
Sodium Iodate	**12**	133
Sodium Nitrate	**12**	129
Sodium Nitrite	**12**	128
Sodium Periodate	**12**	132
Sodium Sulfite	**12**	127
Sulfamic Acid	**12**	117
Sulfonyl Diamide	**12**	115, 116
Sylvite	**8**	193

T
d-(−)-Tartaric Acid	**14**	160
dl-Tartaric Acid	**14**	162
l-(+)-Tartaric Acid	**14**	161
Tenorite	**10**	138
d-Threonine	**14**	163
dl-Threonine	**14**	165
l-Threonine	**14**	164
Thulium Oxide	**13**	182
Titanium Oxide (Anatase)	**9**	96
Titanium Oxide (Rutile)	**9**	97
d-(+)-Tryptophane	**14**	166
dl-Tryptophane	**14**	168
l-(−)-Tryptophane	**14**	167
dl-Tyrosine	**14**	170
l-Tyrosine	**14**	169

V
d-Valine	**14**	171
dl-Valine	**14**	173
l-Valine	**14**	172
Vanadium Oxide	**12**	118

W
Witherite	**10**	137

Y
Yttebium Oxide	**13**	183
Yttrium Oxide	**13**	171

Z
Zinc	**12**	119
Zinc Oxide	**9**	90
Zincite	**9**	90
Zircon	**13**	185

(2) 化学式索引

A

AgCl	**11**	195
Al	**12**	121
α-Al$_2$O$_3$	**10**	139
Al$_2$Si$_2$O$_5$(OH)$_4$	**18**	287, 288, 289

B

BaCO$_3$	**10**	137
BaF$_2$	**8**	195
BaO・6Fe$_2$O$_3$	**10**	140
BeO	**11**	204
BeSO$_4$・4H$_2$O	**11**	205

C

CHLiO$_2$・H$_2$O	**11**	202
C$_3$H$_7$NO$_2$(d-α-アラニン)	**14**	149
C$_3$H$_7$NO$_2$(dl-α-アラニン)	**14**	151
C$_3$H$_7$NO$_2$(l-α-アラニン)	**14**	150
C$_3$H$_7$NO$_3$(d-セリン)	**14**	158
C$_3$H$_7$NO$_3$(dl-セリン)	**14**	159
C$_4$H$_6$O$_6$(d-(−)-酒石酸)	**14**	160
C$_4$H$_6$O$_6$(dl-酒石酸)	**14**	162
C$_4$H$_6$O$_6$(l-(+)-酒石酸)	**14**	161
C$_4$H$_9$NO$_3$(d-トレオニン)	**14**	163
C$_4$H$_9$NO$_3$(dl-トレオニン)	**14**	165
C$_4$H$_9$NO$_3$(l-トレオニン)	**14**	164
C$_5$H$_9$NO$_4$(d-グルタミン酸)	**14**	152
C$_5$H$_9$NO$_4$(dl-グルタミン酸)	**14**	154
C$_5$H$_9$NO$_4$(l-グルタミン酸)	**14**	153
C$_5$H$_{11}$NO$_2$(d-バリン)	**14**	171
C$_5$H$_{11}$NO$_2$(dl-バリン)	**14**	173
C$_5$H$_{11}$NO$_2$(l-バリン)	**14**	172
C$_5$H$_{11}$NO$_2$S(d-メチオニン)	**14**	155
C$_5$H$_{11}$NO$_2$S(dl-メチオニン)	**14**	157
C$_5$H$_{11}$NO$_2$S(l-メチオニン)	**14**	156
C$_9$H$_{11}$NO$_3$(dl-チロシン)	**14**	170
C$_9$H$_{11}$NO$_3$(l-チロシン)	**14**	169
C$_{11}$H$_{12}$N$_2$O$_2$(d-(+)-トリプトファン)	**14**	166
C$_{11}$H$_{12}$N$_2$O$_2$(dl-トリプトファン)	**14**	168
C$_{11}$H$_{12}$N$_2$O$_2$(l-(−)-トリプトファン)	**14**	167
CaCO$_3$(方解石型)	**10**	135, 136
CaF$_2$	**11** 193, 196, **15**	287, 288
CaSO$_4$・2H$_2$O	**9**	89
CeO$_2$	**13**	173
Cr$_2$O$_3$	**10**	141
CuO	**10**	138

D

Dy$_2$O$_3$	**13**	179

E

Er$_2$O$_3$	**13**	181
Eu$_2$O$_3$	**13**	177

F

α-Fe	**9**	94
α-Fe$_2$O$_3$	**9** 92, **15**	289, 290
Fe$_3$O$_4$	**9**	95, 98

G

Gd$_2$O$_3$	**13**	178

H

H$_2$NSO$_3$H(スルファミン酸)	**12**	117
Hg$_2$Cl$_2$	**13**	186
Ho$_2$O$_3$	**13**	180

K

KBr	**8**	192
KCl	**8**	193
KH$_2$PO$_4$	**12**	125
K$_{0.2}$(NH$_4$)$_{2.0}$Pb$_{1.9}$(CrO$_4$)$_{3.0}$	**12**	112
KNO$_3$	**12**	126
K$_{2.0}$Pb$_{2.0}$(CrO$_4$)$_{3.0}$	**12**	111
K$_2$SiF$_6$	**11**	194
K$_2$SO$_4$	**12**	124

L

La$_2$O$_3$	**13**	172
Li$_2$CO$_3$	**11**	197, 198
Li$_2$C$_2$O$_4$	**11**	201
LiOClO$_4$・3H$_2$O	**11**	203
LiF	**8**	196
Li$_3$PO$_4$	**11**	200
Li$_2$SO$_4$・H$_2$O	**11**	199
Lu$_2$O$_3$	**13**	184

M

MgO	**9**	93
MoO$_3$	**12**	120

N

(NH$_4$)$_2$SO$_2$	**12**	115, 116
NH$_3$SO$_3$(スルファミン酸)	**12**	117
NH$_4$Cl	**8**	191
(NH$_4$)$_{2.4}$Pb$_{1.9}$(CrO$_4$)$_{3.0}$	**12**	113
NH$_4$VO$_3$	**12**	114
NaCl	**8**	194
NaClO$_3$	**12**	131
NaHCO$_3$	**12**	130
NaIO$_3$	**12**	133
NaIO$_4$	**12**	132
NaNO$_2$	**12**	128
NaNO$_3$	**12**	129
Na$_2$SO$_3$	**12**	127
Nd$_2$O$_3$	**13**	175
Ni	**12** 123, **13**	187
NiO	**9**	91

既掲載 X 線粉末回折図形索引〔No.1(Vol.8)～No.10(Vol.18)〕

P			Si	**10**	142	Yb$_2$O$_3$	**13**	183
Pb(NO$_3$)$_2$	**10**	143	SiO$_2$(α-石英)	**8**	190			
PrO$_{1.83}$(Pr$_6$O$_{11}$)	**13**	174	Sm$_2$O$_3$	**13**	176	**Z**		
						Zn	**12**	119
R			**T**			ZnO	**9**	90
RbBr	**11**	206	TiO$_2$(アナターゼ型)	**9**	96	ZrSiO$_4$	**13**	185
RbCl	**11**	207	TiO$_2$(ルチル型)	**9**	97			
RbI	**11**	208	Tm$_2$O$_3$	**13**	182			
RbNO$_3$	**11**	209				安山岩	**16**	251
Rb$_2$SO$_4$	**11**	210	**V**			玄武岩	**16**	253
			V$_2$O$_5$	**12**	118	磁鉄鉱(茂山)	**14**	174
S						焼結鉱(製鉄用)	**16**	252
Sb	**12**	134	**Y**					
Se	**12**	122	Y$_2$O$_3$	**12**	171			

2017年 X線分析のあゆみ

編集委員会

1. X線分析関係国内講演会開催状況

(2017年1月～12月，X線分析研究懇談会が主催ではないが，X線分析に関する学会発表等をリストした)

第77回分析化学討論会
5月27日（土），28日（日）龍谷大学深草キャンパス（京都市）
日本分析化学会

1. 高速度鋼の蛍光X線分析におけるファンダメンタル・パラメーター法の高精度化（東北大金研）中山健一，我妻和明
2. 液体中金属濃度管理のための高感度蛍光X線分析（堀場製作所）青山朋樹，内原 博
3. X線イメージング法における定量分析へのアプローチ（京都市産技研，大阪市大院工）山梨眞生，辻 幸一
4. 蛍光X線分析による最近の応用例—多元素同時型蛍光X線分析装置を用いた品質管理—（リガク）松田 渉，河原直樹，森山孝男
5. 標準物質による分析法の信頼性評価—蛍光X線分析の事例を中心に（福岡大理，明大理工）市川慎太郎，中村利廣
6. 全反射蛍光X線分析法におけるレジスト塗布膜を用いた試料準備法（大阪市大院工，日本電子）辻 幸一，蓬田直也，小入羽祐治
7. 軟X線照射による絶縁性有機膜の簡便な全電子収量測定法の開発（兵庫県大院工）村松康司，大内貴仁
8. ［依頼講演］NEXAFSによる光配向高分子フィルムの3次元配向解析（兵庫県大院工）川月喜弘
9. ［依頼講演］XANESで探る宇宙の複雑有機物（横国大院工）癸生川陽子
10. ［依頼講演］軟X線分光および第一原理計算による化学状態解析（旭化成基盤研）菊間 淳，風間美里，夏目 穣
11. ［依頼講演］軟X線による機能性有機薄膜の構造解析（住化分析セ，兵庫県大，山形大）末広省吾，髙橋永次，東 遥介，三下泰子，村松康司，硯里善幸
12. 粉末X線回折/Rietveld解析法による低結晶性結晶・高配向性結晶の定量—銅・亜鉛触媒中の酸化銅と酸化亜鉛・グラファイトの定量—（明大理工，リガク，明大研究知財）中村利廣，根岸勇貴，萩原健太，大渕敦司，紺谷貴之，小池裕也
13. 通常X線源を用いる分散型XAFS測定装置の開発と価数の動的追跡（広島大院工）大村健人，柳川博伸，Munoz-Noval Alvaro，田村文香，早川慎二郎
14. Determination of Chelation Mechanism and Structure in Solution of Zn-Acetate and other Carboxylic Acid Chelates by XAFS and Raman Spectroscopies (Hiroshima University, Kyoto University) Alvaro Munoz-Noval, Takuya Kuruma, Kazuhiro Fukami, Daisuke Nishio, Shinjiro Hayakawa
15. 光触媒効果に起因して放出される光触媒塗料由来微粒子の粒径評価および元素分析（東理大工）釘宮颯希，国村伸祐
16. 3次元配置偏光光学系における蛍光X線強度の理論計算（京大院工）田中亮平，杉野智裕，河合 潤
17. 偏光光学系蛍光X線分析装置を用いたコマツナの微量元素定量（東京電機大工, 産総研）井上昂哉，井戸航洋，稲垣和三，保倉明子
18. 銭貨の分析—公鋳銭と模鋳銭の比較—（神奈川

大理）小沼未帆，櫻井正美，青柳佑希，西本右子
19. ポータブル全反射蛍光X線分析装置を用いたナノグラムレベルのアルミニウム分析（東理大工）寺田脩一郎，国村伸祐
20. 蛍光X線分析におけるレーザー加熱を用いた少量ガラスビード法（リガク，産総研）高原晃里，大渕敦司，森山孝男，村井健介
21. X線分析・放射線分析を利用した品質管理（テクノエックス）大森崇史，タンタラカーン クリアンカモル，西萩一夫，谷口一雄
22. 都市ごみ焼却飛灰中の水溶性及び難溶性セシウムの存在形態推定—X線分析手法と放射能測定を組み合わせた災害廃棄物の分析—（リガク，明大理工，明大院理工）大渕敦司，藤井健悟，小池裕也，藤縄 剛，中村利廣
23. 銅系顔料であるアズライトとマラカイトの科学分析（龍谷大理工）藤原 学，松中岩男
24. 和歌山カレーヒ素事件における職権鑑定の問題点（京大工）河合 潤
25. Determination of some toxic elements in drinking water using total reflection X-ray analysis （Kyoto Univ.）Bolortuya Damdinsuren, Jun Kawai
26. 産地推定を目指した桧の木遣跡出土阿玉台式土器のX線回折分析（福岡大理）市川慎太郎，森川美穂，栗崎 敏，山口敏男
27. 極低角度入射ビームオージェ深さ方向分析における電子およびイオンビーム照射位置の調整方法に関する検討（物材機構）荻原俊弥
28. 酒石酸およびそのアルカリ金属塩の電子状態（6）（龍谷大理工，富山大院理工）中村亮太，藤原 学，原田忠夫，大澤 力
29. 過塩素酸ナトリウム類の固相還元反応（龍谷大理工）岡本竜弥，藤原 学
30. モリブデンブルー法に用いられるモリブデンおよびヘテロ原子の電子状態の解明（3）（龍谷大理工）福井喬太，藤原 学
31. 波長分散型蛍光X線イメージングによる元素モニタリングの基礎検討（大阪市大院工）会田翔太，辻 幸一

32. 鋼板の微生物腐食過程の共焦点型微小部蛍光X線分析法によるその場観察（大阪市大院工）細見凌平，辻 幸一
33. 卓上型蛍光X線分析装置を用いた2次励起効果の検証（大阪市大院工，日本電子）細見凌平，朱 静遠，辻 幸一，高橋はるな
34. 放射光を用いた炭素繊維強化プラスチックの顕微化学状態解析（新日鐵住金先端研，KEK物構研，東大院理）原野貴幸，村尾玲子，武市泰男，木村正雄，高橋嘉夫
35. ポータブル全反射蛍光X線分析装置による微量元素製剤の効果評価法の開発に関する研究（東理大工）菅原悠吾，国村伸祐
36. ポータブル全反射蛍光X線分析装置を用いた米中微量ヒ素分析法の開発に関する研究（東理大工）清 文乃，国村伸祐
37. 軟X線吸収分光法によるリチウムイオン電池正極活物質材としてのキノン系有機化合物の電子状態分析（物材機構，東北大多元研）永村直佳，北田祐太，谷木良輔，本間 格
38. XAFS法とRaman法による水溶液中の酢酸カルシウムの構造解析（広島大院工）西尾大輔，來間拓也，Munoz-Noval Alvaro，田村文香，早川慎二郎
39. 重心補正を行う蛍光X線CT法による毛髪内部の元素分布評価（広島大院工，JASRI，高知大教育）近藤涼介，大和拓馬，Munoz-Noval Alvaro，本多定男，西脇芳典，早川慎二郎
40. X線検出およびラマンマッピングによる環境試料中ウラン微粒子の化学状態分析（原子力機構）蓬田 匠，江坂文孝，間柄正明

日本分析化学会　第66年会
9月9日（土）～12日（火）東京理科大学葛飾キャンパス（葛飾区）
日本分析化学会
41. 紙・布の全電子収量軟X線吸収測定（兵庫県大院工）村松康司・谷 雪奈・飛田有輝・平井佑磨・吉田圭吾

42. 高分解能 X 線光電子分光法による酸素グロー放電酸化金薄膜の生成と分解に関する研究（鹿児島大院理工，鹿児島大機器分析セ）松原裕拓，満塩　勝，肥後盛秀，久保臣悟

43. 走査型電子顕微鏡と高分解能 X 線光電子分光法及び X 線回折法による加熱したアルミニウム薄膜上に蒸着した金薄膜の形態観察及び状態分析（鹿児島大院理工，鹿児島大機器分析セ）有田隆陽，満塩　勝，肥後盛秀，久保臣悟

44. 小角 X 線散乱で得られる構造因子を利用した粒子間二体分布関数のモデルポテンシャルフリー解析：実験データへの適用（京大院工，岡山大基礎研，立命館大生命科学）澤住亮佑，天野健一，墨　智成，今村比呂志，深見一弘，西　直哉，作花哲夫

45. シンクロトロン光蛍光 X 線分析法による遺跡出土磁器のレアメタル分析による産地推定（佐賀大院工）田端正明，上田晋也

46. 波長分散型蛍光 X 線イメージングによるいくつかの化学反応の元素モニタリング（大阪市大院工）会田翔太，辻　幸一

47. 共焦点型微小部蛍光 X 線分析法による水溶液中曲げ応力下鋼板の腐食過程その場観察（大阪市大院工）細見凌平，辻　幸一

48. 多層膜における蛍光 X 線増感に着目した特定界面に選択的な化学組成分析（筑波大院数理物質，物材機構）小林治哉，桜井健次

49. ［CERI 受賞講演］環境分析用新規高機能標準物質の開発（明治大，リガク）中村利廣

50. Cu-Zn 触媒の粉末 X 線回折/Rietveld 解析（明大，横浜市工業技術支援セ，リガク）中村利廣，旭　智治，萩原健太，小池裕也，大渕敦司

51. 奥出雲地方で採取した岩石，土壌，砂鉄の分析―鉄製遺物の産地推定を目指して（福岡大理，千葉大理，九大院理，佐賀大経済）市川慎太郎，岡本昌子，脇田久伸，沼子千弥，横山拓史，長野　遥，栗崎　敏

52. 酒石酸およびそのアルカリ金属塩の電子状態（8）（龍谷大理工，富山大院理工）中村亮太，藤原　学，原田忠夫，大澤　力

53. 高分解能 X 線光電子分光法による酸素グロー放電酸化金薄膜の各種水溶液とその応用に関する研究（鹿児島大院理工，鹿児島大機器分析セ）小野加寿麻，満塩　勝，肥後盛秀，久保臣悟

54. 井桁構造レジスト基板を用いた全反射蛍光 X 線分析における測定再現性の向上（大阪市大院工，日本電子）蓬田直也，小入羽祐治，辻　幸一

55. 非破壊分析によるアケメネス朝の古代ガラスの生産および製法の解明（東理大理，古代エジプト美術館）吉田健太郎，阿部善也，菊川　匡，中井　泉

56. 単細胞藻類 *Chlamydomonas reinhardtii* に蓄積された白金の蛍光 X 線分析（東京電機大工，産総研）西之坊拓弥，今村　悠，保倉明子，熊谷和博

57. 薄膜・多層膜の埋もれた界面の新しい分析法の開発—X 線反射率と蛍光 X 線の複合—（筑波大院数理物質，物材機構）小林治哉，桜井健次

58. 波長分散型小型蛍光 X 線分析装置を用いた，日本産，中国産，台湾産茶葉の簡易な産地判別（大阪教大）石田晴香，横井美穂，白澤由里，辻阪　誠，中西宏暉，小谷伸沙，久保埜公二，横井邦彦

59. 可搬型分析装置を用いたアムステルダム国立美術館所蔵の近世西洋絵画の顔料分析（東理大理，アントワープ大，アムステルダム国立美術館）平山愛里，赤城沙紀，和泉亜理沙，阿部善也，中井　泉，Frederik Van Meert，Annelies Van Loon，Petria Noble，Koen Janssens

60. トルコ・ビュクリュカレ遺跡出土プラスターの化学的研究（東理大理，アナトリア考古学研）岩本翔太，阿部善也，中井　泉，村松公仁

61. 法科学応用を目的とした道路堆積物の異同識別の試み（東理大理）加古川伊武紀，阿部善也，中井　泉

62. 蛍光 X 線分析法による Mg 合金の分析（リガク，明大理工）大渕敦司，森川敦史，松田　渉，森山孝男，中村利廣

63. 奈良絵本で用いられている無機顔料の新しい X 線分析（龍谷大理工）高橋瑞紀，村林　侑，藤原　学

64. 角度分解 XPS を用いた熱酸化 NiTi 合金上における Ni 濃化層形成過程の解明（群馬大，北見工大）坂本広太，林 史夫，山根美佐雄，大津直史
65. 蛍光 X 線分析を中心としたマクロバブル油脂洗浄技術の評価（茨城県工技セ，筑波大）加藤 健，安達卓也，永島祐樹，小田木美保，藤井啓太，阿部 豊

第 33 回 PIXE シンポジウム

10 月 19 日（木）～21 日（土）
京都大学宇治キャンパス　化研共同研究棟・大セミナー室（宇治市）
京都大学工学研究科附属量子理工学教育研究センター，PIXE 研究協会

66. Amptek SDD を用いた茶葉中フッ素濃度測定（京府大環境，京大院工）大久保康友，斉藤 学，安田啓介，春山洋一
67. PIXE 法による養殖真珠の元素分析（奈良女大院人文，京大量子理工学教育研セ，京大院工）坂倉郁子，土田秀次，佐々木善孝
68. Using PIXE method to correctly identify down feather production countries (Osaka Univ. Hospital, SBWorks Co.,Ltd, Nagasaki Univ., Iwate Medical Univ., Kyushu Univ.) Tomomi Yamada, Koshi Kataoka, Todd Saunders, Kouichiro Sara, Tsuyoshi Nakamura, Yoshiaki Nose
69. ［特別講演］低電力 X 線分析・低電力コンプトン散乱偏光 X 線とシンクロトロン X 線分析の感度・精度比較（京大院工）河合 潤
70. 同軸ケーブルの長さによる X 線スペクトルの変化（京大院工）吉田昂平，田中亮平，河合 潤
71. 3D プリンタによる小型 XRF 分光器の製作（京大院工）杉野智裕，田中亮平，河合 潤，竹浪祐介，門野純一郎
72. 非イオン界面活性剤を用いた PIXE 分析用滴下乾燥試料の均一化（東工大先導原子力研，東工大技）滕 文凱，小栗慶之，悴田周作，福田一志
73. イオン交換樹脂を標準とする μPIXE の分析感度測定（秋田大教文，量研機構高崎研）岩田吉弘，山田尚人，神谷富裕，江夏昌志，佐藤隆博
74. The stakeholder's position map relating to the mercury pollution reduction program in artisanal and small-scale gold mining sector, Bombana, Southeast Sulawesi, Indonesia (Department of Earth Science, Graduate School of Science and Engineering, Ehime Univ., Makassar School of Health Science (Sekolah Tinggi Ilmu Kesehatan Makassar), Faculty of Collaborative Regional Innovation, Ehime Univ.) Basri, Masayuki Sakakibara
75. Preliminary study of atmospheric mercury contamination assessment using tree bark in ASGM area, Gorontalo Province, Indonesia (Department of Earth Science, Graduate School of Science and Engineering, Ehime Univ., Faculty of Collaborative Regional Innovation, Ehime Univ., Cyclotron Research Centre, Iwate Medical Univ.) Hendra Prasetia, Masayuki Sakakibara, Koichiro Sera
76. バイオモニタリングを用いた沿道大気質の調査および交通量との相関の検討（阪大，中央復建コンサルタンツ，岩手医大）守口 要，村重陽志，嶋寺 光，松尾智仁，近藤 明，松井敏彦，重吉実和，原井信明，三原幸恵，世良耕一郎
77. 2009 年 11 月～2012 年 5 月に姫路市で観測した黄砂粒子の化学成分的特徴（イサラ研，兵庫県環境研究セ，兵庫医大公衆衛生，岩手医大サイクロ）齊藤勝美，中坪良平，平木隆年，島 正之，余田佳子，世良耕一郎
78. 有害元素を多量に含む海産食品の分析（岩手医大サイクロ，RI 協会滝沢研）世良耕一郎，後藤祥子，細川貴子，齊藤義弘
79. 茶葉からのアルカリおよびアルカリ土類元素溶出に関する研究（東北大工，岩手医大）寺川貴樹，松山成男，藤原充啓，梶山 愛，長尾理那，石井慶造，世良耕一郎
80. イオンビームによる硫化物系全固体リチウム電池内部のリチウム分布観察（東工大，量研機構，Institute of Energy and Climate Research，光産業創成大学院大，群馬大，筑波大）吉野和宙，鈴木耕太，

佐藤隆博, Martin Finsterbusch, 藤田和久, 神谷富裕, 山崎明義, 三間圀興, 平山雅章, 菅野了次

81. イオンマイクロビームによるリチウムイオン電池内のリチウム分布のその場分析（量研機構，ユーリヒ総研機構，光産業創成大学院大，筑波大，東工大）佐藤隆博, Martin Finsterbusch, 山田尚人, 藤田和久, 山崎明義, 吉野和宙, 鈴木耕太, 神谷富裕, 三間圀興, 加藤義章

82. ［特別講演］NMCC における問題解決型研究―多種のニーズに迅速に対応可能な PIXE 分析システムの構築を目指して―（岩手医大サイクロ）世良耕一郎

83. Development of encapsulated particles that release anti-cancer medicine with response to radiation（岩手医大医放射線，量研機構高崎研，岩手医大サイクロ，日本アイソトープ協会仁科記念サイクロ）原田 聡，瀬川 昂，江原 茂，佐藤隆弘，世良浩一郎，後藤祥子

84. 肺血液血管内皮細胞に及ぼすニコチンあるいは PM2.5 の影響（いわき明星大薬，徳島文理大薬，東北大院工，群馬大院理工，量研機構高崎研）櫻井映子，櫻井栄一，松山成男，石井慶造，神谷富裕，佐藤隆博

85. フッ化物含有合着材周囲象牙質におけるフッ素との結合状態（朝日大歯，阪大院歯，北海道医療大歯，京都府大院生命環境，若狭湾エネ研セ，北大院歯）奥山克史，山本洋子，松田康裕，八木香子，安田啓介，鈴木耕拓，林 美加子，斎藤隆史，佐野英彦，玉置幸道

86. マイクロ PIXE による永久歯エナメル質の微量元素分析（東北大病院障害者歯科治療，東北大院工）長沼由泰，猪狩和子，高橋 温，松山成男，菊池洋平，三輪美沙子，植木 裕，及川紘奈，北山佳治

87. ［特別講演］京都府立大学の PIXE 研究二十年（京都府大環境計測）春山洋一

88. 大気圧 PIXE 分析法を用いた MeV イオンビームの He キャピラリーに対する透過特性評価（奈良女大院人文，奈良女大理）浅村萌美，政次美咲，石井邦和，小川英巳

89. マイクロイオンビーム分析のための自動ビーム収束システムの開発（東北大院工）北山佳治，松山成男，菊池洋平，三輪美沙子，笠原和人，関 大輝，鈴木脩平，植木 裕，及川紘奈，佐々木 悠，佐藤優太，沼尾和弥，高井雄太，高橋 渉

90. マイクロビーム分析のための加速器電圧安定度の向上（東北大院工）松山成男，三輪美沙子，菊池洋平，佐藤優太，鈴木脩平，畠山大輔，今泉光太，植木 裕，及川紘奈，北山佳治

91. 筑波大学 6MV タンデム加速器イオンマイクロビームシステムにおけるビーム集束と He ビームによる PIXE- 透過 ERDA 同時測定（筑波大数理，筑波大研究基盤総合セ，筑波大生命環境，産総研）山崎明義，楢本 洋，左高正雄，工藤 博，笹 公和，石井 聰，冨田成夫，黒澤正紀，志岐成友，大久保雅隆，上殿明良

92. Review of Particle Accelerator in Mongolia (Department of Materials Science and Engineering, Kyoto Univ., Nuclear Research Center, National Univ. of Mongolia) D. Bolortuya, P. Zuzaan, D. Baatarkhuu

93. 京都大学工学研究科 QSEC 加速器施設における PIXE 分析を利用した教育・研究の現状（京大量子理工教育研究セ，京大院工）間嶋拓也，土田秀次，斉藤 学，佐々木善孝，内藤正裕，今井 誠，高木郁二

2. X線分析研究懇談会講演会開催状況

(2017年1月~12月,主催,共催,協賛)

第260回 X線分析研究懇談会例会
1月27日(金) 旭化成富士支社 新事業開発棟3F 講堂(富士市)
1. 実材料/実プロセスに役立つX線分析とは?(KEK 物構研)木村正雄
2. 軟X線分光による実材料の化学状態解析とその応用(旭化成基盤技術研)風間美里,菊間 淳

第261回 X線分析研究懇談会例会
「立命館大学 SR センター研究成果報告会」
6月10日(土)立命館大学びわこ・くさつキャンパス ローム記念館5階大会議室(草津市)
立命館大学 SR センター
3. [特別講演]放射光科学の進展と産業利用(東大院新領域創成科学)雨宮慶幸
4. [特別講演]時間分解 XAFS 研究の過去と現在そして…(北大触媒研)朝倉清高
5. Li_2TiO_3 系電極材料の充放電反応機構(東京電機大)藪内直明
6. 放射光X線吸収分光を用いた遷移金属錯体の局所電子状態研究(阪大)関山 明,山神光平
7. 直線偏光2次元光電子分光法による ZrB_2 の原子軌道解析〜超伝導体探索に向けて〜(岡山大)堀江理恵
8. rutile TiO_2(110)上に担持した金属ナノ粒子の成長過程と電荷移行(立命館大)光原 圭

第20回 XAFS 討論会
8月4日(金)~6日(日)じばさんびる(姫路・西はりま地場産業センター)(姫路市)
日本 XAFS 研究会
9. クラスレート化合物 $X_8Ga_{16}Ge_{30}$ (X=Eu, Sr, Ba) の Ge K 端及び Eu K 端 EXAFS 解析(広島大院理,広島大理,広島大先端研,九大院総合理工学,JASRI/SPring-8,量研機構,愛媛大 GRC,ESRF)横山 渓,石松直樹,鳥生泰志,圓山 裕,加藤盛也,岩崎 駿,鬼丸孝博,高畠敏郎,末國晃一郎,河村直己,水牧仁一朗,筒井智嗣,伊奈稔哲,綿貫 徹,入舩徹男,V. Cuartero,O.Mathon,S. Pascarelli
10. エネルギー分散型 EXAFS 測定による Co の圧力誘起水素化過程の局所構造解析(広島大院理,物材機構,ESRF)鳥生泰志,石松直樹,横山 渓,圓山 裕,中野智志,Vera Cuartero,Raffaella Torchio,Olivier Mathon,Sakura Pascarelli
11. 複合フェライトナノ粒子の EXAFS 構造解析と磁気特性(奈良女大院,京大化研)桑 雅子,原田雅史,佐藤良太,寺西利治
12. オペランド2次元X線吸収分光法による Li イオン電池合材正極における反応分布形成要因の解明(東北大,トヨタ自動車,JASRI,京大)千葉一暉,木村勇太,中村崇司,山重寿夫,新田清文,寺田靖子,内本喜晴,雨澤浩史
13. 直接ヒドラジン型燃料電池負極触媒 XAFS による触媒反応に関する研究(関西学院大,原子力機構物質セ,ダイハツ工業)大谷 彬,松村大樹,坂本友和,岸 浩史,山口 進,田中裕久,水木純一郎
14. In situ 高分解能 X線吸収分光法による Pt 電子状態の電位依存性(関西学院大,原子力機構,ダイハツ工業,量研機構)草野翔吾,松村大樹,岸浩史,坂本友和,山口 進,石井賢司,田中裕久,水木純一郎
15. [招待講演]X線タイコグラフィー XAFS によるナノ構造・化学状態の可視化(阪大)高橋幸生
16. Mn K-edge および N K-edge XAFS 測定と第一原理計算を用いた Mn 添加 AlN のバンド構造の解明

（京都工繊大）森龍太郎，立溝信之，三浦良雄，富永 盾，西尾弘司，一色俊之，今田早紀

17. 偏向 EXAFS 解析と第一原理計算による AlN 中の 3d 遷移金属元素の局所構造の解明（京都工繊大）立溝信之，三浦良雄，西尾弘司，一色俊之，今田早紀

18. Full-potential 多重散乱法による気体分子の PADs 及び XANES 計算（千葉大院融合理工, Institut de Physique de Rennes, France, Ludwig-Maximilians-Universitat München, Germany）太田蕗子，古宮直季，二木かおり，Didier Sébilleau，畑田圭介

19. C-K NEXAFS 測定による時効に伴う鋼中炭素存在状態変化の解析（九大総理工，JASRI，SAGA-LS，新日鐵住金）二宮 翔，為則雄祐，岡島敏浩，澤田英明，木下惠介，西堀麻衣子

20. ドープ氷に含まれるイオンの構造解析（東工大理学院化学）原田 誠，徳増宏基，岡田哲男

21. 1keV 近傍における二結晶分光器を用いた XANES 測定（シンクロトロンアナリシス LLC，兵庫県大）長谷川孝行，上村雅治，深田 昇，梅咲則正，福島 整，神田一浩

22. Li 系化合物の Li-K 吸収端 XANES スペクトル測定（シンクロトロンアナリシス LLC，兵庫県大，阪大）上村雅治，長谷川孝行，福島 整，梅咲則正，鈴木賢紀，深田 昇，神田一浩

23. SPring-8 BL05XU (SS) における微小部蛍光 X 線分析装置の現状と XAFS 測定への応用（広島大院工，高知大教育，JASRI）早川慎二郎，西脇芳典，Alvaro MUNOZ-NOVAL，大和拓馬，來間拓也，近藤涼介，本多定男，新田清文，加藤和男，関澤央輝，宇留賀朋哉

24. PF BL-15A1 における XAFS/XRF/XRD マッピング計測（II）（KEK-PF）武市泰男，仁谷浩明，木村正雄

25. SPring-8 実験データリポジトリシステムを用いた BL14B2 XAFS 標準試料データベースの構築（JASRI，スプリングエイトサービス，京大）大渕博宣，平山明香，谷口陽介，内山智貴，中田謙吾，高垣昌史，本間徹生，大端 通，横田 滋，松下智裕

26. XANES による機械研磨 h-BN の酸化反応観察（兵庫県大工）吉田圭吾，村松康司

27. ダブルポリクロメーターによる二元素同時 DXAFS 測定装置の開発（立命館大生命）片山真祥，稲田康宏

28. 全反射 X 線分光法（TREXS）による表面酸化 Ni の還元過程の観測と TREXS の高度化の展望（KEK 物構研, 総研大高エネ研究科）阿部 仁，丹羽尉博，武市泰男，木村正雄

29. 超高温 -XAFS/XRD 同時測定システムの開発〜航空機用構造材料の熱サイクル観察〜（KEK-IMSS-PF，総研大高エネ研究科）君島堅一，武市泰男，丹羽尉博，木村正雄

30. SPring-8 BL01B1 における In-situ XAFS/XRD 同時計測システムの性能評価実験（高輝度研，工学院大）伊奈稔哲，宇留賀朋哉，加藤和男，植良 啓，奥村 和

31. Tb ドープアルミナの Tb 濃度と蛍光発光点構造の in situ XAFS および XRD 同時測定による検討（産総研，SAGA LS，川研ファインケミカル）阪東恭子，小平哲也，小林英一，岡島敏浩，永井直文

32. リチウムイオン電池正極材料 $LiMn_{0.6}Fe_{0.4}PO_4$ ナノワイヤーの軟 X 線吸収分光（産総研，LBNL-ALS）朝倉大輔，難波優輔，細野英司，Per-Anders Glans，Jinghua Guo

33. 内殻分光法による高容量ケイ素薄膜電極の固液界面形成物の解析（立命館 SR，日産自動車，京大産官学，京大院人環）中西康次，家路豊成，吉村真史，高橋伊久磨，小松秀行，谷田 肇，内本喜晴，太田俊明

34. リチウムイオン二次電池の負極材料における XANES 解析（千葉大院融合，分子研，名大院工）二木かおり，江口美菜，向後純也，古宮直季，小出明広，園山範之

35. 層状複水酸化物を前駆体として合成した遷移金属酸化物アルミニウム固溶体のリチウム電池負極材料としての特性と反応機構（名工大院工）中籔 淳，塚田哲也，園山範之

36. Depth-resolved soft x-ray absorption spectroscopic measurement of LiCoO$_2$ thin film electrode for all-solid-state lithium-ion batteries（Tohoku University, JASRI）Mahunnop Fakkao, Takashi Nakamura, Yuta Kimura, Kazuki Tsuruta, Yusuke Tamenori, Koji Amezawa

37. 層状複水酸化物を用いたニッケル二次電池の正極としての特性と充放電反応の XAFS 追跡（名工大院工）山田しずか，吉田怜史，園山範之

38. XAFS 分析によるジスルフィド配位子を含む金属有機構造体の正極反応解明（関西学院大，原子力機構，立命館大）清水剛志，王 恒，吉川浩史，松村大樹，吉村真史，中西康次，太田俊明

39. 模擬 MA 含有 MOX 溶液の脱硝製品粉末の評価（原子力機構）渡部 創，佐野雄一，小藤博英，竹内正行

40. 銅精鉱からの砒素溶出特性と粉砕による局所構造変化の関係（東北大）篠田弘造，石原真吾，加納純也

41. XAFS 法を活用した航空機用構造材料の耐熱性・耐環境因子解明（1）（KEK 物構研，総研大高エネ研究科，JFCC）木村正雄，武市泰男，丹羽尉博，君島堅一，渡邊稔樹，仁谷浩明，松平恒昭，北岡諭

42. 時間分解 XAFS による鋼の連続冷却変態ダイナミクス（KEK 物構研，青山学院大，European XFEL，総研大）丹羽尉博，高橋 慧，佐藤篤志，一柳光平，木村正雄

43. 複雑構造炭素における非ベンゼノイド構造の C K 端 XANES 解析（兵庫県大院工）平井佑磨，村松康司

44. 軟 X 線 XANES，XPS 価電子帯スペクトル解析による 3d 遷移金属添加 AlN のバンド構造の解明（京都工繊大）立溝信之，今田早紀，三浦良雄

45. XAFS で観測した新奇ペロブスカイト型銅酸化物 La$_{1-x}$Pr$_x$CuO$_3$ の電子構造（東大物性研，東大理，東大工，理研 CEMS，高輝度研，JST-PRESTO）横山優一，平田靖透，山崎裕一，山本航平，田久保耕，伊奈稔哲，水牧仁一朗，伊藤雅春，高橋英史，酒井英明，石渡晋太郎，和達大樹

46. Fe/Cr 多層膜の EXAFS 解析（弘前大理工）池田優亜，髙杉孝樹，宮永崇史

47. XAFS による FeRhPd 合金中の Pd の局所構造解析（弘前大理工）秋山彩華，宮永崇史

48. ホイスラー合金 Co$_2$MnSi における EXAFS・磁気 EXAFS 計算（千葉大院融合理工，分子研，阪大基礎工）向後純也，小出明広，藤原秀紀，二木かおり

49. 光励起状態 WO$_3$ における超高速局所構造変化の解析（分子研，北大触媒研，KEK-PF，JASRI，理研・放射光科学総合研究セ，ミュンヘン大）小出明広，上村洋平，城戸大貴，脇坂祐輝，丹羽尉博，野澤俊介，足立伸一，片山哲夫，矢橋牧名，畑田圭介，高草木達，朝倉清高，大谷文章，横山利彦

50. パラジウム水溶液中におけるレーザー微粒子化反応の時間分解 XAFS 研究（量研機構，原子力機構）佐伯盛久，松村大樹，辻 卓也，蓬田 匠，田口富嗣，大場弘則

51. あいち SR を利用し Ru および Rh K 端付近での in-situ XAFS 測定に向けた検討（名城大理工）佐藤史彬，平野晶子，才田隆広

52. XAFS 法による鉄ナノ粒子の酸化膜の水素還元反応の研究（九州シンクロトロン光研究セ，産総研）小林英一，阪東恭子，岡島敏浩

53. 担持 PdAu 合金触媒の構造とヒドロシリル化活性の相関（首都大都市環境科学，首都大水素社会構築セ，京大触媒電池）小川亮一，遠藤圭介，三浦大樹，宍戸哲也

54. オペランド XANES 測定による単層カーボンナノチューブ成長中の触媒粒子の化学結合状態の研究（名城大院）熊倉 誠，桐林星光，才田隆広，成塚重弥，丸山隆浩

55. In-situ XAFS 測定を利用した Fe 添加 α-Mn$_2$O$_3$ 触媒における PM 燃焼反応機構の推定（阪大，京大 ESICB，JST さきがけ）藤林祥大，桑原泰隆，森 浩亮，山下弘巳

56. Ag 形ゼオライト中の XAFS による骨格構造解析（弘前大理工）米谷陸杜，宮永崇史，鈴木裕史

57. アルコキシドを保護基とした酸化コバルトナノ

クラスター触媒の調製とXAFSによる構造解析（千葉大院工）佐々木直人，一國伸之，原 孝佳，島津省吾

58. 内殻分光を用いたプルシアンブルー類似体の電子状態の研究（大阪府大院工，筑大院数理物質，東大院理化，KEK-PF）工藤健作，竹下遼平，小林大祐，岩住俊明，所 裕子，中川幸祐，大越慎一，北島義典

59. 時分割DXAFSによる担持PdO粒子のCH$_4$での還元挙動の解明（名古屋大，京大触媒電池（ESICB），JASRI）馬原優治，村田和優，植田格弥，石川裕之，東條 巧，大山順也，加藤和男，薩摩 篤

60. In-situ XAFSを用いたCo(salen)錯体の熱分解過程の追跡と触媒活性との相関（阪大，京大ESICB，JSTさきがけ）吉井丈晴，中塚和希，桑原泰隆，森 浩亮，山下弘巳

61. 酸化ニッケル化学種の安定性に及ぼす周辺原子配列の影響（立命館大院生命科学）山本悠策，山下翔平，片山真祥，稲田康宏

62. 時空間分解XAFSによるリチウムイオン電池正極面内反応のモデル化（立命館大院生命科学）山岸弘奈，片山真祥，稲田康宏

63. 1-フェニルエタノール酸化反応に有効な担持NiOナノクラスター触媒の表面化学種の解析（千葉大院工）佐々木拓朗，一國伸之，原 孝佳，島津省吾

64. 粘土鉱物中におけるCs吸着構造の濃度依存性（原子力機構）辻 卓也，松村大樹，小林 徹，鈴木伸一，吉井賢資，西畑保雄，矢板 毅

65. 鉄マンガン酸化物中のランタニドおよびその水和イオンのL3吸収端XANESスペクトルFWHMに認められる系統変化（産総研）太田充恒

66. ［招待講演］放射光計測とデータ駆動科学の融合—EXAFS解析を中心に—（熊本大パルスパワー科学研）赤井一郎

67. Operando XAFSによる三元触媒反応中のRh/Al$_2$O$_3$モデル触媒におけるRh種の動的挙動観察（京大院工，京大ESICB）朝倉博行，細川三郎，寺村謙太郎，田中庸裕

68. 水素の吸脱着による金クラスターの可逆的な電子構造変化（東大院理，京大ESICB，JST CREST）山添誠司，石田 瞭，林 峻，佃 達哉

69. 超高速時間分解XAFS法による光触媒BiVO$_4$の局所構造変化の観測（分子研，北大触媒研，KEK-PF，JASRI，理研・放射光科学総合研究セ，東理大理 応用化学）上村洋平，城戸大貴，小出明広，脇坂祐輝，丹羽尉博，野澤俊介，足立伸一，片山哲夫，矢橋牧名，富樫 格，岩瀬顕秀，工藤昭彦，高草木達，横山利彦，朝倉清高

70. 抗微生物試験環境における銀ナノ粒子の化学状態（阪大，日本繊維製品品質技術セ）清野智史，豊田桃子，射本康夫，中川 貴，山本孝夫

71. ニッケル二次電池の正極層状複水酸化物の充放電機構（名工大院工）園山範之，山田しずか，吉田怜史

72. ［招待講演］X-ray absorption fine structure 過去，現在そして，みらい（北大触媒研）朝倉清高

73. ［招待講演］共鳴X線発光分光による複合極限環境下での電子状態の研究（高輝度研）河村直己

74. Ca K吸収端XANES測定と電子偏在パラメータの定義によるCa-N化合物中のCaの酸化数の見積もり（KEK物構研，総研大高エネ研究科，JST-ACCEL，東工大元素戦略研究セ，東工大フロンティア材料研，東工大物質理工学院）阿部 仁，丹羽尉博，北野政明，井上泰徳，横山壽治，原 亨和，細野秀雄

75. In situ XAFSによる多核銅錯体埋込型カーボン酸素還元電極触媒の活性中心構造の解明（北大院地球環境，北大院環境，GREEN，分子研，北大触媒研，原子力機構）加藤 優，松原直啓，武藤鞠佳，上村洋平，脇坂祐輝，松村大樹，高草木達，朝倉清高，八木一三

76. 固体高分子型燃料電池Pt/C触媒の電子状態観察に向けたin-situ発光分光計測の現状（電通大，JASRI，奈良先端大）坂田智裕，関澤央輝，宇留賀朋哉，東晃太朗，田口宗孝，岩澤康裕

77. 絶縁性膜試料の全電子収量軟X線吸収測定（兵庫県大院工）村松康司

78. 電気化学条件下 Pt 多結晶薄膜表面の偏光依存全反射蛍光 XAFS（北大触媒研，東京医科歯科大，分子研，FC-Cubic，産総研）脇坂祐輝，上原広充，Yuan Qiuyi，和田敬広，上村洋平，城戸大貴，亀井優太朗，黒田清一，大平昭博，高草木達，朝倉清高

79. 偏光全反射蛍光 XAFS 法による分子修飾酸化物表面上に形成した単原子金属種の三次元構造解析（北大触媒研）高草木達，朝倉清高

80. 2 段階スピンクロスオーバー錯体の XAFS 解析（東大理，東邦大理，東大総合文化）岡林 潤，北清航輔，谷口大輔，北澤孝史，堀田知佐

第 262 回 X 線分析研究懇談会例会
「日本分析化学会第 66 年会」
9 月 9 日（土）〜12 日（火）
東京理科大学葛飾キャンパス（葛飾区）
日本分析化学会

81. 実験地球化学と X 線分析（九大院理）横山拓史

第 53 回 X 線分析討論会
10 月 26 日（木）〜27 日（金）徳島大学常三島キャンパス（徳島市）

82. 和歌山カレーヒ素事件鑑定を用いた SPring-8 定量性の評価（京大工）河合 潤

83. In-situ XAFS 法による酸素還元反応に対する酸化物上での活性サイトの調査（名城大理工）才田隆広，平野晶子，丹羽悦子，佐藤史彬

84. 錦江湾海底で産出されたスティブナイト中の金の化学状態分析（福島大理工，日女大理，九大院工，九大院理）大橋弘範，川本大祐，米津幸太郎，横山拓史

85. 焦電結晶を用いた金ナノ粒子作製と評価（東理大院総合化）目﨑雄也，国村伸祐

86. ［特別講演］時空間分解 XAFS 計測ビームラインの建設および固体高分子形燃料電池のオペランド分析（JASRI）宇留賀朋哉

87. 全反射条件での硫黄 K 殻偏光 XAFS 解析によるポリチオフェン薄膜の配向性評価（広島大院工）濱嶋悠太，甲斐喬士，大下浄治，駒口健治，早川慎二郎

88. 負の熱膨張材料 $Zr_2(WO_4)(PO_4)_2$ 系の合成および構造解析（徳島大院先端技科，徳島大工，徳島大院社会産業理工）井上紀正，幸泉哲太，澤田朋輝，J. Euiseok，村井啓一郎，森賀俊広

89. 分析深さを変えた非対称面 X 線回折法による半導体基板表面ダメージ層の非破壊評価法の開発（旭化成基盤研，旭化成 UVC プロジェクト）辰田和穂，永富隆清，松野信也，吉川 陽

90. X 線回折法による二相ステンレスの強度と伸びに影響を及ぼすミクロ組織の解析（茨城大工，茨城大フロンティア，日本冶金，茨城大院理工）胡桃沢健太，小貫祐介，韋富高，轟 秀和，齋藤洋一，佐藤成男

91. X 線回折法を用いたミクロひずみ解析に基づく加工硬化の予測（茨城大工，茨城大院理工）林桃希，佐藤成男

92. 鉄鋼スラグ中遊離石灰の X 線回折法とエチレングリコール抽出法による定量比較（東京都市大工，東京都市大院工）江場宏美，長沢祥吾，望月寛孝

93. 粉末 X 線回折/Rietveld 解析による放射性セシウムを含む土壌中の粘土鉱物の定量分析（明大院理工，リガク，明大理工）笠利実希，福田大輔，大渕敦司，小池裕也

94. 固化および撥水処理を施した焼却飛灰中放射性セシウムの存在形態調査（明大院理工）福田大輔，笠利実希，小池裕也

95. 高エネルギー X 線回折ラインプロファイル解析法による Ti 合金の引張変形中転位増殖観察（茨城大理工，東北大金研，仙台高専，JAEA）黒田あす美，山中謙太，森真奈美，伊藤美優，菖蒲敬久，佐藤成男，千葉晶彦

96. X 線回折法による銅合金の引張変形に伴うミクロ組織変化の追跡（茨城大院理工，三菱伸銅若松製作所，三菱マテリアル，東北大多元研）伊藤美優，小林敬成，伊藤優樹，松永裕隆，牧 一誠，森 広行，鈴木 茂，佐藤成男

97. 鉄鋼の急冷に伴う相変態現象その場中性子回折

測定法の開発（茨城大工，茨城大フロンティア，茨城県，茨城大院理工）平野孝史，小貫祐介，星川晃範，石垣 徹，富田俊郎，佐藤成男

98. 小型エネルギー分散型 X 線回折装置の高感度化に関する研究（東理大院総合化）長島陽一，国村伸祐

99. 焦電結晶を用いた金ナノ粒子生成法の真空度の検討（東理大工，東理大院総合化）岡本亮大，目﨑雄也，国村伸祐

100. フラックス法による YAG:Ce の合成（福教大）原田雅章，上野禎一

101. Co-Fe プルシアンブルー類似体によるリーゼガングバンドの X 線分析（日女大理）林 久史，佐藤由衣，今井理紗子，坪谷祐奈，平野理沙子

102. リーゼガングバンドの磁場効果の X 線分析（日女大理）林 久史，高石麻央，青木 彩，島崎美帆

103. 表面 X 線分析を用いたナノシート炭化現象メカニズムの解析（京大産官学，京大院工）福田勝利，豊田智史，松原英一郎

104. 硬 X 線光電子分光を用いた金属／ポリイミド界面の密着機構の探究（住友電工）久保優吾，溝口 晃，斎藤吉広

105. 酸化アルミニウム薄膜の構造及び電子状態解析（三菱電機）本谷 宗

106. 放射光 XPS による NO 吸着前後の Rh ナノ粒子電子構造変化の解析（マツダ，名古屋大，広島大）國府田由紀，住田弘祐，小川智史，八木伸也，生天目博文

107. "Purifie" of ORGANO for Low Power TXRF (Kyoto Univ.) Bolortuya Damdinsuren, Jun Kawai

108. コロジオン薄膜試料台の性能評価（量研機構，東邦大理）松山嗣史，石井康太，伊豆本幸恵，酒井康弘，吉井 裕

109. 全反射蛍光 X 線分析による難溶性粉末試料の分析方法（リガク，産総研）高原晃里，大渕敦司，村井健介

110. 小型全反射蛍光 X 線分析装置を用いた顔料使用製品からの溶出液中の微量元素分析（東理大工）徳岡佳恵，国村伸祐

111. 小型全反射蛍光 X 線分析装置を用いた米中微量ヒ素分析における前処理の検討（東理大院工）清 文乃，国村伸祐

112. 軟 X 線吸収分光法による機械研磨 h-BN の酸化反応解析（兵庫県大院工）吉田圭吾，村松康司

113. 非ベンゼノイド sp^2 炭素の C K 端 XANES 解析（兵庫県大院工）平井佑磨，村松康司

114. Operando NEXAFS によるトライボ表面の分析（豊田中研，兵庫県大）高橋直子，奥山 勝，磯村典武，大森俊英，遠山 護，木本康司，村松康司

115. 通常 X 線源を用いる分散型 XAFS 測定装置の開発と価数の動的追跡—信号強度とエネルギー分解能の最適化—（広島大院工）大村健人，駒口健治，早川慎二郎

116. マグネシウム電解液のオペランド条件下における軟 X 線 XAFS 測定（立命館大 SR セ）家路豊成，中西康次，太田俊明

117. 軟 X 線 XAFS の蛍光収量法による遷移金属酸化物の O K 吸収端スペクトルと分析深さ（日鉄住金テクノ，立命館大 SR セ）伊藤亜希子，安達丈晴，速水弘子，薄木智亮，山中恵介

118. FAU 型ゼオライト担持 Ni(II) 化学種の酸化還元特性の解析と触媒活性への影響（立命館大院生命科）橋本大介，山下翔平，片山真祥，稲田康宏

119. シリカ担持 Ni 粒子表面に存在する NiO の還元過程に関する in situ XAFS 解析（立命館大生命科学）窪池直人，山本悠策，山下翔平，片山真祥，稲田康宏

120. 2012 年から 2014 年の有明海佐賀県海域の底泥中の鉄の存在状態（県立広島大院総合学術，県立広島大生命環境，佐賀大院工，九州シンクロトロン光研究セ）竹本鮎美，西本 潤，田端正明，瀬戸山寛之

121. Al 含有シリカガラス中における希土類元素の局所構造分析（九大工，福島大理工，九大理）井上翔太，米津幸太郎，大橋弘範，横山拓史

122. リチウムイオン電池電極におけるリチウムの分布測定（LIBS）と遷移金属価数分布測定（XAS）の比較（東北大金研，東北大多元研）田口洋行，

今宿 晋，柏倉俊介，我妻和明，藤枝 俊，川又 透，鈴木 茂

123. エネルギー分散形蛍光X線分析による水砕スラグの迅速分析（日立ハイテク，アメテックジャパン）篠原圭一郎，辻川葉奈，深井隆行，添田直希，大柿真毅，宮城琢磨

124. モノクロメータを用いた蛍光X線分析装置による焼却灰中のP分析（アワーズテック）永井宏樹，椎野 博，中嶋佳秀

125. 小型偏光X線励起による鋼材のXRF測定（京大院工）杉野智裕，田中亮平，河合 潤

126. 同時多波長分散型蛍光X線分析装置（PS-WDXRF）の開発（島津製作所）佐藤賢治，和泉拓朗，足立 晋，貝野正知，古川博朗

127. FP法によるエネルギー分散蛍光X線の高精度化の基礎研究（京大院工，京大工）山崎慶太，田中亮平，河合 潤

128. 熱輻射によるXRFスペクトル変化（京大工）田中亮平，河合 潤

129. 広帯域多層膜回折格子を用いたテンダーX線平面結像型分光器の性能評価（量研機構）今園孝志

130. ハンドヘルド蛍光X線分析による水中元素のオンサイト定量（明大理工，リガク）萩原健太，小池裕也，相澤 守，中村利廣

131. 卓上型蛍光X線分析装置における2次ターゲット適用可能性と茶葉の組成分析（大阪市大工，日本電子）古里拓巳，朱 静遠，高橋はるな，辻 幸一

132. 全視野型蛍光X線定量イメージング法の基礎的検討（京都市産技研，大阪市大院工，IBAM-CNR）山梨眞生，山内 葵，辻 幸一，F. P. Romano

133. 斜入射配置での全視野エネルギー分散型蛍光X線イメージング（大阪市大工，大阪市大工・京都市産技研，IBAM-CNR）山内 葵，山梨眞生，F. P. Romano，辻 幸一

134. X線分析顕微鏡を用いた，食品中元素の定量マップ作成（堀場テクノ，日清製粉基礎研）中野ひとみ，仲西由美子，田中 悟，駒谷慎太郎

135. X線分析顕微鏡（XGT）による植物の元素分布測定（堀場テクノ）中村ちひろ，中野ひとみ，横山政昭，駒谷慎太郎

136. RePACを用いたAlN成膜・改質膜組織のCL発光特性（兵庫県工技セ，神港精機，阪大，京大）山下 満，野間正男，長谷川繁彦，江利口浩二

137. XRFを中心とした非破壊オンサイト分析によるエジプト・コンスウエムヘブ墓壁画の顔料相同定と化学組成の定量的評価の試み（東理大理，東日大，金沢大新学術創成，早大文）阿部善也，扇谷依李，日髙遥香，中井 泉，髙橋寿光，河合 望，近藤二郎，吉村作治

138. 可搬型光分析装置の複合利用による葛飾北斎の浮世絵のその場分析（東理大理，デンマテリアル・色材科学研）赤城沙紀，平山愛里，阿部善也，中井 泉，下山 進

139. トルコ，カマン・カレホユック遺跡出土彩文土器の製作技法の解明（東理大理，アナトリア考古研）大塚晶絵，阿部善也，中井 泉，松村公仁，大村幸弘

140. 放射光マイクロビーム蛍光X線法による毛髪中微量元素の3D濃度分布解析（広島大院工，高知大教育，JASRI）近藤涼介，大和拓馬，西脇芳典，本多定男，早川慎二郎

141. 微小部蛍光X線分析装置による木材中の銅系防腐剤の分布解析（大阪市大工，京大農）仲西桃太郎，辻 幸一，藤井義久

142. 単色X線を励起源とする共焦点型微小部蛍光X線分析装置の開発（大阪市大工，リガク）三田昇平，河原直樹，辻 幸一

143. 科学捜査試料のX線吸収端近傍スペクトルによる異同識別の試み（高知大教育，JASRI，広島大院工）西脇芳典，本多定男，金田敦徳，大和拓馬，早川慎二郎

144. 放射光X線分析により明らかになった福島第一原発事故由来の放射性粒子の性状および飛散状況（東理大理，MRI，首都大，RCAST，RESTEC，東大）小野﨑晴佳，小野貴大，飯澤勇信，阿部善也，中井 泉，足立光司，五十嵐康人，大浦泰嗣，海老

原充, 宮坂貴文, 中村 尚, 鶴田治雄, 森口祐一

145. ウラン汚染針刺し傷モデルに対する蛍光 X 線分析（量子科技研放射線医学総研, 東邦大理）石井康太, 松山嗣史, 伊豆本幸恵, 酒井康弘, 吉井裕

146. 模擬瓦礫浸漬液中のウランの全反射蛍光 X 線分析（量研機構, 量研機構・東邦大, 東邦大）吉井 裕, 松山嗣史, 伊豆本幸恵, 石井康太, 酒井康弘

147. 非破壊 XRF/XANES による古代エジプトの銅赤ガラスの製法とその変遷の解明（東理大理, 古代エジプト美術館）日髙遥香, 阿部善也, 中井 泉, 菊川 匡

148. ハバロフスク出土ガラスのオンサイト蛍光 X 線分析と考古学的（東理大理, MIHO MUSEUM, 金沢学院大, 函館高専, 淑徳大, 青森埋文セ, 様似町教委, ロシア科学アカデミー, 法政大）新井沙季, 馬場慎介, 村串まどか, 今井藍子, 中井 泉, S. ラプチェフ, 小嶋芳孝, 中村和之, 三宅俊彦, 中澤寛将, 高橋美鈴, G. マキシム, Y.G. ニキーチン, 小口雅史

149. 非破壊オンサイト蛍光 X 線分析によるインド出土古代ガラスの考古化学的研究（東理大理, デカン大古代インド史・文化・考古学, マハーラーシュトラ政府考古局, 関西大文）今井藍子, 新井紗季, 村串まどか, S. Vaidya, S. Ganvir, V. Sontakke, 上杉彰紀, 中井 泉

150. 放射光蛍光 X 線分析による口腔関連組織中の微量金属元素の局在評価と診断への応用（医科歯科大院医歯）宇尾基弘, 和田敬広

151. 積極的な粉砕による銅精鉱からの砒素浸出促進を目指した基礎的研究（東北大多元研）篠田弘造, 石原真吾, 加納純一

152. X 線吸収微細構造スペクトルの成分分析による塩酸溶媒中の Co(II)クロロ錯体構造解析（東北大多元研）打越雅仁, 篠田弘造

153. ［特別講演―浅田賞受賞講演］放射光軟 X 線吸収分光における計測技術の高度化と蓄電池研究への応用（立命館大 SR セ）中西康次

154. 同軸ケーブルにおける信号の乱れによる蛍光 X 線スペクトルへの影響（京大院工, 京大工）吉田昂平, 田中亮平, 河合 潤

155. 蛍光 X 線強度計算ソフトの開発と放射光を用いる微量元素の定量分析（広島大院工, 高知大教育, JASRI）大和拓馬, 西脇芳典, 本多定男, 早川慎二郎

156. 井桁構造を有するレジスト塗布膜を利用した全反射蛍光 X 線分析精度の向上に関する検討（阪市大院工, 日本電子）蓬田直也, 小入羽祐治, 辻幸一

157. ［特別講演］X 線位相イメージング法の原理とその応用（日立製作所基礎研究セ）米山明男

158. 共焦点型 X 線回折装置を用いる非破壊横断面分析（東京都市大院工, 東京都市大工）高橋良仁, 中町龍司, 淡路さつき, 江場宏美

159. 蛍光 X 線分析による日本出土古代ガラスの着色元素に基づく細分類（東理大理）村串まどか, 中井 泉

160. X 線分析を用いたシダ植物ヘビノネゴザ（Athyrium yokoscense）のカルスにおける希土類元素蓄積機構の解明（東京電機大院工, 電力中研, 東京電機大工）廣瀬菜緒子, 後藤文之, 保倉明子

161. SACLA を用いた遷移金属ダイカルコゲナイドの格子ダイナミクス観測（理研, 東大工, 東大物性研, 阪大理, JASRI）下志万貴博, 中村飛鳥, 石坂香子, 田久保耕, 平田靖透, 和達大樹, 山本達, 松田 巌, 田中良和, 辛 埴, 池浦晃至, 高橋英史, 酒井英明, 石渡晋太郎, 富樫 格, 大和田成起, 片山哲夫, 登野健介, 矢橋牧名

162. 単色 X 線を用いたリチウムイオン二次電池正極材の充放電 in-situ XRD 解析（住友金属鉱山）小野勝史, 鈴木奈織美, 松本 哲

163. 中性子回折装置 iMATERIA を用いたラミネート型リチウムイオン二次電池のマルチスケール構造解析（茨城大フロンティア, 茨城大量子線）吉田幸彦, 小泉 智, 佐藤成男

164. Full Field XRF and scanning XRF: Novel approaches for a real time elemental imaging of 2D

and 3D samples（IBAM-CNR，Osaka City Univ）Francesco Paolo Romano, C. Caliri, L. Pappalardo, H. C. Santos, F. Rizzo, K. Tsuji

165. ナノインプリントフィルムを用いた液体試料前処理FP法によるミネラル成分の定量分析（日本電子，山形県工業技術セ）小入羽祐治，小野寺浩，矢作 徹

166. 鉱石の蛍光X線分析における分析精度向上（住友金属鉱山）蓮野隆太，加岳井敦，團上亮平

167. 卓上型全反射蛍光X線分析装置による液体分析の検討（リガク）高原晃里，大渕敦司，森山孝男

168. ホウ素-K発光分光のための酸化物膜付加による高回折効率広受光角ラミナー型回折格子（量研量子ビーム，東北大多元研，島津デバイス部）小池雅人，羽多野忠，ピロジコフ A アレックス，寺内正己，浮田龍一，西原弘晃，笹井浩行，長野哲也

169. 4f系化合物のX線吸収分光と時間分解測定への道（東大物性研，JASRI/SPring-8）和達大樹，田久保耕，津山智之，横山優一，山本航平，平田靖透，伊奈稔哲，新田清文，水牧仁一朗，鈴木慎太郎，松本洋介，中辻 知

170. ［依頼講演］冬期の樹氷と雪の中の非水溶性成分と水溶性成分による東アジアの大気汚染物質の長距離輸送機構（徳島大院社会産業理工，日立ハイテク，リガク）今井昭二，上村 健，児玉憲治，山本祐平

171. 掘削残土の蛍光X線分析用データ管理試料の作成（富山大理，アースコンサル）丸茂克美, M. S. Nahar

172. 汎用走査型蛍光X線分析装置による金属アルミと酸化アルミの分別定量分析（リガク）日下部寧，森山孝男

173. X線発光分光による非晶質アルミナ膜の化学状態評価（三菱電機先端総研）上原 康

174. X線吸収分光法を用いた大気エアロゾル中の非水溶性硫黄の化学形態分析（徳島大院社会産業理工，広島大院工）山本祐平，山本 孝，早川慎二郎，今井昭二

175. 銅イオン添加スズ含有ガラスの蛍光発光と発光中心のXAFS分析（阿南高専，国立高専機構，東京医科歯科大）小西智也，釜野 勝，上原信知，宇尾基弘，和田敬広

176. 二元素の同時XAFS測定法の開発と反応解析への応用（立命大院生命）片山真祥，山岸弘奈，山本悠策，山下翔平，稲田康宏

177. 紙，布，テープ等の絶縁性日用品の全電子収量軟X線吸収測定（兵庫県大院工，兵庫県大工）村松康司，谷 雪奈

3. X線分析研究懇談会規約

（名　称）
1. 本研究懇談会は，公益社団法人日本分析化学会 X線分析研究懇談会と称する．

（目　的）
2. 本研究懇談会は，X線を用いた実際的分析の振興のため，その基礎となるX線分析法について共同研究し，基礎と実際との積極的交流をはかることを目的とする．

（事　業）
3. 本研究懇談会は，前項の目的を達成するため次の事業を行う．
   ① 随時懇談会を開催する
   ② 研究発表会，討論会の開催
   ③ 講習会，見学会の開催
   ④ 研究成果の刊行
   ⑤ その他
4. 本研究懇談会は公開制を原則とし，委員長と幹事委員若干名を置き，その合議により事業の企画ならびに運営を行う．
5. 本研究懇談会の事業は，本部補助金，会費ならびに登録料などより行う．

（会員ならびに会費）
6. 本研究懇談会の会員は，個人会員（A会員，B会員）および団体会員とし，下記の区分によって研究懇談会費（年額）を納入する．

   個人会員：A会員
   　日本分析化学会　個人会員：1,000円
   　　　　　　　　　会　員　外：1,500円
   個人会員：B会員
   　日本分析化学会　個人会員：4,500円
   　　　　　　　　　会　員　外：5,500円
   団体会員：日本分析化学会維持会員および
   　　　　　特別会員：3,000円（1口）
   　　　　　会　員　外：5,000円（1口）

   （個人会員のB会員には，本研究懇談会編集「X線分析の進歩」を会費が納入されしだい1部無料で送付する．なお，3口以上の納入の団体会員にも1部送付する．「X線分析の進歩」は毎年3月末に発刊の予定．

   団体会員は1口で2名まで任意に参加することができることとし，1名増やすごとに1,000円を徴収する．）

2015年1月30日改訂

4. 「X線分析の進歩」投稿の手引き

　本誌投稿の論文執筆にあたっては，報文としての体裁にとらわれず新しい知見や価値あるデータを報告することを最優先することを目的とし，形式上の制限は特に設けません．次の点を配慮のうえ，御投稿願います．本誌は，①投稿原稿の形式上の自由度が大きく，②図の英文を必須としない（英文の方が好ましい），③投稿カード不要，④e-mail投稿を受け付ける，⑤投稿料制で自分の論文をホームページに掲載可能，などの特徴があります．

　「X線分析の進歩」誌46集（2015年3月発行）から冊子体に全頁のPDFファイルを収録したCD-ROMが付録としてつき，自分の論文PDFを，自分のホームページなどにセルフ・アーカイビングすれば，誰でもグーグル・スカラー（Google Scholar）などで検索し論文内容を無料で読むことができるようになります（オープン・アクセス）．

　オープン・アクセスとはインターネット上で論文などを無料でダウンロードできることを指します．せっかく雑誌に発表した論文なので，一部の限られた人にしか読めない有料制にすることなく，誰でも読むことができるようにすることが目的です．

　セルフ・アーカイビングとは，科学論文などのデジタル版を自分でオンライン上で公開することです．

　今回の投稿の手引き改訂（2014年12月）は，カラー図面による投稿が最近では日常化してきたことによって，従来の別刷り50部強制買取制の価格が高額になるとともに，紙別刷り自体の不要論も多くなってきたことがその背景にあります．

1. 本誌の掲載論文は投稿論文の査読（1名）を経て，当編集委員会が決定します．原稿をお送りいただくと，編集委員会より受理通知をお送りします．編集委員会は，字句その他の加除修正を行い，あるいは，著者にこれを要求することがあります．著者校正は1回行います．著者には校正刷りだけをお送りしますので，原稿の完全な控えを手元に保存してください．校正刷りはお手元へ到着後至急校正し，出版社へ返送してください．出版は毎年3月下旬の予定です．

2. 本誌に掲載する論文の種類は，X線分析に関連する報文，原著論文，ノート，技術報告，総説，解説，講座，技術資料，国際会議報告などからなります．これらは，他出版物に掲載されていないものに限定します．これらの報文などは，X線分析の基礎あるいは応用に関し価値ある事実あるいは結論を含むもの，X線分析技術の成果に関する報告でX線分析上有用なものとします．分類は著者からの申し出を尊重して掲載します．他出版物に掲載されたものについても，編集委員会として出版を認める場合があります（翻訳等）．論文は和文の論文の投稿を推奨しますが，英語論文も受け付けます．

3. 題名，全著者名（フルネーム），全著者の所属機関名及びその住所は和文と英文とを併せて投稿論文の最初のページに記入してください．「投稿カード」は不要です．原稿はA4用紙を用い，行数，1行の字数など常識的な範囲で執筆してください．投稿原稿はカメラレディーのフォーマットにはせず，図の挿入位置の指定や余計なフォーマットは不要です．

4. 投稿は，「X線分析の進歩」へ投稿する旨（たとえば，「論文（著者，題目）をX線分析の進歩誌に原著論文として投稿します」というような一文）をe-mail本文に記述し，編集委員会あて投稿してください．連絡責任著者の連絡先Tel, Fax, e-mailを原稿の初めに記入してください．

5. 投稿論文は，Windows対応（Word等）のデータでe-mailにWordなどを直接添付ファイルとして

投稿してください．大きなサイズのファイルは編集委員会あてあらかじめご相談ください．
6. キーワードは，論文内容を適確な形で表現したもので，1論文5個程度とし，英文キーワードと和文キーワードをアブストラクトの次に記入してください．巻末の索引として利用します．
7. アブストラクトは和文と英文を原稿に含めてください．なお，和文アブストラクトは標準的には原稿用紙1枚（400字）以内，英文アブストラクトは300語程度ですが，必ずしもこの制限を守る必要はありません．アブストラクトは別ファイルとせず，原稿と同じファイルに含めてください．英文アブストラクトは和文アブストラクトの直訳である必要はなく，和文より簡潔な記述でもかまいません．
8. 図，表及び写真は的確なものを選び，説明は英文で記述してください．ただし論文全体を通して和文のみのキャプションでも投稿可能です．図，表はWord，Excel，PowerPoint，PDFファイルも受け付けます（できるだけPDFファイルもつけてください）．また，文字についてはプロポーショナルタイプのフォントは使用しないでください．紙原稿の場合には図の大きさはA4に収まる大きさとし，そのまま写真印刷できるようにお願いします．なお，完全図面を準備できない場合は，出版社にてトレース（有料）することも可能です．写真はキャビネ版またはJPEGなどのデジタルファイルとし，鮮明なものをお願いします．カラー図面・カラー写真は白黒印刷でも意味が分かるように，また色が消えないように（青色や黄色の線は白黒印刷で消滅する場合があります）作成してください．
9. 引用文献の形式は，日本分析化学会「分析化学」誌に準じますが，統一がとれていれば，他の形式（たとえばSpectrochimica Acta誌など）でもかまいません．
10. 別刷り50部購入制を廃止します．投稿者は投稿料として表1の投稿料＋税を出版社にお支払いいただきます．全論文をPDFで収録したCD-ROM付録の付いた「X線分析の進歩」誌を1部差し上げます．このPDFからご自分の論文に限り切り抜いて，自分のホームページに掲載可能です（セルフアーカイビングの承認）（掲載ホームページのどこかにhttp://www.agne.co.jp/books/xray_index.htmへのリンクを明示してください）．紙別刷は通常は作成しませんので，別途購入希望の方は，校正刷り返送の際に出版社へ注文してください．別途紙別刷希望の場合，表1の投稿料に加えて，3000＋p×n×5（税別）円をお支払いください（p：ページ数，n：別刷部数）．紙別刷は4月に納品します．

表1 投稿料

出来上がり頁数	投稿料
1 − 6	15,000
7 − 12	25,000
13 − 18	35,000
19 − 24	45,000
25 − 30	55,000
31 − 36	65,000

11. 専門用語は，なるべく分析化学用語辞典（日本分析化学会編），またはJIS用語を用いることが望ましいですが，必ずしもこの限りではありません．必要があればSI単位以外の単位を用いても結構です（Torr，インチなど）．
12. 本誌の投稿論文は，他の出版物への投稿を御遠慮ください．
13. 本誌に掲載された論文，記事についての著作権は，公益社団法人日本分析化学会X線分析研究懇談会に属します．本誌は毎年の出版は白黒紙媒体とカラー画像を含むCD-ROMの出版としますが，将来，インターネットなどでの公開可能性もあります．
14. 執筆にあたり，他者の論文，成書などから図，表等を転載もしくは引用する場合は，必ず著者自身の責任において原著者並びに出版社の許諾を得て，出典を明示してください．
15. 図，表及び写真の番号は，英文でそれぞれFig.1，Table.1，Photo.1とし，原図，写真には対応する番号を邪魔にならない位置に書くかファイル名で

わかるようにしてください．図，表及び写真などはA4として，原稿の最後につけてください．図，写真の表題及びその説明文は，原図に記入せず，引用文献の次のページにまとめて記載してください．ただし，表については直接原稿本文中に挿入しても結構です．PDFは「高品質印刷」などの設定でお作り下さい．

原稿の送付先及び連絡先

編集委員長
村松康司　xshinpo@eng.u-hyogo.ac.jp
　　　　　TEL 079-267-4929

［お知らせ］

＊X線分析研究懇談会の活動内容，「X線分析の進歩」投稿の手引，討論会・研究会日程などを
http://www.nims.go.jp/xray/xbun/
にてお知らせしています．

＊「X線分析の進歩」バックナンバー PDF化CD-ROMの頒布を行っています．詳しくは
http://www.nims.go.jp/xray/xbun/shinpo_cdrom.htm
をご覧ください．

CD-ROM 一枚の収録内容

「X線工業分析」第1集(1964)～第4集(1968)
「X線分析の進歩」第1集(1970)～第32集(2001)
第26s集(1995，全反射X線分析国際会議特別号)
総目次：「X線工業分析」第1集～「X線分析の進歩」第32集(26s含む)

定価（税・送料含む）

X線分析研究懇談会会員　　：15,000 円＋税
X線分析研究懇談会非会員：20,000 円＋税
購入申込先：日本分析化学会X線分析研究懇談会

最新情報はホームページで！

X線分析研究懇談会のホームページ（http://www.nims.go.jp/xray/xbun/）には，X線分析に関するホットな情報が満載されています．
○毎年1回開催されるX線分析討論会の案内
○定例研究会（年5回程度）や講習会（年1～2回程度）の日時や会場，プログラムの案内
○関係する国際会議のスケジュール
このほか，X線分析情報メーリングリストに登録すると，電子メールでの情報交換に参加することができます．各種会合の案内や人材募集，いろいろなニュースが飛び交っています．もちろん，参加は無料．上記ホームページにも案内が出ていますので，ぜひお問い合わせください．

第12回 浅田榮一賞

　日本分析化学会X線分析研究懇談会では，元豊橋技術科学大学教授の浅田榮一先生（1924-2005）のご業績を記念し，X線分析分野で優秀な業績をあげた若手研究者を表彰するための賞（浅田榮一賞）を設けている．X線分析討論会の発表者，「X線分析の進歩」誌の論文発表者，X線分析研究懇談会例会発表者など，X線分析研究懇談会が主催する場での研究発表者が主な授賞の対象となる．

　2017年度浅田賞選考委員会による厳正な審査の結果，第12回浅田榮一賞は中西康次氏（立命館大学　総合科学技術研究機構SRセンター准教授）に贈られることとなった．受賞タイトルは「高品位・高信頼性の軟X線吸収スペクトロスコピー機器開発と革新的な電池研究への貢献」である．授賞式と受賞講演会は第53回X線分析討論会（徳島大学）にて行われた．

　中西氏は，軟X線吸収スペクトロスコピー機器開発に取り組み，革新的な電池材料の研究にきわめて有用な計測システムを確立した．中西氏の開発した大気非曝露小型試料輸送・測定システムは，水分および酸素等に不安定な蓄電池関連試料において，高信頼性の吸収スペクトルデータを安定的に取得するうえで決定的な役割を果たしている．また，中西氏は検出深さの異なるスペクトル情報を同時に取得する計測システムを開発し，複雑な蓄電池反応をこれまでよりも詳細に解析できるようにした．さらに，軟X線領域でのin-situおよびoperando解析を可能とする電気化学セルも開発し，リンおよびケイ素等の充放電動作中の反応解析が容易におこなえるようになった．中西氏の開発した一連の高品位，高信頼性の軟X線吸収スペクトロスコピー機器，およびその卓越した軟X線利用技術は，立命館大学SRセンターのビームライン等を訪問する多数の電池技術関係のユーザーの研究に大きく貢献している．以上の成果のすべてが現在も発展中であり，今後のX線分析分野におけるますますの活躍が期待される．

　なお，浅田榮一先生のご業績に関心のある読者は，「X線分析の進歩」第37集（2006年3月発行）の1～7ページを参照されたい．

（物質・材料研究機構　桜井健次）

授賞式（左）と講演（右）の様子．

5. (公社)日本分析化学会X線分析研究懇談会2017年度運営委員会名簿

(2018年2月7日現在)

	氏　名	勤務先／所在地	e-mail address
委員長	辻　幸一	大阪市立大学大学院工学研究科 〒558-8585　大阪府大阪市住吉区杉本 3-3-138	tsuji@a-chem.eng.osaka-cu.ac.jp
	(北海道地区)		
運営委員	大津　直史	北見工業大学工学部地球環境工学科 〒090-8507　北海道北見市公園町 165 番地	nohtsu@mail.kitami-it.ac.jp
	(東北地区)		
	今宿　晋	東北大学金属材料研究所 〒980-8577　宮城県仙台市青葉区片平 2-1-1	susumu.imashuku@imr.tohoku.ac.jp
	大橋　弘範	福島大学理工学群共生システム理工学類 〒960-1296　福島県福島市金谷川 1 番地	h-ohashi@sss.fukushima-u.ac.jp
	篠田　弘造	東北大学多元物質科学研究所 〒980-8577　宮城県仙台市青葉区片平 2-1-1	kozo.shinoda.e8@tohoku.ac.jp
	(関東地区)		
	江場　宏美	東京都市大学工学部エネルギー化学科 〒158-8557　東京都世田谷区玉堤 1-28-1	heba@tcu.ac.jp
	国村　伸祐	東京理科大学工学部工業化学科 〒162-8601　東京都新宿区神楽坂 1-3	kunimura@ci.kagu.tus.ac.jp
	桜井　健次	物質・材料研究機構 〒305-0047　茨城県つくば市千現 1-2-1	sakurai@yuhgiri.nims.go.jp
	佐藤　成男	茨城大学大学院理工学研究科 〒316-8511　茨城県日立市中成沢町 4-12-1	shigeo.sato.ar@vc.ibaraki.ac.jp
	中井　泉	東京理科大学理学部応用化学科 〒162-8601　東京都新宿区神楽坂 1-3	inakai@rs.kagu.tus.ac.jp
	中野　和彦	麻布大学　生命・環境科学部環境科学科 〒252-5201　神奈川県相模原市中央区淵野辺 1-17-71	k-nakano@azabu-u.ac.jp
	沼子　千弥	千葉大学大学院理学研究院 〒263-8522　千葉県千葉市稲毛区弥生町 1-33	numako@chiba-u.jp
	林　久史	日本女子大学理学部物質生物科学科 〒112-8681　東京都文京区目白台 2-8-1	hayashih@fc.jwu.ac.jp
	松野　信也	旭化成㈱　研究・開発本部基盤技術研究所 〒416-8501　静岡県富士市鮫島 2-1	matsuno.sb@om.asahi-kasei.co.jp
	(中部地区)		
	種村　眞幸	名古屋工業大学大学院工学研究科 〒466-8555　愛知県名古屋市昭和区御器所町	tanemura.masaki@nitech.ac.jp
	八木　伸也	名古屋大学エコトピア科学研究所 〒464-8603　愛知県名古屋市千種区不老町	s-yagi@nucl.nagoya-u.ac.jp
	(関西地区)		
	稲田　康宏	立命館大学生命科学部 〒525-8577　滋賀県草津市野路東 1-1-1	yinada@fc.ritsumei.ac.jp

(公社)日本分析化学会 X 線分析研究懇談会 2017 年度運営委員会名簿

	氏　名	勤務先／所在地	e-mail address
	上原　康	三菱電機㈱　先端技術総合研究所 〒661-8661　兵庫県尼崎市塚口本町 8-1-1	Uehara.Yasushi@ aj.MitsubishiElectric.co.jp
	河合　潤	京都大学大学院工学研究科材料工学専攻 〒606-8501　京都府京都市左京区吉田本町	kawai.jun.3x@kyoto-u.ac.jp
	西萩　和夫	㈱テクノエックス 〒533-0033　大阪府大阪市東淀川区東中島 5-18-20	nishihagi@techno-x.co.jp
	前尾　修司	㈱光子発生技術研究所 〒525-0058　滋賀県草津市野路東 7-3-46 滋賀県立テクノファクトリー 7 号棟	maeo@photon-production.co.jp
	松尾　修司	㈱コベルコ科研　技術本部材料ソリューション事業部 エレクトロニクス技術部 〒651-2271　兵庫県神戸市西区高塚台 1-5-5	matsuo.shuji@kki.kobelco.com
	村松　康司	兵庫県立大学大学院工学研究科 〒671-2201　兵庫県姫路市書写 2167	murama@eng.u-hyogo.ac.jp
	吉田　朋子	大阪市立大学複合先端研究機構 〒558-8585　大阪府大阪市住吉区杉本 3-3-138	tyoshida@ocarina.osaka-cu.ac.jp
(中国四国地区)			
	西脇　芳典	高知大学教育学部分析化学研究室 〒780-8520　高知市曙町 2-5-1	nishiwaki@kochi-u.ac.jp
	早川慎二郎	広島大学大学院工学研究科応用化学専攻 〒739-8527　広島県東広島市鏡山 1-4-1	hayakawa@hiroshima-u.ac.jp
	山本　孝	徳島大学大学院社会産業理工学研究部自然科学系化学分野 〒770-8501　徳島県徳島市南常三島町 2-1	takashi-yamamoto.ias@ tokushima-u.ac.jp
(九州地区)			
	栗崎　敏	福岡大学理学部化学科 〒814-0180　福岡県福岡市城南区七隈 8-19-1	kurisaki@fukuoka-u.ac.jp
	原田　雅章	福岡教育大学化学教室 〒811-4192　福岡県宗像市赤間文教町 1-1	haradab@fukuoka-edu.ac.jp
参　与	池田　重良	立命館大学総合理工学研究機構　SR センター 〒525-8577　滋賀県草津市野路東 1-1-1	sikeda@hera.eonet.ne.jp
	岡本　篤彦	科学技術交流財団あいちシンクロトロン光センター 〒489-0965　愛知県瀬戸市南山口町 250-3	okamoto@astf.or.jp okamoto-2t@rice.ocn.ne.jp
	加藤　正直	長岡工業高等専門学校物質工学科 〒940-8532　新潟県長岡市西片貝町 888	thomas92561177@yahoo.co.jp
	合志　陽一	国際環境研究協会 〒110-0005　東京都台東区上野 1-4-4	gohshi@airies.or.jp
	谷口　一雄	クロスレイテクノロジー㈱ 〒562-0035　大阪府箕面市船場東 2-6-59	taniguchi@xrtec.co.jp
	中村　利廣	明治大学理工学部／㈱リガク 〒240-0062　神奈川県横浜市保土ヶ谷区岡沢町 278-1	toshina@waltz.ocn.ne.jp
	横山　拓史	九州大学大学院理学研究院化学部門・無機分析化学系 〒819-0395　福岡県福岡市西区元岡 744 W1-B-1009	yokoyamatakushi@chem.kyushu-univ.jp
	脇田　久伸	福岡大学理学部化学教室 〒814-0180　福岡県福岡市城南区七隈 8-19-1	wakita@fukuoka-u.ac.jp
	渡辺　巌	京都大学産官学連本部 〒611-0011　京都府宇治市五ヶ庄 京都大学宇治地区 先端イノベーション拠点施設	i-watanabe@saci.kyoto-u.ac.jp iwa-wata@gst.ritsumei.ac.jp

Ｘ線分析関連機器資料
目　次

粉末試料前処理装置〔㈱アメナテック〕……………………………………………………… S1

可搬型蛍光X線分析装置〔アワーズテック㈱〕………………………………………………… S2

エネルギー分散型蛍光X線分析装置〔㈱島津製作所〕………………………………………… S3

エネルギー分散型蛍光X線分析装置〔㈱島津製作所〕………………………………………… S3

シーケンシャル形蛍光X線分析装置〔㈱島津製作所〕………………………………………… S3

同時形蛍光X線分析装置〔㈱島津製作所〕……………………………………………………… S3

ワイドレンジ高速検出器〔㈱島津製作所〕……………………………………………………… S4

X線回折装置〔㈱島津製作所〕…………………………………………………………………… S4

電子線マイクロアナライザ〔㈱島津製作所〕…………………………………………………… S4

複合型全自動イメージングX線光電子分析装置〔㈱島津製作所〕…………………………… S4

SDD搭載 X線分析顕微鏡〔㈱堀場製作所〕……………………………………………………… S5

コンパクト卓上型 蛍光X線元素分析装置〔㈱堀場製作所〕…………………………………… S5

全自動水平型多目的X線回折装置〔㈱リガク〕………………………………………………… S6

ハイブリッド型多次元ピクセル検出器〔㈱リガク〕…………………………………………… S6

ナノスケールX線構造評価装置〔㈱リガク〕…………………………………………………… S6

波長分散型蛍光X線分析装置〔㈱リガク〕……………………………………………………… S7

波長分散小型蛍光X線分析装置〔㈱リガク〕…………………………………………………… S7

波長分散型蛍光X線分析装置〔㈱リガク〕……………………………………………………… S7

蛍光X線硫黄分分析計〔㈱リガク〕……………………………………………………………… S8

エネルギー分散型蛍光X線分析装置〔㈱リガク〕……………………………………………… S8

エネルギー分散型蛍光X線分析装置〔㈱リガク〕……………………………………………… S8

ハンドヘルド エネルギー分散型蛍光X線分析計〔㈱リガク〕………………………………… S9

ハンドヘルド エネルギー分散型蛍光X線分析計〔㈱リガク〕………………………………… S9

粉末試料前処理装置
（ビード&フューズサンプラ・粉末試料成型機）

株式会社アメナテック
〒213-0012　神奈川県川崎市高津区坂戸3-2-1 KSP東棟601A　TEL:044-322-0671　FAX:044-322-0672

ビード&フューズサンプラTK-4100型
（価格：約500万、納期：約1.5ヶ月）

TK-4100型
＋プログラムコントローラTK-5910型

高周波誘導加熱方式による蛍光X線分析用ガラスビード作成及びICP/AA分析のアルカリ融解処理を行う装置
白金ルツボ以外にもニッケルルツボ・ジルコニウムルツボ・黒鉛ルツボが使用可能

主仕様
発振周波数：75kHz、出力：2kW
プログラム：2段階加熱＋揺動回転
温度設定：300～1300℃
電源：単相200V
大きさ：W540mm×L570mm×H330mm、重量：約50kg

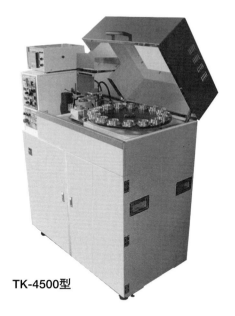

TK-4500型

連続自動処理型ビード&フューズサンプラTK-4500型
（価格：約900万、納期：約3ヶ月）

オートサンプラ機能を搭載した高周波誘導加熱方式による蛍光X線分析用ガラスビード作成及びICP/AA分析のアルカリ融解処理を行う装置
白金ルツボ以外にもニッケルルツボ・ジルコニウムルツボ・黒鉛ルツボが使用可能

主仕様
発振周波数：75kHz、出力：2kW
プログラム：2段階加熱＋揺動回転
温度設定：300～1300℃
電源：単相200V
大きさ：W930mm×L500mm×H1150mm、重量：約150kg

＊プログラムコントローラTK-5910型
　ビード&フューズサンプラで灰化処理や多段階加熱などオリジナルプログラムを15パターンまでメモリーが可能

X線回折用粉末試料成型機TK-750型
（価格：60万、納期：約1.5ヶ月）

アルミ製試料ホルダーにモーター式プレスで粉末試料を充填
オペレータによる個人差がなく、再現性が向上

主仕様
プレス圧：40kg、70kg、110kg
電源：AC100V
大きさ：W180mm×L195mm×H365mm、重量：約15kg

TK-750型

可搬型蛍光X線分析装置

製造・販売元

アワーズテック株式会社

本　　　　社：〒572-0832 大阪府寝屋川市本町13-20
　　　TEL：072-823-9361　FAX：072-823-9340　URL：http://www.ourstex.co.jp
東京営業所：〒160-0008 東京都新宿区三栄町8-37
　　　TEL：03-3358-4985　FAX：03-3358-1954

☆ 高分解能SDD検出器システム

新発売

【特徴】
- 高分解能・高計数での測定が可能!
- 特殊高分子膜仕様、ウインドウレス仕様等もラインナップ!
- 検出器面積7mm^2～大口径150mm^{2}までラインナップ!
- 放射光への特注仕様も対応!

【分析例】

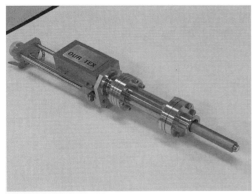

放射光特別仕様

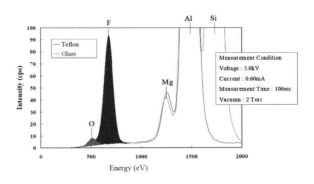

特殊高分子膜SDDによる軽元素分析例

☆ 京都大学大学院工学研究科 河合潤教授による発明を製品化
＜ポータブル全反射蛍光X線分析装置　OURSTEX200TX＞

【特許 第5846469（京都大学）】

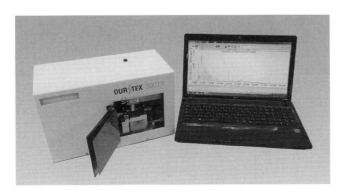

【用途】
- 井戸水や河川の検査に
- 土壌や玩具からの溶出水分析に
- 食品・医薬品現場分析に
- 鑑識分野の現場分析に

【特徴】
- ICP・原子吸光装置に匹敵する高感度
- 小型・軽量でオンサイト分析が可能
- 本体総重量、わずか8kg
- ppmからppbレベルの分析が可能
- 液体窒素や冷却水不要

SHIMADZU 蛍光X線分析装置

製造・販売元

株式会社 島津製作所 分析計測事業部
〒604-8511 京都市中京区西ノ京桑原町1　電話 075-823-1468

軽元素～重元素まで 高感度に分析できる一般分析用
エネルギー分散型 蛍光X線分析装置
EDX-7000/8000/8100

電子冷却方式の高性能半導体検出器を搭載しランニングコストの低減とメンテナンス性の向上を図ると共に、従来機を上回る感度、スループット、分解能を実現しました。軽元素分析に有効な真空ユニットや連続分析に有効なターレットユニット等のオプション機能も充実しています。ソフトウェアは簡単操作を実現したPCEDX-Naviと一般分析用途のPCEDX-Proを標準装備しています。分析オプションとしてEDX-LEで実現したスクリーニング機能も搭載可能です。管理用途としてのRoHS/ELV指令等の環境規制対応から、研究用途としての一般材料分析における高度なニーズまで、業界を問わず幅広く対応します。

RoHS/ELV スクリーニング専用
エネルギー分散型蛍光X線分析装置
EDX-LE

検量線自動選択、測定時間自動短縮などスクリーニングに最適な機能を搭載したソフトウェアや様々な試料の分析が可能な大型試料室を採用したハードウェアに加え、電子冷却方式の検出器を搭載することで、装置メンテナンスを最小限に抑えています。また、分析キット(オプション)を用いてハロゲンやアンチモンの追加規制元素のスクリーニングにも対応可能です。さらに、機能追加キット(オプション)と組み合わせることで、一般分析ソフトウェアを用いた定性分析、膜厚分析、鋼種判別などスクリーニング以外の用途にも利用できます。

完成度を極めた波長分散形 フラグシップモデル
シーケンシャル形 蛍光X線分析装置
XRF-1800

高次線を利用した新発想の定性定量分析法、250μmマッピング機能など、さらなる信頼性の向上とアプリケーションの充実を実現しました。

同時形 蛍光X線分析装置
MXF-2400

工程管理用等の用途で使用し、約1分で36元素同時分析が可能です。

SHIMADZU X線回折装置

製造・販売元	株式会社 島津製作所 分析計測事業部 〒604-8511 京都市中京区西ノ京桑原町1　電話 075-823-1468

ワイドレンジ高速検出器
OneSight

既設のXRD-6000/6100/7000への取り付けが可能なオプション検出器です。1280chもの半導体素子から構成されたワイド型1次元検出器で、従来のシンチレーション検出器と比較して100倍以上の強度が得られるため、高速測定が可能です。また、広い取り込み角度を生かしゴニオメーターを固定して分析する「ワンショットモード」を搭載。OneSightを用いた測定に対応したソフトウェアにより操作性も向上します。

X線回折装置
XRD-6100 OneSight/7000S OneSight/7000L OneSight

ワイドレンジ高速検出器OneSightを搭載したX線回折装置で高速・高感度測定を可能にしました。またOneSightを用いた測定に対応したソフトウェアにより操作性が向上しました。X線発生時にはドアロック機構が働き、高い安全性を備えています。定性・定量などの基本分析からオプションソフトウェアを用いた結晶構造解析まで、さまざまなアプリケーションに対応しています。
6100 OneSightは縦型高精度ゴニオメーターを搭載したコンパクトかつシンプルなモデルです。7000L OneSightは超大型試料に対応した試料水平型ゴニオメーターを搭載しています。

SHIMADZU 表面構造解析装置

電子線マイクロアナライザ
EPMA-8050G

最新鋭のFE電子光学系を搭載し、分析能力を究極に進化させた島津FE-EPMAです。
SEM観察条件から3μA以上のビーム電流領域でかつてない卓越した空間分解能が得られます。この先進FE電子光学系と島津伝統の高性能X線分光器の組合せは、最高分解能と最高感度の両立を実現しました。

複合型全自動イメージングX線光電子分析装置
KRATOS ULTRA2

装置校正の自由度の高さはそのままに、性能をアップしながら操作部分のすべてをコンピュータコントロール化した複合表面分析装置です。球面鏡アナライザーによる高速リアルタイムXPSイメージングの空間分解能は1μmに達し、微細領域の化学状態分布を鮮明に視覚化することが可能です。
豊富なオプション類により、in-situでの大気暴露実験や高エネルギーXPS測定などの多彩な用途にお使いいただけます。

HORIBA　X線元素分析装置

製　造　元
株式会社　堀場製作所
本　　　　社／〒601-8510　京都市南区吉祥院宮の東町2　　　電話 075-313-8121㈹

SDD搭載　X線分析顕微鏡
XGT-7200V

液体窒素レス検出器搭載で高感度・
高係数率測定が可能なX線分析顕微鏡。
デュアル真空チャンバ採用で軽元素感度向上。

特　長
係数率10倍Up（当社従来機種との比較による）。
透過X線像、多点分析、定点測定機能など、豊富な解析機能。
試料室内も真空対応。Mg、Alなどの軽元素の感度Up。

仕　様
測定対象元素：Na〜U
透過X線、蛍光X線同時分析
X線照射径：ϕ10μm、100μm、400μm、1.2mmより選択
試料室：大気、真空切替可能
マッピングサイズ：100mm×100mm
液体窒素：不要

コンパクト卓上型
蛍光X線元素分析装置
MESA-50

お客様のご要望から生まれた新世代の
可搬型 蛍光X線分析装置。
試料のサイズや用途に応じたカスタマイズ
にも対応します。

特　長
液体窒素不要な最新型検出器を搭載し、迅速な分析が可能。
A4サイズ・バッテリ内蔵のコンパクト設計で持ち運びが可能。

仕　様
測定対象元素：Al〜U
測定原理：エネルギー分散型蛍光X線分析法
検出器：SDD（シリコンドリフト検出器）
測定エリア：1.2mm、3mm、7mm（自動切り替え）
一次フィルタ：4種類（自動切り替え）
測定対象：固体・液体・粉体
対応言語：日本語、英語、中国語
外形寸法：208×294×205mm［W×D×H］
本体質量：約12kg

X線回折装置

製造・販売元
株式会社リガク　営業本部
〒151-0051　東京都渋谷区千駄ヶ谷4-14-4　　電話 03-3479-6011(代)

全自動水平型多目的X線回折装置
SmartLab

試料水平型ゴニオメーターを採用した薄膜・粉末評価用X線回折装置です。自動で最適測定条件を決定するソフトウェアにより究極の使いやすさを実現し、様々な光学系やアタッチメントを切り換えることで、幅広いアプリケーションに対応しました。

■スリットを交換するだけで、集中法、平行ビーム、小角、簡易微小部用の中から必要なX線を選択することができ、またモノクロメーター等を用いた光学系も、自動調整が可能です。

■制御ソフトウェアSmartLab Guidanceには、独自のガイダンス機能が搭載されており、装置構成のチェック、光学系の切り換え、試料位置の調整、最適測定条件の決定から測定実行までが自動化されています。X線分析の専門知識がなくても、自動的に目的にあった質の高い測定データが得られます。

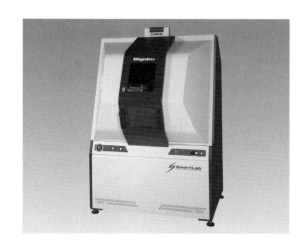

ハイブリッド型多次元ピクセル検出器
HyPix-3000

粉末の高速測定から薄膜解析までを1つの検出器で対応できる、次世代の2次元半導体検出器です。2次元に加え、1次元、0次元検出器としての機能もサポートしているので、アプリケーションごとに検出器を交換する必要はありません。高速逆格子空間マップ測定といった1D／高速・高分解能測定から、すれすれ入射小角X線散乱測定やin situ高温X線回折測定などの2D／広域・高感度測定、インプレーンX線回折測定や反射率測定などの0D／高精度・高係数率測定まで幅広く対応します。

ナノスケールX線構造評価装置
NANOPIX

蛋白質、液晶、半導体、高分子、超微粒子などの、ナノスケール構造1～100nmのマクロ構造から原子レベルの構造0.2～1nmのミクロ構造まで評価できる小角X線散乱測定装置です。

■実験室系小角専用装置ではこれまでにない小角分解能とX線強度を有しています。操作性を追求した設計で、カメラ長変更や試料アタッチメント交換がスムーズに行えます。さらにエントリーユーザーでも使いやすいよう、ハード・ソフトの両面からサポートします。

■光学系は焦点が検出器上になるように設計されています（Qmin～$0.02nm^{-1}$）。NANOPIXはWAXS測定（2θで～60°）や小角・広角同時測定（オプションのImaging Plateなどを使用）にも対応しています。

蛍光X線分析装置

製造・販売元
株式会社リガク　営業本部
〒151-0051　東京都渋谷区千駄ヶ谷4-14-4　　電話 03-3479-6011(代)

波長分散型蛍光X線分析装置
ZSX PrimusⅣ

上面照射タイプの走査型蛍光X線装置です。ハード・ソフトの両面で最新技術を採用し、更なる性能、機能の向上を実現しました。オペレーションソフト"ZSX Guidance"は、測定条件や補正方法の設定をサポートする機能を備え、初心者の方でも簡単に正確な分析結果が得られます。デジタル計数システムや高速駆動のゴニオメーター、最適化された制御システムにより、精度・スループットが一段と向上しました。また、新開発の分光素子や真空制御機構の性能向上により超軽元素の感度や精度も向上しました。高解像度カメラで試料画像を観察しながら、分析位置指定やマッピング測定もできます。

波長分散小型蛍光X線分析装置
Supermini200

コンパクトサイズでありながら高出力200WのX線管を搭載した装置です。鉱物資源分析から環境分析まで広範囲なアプリケーションに対応します。小型で冷却水が不要なため、サテライトラボなどにも容易に設置できます。

波長分散型蛍光X線分析装置
ZSXPrimusⅢ＋

リガクが培ってきたノウハウが凝縮されたパッケージを実現しました。"らくらく分析"による簡単な操作で分析が行えます。上面照射で粉末試料分析に最適な設計で、省エネ・省スペース・環境に配慮した装置です。

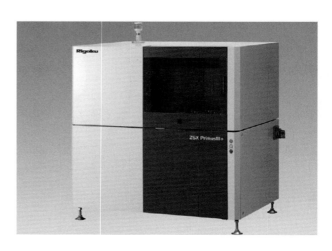

蛍光X線分析装置

製造・販売元
株式会社リガク　営業本部
〒151-0051　東京都渋谷区千駄ヶ谷4-14-4　　電話 03-3479-6011㈹

蛍光X線硫黄分分析計
Micro-Z ULS

液体中の硫黄をそのまま液体セルに詰めて分析できる卓上型の蛍光X線硫黄分析計です（JIS K2541-7、ASTM D2622及びISO20884準拠）。冷却水・ヘリウムガス・検出器ガスが不要、簡単操作で高感度分析（検出限界（LLD）＝0.3ppm）が可能、更に試料セルには安価な専用品を用いてランニングコストを低く抑えています。

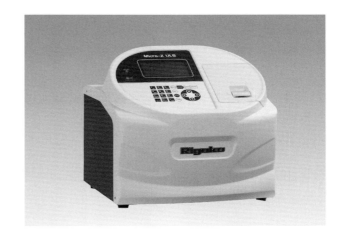

エネルギー分散型蛍光X線分析装置
NEX CG

2次ターゲットを用いた偏光光学系と液体窒素不要の高計数型SDD検出器を採用し、低バックグラウンドで高精度・高感度の分析を実現しました。Na～Uまでの元素を測定でき、エネルギー分散型の特性に合わせ開発した定性・定量ソフトと散乱線FP法を搭載していますので、環境分析や産業廃棄物、リサイクル原料等の広範囲なアプリケーションに対応可能です。

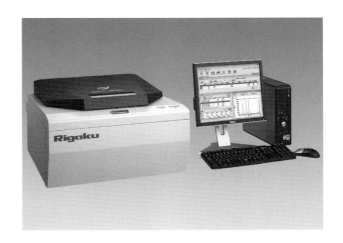

エネルギー分散型蛍光X線分析装置
NEX DE

コンパクトなデザインに高機能ソフトウェアを搭載したエネルギー分散型蛍光X線分析装置で、研究開発、工程管理、RoHS用途など汎用的に使用できます。分析結果出力形式は統合粉末X線解析ソフトウェアPDXLのXRFデータ読込機能に対応していますので、粉末X線回折装置の補助装置としても使用できます。

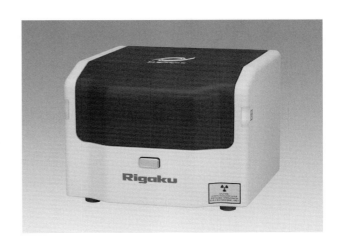

携帯型成分分析計 Nitonシリーズ

製造元 **Thermo Fisher Scientific**
販売元 **株式会社リガク 携帯分析機器事業部**
〒151-0051 東京都渋谷区千駄ヶ谷4-14-4 TEL:03-3479-3065

ハンドヘルド エネルギー分散型蛍光X線分析計
Niton　XL5

オンサイトでの含有元素分析に有効。
品質管理や検査用途に最適。
・最小・最軽量(約1.3kg)でありながら
　シリーズ最高性能
・防塵防滴構造IP-54
・Mg〜Sなど軽元素の感度が向上
・新メッキ厚測定モードなど新機能も
　搭載可能

ハンドヘルド エネルギー分散型蛍光X線分析計
Niton　XL3t/XL2

コストパフォーマンスの高い、含有元素の
スクリーニング分析計。
・金属鋼種の判別やPMI検査
・RoHSや土壌汚染など環境規制重金属
　元素のスクリーニング分析
・文化財などの簡易定性分析

既刊総目次

X線工業分析第1集からX線分析の進歩第48集（X線工業分析第52集）までの総目次集

◇X線工業分析1集（昭和39年発行）
B5判200頁　本体価格1,000円　南江堂

基礎編
- X線計測のエレクトロニクス（平本俊幸）

応用編
- X線回析法の工業分析化学への応用（貴家恕夫）
- ステンレス鋼のけい光X線分析における共存成分の影響（杉本正勝）
- 希土類元素のけい光X線分析（堤　健一）
- 軽元素を含む粉末試料のけい光X線分析（内川　浩）
- 1コないし2コの比較標準を使用するけい光X線分析と合金薄膜の厚さと組成の同時決定（広川吉之助）
- RIを線源とするX線分析（今村　弘）
- X線マイクロアナライザーによる鉱物の分析（中村忠晴）

けい光X線現場分析の現状
- 鉄鋼の管理分析（足立敏夫・中山東一郎）
- 鉄鉱石および鉱滓の分析（安田和夫・渡辺俊雄・宿谷　巖）
- 非鉄金属製錬分析（冨沢宣成・村上　有・河原美義）

◇X線工業分析2集（昭和40年発行）
B5判210頁　本体価格1,000円　南江堂

基礎編
- 螢光X線分析法―現在の限度と将来発展の傾向（L.S.Birks）
- X線スペクトルによる化学分析（佐川　敬）
- RIを線源とした吸収分析（野崎　正）

応用編
- 長面間隔を利用する高級脂肪酸のX線回折による分析（後藤みどり・浅田栄一）
- $VO_{2.17}$の粉末法によるX線回折に関する研究（武内次夫・深沢　力・伊藤醇一）
- RI線源を用いたセメント原料のけい光X線分析（今村弘・内田　薫・富永洋）
- コンプトン散乱を利用する炭化水素の元素分析法（長谷川恵之・梶川正雄・岡本伸和・浅田栄一）
- ゼノタイム鉱中のY, U, Th, SnおよびTiのけい光X線分析（堤　健一）
- 重油中のイオウのけい光X線分析法（古川満彦・柳ヶ瀬健次郎）
- Soller Slitを用いた光学系のPeak Profile（新井智也）
- ARL式X線カントメーターの構造およびこれによる分析時間（築山　宏・岡下英男）
- 銅系合金の螢光X線分析（石原義博・古賀守考・横倉清治・内田昭二）
- 溶液法による鉱山中の銅，亜鉛，鉛の螢光X線分析（西村耕一・河崎　豊）
- U.S.Naval Research研究所における電子プローブ型マイクロ分析の研究（L.S.Birks）

◇X線工業分析3集（昭和41年発行）
B5判150頁　本体価格900円　南江堂

- 固相反応におけるX線の利用（桐山良一）
- X線分光分析におけるRI線源の問題点（榎本茂正）
- 工程分析の自動管理とけい光X線分析（今村　弘）
- けい光X線によるゼノタイム中のイットリウムの定量（舟阪　渡・安藤貞一・富田与志郎）
- けい光X線分析法による選鉱工程試料中の銅，亜鉛，鉄の定量（菅原　弘）
- けい光X線による粗スズ，鉛，銅の分析法など（吉村雅夫・斉加実彦・原沢隆三・仲西久喜）
- 電子管ガラスのけい光X線分析とその補正法（永見初太郎・田之上司・栗原甲子郎）
- けい光X線分析法による板ガラスおよびその原料の迅速分析（今野重久・永島　眷・阿部文男・浅田栄一）

○けい光X線分析装置における電動発電機の効果（森正道）
○X線回折によるTriglycerideの分析－Tristearinの多形現象（後藤みどり・浅田栄一）
○立体観察法による走査電子線像（紀本静雄・橋本寛・菅沼忠雄）
○非分散方式による極軟X線分光（岡野寛・戸村光一・渡辺一生）
○X線マイクロアナライザーの特殊分析技術（白井省吾・山田幸男・最上泰治）
《パネル討論会》
○けい光X線工業分析の問題点（司会 浅田栄一）
分析方法における問題点
　1) 軽元素の分析
　2) 試料の調整法および標準試料について
　3) 補正法
　4) 装置についての問題点
　5) 他の分析法との比較およびJIS化について
　6) 将来にむけて

◇**X線工業分析4集**（昭和43年発行）
B5判140頁　本体価格1,350円　産業開発社
特別講演
○X線化学分析の思い出（木村健二郎）
特別討論
○鉄鋼におけるけい光X線分析法の応用と問題点（足立敏夫）
○窯業におけるけい光X線分析法の応用と問題点（浅原典義・須藤儀一・赤岩重雄）
○電子励起X線分光分析の現状と将来（白井省吾・田賀井秀夫）
○X線分析における半導体検出器（富永洋・榎本茂正）
○EPMA分析の現状と問題点（颯田耕三・織田勇三）
○けい光X線の有効波長とその利用法（一柳昭成）
○けい光X線分析法による写真用現像ピース銀量の連続自動定量（国峯登・矢部孝太郎）
○溶液・融解法けい光X線分析における最近の進歩（西村耕一・河崎豊）
○けい光X線分析法による有機物中の諸元素の分析（北野幸雄・石橋済・松本三郎）
○標準試料，標準化試料の作成（神森大彦・河島磯志）
講演要旨集
業界・学会だより

◇**X線分析の進歩1**（X線工業分析5集）
（昭和45年発行）
A5判上製本260頁　本体価格3,000円
サイエンスプレス
編者のことば（武内次夫）
I　**X線分析の進歩**
　1. X線結晶学の50年（仁田勇）
　2. 選鉱操業におけるオンラインけい光X線分析装置の現状とその問題点（富田堅二・岡田豊明・阿部利彦）
　3. セメント原料調合工程における管理分析の自動化と計算制御（内川浩）
　4. デンバーのX線会議（合志陽一）
　5. X線計測の点検と保守（苅屋公明）
　6. X線マイクロアナライザーによるアルミニウム合金鋳物中のハードスポットの組成決定（井上真・若泉清明・長野昌三）
　7. けい光X線分析における検量線に関するデータの統計的処理法（大野勝美）
II　**産業界におけるX線分析の実際的利用**
　1. 油脂化学におけるX線回折の利用（岡田正和）
　2. 石油工業におけるけい光X線の利用状況（田子澄男）
　3. X線分析法の石油化学工業への応用（林正寿）
III　**第5回X線工業分析討論会講演要旨**
　1. LiFの温度効果（鶴岡瑞夫・田之上司）
　2. 鋼のRIけい光X線分析（種村孝・吹田洋）
　3. X線回折計による化学分析法の検討－環元鉄鉱中の金属鉄の定量（貴家恕夫）
　4. けい光X線分析法によるジルコニウム合金中の微量ハフニウムの定量（大野勝美・俣野宣久）
　5. 白金管球を用いた鉄鋼分析における共存元素の補正（足立敏夫・伊藤六仁）
　6. けい光X線分析法による鉄鉱石中のT.Feの定量（川村和郎・渡辺俊雄・西坂孝一・小野寺政昭・植村健）
　7. フェロマンガンおよびマンガンスラグのけい光X線分析（水野和己・松村哲夫・小谷直美・五藤武）
　8. けい光X線による長石の分析（山口正美・水野孝一・椎尾一）
　9. 珪砂のけい光X線分析－珪砂の迅速分析に対する問題点とその対策（水野孝一・椎尾一・宮川弘）
　10. けい光X線による状態分析　スペクトル線幅への化学結合の影響（合志陽一・平尾修）
　11. 200度以下低温における示差熱－X線回折同時

測定（後藤みどり・浅田栄一・内田 隆・小野勝男）
12. 透過型回折計を利用するヨウ化銀の粉末回折データの検討（浅田栄一・金森智治）

IV けい光X線分析に関する内外の工業規格（河島磯志）

V 資料

◇X線分析の進歩2（X線工業分析6集）
(昭和46年発行)
A5判上製本220頁 本体価格2,800円
サンエンスプレス

I X線分析の進歩
A X線分析装置
1. 強力回折用X線発生装置（志村義博・吉松 満・水沼 守・上松英明）
2. 軟X線分光と軽元素分析（岡野 寛）
3. 走査電子顕微鏡とX線分析（紀本静雄）
4. X線管球の進歩（築山 宏・岩本 勇）
5. 2結晶X線分光器とけい光X線分析（合志陽一・堀 光平・深尾良郎）

B X線分析試料調製
1. 鉄鋼業におけるサンプリング（川島曽雄・瀬野英夫）
2. けい光X線分析における試料調製法—鉄鋼を主として（足立敏夫）
3. 高合金鋼のけい光X線分析における補正定量法（望月平一）
4. けい光X線分析における試料調製法—非鉄金属・鉱石—（斉加実彦・横倉清治）

II 産業界におけるX線分析の実験的利用
1. 鉄鋼業におけるけい光X線分析（川島曽雄・瀬野英夫）
2. フェロアロイのX線工業分析（鈴木祝寿・松本三郎・伊東醇一）

III 第6回X線分析討論会講演要旨
1. X線小角散乱低温反射装置の試作（岡田正和・倉田 久）
2. X線励起ルミネッセンスによる希土類元素の分析（進土公厚・松井佳子・砂原広志・石塚紀夫・中嶋邦雄）
3. セメントクリンカーおよび粘土質原料の溶融法処理と電算機補正（須藤儀一・浅原典義・扇田正俊）
4. X線回折による残留オーステナイトの定量分析について（円山 弘・阿部文男・中山正雄）
5. けい光X線によるガラスの分析—試料調製とガラス中の微量錫の定量—（水野孝一・椎尾 一・宮川弘司）
6. 第三周期元素の $K\beta$ スペクトルについて—$K\beta'$ ピークの挙動—（高橋義人・矢部勝昌）
7. $(Bi_{1-x}Sb_x)_2(Te_{1-y}Se_y)_3$ 系のけい光X線分析（金 景勲・片山佐一）
8. 黒鉱浮選におけるオンストリームけい光X線分析（富田堅二・岡原義且・岡田豊明・阿部利彦・真田徳雄・鷲見新一）
9. X線マイクロアナライザー測定用試料保持体（香川興勝・黒崎和夫）
10. EPMA分析への吸収端利用（竹岡忠郎・織田勇三・颯田耕三）
11. Al $K\beta$ 線の化学シフトによるアルミニウム化合物の状態分析（大野勝美）
12. バナジウム・クロム・マンガンの酸化物のK吸収端と酸化状態（浅田栄一・滝口利通・鈴木良子）
13. ドロマイトのけい光X線分析（山口正美・水野浩一・椎尾 一）

◇X線分析の進歩3（X線工業分析7集）
(昭和47年発行)
A5判上製本320頁 本体価格4,000円
サイエンスプレス

編者のことば（武内次夫）
I 状態分析
1. X線スペクトルにおよぼす化学結合の影響（塘賢二郎・富田彰宏・中井俊一・中森広雄）
2. エレクトロンスペクトロスコピー（松本 普）
3. カルシウムアルミネート中におけるアルミニウムの配位数（井関孝善・田賀井秀夫）
4. 第三周期元素の $K\beta$ スペクトル（II）リン化合物（高橋義人）
5. X線回折による状態分析（岩井津一・森川日出貴）
6. X線回折線の相対強度と状態分析（大高好久）
7. X線回折における測定上の問題点（微量物質の検出）（今田康夫・岡本篤彦・木村希夫）
8. X線回折による定量分析の問題点（貴家恕夫・中村利広）
9. 少量粉末試料の組成分析法について（佐々木稔・鈴木堅市・卯月淑夫）
10. シリコン無反射試料ホルダによる微量試料のX線回折分析（鹿内 聡）
11. 銅L線スペクトルの状態による変化（椎尾 一・山口正美）

II　X線マイクロアナライザー分析
1. EPMA と状態分析（中島耕一）

III　X線分析の応用
1. けい光X線によるアルミニウムの化成皮膜の測定（一柳昭成）
2. 写真工業における銀分析の現状（黒崎和夫）
3. 電力会社におけるX線分析の現状（渡辺益造・宮川　稔）
4. 食用油中の塩素のけい光X線分析（柳ヶ瀬健次郎・上林治男）
5. けい光X線分析法による水中の微量重金属の定量（垣山仁夫・北島末子）
6. けい光X線分析の超軽元素への拡張（内川　浩・沼田金弘）
7. けい光X線分析における Non-routine analysis（大野勝美）
8. けい光X線分析の補正法に対する補説（永見初太郎・三塚哲正）

IV　装置および試料調整法
1. RI けい光X線分析法の現状（古田富彦）
2. ADP 分光結晶の育成・表面処理およびX線反射強度（加藤智恵子・浅田栄一）
3. 液体試料法による管理分析（石島博史・山崎邦夫）
4. 活性炭による微量元素のけい光X線分析―空気中のアルキル鉛の定量について―（水野孝一・椎尾　一）
5. けい光X線分析におけるガラスフラックス融解法（栗原甲子郎・荻野直彦）
6. 岩石中のけい酸塩分析用融解ガラス試料の調整法（服部　仁）
7. フッ素のけい光X線分析（山本昌宏・山崎邦夫・石島博史・林　英男）

V　電子計算機の利用
1. X線回折による状態分析のインターフェイスとしての EDPS の利用（内川　浩・槻山興一）
2. 電算機によるX線回折データの検索（今村　実）

VI　参考資料
けい光X線分析の内標準線の選定（河島磯志）
たより
1. 国内文献集
2. 1970 年度のX線分析研究懇談会の講演開催状況

◇X線分析の進歩 4（X線工業分析 8 集）
(昭和 47 年発行)
B5 判 280 頁　本体価格 1,700 円　科学技術社

I　状態分析
1. 無機材料の状態分析（桐山良一）
2. X線による動径分布の測定（岩井津一・森川日出貴）
3. けい光X線のケミカルシフトによるガラス構造の研究（作花済夫）
4. X線マイクロアナライザーによる化学シフトとその応用（丸野重雄）

II　X線マイクロアナリシス
1. 回折格子を利用した EPMA（中島　悠・伊達　玄・大森良久・白岩俊男・藤野充克）

III　X線分析の応用
1. 窯業材料のけい光X線分析（椎尾　一）
2. けい光X線による微量成分元素の定量（深沢　力）

IV　研究報告
1. けい光X線分析法による土壌中のヒ素，スズ，ニッケル，マンガンおよび銅の分析（斉加実彦・横倉清治・織田守彦・高山秀治・関口待子）
2. 鉄鋼のけい光X線分析について（小谷直美・松村哲夫・五藤　武）
3. ガラスビード法によるけい光X線分析（松村哲夫・小谷直美・五藤　武）
4. X線回折角補正値の図表化ならびに格子定数法の白金―ロジウム合金の分析への応用とけい光X線法との比較（深沢　力・岩附正明・大田清久）
5. けい光X線分析装置における PHA 条件の自動設定装置（石島博史・奥貫昌彦）
6. X線マイクロアナライザーによる非晶質遊離炭素の局所分析（佐藤公隆・船木秀一）

V　環境管理のためのX線分析―特集―
1. X線による大気じんの分析（氷見康二・松村富美雄）
2. X線分析の環境汚染への応用（橋詰源蔵・元山宗之）
3. X線分析の労働衛生への応用（林　久人）

VI　参考資料
1. X線分析の夢―10 年たったら，20 年たったら―X線分析研究懇談会幹事長（深沢・浅田）

VII　X線分析のあゆみ
1. X線分析関係―国内文献集―
2. 1971 年度X線分析研究懇談会講演会開催状況
3. 「X線分析の進歩」投稿手引き
4. 第 8 回X線分析討論会開催時のアンケート集計結果

VIII　X線分析関連機器資料編

◇X線分析の進歩 5（X線工業分析 9 集）
(昭和 48 年発行)
B5 判 220 頁　本体価格 2,000 円　科学技術社

I　状態分析
1. X線スペクトルによる状態分析の最近の発展（塘 賢二郎）
2. 鋼中の非金属介在物および析出物の観察，同定および抽出分離定量法（成田貴一）
3. ESCA の構造化学への応用（丹羽吉夫）
4. NMR によるガラス中のホウ素の状態分析（大熊英夫）
5. 軟 X 線スペクトルによる状態分析（元山宗之・橋詰源蔵）
6. 国際結晶学会での話題（大崎健次）

II　格子定数の精密測定
1. コッセル法による格子歪の測定（行本善則・平尾 正・杉岡八十一）

III　X 線分析
1. 粉末試料の調整と誤差の取扱い（大野勝美）
2. 高分子薄膜法による粉体試料のけい光 X 線分析（松本三郎）
3. 溶液標準試料（松井文夫）

IV　装置
1. コンピューターコントロール X 線マイクロアナライザー（大井英三・佐藤正幸）
2. 低温灰化装置の X 線分析への利用（鹿内 聡）

V　研究報告
1. アルミニウム合金のけい光 X 線分析（塚本 昭・清水郁造・大畠正彦）
2. 銅合金およびアルミニウム合金のけい光 X 線分析方法（一柳昭広）
3. けい光 X 線分析による水中の微量元素の定量法（森山暢孝・木股久美子・安藤 暹）
4. 水中の微量重金属のけい光 X 線分析による定量（垣山仁夫・栢岡末子）
5. 共沈分離による微量成分のけい光 X 線分析法（広川吉之助・壇崎祐悦）
6. 溶液法によるケイ酸塩のけい光 X 線分析法（小田 功・生川 章）
7. けい光 X 線分析における内標準法（村田充弘）
8. ミニコンピューターによるけい光 X 線分析と X 線結晶定量分析のデータ処理の自動化（小田 功・生川 章・中村秀雄）

IV　（特集）標準試料
まえがき（編集委員会）

1. けい光 X 線分析用市販標準試料（河島磯志）
2. X 線回折分析用標準試料（貴家恕夫・中村利広）
3. 粉末試料の保存と分析管理（瀬野英夫）

V　X 線分析のあゆみ（編集委員会）
1. X 線分析関係国内文献集
2. 1972 年度 X 線分析研究懇談会講演会開催状況
3. 「X 線分析の進歩」投稿手引き
4. X 線工業分析第 1 集から 8 集までの総目次集

VI　X 線分析研究懇談会からのお知らせ
（X 線分析研究懇談会幹事名簿）

VII　X 線分析関連機器資料編

◇X線分析の進歩 6（X線工業分析 10 集）
(昭和 49 年発行)
B5 判 230 頁　本体価格 2,500 円　科学技術社

I　データ処理
1. 波形情報の数値処理……スムージングと分解能向上（南 茂夫）

II　X 線回折分析
1. 粘土鉱物の X 線回折法による同定（長沢敬之助）
2. 合金における超構造（平林 真）
3. X 線回折計による定量分析のための標準物質とその取扱い（貴家恕夫）
4. （研究報告）ASTM ファイルを利用した中形コンピューターによる粉末 X 線回折データ検索（大高好久）

III　X 線マイクロアナリシス
1. （研究報告）X 線マイクロアナライザーによるケイ酸塩の定量分析（奥村公男・曽屋龍典・河内洋佑）
2. X 線マイクロアナライザーによる金属材料の定量分析（颯田耕三・磯谷彰男）

IV　けい光 X 線分析
1. （研究報告）ガラスビード試料調整装置によるセメントクリンカーおよび粘土のけい光 X 線分析（須藤儀一・浅原典義・中山利夫・橘田一臣）
2. けい光 X 線分析による鉛精錬工程分析の現状（松井敬二・北村 昇）
3. （研究報告）濾紙法による非鉄金属の定量けい光 X 線分析（花岡紘一・川又 尚・村田武司）

V　X 線励起ルミネッセンス
1. ガドリニウムの X 線励起ルミネッセンス（進土公厚・鈴木憲司）

VI　新開発された装置
1. けい光 X 線分析の自動化（石島博史）
2. 新形自動けい光 X 線分析装置 AFV-777（鶴岡瑞

夫・田之上司）
3. 最近のRIを利用した分析（山野豊次・益川 登・岡井富雄・言水修治）
4. ポータブルアナライザーによる銅合金の分析—快削黄銅分析とその補正定量法（青田利裕）
5. SSDを用いたX線分析（平田治義）
6. 超高真空ESCAの測定例（松本 普）

Ⅶ 環境管理分析
1. 環境管理分析におけるX線の利用（橋詰源蔵・元山宗之・田中英樹）
2. （研究報告）イオン交換樹脂を利用するけい光X線分析（村田充弘・野口 誠）

◇X線分析の進歩7（X線工業分析11集）
（昭和50年発行）
B5判200頁 本体価格2,500円 科学技術社

Ⅰ キャラクタリゼーション
1. 第26回国際純正応用化学連合会議（IUPAC）の主題…特に分析化学関係主題について…（武内次夫）
2. Characterization of Material の考え方（山口悟郎）

Ⅱ 状態分析
3. 軟X線領域における固体の光電収率分光法（井口裕夫）

Ⅲ X線回折
4. 金属・化合物の結晶構造におよぼす圧力効果（岩崎 博）
5. （研究報告）微量試料のX線回折分析（貴家恕夫・竹添雅男・中村利廣）
6. （研究報告）X線回折によるピッチ類の積層構造の研究（白石 稔）
7. （研究報告）ギニエ法（マルチポジション集中法カメラ）による薄膜の測定（小林勇二・吉松 満）

Ⅳ 表面分析
8. X線光電子スペクトル法による金属表面分析（工藤正博・西嶋昭生・二瓶好正・鎌田 仁）
9. 荷電粒子によるX線を使用した微量分析（鍛冶東海）
10. （研究報告）電子線マイクロアナライザーによる表面分析の深さ（副島啓義）
11. （研究報告）電子線励起によるX線を用いた表面局所の状態分析（副島啓義）

Ⅴ けい光X線分析
12. けい光X線による微量分析（広川吉之助・高田九二雄・檀崎祐悦）
13. （研究報告）けい光X線分析法によるセメント原料および製品中の微量成分の定量（内川 浩・沼田全弘）
14. （研究報告）Al_2O_3-SiO_2系のけい光X線分析—いわゆる鉱物効果について—（水野孝一・椎尾 一）
15. （研究報告）けい光X線分析の測定精度，安定性およびマトリックス効果の補正係数に対する管球への最適印加電圧の研究（佐藤光儀・皆藤 孝・河辺一保・榊原一郎・井上雅夫・高野安正）
16. （研究報告）重元素希釈法による簡易定量（河辺一保・伊藤 昭・井上雅夫・榊原一郎・石島博史・高野安正）

Ⅵ X線吸収法
17. （研究報告）SSD 2軸回折計によるX線吸収スペクトルの測定法（細谷資明・深町共栄・奥貫昌彦・浦上沢之）

Ⅶ オンライン分析
18. セメント原料調合工程計算機制御におけるオンライン連続自動けい光X線分析システム（内川 浩・仰木 釐）

Ⅷ 装置
19. 最近のマイクロ分析装置（柴田 淳・早川和延）
20. （研究報告）波長分解能に対する反射強度の比に基づく分光結晶選択基準（榊原一郎・安東和人・佐藤光儀・皆藤 孝・石島博史・高野安正）
21. （研究報告）X線分析用InSb分光結晶（村田守義・鶴岡瑞夫・田之上司）
22. （研究報告）ガスフロー比例計数管の計数効率に及ぼすガス密度変動の影響（皆藤 孝・井上雅夫・河辺一保・佐藤光儀・石島博史・高野安正）

（参考資料）
公害分析における問題点—原子吸光，イオン電極法を中心として（金子幹宏）

Ⅸ 1974年のX線分析のあゆみ—編集委員会
1. X線分析関係国内文献集
2. X線分析関係国内講演会開催状況
3. X線分析研究懇談会講演会開催状況
4. （社）日本分析化学会X線分析研究懇談会幹事名簿
5. 「X線分析の進歩」投稿の手引き

Ⅹ X線分析関連機器資料

◇X線分析の進歩8（X線工業分析12集）
（昭和51年発行）
B5判240頁 本体価格2,500円 科学技術社

I　キャラクタリゼーション
1. 物質のキャラクタリゼーション（鎌田 仁）
II　状態分析
2. スラグの状態分析（岩本信也）
3. 酸素のKαスペクトルのサテライト（前田邦子・宇田応之）
4. （研究報告）ペロブスカイト型チタン複合酸化物のシェイクアップサテライト（村田充弘・池田重良）
5. 鉄族第一遷移金属元素のK$\alpha_{1,2}$X線スペクトルの微細構造（柏倉二郎・鈴木 功・合志陽一）
III　X線回折
6. （研究報告）テクスチャーパターンテクニックの粉末X線回折法への応用（佐佐嘉彦・宇田応之）
IV　表面分析
7. 電子分光法による固体表面の解析（中島 剛）
8. 固体表面のX線光電子分光分析（浅見勝彦）
9. 鉄表面皮膜の構造（宇田応之・小林雅義・前田邦子）
V　X線マイクロアナリシス
10. X線マイクロアナライザーの自動化と珪酸塩の定量分析（奥村公男・曽屋龍典）
11. 自動X線マイクロアナライザーによる線分析法および面分析法（奥村公男・曽屋龍典）
VI　けい光X線分析
12. （研究報告）けい光X線分析法による排水中の微量重金属元素の定量（貴家恕夫・阿部彰宏・中村利廣・浅田栄一・青田利裕）
13. （研究報告）けい光X線分析による微量マグネシウム，アルミニウムの定量（花岡紘一）
14. けい光X線分析における補正法の最近の展望（大野勝美）
15. （研究報告）ピーク強度とバックグラウンド強度の比をとるけい光X線分析補正法（村田充弘・野口 誠・室門健一）
16. けい光X線分析における一次X線フィルター法（岡下英男）
VI　オンライン分析
17. けい光X線分析装置を主分析機器とした鉄鋼分析の自動化（水谷清澄）
VIII　その他
18. イオン衝撃によるX線分析（寺沢倫孝）
19. 電子線励起発光分光法による希土類元素の分析（進土公厚・鈴木憲司・柴田正三・後藤一男）
IX　装　置
20. （研究報告）最近のオンライン分析装置（新井智也・鈴木真夫）
21. 新しいX線分析機器—X線光学系—（萱島敬一）
22. （研究報告）新しいX線分析機器—データ処理—（佐藤光義）
X　1975年X線分析のあゆみ—編集委員会
1. X線分析関係文献集
2. X線分析関係国内講演会開催状況
3. X線分析研究懇談会講演会開催状況
4. X線分析研究懇談会運営内規
5. 「X線分析の進歩」投稿手引き
6. X線分析研究懇談会幹事名簿
7. "標準粉末X線回折データ欄"の開設のお知らせおよび"標準粉末X線回折図形集"の編集に対するお願い
XI　X線分析関係機器資料

◇X線分析の進歩9（X線工業分析13集）
（昭和52年発行）
B5判160頁　本体価格2,000円　科学技術社

I　キャラクタリゼーション
1. 物質のキャラクタリゼーション（高木茂栄）
II　光電子分光法
2. 鉄基合金の初期酸化皮膜の構造（宇田応之・小林雅義・前田邦子）
III　エネルギー分散X線回折・精密格子定数測定
3. エネルギー分散X線回折法とその応用（高間俊彦・佐藤進一）
4. 格子定数の絶対測定（中山 貫）
5. 全自動格子定数精密測定装置（堀 俊彦・荒木宏有・井上弘直・小川朋成）
IV　X線マイクロアナリシス
6. X線マイクロアナライザーによる状態分析（田中康信）
V　X線回折法
7. X線回折法に現われたナイロン12の繊維周期の異常性（石川敏彦・永井 進）
8. X線回折計による定量分析のための標準物質とその取扱い（第2報）（貴家恕夫）
VI　けい光X線分析法
9. けい光X線分析法による鉄鉱石類分析法（渡辺俊雄）
10. けい光X線による大気浮遊粒子状物質中の重金属元素の定量（貴家恕夫・戸田浩之・中村利廣）
VI　試料調整法
11. 高周波溶融による鉄鋼および粉体の機器分析用

試料調整法（近藤隆明）
講座
12. けい光X線分析の試料調整法と検量線作成試料（河島磯志）
V 標準粉末X線回折図形
VI 1976年のX線分析のあゆみ—編集委員会
 1. X線分析関係文献集
 2. X線分析関係国内講演会開催状況
 3. X線分析研究懇談会講演会開催状況
 4. X線分析研究懇談会運営内規
 5. 「X線分析の進歩」投稿手引き
 6. （社）日本分析化学会X線分析研究懇談会幹事名簿
 7. "標準粉末X線回折図形集"編集にご協力のお願い
VII 英文抄録
VIII X線分析関係機器資料

◇X線分析の進歩 10（X線工業分析 14 集）
（昭和 54 年発行）
B5 判 210 頁　本体価格 2,800 円　科学技術社
I 光電子分光法
 1. イオン励起X線分光法の状態分析への応用（宇田応之・前田邦子・遠藤 寛）
II X線マイクロアナリシス
 2. （研究報告）X線マイクロアナライザーによる多層薄膜の層配列の決定方法（芝原寛泰・虫本修二・村田充弘）
III 精密格子定数測定
 3. 多結晶体の有効デバイパラメーター（稲垣道夫・中重 治）
 4. X線分析における電算機の利用（X線データー検索と結晶解析）（松崎尹雄）
IV けい光X線分析法
 5. （研究報告）高濃度領域添加法による金属試料のけい光X線分析（吉田 徹・吉川次男・浅田栄一）
 6. （研究報告）けい光X線分析法による高融点チタン化合物中の含有不純物分析（金子啓二・作間栄一郎・熊代幸伸）
 7. （研究報告）須恵器のけい光X線分析（三辻利一・圓尾好宏）
 8. 大気浮遊塵のけい光X線分析の現状と問題点（放射化分析の併用を含めて）（真室哲雄）
 9. （研究報告）写真感材のけい光X線分析時の損傷（黒崎和夫）
 10. （研究報告）水中微量ハロゲンのけい光X線分析のためのハロゲン化銀沈殿濃縮法（安野モモ子）
 11. けい光X線分析の標準試料の現状と問題点（渡辺俊雄）
V 新製品紹介
 12. 電卓用マトリックス効果の補正プログラム（西畑 剛・太田 昌）
VI 論評
 13. X線分析におけるSSDの役割（大野勝美）
VII 技術用語
 14. X線分光分析における命名法，記号，単位およびその用法（国際純正応用化学連合）（訳：合志陽一・浅田栄一）
VIII 標準粉末X線回折図形
IX 1977年のX線分析のあゆみ―編集委員会
 1. "X-ray Spectrometry（XRS）"誌 1978 年 7 巻 2 号に紹介された"X線分析の進歩"誌および XRS6 号の紹介
  (a) 論説
  (b) "X線分析の進歩"誌の紹介
  (c) XRS6号の紹介とその翻訳文
 2. X線分析関係文献集
 3. X線分析関係国内講演会開催状況
 4. X線分析研究懇談会講演会開催状況
 5. X線分析研究懇談会運営内規
 6. 「X線分析の進歩」投稿手引き
 7. （社）日本分析化学会X線分析研究懇談会幹事名簿
 8. "標準粉末X線回折図形集"編集にご協力のお願い
X X線分析関係機器資料

◇X線分析の進歩 11（X線工業分析 15 集）
（昭和 54 年発行）
B5 判 270 頁　本体価格 3,800 円　科学技術社
I 状態分析
 1. （研究報告）硫黄のX線スペクトルに対する化学結合の影響（安田誠二・垣山仁夫）
 2. （研究報告）コンピューター制御 EPMA による状態分析（大塚芳郎・西田憲正・奥寺 智・藤木良規）
II 結晶構造解析とX線分析
 3. X線分析の 2, 3 の話題（床次正安）
III X線による環境分析
 4. けい光X線分析法の粉じん分析への応用（大野勝美）

5. X線回折の粉じん分析への応用（貴家恕夫）
6. X線分析の環境試料への応用（岡下英男・岩下勇・築山 宏・小西淑人）
7. 粉じん中の石英の定量（円山 弘・中山正雄・雨宮将美・木村二郎・伊藤岩美）
8. （研究報告）けい光X線分析法の水質監視への応用（I）水質試料の前処理法の開発（田之上 司・奈良英幸・山口征治）
9. （研究報告）けい光X線分析法の水質監視への応用（II）沈澱試料自動調整装置の開発（田之上 司・奈良英幸・山口征治）

IV X線による生物化学分析
10. X線分析の生物化学への応用（水平敏知）
11. （研究報告）けい光X線分析法による生体軟部組織の多元素分析（太田顕成・松林 隆）

V X線による鉄鋼分析
12. 最近の鉄鋼業におけるX線分析（安部忠廣）
13. （研究報告）ブリケット法によるステンレス鋼のけい光X線分析（応和 尚）
14. （研究報告）X線域0.4～7nmにおけるけい光X線分析：そのスラグ中のフッ素の定量への適用（佐藤公隆・田中 勇・大槻 孝）

VI X線回折分析
15. X線回折分析に用いる標準結晶粉末の調整方法の検討（粉末X線回折分析における試料調整方法に関する研究）第1報（中村利廣・貴家恕夫）

VII けい光X線分析
16. （研究報告）濾紙法けい光X線による高分子中の高濃度臭素の定量（中井元康・西下孝夫）
17. （研究報告）炭化バナジウム中の含有不純物のけい光X線分析法（金子啓二・熊代幸伸・作間栄一郎）

VIII 装置
18. （評論）X線分析のコンピュータリゼーション（田代牧彦）
19. （研究報告）X線管球スペクトル分布の推定とその定量分析への応用（芝原寛泰・虫本修二・村田充弘）
20. （研究報告）エネルギー分散型X線分析法の定性分析への適用性とその評価（田中 勇・浜田広樹・佐藤公隆）

IX 標準粉末X線回折図形
X 1978年のX線分析のあゆみ
 1. 武内次夫委員長を悼む
 2. X線分析関係文献集
 3. X線分析関係国内講演会開催状況
 4. X線分析研究懇談会講演会開催状況
 5. X線分析研究懇談会運営内規
 6. 「X線分析の進歩」投稿手引き
 7. （社）日本分析化学会X線分析研究懇談会幹事名簿
 8. "標準粉末X線回折図形集"編集にご協力のお願い

XI X線分析関係機器資料

◇X線分析の進歩 12（X線工業分析16集）
（昭和56年発行）
B5判190頁　本体価格3,000円　科学技術社

I 状態分析
1. 塩素，イオウおよびリン化合物の$L_{2,3}$放射スペクトルと状態分析（谷口一雄）

II 結晶構造解析とX線分析
2. PbSの有効デバイーウォーラーパラメーターの決定（稲垣道夫・佐々木欣夫・成松信三・逆井基次）
3. SSD・X線回折計とその応用（深町共栄・中野裕司・高 文明）
4. Advances in Computerized X-ray Diffractometry and X-ray Analysis（IBM Research Lab.）William Parrish

III X線による環境分析
5. 沈殿分離によるけい光X線分析（広川吉之助）
6. ジベンジルジチオカルバミン酸ナトリウムを用いた水中重金属元素のけい光X線による定量（渡辺 勇・小瀬 豊）
7. 電着法による水中微量金属の濃縮法（安藤 暹・新井智也）

IV X線による生物化学分析
8. エネルギー分散型けい光X線分析法によるヒト骨の元素分析（太田顕成・松林 隆・糸満盛憲）
9. 内標準添加による植物，岩石試料の新しい迅速エネルギー分散型けい光X線分析法（松本和子・不破敬一郎）
10. けい光X線分析法による水生植物ウキクサの亜鉛の吸収速度測定（佐竹研一）

V X線における工業分析
11. ガラスビード法による銅合金のけい光X線分析法（水野孝一・蟹江照行・桜井定人・酒井光生）
12. （研究報告）けい光X線分析法による高融点ニオブ化合物中の含有不純物の定量（金子啓二・熊代幸伸・作間栄一郎）

VI その他
13. 2MVバンデグラフを用いたプロトン励起X線測

定法による微量元素分析（雨宮 進・野村茂彰・加藤敏郎）

Ⅶ　標準粉末 X 線回折図形

Ⅷ　1979 年の X 線分析のあゆみ
1. X 線分析関係文献集
2. X 線分析関係国内講演会開催状況
3. X 線分析研究懇談会開催状況
4. X 線分析研究懇談会運営内規
5. 「X 線分析の進歩」投稿手引き
6. （社）日本分析化学会 X 線分析研究懇談会幹事名簿
7. "標準粉末 X 線回折図形集"編集にご協力のお願い

Ⅸ　X 線分析関係機器資料

◇X 線分析の進歩 13（X 線工業分析 17 集）
（昭和 56 年発行）
B5 判 250 頁　本体価格 4,200 円　科学技術社

Ⅰ　状態分析
1. けい光 X 線スペクトル法によるカリウムの状態分析（住田成和・前川 尚・横川敏雄）
2. けい光 X 線ケミカルシフトによるフェライトの状態分析（金沢純悦・前川 尚・横川敏雄）

Ⅱ　X 線回折法
3. 炭素材料の X 線分析（稲垣道夫）
4. パーソナルマイクロコンピューターによる粉末 X 線回折データ検索（小坂雅夫）
5. （研究報告）ミニコンピューターによる粉末 X 線回折データの検索（石場 努・藤井秀司）
6. （研究報告）X 線回折データの自動検索（小崎 茂）
7. ケミカルインフォーメーションシステムと X 線分析（松崎尹雄）
8. （研究報告）ラウンドロビンテストからみた各種検索方法（松崎尹雄・田中 保）

Ⅲ　X 線による生物化学分析
9. エネルギー分散型けい光 X 線分析による担肝癌ラットにおける 5-ブロモ-2′-デオキシウリジンの腫瘍組織および体内分布の測定（太田顕朗・松林 隆）

Ⅳ　X 線による考古学的研究
10. 須恵器のけい光 X 線分析（第 1 報）—西日本産出須恵器の化学特性—（三辻利一・圓尾好宏・西岡淑江）
11. 須恵器のけい光 X 線分析（第 2 報）—中部地方産出須恵器の化学特性—（三辻利一・児島玉貴）

Ⅴ　X 線による膜厚測定

12. （研究報告）$(PbL\alpha)(ZrTi)O_3$ 薄膜のけい光 X 線分析法による組成と膜厚の同時分析（芝原寛泰・萱原史也・虫本修二・村田充弘）

Ⅵ　鉄鋼の X 線分析
13. （研究報告）線材試料のけい光 X 線分析（小岩直美・畑中勝美）
14. （研究報告）ガラスビード法による鉄鉱石のけい光 X 線分析（藤野充克・松本義朗）
15. （研究報告）酸化鉄中の塩素のけい光 X 線分析方法—真空中における酸化鉄への塩素の吸着—（田村 隆・辰巳俊一・横田 純）

Ⅶ　けい光 X 線分析
16. RI けい光 X 線分析の進歩と現状（榎本茂正）
17. （研究報告）けい光 X 線分析法による高融点タンタル化合物中の含有不純物の定量（金子啓二・熊代幸伸・中野喜久男）
18. （研究報告）銅製錬におけるけい光 X 線分析（片岡由行・河野久征・丸山恒夫・岡田収一郎）
19. （研究報告）ガラスビード法による火力発電所ボイラスケールのけい光 X 線分析（吉田 徹・古川次男・鈴木克彦・渋谷勝昭）
20. （研究報告）エネルギー分散型けい光 X 線分析法によるゼラチン中の多元素分析（奥田 潤・押田壮一・大原荘司）
21. エネルギー分散型けい光 X 線分析による潤滑油中の金属の定量（大道武儀・山田 修・黒崎和夫・佐藤光義・石島博史）

Ⅷ　標準粉末 X 線回折図形

Ⅸ　1980 年 X 線分析のあゆみ
1. 貴家恕夫幹事を悼む
2. X 線分析関係文献集
3. X 線分析関係国内講演会開催状況
4. X 線分析研究懇談会講演会開催状況
5. X 線分析研究懇談会運営内規
6. 「X 線分析の進歩」投稿手引き
7. （社）日本分析化学会 X 線分析研究懇談会幹事名簿
8. "標準粉末 X 線回折図形集"編集にご協力のお願い

Ⅹ　X 線分析関係機器資料

◇X 線分析の進歩 14（X 線工業分析 18 集）
（昭和 58 年発行）
B5 判 226 頁　本体価格 4,500 円
アグネ技術センター

Ⅰ　X 線回折　基礎と応用

1. X 線回折の鉄鋼における応用（北川 孟）
2. パーソナル・マイクロコンピューターによる粉末 X 線回折データ検索　その 2（小坂雅夫）
3. CIS による X 線データ検索端末の作成（山門多賀・松崎尹雄）
4. X 線回折自動検索システム―装置と手順―（小崎 茂・吉沢和幸）
5. 粉末 X 線回折図形の Rietveld 解析とシミュレーション（泉 富士夫）

II　けい光 X 線分析　基礎と応用
6. エネルギー分散 EPMA によるチタン合金の分析（高橋輝男・元山宗之・橋詰源蔵）
7. X 線マイクロアナライザーへのマイクロコンピューターの応用（刈谷哲也）
8. $Cu-NH_4VO_3$ 系の蛍光 X 線分析（刈谷哲也・松岡清）
9. シリコーン中微量 Cl の蛍光 X 線法による定量―代用標準 XRF 法の検討―（竹村モモ子・平尾 修・国谷譲治）
10. 液体ナトリウム中に浸せきした V-Mo 合金の表面の蛍光 X 線分析（藤原純・大野勝美・鈴木 正）
11. 点滴濾紙けい光 X 線分析法による酸化ジルコニウム中のハフニウムの定量（村田充弘・尾松真之）
12. エネルギー分散型けい光 X 線分析法による含硫アミノ酸および蛋白質の定量（太田顕成）

III　状態分析
13. 単結晶 Si の EXAFS 解析（前山 智・籔本周邦）
14. DV-Xα 法分子軌道計算による軟 X 線スペクトルの解析（谷口一雄・足立裕彦）

IV　標準粉末 X 線回折図形
1. 標準粉末 X 線回折図形集 No.7
2. 既掲載 X 線回折図形索引 No.1 (Vol.8)～No.7 (Vol.14)（物質名と化学式による）

V　1981 年 X 線分析のあゆみ
1. X 線分析関係文献集
2. X 線関係著書紹介（1970 年以降）
3. X 線分析関係国内講演会開催状況
4. X 線分析研究懇談会講演会開催状況
5. X 線分析研究懇談会規約
6. 「X 線分析の進歩」投稿手引き
7. （社）日本分析化学会 X 線分析研究懇談会幹事名簿
8. "標準粉末 X 線回折図形集"編集にご協力のお願い

VI　既刊総目次
VII　X 線分析関係機器資料

◇ X 線分析の進歩 15（X 線工業分析 19 集）
（昭和 59 年発行）
B5 判 307 頁　本体価格 4,500 円
アグネ技術センター

I　特集：エネルギー分散方式の進歩
1. 半導体放射線検出器の現状（阪井英次）
2. エネルギー分散型 X 線分析システム（松森伸夫）
3. 二次ターゲット励起法による ED 蛍光 X 線分析（大原荘司・言水修治）

II　X 線分析の応用
II-1.　工業分析の応用
4. 蛍光 X 線による金属箔の厚さ測定と定量分析（降屋幹男・大河津正司）

II-2.　環境分析への応用
5. 河川水中の懸濁物の蛍光 X 線分析（刈谷哲也）
6. 大気浮遊塵試料への蛍光 X 線分析の利用（土器屋由起子・広瀬勝己）

II-3.　考古学への応用
7. 須恵器の蛍光 X 線分析（第 3 報）関東地方産出須恵器の化学特性（三辻利一・森田松治郎・山本成顕）

II-4.　生化学，臨床化学への応用
8. キレート濾紙濃縮―内標準添加法による尿中微量元素のエネルギー分散型（劉 平・松本和子）
9. エネルギー分散型 X 線分析法によるヒト肝臓病理組織のイオウ，カルシウム，鉄，銅，および亜鉛の定量（大田顕成・松林 隆・大部 誠・相田尚文）

II-5.　セラミックスへの応用
10. けい光 X 線分析による高融点ジルコニウム化合物中の含有不純物の分析（I）（金子啓二・熊代幸伸）

III　X 線回折・基礎と応用
11. わん曲形 PSPC を用いた微小領域 X 線回折システムとその応用（三浦 仁）
12. X 線回折分析における結晶粒子数の効果（築山 宏）
13. Rietveld 解析システム XPD の改訂（泉 富士夫）

IV　状態分析
14. 非晶質シリコンの EXAFS 測定（籔本周邦・前山 智）
15. 励起法による蛍光 X 線スペクトルのプロファイル変化（河合 潤・合志陽一）
16. 蛍光 X 線スペクトルの分子軌道計算― SKβ（福島 整・飯田厚夫・合志陽一）

V　X 線マイクロアナリシス
17. 半自動化 X 線マイクロアナライザーによる鉱物

の定量分析（刈谷哲也・吉倉紳一）
VI 装置
18. メッキ液自動分析装置の開発（佐藤正雄・羽東良夫・小川誠慈）
19. 表面処理鋼板のX線分析計（藤野允克・松本義朗）
20. 芯線巻取り式ガスフロープロポーショナルカウンタ（岡下英男・上田義人・越智寛友）
VII 資料
21. X線分光法による水分析のための予備濃縮（全訳）R.Van GRIEKEN（吉永敦・合志陽一）
22. 金属材料の微量元素の市販標準試料（河島磯志）
VIII 標準粉末X線回折図形
1. 標準粉末X線回折図形集 No.8
IX 1982年X線分析のあゆみ
1. X線分析関係文献集
2. X線分析関係国内講演会開催状況
3. X線分析研究懇談会講演会開催状況
4. X線分析研究懇談会規約
5. 「X線分析の進歩」投稿手引き
6. （社）日本分析化学会X線分析研究懇談会1984年度幹事名簿
7. "粉末X線回折図形集"編集にご協力のお願い
X X線分析関係機器資料

◇X線分析の進歩 16（X線工業分析 20集）
（昭和60年発行）
B5判271頁 本体価格 4,500円
アグネ技術センター

I 生体および環境試料と前処理
1. 微量金属と病態（只野壽太郎）
2. 環境試料への蛍光X線分析の応用（田中英樹・橋詰源蔵）
3. 化学結合型シリカゲルによる環境水中の微量金属の前濃縮と蛍光X線分析（加藤正直・佐藤孝志・宇井悼二・浅田栄一）
4. 炭酸ナトリウム及び硝酸銀含浸フィルターを用いた大気中の二酸化硫黄，硫化水素の分別捕集と蛍光X線分析による定量（田中 茂）
5. キレート試薬を含むPVC膜を用いた濃縮法による銅イオンの蛍光X線分析（山田 武・山田 悦・西山浩一・加藤純治・佐藤昌憲）
6. 蛍光X線分析法の生物試料への応用—毛髪の元素分析（串田一樹・越野浩行・長谷川征史・松林哲夫・松岡努・姉崎恭子・太幡利一）
7. ジベンジルジチオカルバミン酸ナトリウム（DBDTC）を用いた水中及び大気粉じん中のバナジウムの蛍光X線分析（渡辺 勇・小瀬 豊・柴田則夫）
8. 敦賀半島ビーチサンドの分析化学的研究（三辻利一・圓尾好宏・山本成顯・高林俊顯）
9. 埴輪の蛍光X線分析（第1報）大阪府下の窯跡出土埴輪の化学特性（三辻利一・山本成顯・中橋賢人・大船孝弘・西口陽一）
II マイクロアナリシス
10. 画像解析機能を持った自動EPMA（奥村公男・牧本 博・須藤茂・大井英之・新宮輝男・伊津野郡平）
11. X線マイクロアナライザーへのマイクロコンピューターの応用（II）（刈谷哲也・吉倉紳一）
12. 薄膜標準試料を用いたX線マイクロアナリシスの精度の検討（高橋靖男・相原克紀・和田康雄・岩岡正視）
13. EELS（電子エネルギー損失分光法）による鋼中微細析出物の分析（山本厚之・綿引純雄・清水真人・小西元幸）
14. EPMAによる薄膜厚の測定（小坂雅夫）
III X線光学およびX線分光
15. 特性X線波長及び吸収端波長の近似式表現（小沼弘義・富山次雄）
16. EXAFS：測定系と解析法（深町共栄・川村隆明）
17. EXAFS測定装置（前山 智）
18. AlKα プロファイルによるAlの配位数分析—非線型最小二乗法によるピーク分離—（白 友兆・福島 整・飯田厚夫・合志陽一）
19. X線光学とトモグラフィ（青木貞雄）
20. X線顕微鏡の最近の進歩（青木貞雄）
IV X線回折
21. X線粉末プロファイル解析法による多成分系鉱物の定量（立山 博・陣内和彦・石橋 修・木村邦夫・恒松絹江・諌山幸男）
V X線粉末回折図形
1. X線粉末回折図形集 No.9
VI 1983年X線分析のあゆみ
1. X線分析関係文献集
2. X線分析関係国内講演会開催状況
3. X線分析研究懇談会講演会開催状況
4. X線分析研究懇談会規約
5. 「X線分析の進歩」投稿手引き
6. （社）日本分析化学会X線分析研究懇談会1985年度幹事名簿
7. "粉末X線回折図形集"編集にご協力のお願い
VII X線分析関係機器資料

◇X線分析の進歩 17（X線工業分析 21 集）
(昭和 61 年発行)
B5 判 311 頁　本体価格 4,500 円
アグネ技術センター

I 状態分析
1. Kα 線への配位数の影響の解析（福島 整・白友兆・飯田厚夫・合志陽一）
2. ガラス，スラグの蛍光 X 線による状態分析の適用とその問題点（前川 尚）
3. 置換ベンゼンスルホン酸塩の SKα および Kβ スペクトルに及ぼす置換基効果（高橋義人・斉 文啓・榎本三男・野嶋 晋・河合 潤・合志陽一）
4. 実験室規模の EXAFS 測定装置による Co 化合物の局所構造解析（岡本篤彦・福嶋喜章）
5. ZrMζ 線励起による超軟 X 線光電子分光法（谷口一雄・野村恵章）
6. XPS によるチタン酸化物の状態分析（矢部勝昌）

II 薄膜の分析
7. 鉛合金熱酸化膜の XPS 分析（鈴木峰晴・林 孝好・尾嶋正治）
8. X 線光電子分光法による金属上潤滑剤極薄膜の測定（青木 啓・水野利昭）
9. 蛍光 X 線法によるスパッタ膜中アルゴンの定量（竹村モモ子・砂井正之）

III 定量分析
10. 点滴濾紙蛍光 X 線分析法のための濃縮装置について（尾松真之・虫本修二・村田充弘）
11. シンクロトロン放射光による蛍光 X 線分析—ろ紙を用いた元素の検出限界—（米沢洋樹・小林健二）
12. 半自動化 X 線マイクロアナライザーによる $In_{1-x}Ga_xP_{1-y}As_y$ 系の定量分析（刈谷哲也）
13. 蛍光 X 線分析日本工業規格（JIS G 1256）における d_i 補正法の基本的考え方および α 係数法との比較（阿部忠廣・成田正尚・佐伯正夫）
14. ファンダメンタルパラメータ法によるアルミニウム，銅合金の蛍光 X 線分析（園田 司・赤松 信）

IV 装置とデータ処理
15. 蛍光 X 線分析における最近の技術（新井智也）
16. 結晶モノクロメーターによる散乱 X 線の単色化—弯曲結晶における Compton 散乱成分の除去率の測定（田尻善親・市橋光芳・脇田久伸）
17. LaboratoryEXAFS 装置の試作と評価（谷口一雄・中尾喜紀）
18. 8-bit パーソナルコンピューターを用いた X 線粉末回折データの検索（清水康裕・中村利廣・佐藤 純）

V 生体・環境・考古学への応用
19. 蛍光 X 線分析の生物試料への応用—ラット血清中のゲルマニウムの定量（串田一樹・長谷川征史・姉崎恭子・松林哲夫・太幡利一）
20. タクラマカン砂漠土壌と日本土壌の蛍光 X 線分析（田中 茂・田島将典・佐藤宗一・橋本芳一）
21. 5～6 世紀代の地方窯産須恵器の搬出先（第 1 報）小隈窯跡群産須恵器（三辻利一・辻本秀明・杉 直樹）
22. 埴輪の蛍光 X 線分析（第 2 報）三島古墳群の埴輪の産地推定（三辻利一・岡井 剛・植田史子）

VI 既掲載 X 線回折図形索引 No.1 (Vol.8)～No.9 (Vol.16)（物質名と化学式による）

VII 1984 年 X 線分析のあゆみ
1. X 線分析関係文献集
2. X 線分析関係国内講演会開催状況
3. X 線分析研究懇談会講演会開催状況
4. X 線分析研究懇談会規約
5. 「X 線分析の進歩」投稿手引き
6. （社）日本分析化学会 X 線分析研究懇談会 1986 年度幹事名簿
7. "粉末 X 線回折図形集"編集にご協力のお願い

VIII X 線分析関係機器資料

◇X線分析の進歩 18（X線工業分析 22 集）
(昭和 62 年発行)
B5 判 316 頁　本体価格 4,500 円
アグネ技術センター

I 装置
1. EPMA 用コーティング多層膜 X 線分光素子（河辺一保・斉藤昌樹・奥村豊彦）
2. 蛍光 X 線分析法における軽元素分析の進歩（河野久征・新井智也）
3. 蛍光 X 線分析による窒素の定量（村田 守・河野久征・新井智也）
4. X 線回折法の検出感度向上について（間瀬精士）
5. ラボラトリ蛍光 EXAFS（岡本篤彦）
6. 最近の XPS の装置について（小島建治）

II 定量分析
7. 蛍光 X 線による $(Ce, Tb)MgAl_{11}O_{19}$ 系蛍光体の定量分析（藤井信三・加藤正直・宇井偉二・浅田栄一）
8. ファンダメンタルパラメータ法による蛍光 X 線分析値の正確度（大野勝美・山崎道夫）
9. X 線回折分析法の定量性（中村利廣）
10. X 線回折法による膜厚測定の新しい試み（小坂雅夫・小林偉男）

11. 合金より抽出した析出物中の酸素の蛍光X線分析法による定量（藤原 純・大野勝美）
12. In-Situ Ar イオン・エッチングと XPS の組み合わせによるゼオライト表面のケイバン比の検討（五島正宏・日高節夫・田久敏行・竹下安弘）
13. 点滴濾紙蛍光X線分析法の食品分析への応用（尾松真之・虫本修二・村田充弘）
14. 蛍光X線分析による高融点ジルコニウム化合物中のハフニウム分析（金子啓二・熊代幸伸・平林正之）
15. キレート試薬を含むPVC膜を用いた濃縮法による排水試料中の金属イオンの蛍光X線分析（山田悦・山田 武・佐藤昌憲）

III 状態分析

16. ルイス酸・塩基のハード・ソフト性に関する溶液X線回折法の適用（大瀧仁志）
17. EXAFS ならびに X線回折による鉄含有ケイ酸塩ガラスの構造解析（岩本信也・梅咲則正・厚見卓也）
18. セリウムの蛍光 X線 L系列スペクトルに対する化学状態の影響（史 広昭・藤沢謙二・小西徳三・福島 整・飯田厚夫・合志陽一）
19. EPMAによる状態分析の基礎（奥村豊彦）
20. XPSによる重質油精製用 Mo 触媒の活性低下挙動の評価（島田広道・佐藤利夫・蕀村雄二・西嶋昭生・柏谷 智・荻野圭三）
21. プラズマ重合膜 XPS スペクトルの分子軌道法を用いた帰属（兵藤志明）

IV 応用

22. 蛍光X線元素マッピング法による生体試料の分析（福本夏生・小林慶規・渡辺久男・内海 昭・倉橋正保・川瀬 晃）
23. 高エネルギー X線 CT による鉄鋼分析（田口 勇）
24. 5～6世紀代の地方窯出土須恵器の搬出先（第2報）―神籠池窯産須恵器（三辻利一・杉 直樹・黒瀬勇士）
25. 最新の EPMA のファインセラミックスへの応用（平居暉士）

V X線粉末回折図形

1. X線粉末回折図形集 No.10
2. 既掲載X線回折図形索引 No.1（Vol.8）～No.9（Vol.17）（物質名と化学式による）

VI 1985年X線分析のあゆみ

1. X線分析関係文献集
2. X線分析関係国内講演会開催状況
3. X線分析研究懇談会講演会開催状況
4. X線分析研究懇談会規約
5. 「X線分析の進歩」投稿手引き
6. （社）日本分析化学会X線分析研究懇談会1987年度幹事名簿
7. 「X線粉末回折図形集」の収集に御協力のお願い
8. JOISによるX線分析関係文献の検索

VII X線分析関係機器資料

◇X線分析の進歩 19（X線工業分析 23集）
（昭和63年発行）
B5判 353頁 定価 4,500円
アグネ技術センター

I 蛍光X線スペクトル：総説

1. 蛍光X線スペクトルのサテライトの化学結合効果（河合 潤・合志陽一・二瓶好正）

II X線スペクトルによる状態分析：報文

2. ゾルゲル法で作成した TiO_2-SiO_2 非晶質粉末の蛍光X線による状態分析（秋山弘行・前川 尚・横川敏雄）
3. SR蛍光X線法による吸収端化学シフトの測定（桜井健次・飯田厚夫・合志陽一）
4. 高分解能 $SiK\alpha$ 線によるシリコン酸化物系蒸着膜の化学構造の解析（小西徳三・根木一彌・藤澤謙二・福島 整・合志陽一）
5. $SiK\beta$ 線による SiO 蒸着膜の組成分析（小西徳三・根木一彌・福島 整・合志陽一）

III EXAFSによる状態分析：報文

6. EXAFSによる触媒活性種構造の解析（吉田郷弘・田中庸裕）
7. 触媒上の白金の EXAFS による研究（石川典央・渋谷忠夫・村川 喬・田久敏行・竹下安弘）
8. 水溶液中の Ti（III），Ti（IV）及びその混合原子価錯体の EXAFS 及び XANES（宮永崇史・松林信行・渡辺 巌・池田重良）

IV XPS分析：総説

9. XPSによる高機能性工業材料の分析（石谷 炯・福田尚央・添田房美・高萩隆行・中山陽一）
10. XPSによる触媒表面の分析（岡本康昭）

V XPS分析：報文

11. XPSによる炭素過剰 TiC のアルゴンイオンスパッタリング効果の研究（西村興男・矢部勝昌・岩木正哉）

VI 微量分析：報文

12. 蛍光X線法による高融点ホウ化物，炭化物，窒化物中の含有不純物の定量（金子啓二・熊代幸伸・

平林正之)
13. 点滴濾紙蛍光X線分析法の粉末試料への適用(尾松正之・虫本修二・村田充弘)
14. LIX 試薬を含む PVC 膜法による水中微量金属の蛍光X線分析(山田 武・加藤純治・山田 悦・佐藤昌憲)
15. 全反射蛍光X線分析法による酸化チタン顔料中の微量成分分析(野村恵章・二宮利男・谷口一雄)
16. 全反射蛍光X線分析法による微細プラスチック片中の成分分析(二宮利男・野村恵章・谷口一雄)
17. 全反射蛍光X線分析法による水溶液中の微量元素分析(今北 毅・木村 淳・西萩一夫・猪熊康夫・谷口一雄)

Ⅶ 環境・生体試料などの蛍光X線分析:報文
18. 土壌の蛍光X線分析—京都周辺の土壌の地域差について(平岡義博)
19. エネルギー分散方蛍光X線分析装置によるヒト胆石および魚骨の分析(山本郁男・伊藤 誠・成松鎮男・鈴木範美)

Ⅷ 薄膜X線回折:報文
20. 半導体薄膜の極点図形Ⅰ(刈谷哲也・高倉秀行・浜川圭弘)
21. 薄膜X線回折法の応用(片山道雄・清水真人)

Ⅸ 装置:報文
22. ソーラースリットを用いた平行法の光学系(新井智也)
23. 蛍光X線分析の自動化(河野久征・村田 守・片岡由行・新井智也)

Ⅹ 既掲載X線回折図形索引 No.1 (Vol.8)〜No.10 (Vol.18)(物質名と化学式による)

Ⅺ 1986年X線分析のあゆみ
1. X線分析関係文献集
2. X線分析関係国内講演会開催状況
3. X線分析研究懇談会講演会開催状況
4. X線分析研究懇談会規約
5. 「X線分析の進歩」投稿手引き
6. (社)日本分析化学会X線分析研究懇談会1988年度幹事名簿
7. 「X線粉末回折図形集」の収集に御協力のお願い

Ⅻ X線分析関係機器資料

◇X線分析の進歩 20(X線工業分析 24集)
(平成1年発行)
B5判228頁 本体価格4,500円
アグネ技術センター

Ⅰ X線回折:解説
1. 材料構造解析のための最近のX線粉末回折データ解析技術(虎谷秀穂)
2. セラミックス高温超伝導体のX線 Rietveld 解析とシンクロトロン放射光の粉末回折への応用(中井 泉・今井克宏・河嶌拓治・泉 富士夫)

Ⅱ X線回折:報文
3. 粘土鉱物の水分子の粉末X線回折法による分析(渡辺 隆)
4. 半導体薄膜の極点図形Ⅱ(刈谷哲也・高倉秀行・奥山雅則・浜川圭弘)

Ⅲ X線スペクトルによる状態分析:報文
5. アルデヒド—亜硫酸塩付加化合物中の硫黄原子の化学結合状態(伊藤博人・高橋義人・福島 整・合志陽一)
6. Cl, K, Ca, Sc および Ti $K\alpha$ 線プロファイルの化学結合効果(河合 潤・二瓶好正・合志陽一)
7. 高分解能 Cr$K\alpha_{1,2}$ スペクトルによる定量的状態分析(鹿籠康行・寺田慎一・福島 整・古谷圭一・合志陽一)
8. 陽極酸化被膜中のアルミニウムの状態分析(福島 整・栗間康則・清水健一・小林賢三・合志陽一)
9. AlK, SiKX線スペクトルによるファインセラミックス,薄膜の状態分析(河合 進・元山宗之)

Ⅳ XPS:報文
10. オンライン波形分離法を利用した ESCA による深さ状態分析(山内 洋・服部 健・梶川鉄夫・田辺道穂)
11. カウフマン型イオン銃による低エネルギーイオンビームの特性(桑原章二・伊藤秋男・宇高 忠・新井智也)

Ⅴ 薄膜分析:報文
12. 薄膜の酸素 EXAFS 測定(前山 智・川村朋晃・尾嶋正治)
13. シリコンウェハー上のレジスト薄膜の不純物分析(橋本秀樹・西大路宏・西勝英雄・飯田厚夫)

Ⅵ EPMA, 蛍光X線分析:報文
14. ZAF 補正における諸定数(小沼弘義・丹羽瀬鑿)
15. 蛍光X線法によるホウ化物,炭化物,窒化物中の含有不純物の定量(その2)(金子啓二・熊代幸伸・平林正之・吉田貞史)
16. 粉末法による岩石の蛍光X線分析(刈谷 聡・刈谷哲也・鈴木堯士)
17. 点滴濾紙蛍光X線分析法による粉末試料中の軽元素の分析(尾松真之・虫本修二・村田充弘)

18. 点滴法による窒素の蛍光X線分析（田中　武・上田義人・中西典顕・岡下英男）
19. Be窓形真空液体試料容器による溶液の蛍光X線分析（越智寛友・田中　武・岡下英男）

Ⅶ　既掲載X線回折図形索引 No.1（Vol.8）〜No.10（Vol.18）（物質名と化学式による）

Ⅷ　1987年X線分析のあゆみ
1. X線分析関係文献集
2. X線分析関係国内講演会開催状況
3. X線分析研究懇談会講演会開催状況
4. X線分析研究懇談会規約
5. 「X線分析の進歩」投稿手引き
6. （社）日本分析化学会X線分析研究懇談会1989年度幹事名簿
7. 「X線粉末回折図形集」の収集に御協力のお願い

Ⅸ　X線分析関係機器資料

◇X線分析の進歩 21（X線工業分析25集）
（平成2年発行）
B5判235頁　本体価格4,500円
アグネ技術センター

Ⅰ　X線の新たな応用：解説
1. X線異常散乱による無機物質の構造解析（早稲田嘉夫・松原英一郎・杉山和正）
2. X線光音響法の開発と素材分析（升島　努・塩飽秀啓・安藤正梅・豊田太郎）
3. EXAFS用二結晶分光器（田路和幸・水嶋生智・宇田川康夫）

Ⅱ　X線回折：報文
4. 多結晶半導体膜の配向（刈谷哲也・奥山雅則・高倉秀行・浜川圭弘）
5. $In_xGa_{1-x}Sb$混晶の成長とX線分析による組成決定（榎本修治・島田征明・片山佐一）
6. 粉末X線回折データのリートベルト解析による$Ln_{1+x}Ba_{2-x}Cu_3O_{7-y}$（Ln = Nd, Eu, Sm, La）の結晶構造解析（横山康晴・浅野　肇）

Ⅲ　X線スペクトルによる分析：報文
7. 実験室でのX線吸収スペクトルの測定と特性X線の影響の除去（岡本篤彦・山下誠一・山田敏男・脇田久伸）
8. 気相より析出した炭素のX線放射スペクトル（元山宗之・石間健市）
9. 耐火れんが及び耐火モルタルの蛍光X線分析（朝倉秀夫・三橋　久）
10. EPMAによる非均質試料のキャラクタリゼーション（今田康夫・浦道秀輝・林　茂・本多文洋・中島耕一）
11. 全反射蛍光X線分析装置とその応用（迫　幸雄・岩本財政・小島真次郎）

Ⅳ　XPS：報文
12. 環境試料のX線光電子分光分析（相馬光之・瀬山春彦）
13. 混合原子価遷移金属化合物のX線光電子スペクトル（河合　潤・奥　正興・二瓶好正）
14. ESCAによるポリマー表面酸素分析法の検討（菊田芳和・島　幸子・阪本　博）
15. 低エネルギイオンスパッタリングにおける深さ方向分解能（松尾　勝・伊藤秋男）
16. XPS用X線モノクロメータの設計と開発（宇高　忠・伊藤秋男）

Ⅴ　既掲載X線回折図形索引 No.1（Vol.8）〜No.10（Vol.18）（物質名と化学式による）

Ⅵ　1988年X線分析のあゆみ
1. X線分析関係文献集
2. X線分析関係国内講演会開催状況
3. X線分析研究懇談会講演会開催状況
4. X線分析研究懇談会規約
5. 「X線分析の進歩」投稿手引き
6. （社）日本分析化学会X線分析研究懇談会1990年度幹事名簿
7. 「X線粉末回折図形集」の収集に御協力のお願い

Ⅶ　X線分析関係機器資料

◇X線分析の進歩 22（X線工業分析第26集）
（平成3年発行）
B5判228頁　本体価格4,500円
アグネ技術センター

Ⅰ　バイオサイエンスとX線：総説
1. バイオサイエンスにおけるX線解析（飯高洋一）

Ⅱ　X線分析の新しい展開：報文
2. 散乱X線の屈折現象を利用した新しい表面分析法（佐々木裕次・広川吉之助）
3. X線光音響分光の$CuInSe_2$，真ちゅう，リン青銅への応用（豊田太郎，升島　努，塩飽秀啓・飯田厚夫・安藤正海）
4. X線ラマン散乱の測定とグラファイト結晶への応用（田路和幸・宇田川康夫）

Ⅲ　蛍光X線分析とその応用：報文
5. シンクロトロン放射光蛍光X線分析による生体組織中の微量金属元素の2次元イメージング（中

井 泉・本間志乃・下条信弘・飯田厚夫）
6. 中世の瓦質土器のX線分析法による産地同定（山田 武・山田 悦・鋤柄俊夫・田淵裕之・佐藤昌憲）
7. 北海道，東北地方の花こう岩類と火山灰の化学的特性（三辻利一・山本成顕・伊藤晴明・松山 力）
8. 蛍光X線法によるV族炭化物，窒化物及びホウ化物中の含有不純物の定量（金子啓二・熊代幸伸・平林正之・鵜木博海）
9. モノクロ全反射蛍光X線分析法によるSiウェハの表面汚染分析（西萩一夫・山下 昇・藤野允克・谷口一雄・池田重良）
10. 卓上型蛍光X線分析計の開発と分析例（坂田 浩）

IV X線電子分光とその応用：総説・報文
11. X線光電子スペクトルのサテライト：希土類化合物及び吸着系（河合 潤）
12. 光電子分光と表面（河野省三）
13. ニッケル－酸素系での酸化数とX線光電子スペクトル（奥 正興・広川吉之助）
14. 銅酸化物超伝導体のXPS（古曳重美・八田真一郎・瀬垣謙太郎・和左清孝）
15. アルゴンイオンスパッタエッチングにおける酸化タンタルの表面変質（西村興男・矢部勝昌）
16. ESCA（XPS）用小型モノクロメータの特性と応用（松本成夫・小島建治）

V X線回折とその応用：報文
17. 結晶相反応の時分割X線構造解析（大橋裕二・関根あき子）
18. プロフィルフィッティング法による光学異常を示すスズ石のX線粉末回折線のプロフィルの検討（中牟田義博・島田允堯・青木義和）
19. 視斜角入射X線回折法の微小量粉末試料への応用（高山 透・松本義朗）
20. 部分結晶化したFe-B-Si系非晶質合金薄帯断面の微小部X線回折測定（前田千寿子・清水真人・森戸延行）
21. {111}Si基板上の多結晶Si膜の配向（刈谷哲也・奥山雅則・高倉秀行・浜川圭弘）

VI 既掲載X線粉末回折図形索引No.1（Vol.8）～No.10（Vol.18）（物質名と化学式による）

VII 1989年X線分析のあゆみ
1. X線分析関係文献集
2. X線分析関係国内講演会開催状況
3. X線分析研究懇談会講演会開催状況
4. X線分析研究懇談会規約
5. 「X線分析の進歩」投稿手引き
6. （社）日本分析化学会X線分析研究懇談会1991年度幹事名簿
7. 「X線粉末回折図形集」の収集に御協力のお願い

VIII X線分析関係機器資料
IX 既刊総目次
X X線分析の進歩22索引

◇X線分析の進歩 23（X線工業分析第27集）
（平成4年発行）
B5判 322頁 本体価格 4,500円
アグネ技術センター

I 放射光：総説
1. フォトン・ファクトリー――放射光の特徴とその利用――（岩崎 博）

II X線放射スペクトル：報文
2. DV-Xα法によるX線分光の理論的研究（足立裕彦・中松博英・向山 毅）
3. ホウ素化合物のBKX線放射スペクトル（上月秀徳・元山宗之）
4. 電子線励起による$K\beta/K\alpha$強度比の化学的効果（玉木洋一）

III EXAFSその他：報文
5. 銅K殻XANESによる酸化物超伝導体の電子構造の研究（小杉信博）
6. 実験室における蛍光検出EXAFS測定法の開発（田路和幸・宇田川康夫）
7. X線光音響イメージング法による差像解析（河野慎一・升島 努・豊田太郎・塩飽秀啓・安藤正海・雨宮慶幸・樋上照男・横山 友・今井日出夫・玉井 元・角山政之・平賀忠久・和田幾江・池田佳代）

IV X線回折・報文
8. カリウム型ゼオライトLの結晶構造のカリウム含有量依存性（平野正義・加藤正直・浅田栄一・堤和男・白石敦則）
9. X線回折法による表面粗さ測定（小坂雅夫）
10. 冷却型CCDセンサーによる粉末X線回折図形の計測（加藤正直・倉岡正次・服部敏明・榎本茂正・水島廣・木村安一）
11. イメージングプレートの原理とX線分析分野への応用（森 信文・宮原諄二）

V 蛍光X線分析：報文
12. 分子軌道法を用いたSKβ蛍光X線スペクトルの計算（河合 潤・橋本健朗）
13-1. 蛍光X線分析法におけるガラスビードの強熱減量（LOI），強熱増量（GOI），希釈率補正――その1（片

岡由行・庄司静子・河野久征）
13-2. 蛍光X線分析法におけるガラスビードの強熱減量（LOI），強熱増量（GOI），希釈率補正―その2（庄司静子・山田興毅・古澤衛一・河野久征・村田 守）
14. 蛍光X線分析法による薄膜および多層薄膜の濃度・膜厚測定（河野久征・荒木庸一・片岡由行・村田 守）
15. 初期須恵器の産地推定法（三辻利一）
16. 全反射蛍光X線分析法による微量分析（宇高 忠・迫 幸雄・小島真次郎・岩本財政・河野 浩・渥美 純）

Ⅵ X線光電子分光：報文
17. 軟X線マイクロビームの生成と微小領域の光電子分光（μ-XPS）（二宮 健・長谷川正樹）
18. モノクロX線光電子分光における帯電制御の方法（伊藤秋男・松尾 勝）
19. 制限視野型X線光電子分光法の微小部分析への応用（山下孝子・古主泰子・山本 公）
20. スモールスポット型X線光電子分光法におけるピーク形状の改善（塩沢一成）

Ⅶ 既掲載X線粉末回折図形索引 No.1（Vol.8）～No.10（Vol.18）（物質名と化学式による）

Ⅷ 1990年X線分析のあゆみ
1. X線分析関係文献集
2. X線分析関係国内講演会開催状況
3. X線分析研究懇談会講演会開催状況
4. X線分析研究懇談会規約
5. 「X線分析の進歩」投稿手引き
6. （社）日本分析化学会X線分析研究懇談会1992年度幹事名簿
7. 「X線粉末回折図形集」の収集に御協力のお願い

Ⅸ X線分析関係機器資料
Ⅹ 既刊総目次
Ⅺ X線分析の進歩 23 索引

◇X線分析の進歩 24（X線工業分析第28集）
（平成5年発行）
B5判230頁 本体価格4,500円
アグネ技術センター

Ⅰ 蛍光X線分析：報文
1. 蛍光X線によるYBCO系，BPSCCO系及びTBCCO系高温超伝導体の組成解析法（金子啓二・金子浩子・井原英雄・平林正之・寺田教男・城 昌利・石橋章司）
2. エネルギー分散型蛍光X線分析装置による石油坑井試料の迅速分析（金田英彦）
3. ファンダメンタルパラメーター法を用いる蛍光X線分析による半導体用MoSiスパッタ薄膜の定量分析（山下 務・横手ゆかり）
4. ファンダメンタル・パラメータ法による植物中の金属成分の定量（坂田 浩）
5. 励起エネルギー可変性を利用する微量元素の蛍光X線定量分析（早川慎二郎・小林一雄・合志陽一）
6. 波長分散法によるシンクロトロン放射蛍光X線分析法の開発（大橋一隆・飯田厚夫・合志陽一）
7. X線光音響分光法と蛍光X線法の同時測定によるX線領域での蛍光量子収率の測定（加藤健次・杉谷嘉則）

Ⅱ 全反射蛍光X線分析：報文
8. 全反射近傍の反射率と蛍光X線プロファイルを用いたチタン及びチタン－炭素薄膜の評価（橋本秀樹・西大路宏・飯田 豊・西勝英雄）
9. 液滴滴下法による全反射蛍光X線分析の基礎検討（薬師寺健次・大川真司・吉永 敦）
10. シリコンウェーハ表面上の微量元素の全反射蛍光X線分析における注意点（薬師寺健次・大川真司）
11. 薬物分析への全反射蛍光X線分析法の応用（野村恵章・二宮利男・谷口一雄）

Ⅲ X線光電子分光：報文
12. 多孔質アルミナに担持した銀のX線光電子スペクトル（室谷正彰）
13. X線光電子分光法におけるバックグラウンド補正法（二澤宏司・伊藤秋男）
14. カルコパイライト型Cu-In-Se, Cu-In-Se-N薄膜のキャラクタリゼーション（古曳重美・西谷幹彦・根上卓之・和田隆博・坂井全弘・合志陽一）

Ⅳ X線回折：報文
15. X線回折結果からの多変量解析法による安息香酸カリウムと過塩素酸カリウムの混合率の決定（奥山修司・三井利幸・藤村義和）
16. 有機化合物の構造解析用多モード高分解能粉末X線回折装置の製作（倉橋正保）

Ⅴ EXAFS：報文
17. EXAFS実験のための超強力X線源の改造（桜井健次）

Ⅵ 既掲載X線粉末回折図形索引 No.1（Vol.8）～No.10（Vol.18）（物質名と化学式による）

Ⅶ 1991年X線分析のあゆみ
1. X線分析関係文献集
2. X線分析関係国内講演会開催状況
3. X線分析研究懇談会講演会開催状況

4. X線分析研究懇談会規約
5. 「X線分析の進歩」投稿手続き
6. (社)日本分析化学会X線分析研究懇談会1993年度幹事名簿
7. 「X線粉末回折図形集」の収集にご強力のお願い

VIII X線分析関係機器資料
IX 既刊総目次
X X線分析の進歩24索引

◇ X線分析の進歩25（X線工業分析第29集）
(平成6年発行)
B5判 464頁 本体価格5,500円
アグネ技術センター

I X線分光分析
1. イメージング・プレート発光X線分光器による鉄化合物のKX線測定［ノート］(河合 潤・前田邦子)
2. 鉄，コバルト化合物におけるKX線のスペクトル変化［報文］(玉木洋一)
3. アンジュレータ光を用いたホウ素化合物の選択励起BKα発光スペクトル［ノート］(村松康司・尾嶋正治・河合 潤・加藤博雄)
4. X線分光法による微量成分分析の妨害線：放射的オージェサテライト［報文］(前田邦子・河合 潤)

II X線回折
5. デバイ写真における結晶粒度と格子面間隔測定精度の関係［報文］(藤井信之・小崎 茂)
6. イメージングプレート検出器を用いた迅速液体・アモルファスX線回折装置の製作と性能評価［報文］(伊原幹人・山口敏男・脇田久伸・松本知之)
7. X線光学系のXRDパターンへの依存性―集中法と平行法との比較―［報文］(横川忠晴・大野勝美)
8. 大気環境汚染物質の炭素鋼板腐食に及ぼす影響：X線による評価［技術報告］(田村久恵・桑野三郎・久米一成・宇井偉二)
9. 粉末回折法による8-アミノカプリル酸の構造解析［報文］(エルンストホルン・倉橋正保)
10. パーマロイ合金表面自然酸化層の膜厚測定と構造解析［報文］(山本恭之・千原 宏・横山雄一・内田信也)
11. ゼオライトAのカチオンサイトの熱処理法依存性［報文］(加藤正直・守屋英朗・大串達夫)

III EXAFS
12. アモルファス窒化ケイ素化合物のXAFS測定［報文］(梅咲則正・上條長生・田中 功・新原晧一・八田厚子・谷口一雄)
13. CuK EXAFS，OK放射スペクトルによるCuOの酸化状態解析［報文］(元山宗之・上月秀徳・石原マリ)
14. XAFSによる炭化ケイ素・窒化ケイ素薄膜の構造解析［報文］(今村元泰・島田広道・松林信行・莨村雄二・佐藤利夫・西嶋昭生)
15. 放射光を用いたオージェ電子収量法によるXAFS測定―状態別分析および元素選択性の応用―［報文］(松林信行・島田広道・今村元泰・莨村雄二・佐藤利夫・西嶋昭生)
16. in situ 電気化学セルを用いた蛍光XAFS法とその応用［報文］(山口敏男・光永俊之・吉田暢生・脇田久伸・藤原 学・松下隆之・池田重良・野村昌治)

IV 蛍光X線分析
17. 蛍光X線分析法による半導体薄膜の膜厚・組成分析［報文］(河野久征・小林 寛)
18. 蛍光X線膜厚計へのFP法の適用［報文］(田村浩一・藤 正雄・一宮 豊・高橋正則)
19. 蛍光X線法によるIV族炭化物，窒化物および硼化物中の含有不純物の定量［報文］(金子啓二・平林正之・熊代幸伸・伊原英雄)

V 全反射蛍光X線分析
20. 全反射蛍光X線分析用高感度X線分光器［報文］(宇高 忠・迫 幸雄・河野 浩・庄司 孝・清水和明・宮崎邦浩・嶋崎綾子)
21. 単色X線励起全反射蛍光X線分析における見かけ上の不純物ピークと発生原因［報文］(薬師寺健次・大川真司・吉永 敦・原田仁平)
22. 微小角入射微細X線による多層薄膜の分析［技術報告］(武田叡彦・乗松哲夫・吉田敏明)
23. クリーンルーム内環境評価への全反射蛍光X線分析法の応用［ノート］(大杉哲也・京藤倫久)
24. 全反射蛍光X線分析による酸化膜中および界面の重金属評価［報文］(杉原康平・畑 良文・藤井眞治・原田好員)
25. 全反射蛍光X線分析法による急性ヒ素中毒マウス組織中の微量ヒ素の定量［報文］(中井 泉・守口正生・鈴木 拓・河嶌拓治・下條信弘)

VI EPMA
26. EPMAによる花崗岩質岩石中の鉱物の化学分析［報文］(平岡義博)
27. EPMAにおける状態分析への波形分離法の応用［報文］(高橋秀之・奥村豊彦・瀬尾芳弘)
28. EPMAによるSi系セラミックス摺動材の状態分析［報文］(今田康夫)

Ⅶ XPS

29. 低速アルゴン中性粒子エッチング法のXPSへの応用［報文］（飯島善時・松本成夫・山田貴久・平岡賢三）
30. Hartree-Fock-Slater法を用いた非化学量論比組成CuInSeの電子状態解析［報文］（古曳重美・坂井全弘・和田隆博・瀬恒謙太郎・八田真一郎）
31. 種々のドナーセットを有する銅（Ⅱ）錯体のX線光電子スペクトルによる解析［報文］（藤原 学・松下隆之・池田重良）
32. 構造の異なるニッケル（Ⅲ）錯体のX線光電子スペクトルにおけるサテライトピークと電子配置との関係［報文］（藤原 学・繁実章夫・松下隆之・池田重良）
33. X線光電子分光測定中ヘキサシアノ金属塩の固溶体中鉄（Ⅲ），マンガン（Ⅲ）の還元速度［報文］（奥 正興）
34. ポリマーパウダー表面のXPSによる解析［報文］（福島 整・丸山達哉・山田宏一・高橋栄美）
35. XPSによるシリコーンセパレータ表面の解析［ノート］（野口直也）
36. 高性能光電子分光装置ESCA-300の特長を利用した応用例［技術報告］（佐々木澄夫）

Ⅷ その他

37. X線励起電流測定による大気中での表面分析［報文］（早川慎二郎・鈴木説男・河合 潤・合志陽一）
38. STM/AFMによるイオンエッチング表面の粗さ評価と深さ方向分解能［報文］（小島勇夫・藤本俊幸）
39. CsI蛍光膜の作製と顕微断層撮影への応用［報文］（山内 泰・岸本直樹）

Ⅸ 既掲載X線粉末回折図形索引 No.1（Vol.8）〜No.10（Vol.18）（物質名と化学式による）

Ⅹ 1992年X線分析のあゆみ

1. X線分析関係文献集
2. X線分析関係国内講演会開催状況
3. X線分析研究懇談会講演会開催状況
4. X線分析研究懇談会規約
5. 「X線分析の進歩」投稿手続き
6. （社）日本分析化学会X線分析研究懇談会1994年度幹事名簿
7. 「X線粉末回折図形集」の収集にご協力のお願い

ⅩⅠ X線分析関係機器資料
ⅩⅡ 既刊総目次
ⅩⅢ X線分析の進歩25索引

◇X線分析の進歩 26（X線工業分析第30集）

（平成7年発行）
B5判 323頁 本体価格 5,500円
アグネ技術センター

Ⅰ 蛍光X線分析：報文

1. 蛍光X線分析ガラスビード法による定量分析の高精度化（ガラスビード法の高精度化と真度の向上（Ⅰ））（山本恭之・小笠原典子・柚原由太郎・横山雄一）
2. 蛍光X線分析ガラスビード法の標準試料作成・自動評価システム（ガラスビード法の高精度化と真度の向上（Ⅱ））（山本恭之・小笠原典子・中田昭雄・庄司静子）
3. 低希釈率ガラスビード法による岩石の主成分と微量成分分析（山田康治郎・河野久征・村田 守）
4. 人工累積膜による超軟X線分光の問題点（小林 寛・戸田勝久・河野久征）
5. 斜入射条件下における取り出し角依存—蛍光X線分析法による真空蒸着薄膜および溶液滴下—乾燥薄膜の分析（辻 幸一・水戸瀬賢悟・広川吉之助）
6. 高分解能2結晶型蛍光X線装置による酸化物薄膜の状態分析（升田裕久・太田能生・森永健次）
7. 蛍光X線分析による鋼板表面酸素の定量分析（妻鹿哲也）
8. ネオジムとアルミニウムをドープしたシリカゲル中のネオジムの局所構造：XAFSによる研究（横山拓史・藤山 毅・吉田暢生・脇田久伸）
9. オンラインSi付着量計の開発［技術報告］（黒住重利・松浦直樹）

Ⅱ X線回折：報文

10. Ni基超耐熱合金の高温下でのγ/γ'格子定数ミスフィットの精密測定（横川忠晴・大野勝美・原田広史・山縣敏博）
11. イメージングプレート迅速X線回折法による高温高圧水の構造解析（山中弘次・大園洋史・山口敏男・脇田久伸）
12. 高角度2結晶X線回折法による単結晶評価（副島雄児・山田浩志・呂 志力・岡﨑 篤）
13. 表面状態と視斜角入射X線回折図形（小坂雅夫）
14. 構造予測技術を用いた粉末回折構造解析—オルトニトロ安息香酸の結晶構造—（倉橋正保）
15. 粉末回折法による1,2-シクロヘキサンジオンジオキシム—ニッケル（Ⅱ）錯体の結晶構造解析（エルンストホルン・倉橋正保）
16. X線回折定性分析作業における知的支援［技術

報告〕（新井 浩・魚田 篤・石田秀信）
III **EXAFS：報文**
17. XAFS による亜鉛―ホルマザン錯体の構造解析（本田一匡・小島勇夫・惠山智央・藤本敏幸・内海 昭）
18. 地球科学試料中の硫黄の XAFS 測定と2次元状態分析への応用（寺田靖子・河嶌拓治・尾形 潔・中野朝雄・中井 泉）
19. X 線励起電流検出によるフライアッシュ中硫黄の XAFS 測定（鄭 松岩・早川慎二郎・河合 潤・古谷圭一・合志陽一）
IV **X 線光電子分光分析：報文**
20. ごみ焼却炉排ガス処理用バグフィルタ材の X 線光電子分光分析（藤田一紀・福田祐治）
21. 高分子化合物 C1s 光電子スペクトル形状の解析（飯島善時・佐藤哲也・平岡賢三・一戸裕司・二瓶好正）
22. 擬四面体構造を有する銅（II）シッフ塩基錯体の X 線光電子スペクトル（池田重良・藤原 学・杖村由佳・松下隆之）
23. X 線照射による鉄（II）錯体の固相還元反応（藤原 学・松下隆之・池田重良）
V **EPMA：報文**
24. Cu-In-Se 膜の EPMA による定量分析（刈谷哲也・白方 祥・磯村滋宏）
VI **その他**
25. ドーパントによる CuInSe 光電子スペクトル変化のクラスター計算を用いた検討（古曳重美・福島 整・坂井全弘・瀬恒謙太郎・八田真一郎）
VII 既掲載 X 線粉末回折図形索引 No.1（Vol.8）〜No.10（Vol.18）（物質名と化学式による）
VIII 1993 年 X 線分析のあゆみ
 1. X 線分析関係文献集
 2. X 線分析関係国内講演会開催状況
 3. X 線分析研究懇談会講演会開催状況
 4. X 線分析研究懇談会規約
 5. 「X 線分析の進歩」投稿手続き
 6. （社）日本分析化学会 X 線分析研究懇談会 1995年度幹事名簿
 7. 「X 線粉末回折図形集」の収集にご協力のお願い
IX X 線分析関係機器資料
X 既刊総目次
XI X 線分析の進歩 26 索引

◇ **ADVANCES IN X-RAY CHEMICAL ANALYSIS, JAPAN**
Vol.26s

SPECIAL ISSUE: Total Reflection X-Ray Fluorescence Spectroscopy and Related Spectroscopical Methods
(1995)
B5, 206p., \5000
The Discussion Group of X-Ray Analysis,
the Japan Society for Analytical Chemistry

Preface
Committees and Sponsorship
I **Trace Element Analysis**
 Microanalysis in Forensic Science: Characterization of Single Textile Fibers by TXRF（A.PRANGE, U.REUS, H.BÖDDEKER, R. FISCHER, F.-P.ADOLF and S.IKEDA）
 Application of GIXF to Forensic Samples（T.NINOMIYA, S.NOMURA, K. TANIGUCHI and S.IKEDA）
 Standardization of TXRF Using Microdroplet Samples. Particulate of Film Type ?（L. FABRY, S.PAHLKE, L.KOTZ, Y. ADACHI and S.FURUKAWA）
 Empirical Versus Theoretical Calibration of a Total Reflection X-Ray Fluorescence Spectrometer（R.E.AYALA and J.F.PÉREZ）
 X-Ray Spectra Detected with a Lithium Drifted Silicon Detector in Total Reflection Fluorescence Analysis（T.YAMADA and T.ARAI）
 Study of Metal Contamination Induced by Ion Implantation Process Using TRXRF and SIMS Techniques（V. GAMBINO, G. MOCCIA, E. GIROLAMI and R. ALFONSETTI）
 Total Reflection X-Ray Fluorescence Analysis of Airborne Particulate Matter（R. KLOCKENKÄMPER, H.BAYER and A.von BOHLEN）
 Trace Element Determination in Amniotic Fluid by Total Reflection X-Ray Fluorescence（E.D.GREAVES, J.MEITÍN, L.SAJO-BOHUS, C.CASTELLI, J.LIENDO and C. BORGERG M.D）
 Tungsten Analysis with a Total Reflection X-Ray Fluorescence Spectrometer Using a Three Crystal Changer（T.YAMADA, T. SHOJI, M.FUNABASHI, T.UTAKA, T. ARAI and R.WILSON）
 Adsorption Studies of Co-57, Ni-63 and U-238 on Silicon Wafers 'A Comparison of TXRF and Radiochemical Analysis'（G. MAINKA, S.METZ, A.MARTIN, A. FES-TER, P. ROSTAM-KHANI, E. SCHEMMEL, W. BERNEIKE and B.O.KOLBESEN）

Light Element Analysis with TXRF at Different Excitation Energies: Theory and Experiment (C.STRELI, P.WOBRAUSCHEK, G. RANDOLF, R.RIEDER, W.LADISICH)

II **Trace Element Analysis (Si Wafer Related)**

Standard Sample Preparation for Quantitative TXRF Analysis (Y.MORI, K.SHIMANOE and T.SAKON)

Trace Determination of Metallic Impurities on Si Wafers Using a Commercially Available TXRF Analyzer (K.YAKUSHIJI, S.OHKAWA, A. YOSHINAGA and J. HARADA)

A Review of Standardization for TXRF and VPD/TXRF (R.S.HOCKETT)

Impurity Distribution Correction for Full Wafer Mapping by TXRF (N.TSUCHIYA and Y.MATSUSHITA)

III **SR Related Techniques**

High Sensitivity Total Reflection X-Ray Fluorescence Spectroscopy of Silicon Wafers Using Synchrotron Radiation (S. S. LADERMAN, A. FISCHER-COLBRIE, A. SHIMAZAKI, K. MIYAZAKI, S. BRENNAN, N. TAKAURA, P. PIANETTA and J.B.KORTRIGHT)

Total Reflection X-Ray Absorption and Photoelectron Spectroscopies (J. KAWAI, S. HAYAKAWA, Y. KITAJIMA and Y. GOHSHI)

Trace Element Detection Utilizing Sample Current Jump Around X-Ray Absorption Edge (X.C.ZHAN, S.HAYAKAWA, S. ZHENG and Y.GOHSHI)

SR-TXRF Analysis of Metallic Impurities on Silicon Surface (K.Y.LIU, S.KOJIMA, Y.KUDO, S.KAWADO and A.IIDA)

Quantitative Consideration of Background Contributions to TXRF Spectra for the Case of a Synchrotron Radiation X-Ray Source (N.TAKAURA, S.BRENNAN, P. PIANETTA, S.S.LADERMAN, A. FISCHER-COLBRIE, J.B.KORTRIGHT, D.C.WHERRY, K. MIYAZAKI and A.SHIMAZAKI)

IV **Thin Films & Surfaces**

X-Ray Scattering from Samples with Rough Interfaces (D.K.G.de BOER and A.J.G. LEENAERS)

The Estimation on Molecular Orientations in Copper-Phthalocyamine Thin Films by Total Reflection In-Plane X-Ray Diffractometer (K.HAYASHI, T.HORIUCHI and K. MATSUSHIGE)

Characterization of Multiple-layer Thin Films by X-Ray Fluorescence and Reflectivity Techniques (T.C.HUANG and W.Y.LEE)

Depth Profiling in Surfaces Using TXRF (H.SCHWENKE and J.KNOTH)

Characterisation of SiO_2/Si_3N_4/SiO_2 Stacked Films by XPS, AFM, I-V and C-V Techniques (R.ALFONSETTI, R.de TOMMASIS, F.FAMA, G.MOCCIA, S.SANTUCCI and M.PASSACANTANDO)

X-Ray Fluorescence Analysis of Thin Films at Glancing-Incident and -Takeoff Angles (K.TSUJI, S.SATO and K.HIROKAWA)

Epitaxial Growth of Organometallic Thin Films Studied by Total Reflection X-Ray Diffraction (K.ISHIDA, T.HORIUCHI and K. MATSUSHITA)

XAFS Spectra of Solution Surfaces by Total-Reflection Total-Electron Yield Method (I.WATANABE and H.TANIDA)

The Application of TXRF for the Adsorbed Impurities on the GaAs Wafers (T. KAMAKURA, J.SUGAMOTO, N. TSUCHIYA and Y.MATSUSHITA)

Soft X-Ray Spectrochemical Analysis of Boron Nitride Thin Film Structure (H.KOHZUKI, M.MOTOYAMA, S.SHIN, A.AGUI, H. KATO, Y.MURAMATSU, J.KAWAI and H.ADACHI)

The Role of Film Thickness in the Realizaion of X-Ray Waveguide Effects at Total Reflection (S.J.ZHELUDEVA, M.V. KOVALCHUK, N. N. NOVIKOVA and A.N.SOSPHENOV)

V **Grazing Exit Techniques**

Study of Epitaxy by RHEED-TRAXF (Total Reflection Angle X-Ray Spectroscopy) (S.INO)

Fluorescent X-Ray Interference from a Metal Monolayer and Metal-Labeled Proteins (Y.C.SASAKI)

Calculation of Fluorescence Intensities in Grazing-Emission X-Ray Fluorescence Spectrometry (P.K.de.BOKX and H.P.URBACH)

Author Index

◇X線分析の進歩 27（X線工業分析第 31 集）
（平成 8 年発行）
B5 判 353 頁　本体価格 5,500 円
アグネ技術センター

I **X線の新たな応用：総説**
1. X線鏡面反射と放射光マイクロビーム XRD について（宇佐美勝久・平野辰巳）
2. SPring-8 による蛍光 X 線分析の新展開（早川慎

二郎・合志陽一）
II 蛍光X線分析：報文
3. 蛍光X線によるBi-Pb-SR-Ca-Cu-O系超伝導体の組成解析法（金子啓二・平林正之・金子浩子・伊原英雄・寺田教男・岡邦彦・石橋章司・田中康資）
4. 超軽元素用エネルギー分散型検出器の開発とその応用（I）（田村浩一・佐藤正雄）
5. 微小試料の面積補正法による定量分析（古澤衛一・山田興毅・荒木庸一・森 正道）
6. 全反射蛍光X線分析用標準試料に関する一考察（森 良弘・佐近 正・島ノ江憲剛）

III X線回折：報文
7. X線回折法による合金化溶融亜鉛めっき鋼板の各合金相の厚さ分析—結晶質多層膜各層の厚さ分析法—（森 茂之・松本義朗）
8. Zn-Cr電析合金の相構造解析（藤村 亨・片山道雄・下村順一）
9. Ge(111) 4結晶平行法による2層薄膜の膜厚測定（横川忠晴・大野勝美）
10. X線回折法によるストリート・ドラッグの由来類別（南 幸男・宮沢正・中島邦生・肥田宗政・三井利幸）
11. 粉末X線回折によるアデニンの結晶構造解析—圧力誘起相変態の解明—（倉橋正保・後藤みどり・本田一匡）
12. 粉末X線回折法による1,4-ベンゼンジチオールの結晶構造解析（エルンストホルン・倉橋正保）

IV X線光電子分光分析：報文
13. 種々の配位構造を有する亜鉛（II）錯体のX線光電子およびオージェ電子スペクトル（藤原 学・松下隆之・池田重良）
14. CX線光電子スペクトルのC1sピーク形状解析（飯島善時・佐藤智重・佐藤哲也・平岡賢三）
15. 放射光を光源とする励起エネルギー可変XPS深さ方向分析（島田広道・松林信行・今村元泰・佐藤利夫・西嶋昭生）
16. 電解合成複合酸化物膜のXPSによる解析（佐々木毅・越崎直人・松本泰道）

V EPMA：報文
17. 固体ターゲットにおける電子後方散乱及び特性X線発生分布のモンテカルロ・シミュレーション（小沼弘義）
18. 2元，3元散布図分析のEPMAデータ解析への応用（高橋秀之・大槻正行・高倉 優・近藤裕而・奥村豊彦）

VI 状態分析：報文
19. ムライト前駆体中のアルミニウムの配位数分析：XAFS法とAl MAS NMR法との比較（池田好夫・横山拓史・山下誠一・渡部徳子・脇田久伸）
20. 蛍光XAFS法による生体鉱物の非破壊状態分析（沼子千弥・中井 泉）
21. 亜鉛流動焙焼炉焼鉱の硫黄の化学状態—焙焼炉操業に関連して—（河合 潤・北島義典・朝木善次郎）
22. X線励起ルミネッセンス収量法XAFSにおける自己吸収効果（広瀬勇秀・早川慎二郎・合志陽一）
23. PIXEスペクトル自動解析プログラムの開発と希土類鉱石分析への応用（下岡秀幸・西山文隆・廣川 健）

VII 技術ノート
24. 回折X線による顕微画像（下村周一・中沢弘基）

VIII 既掲載X線粉末回折図形索引 No.1（Vol.8）～No.10（Vol.18）（物質名と化学式による）

IX 1994年X線分析のあゆみ
1. X線分析関係文献集
2. X線分析関係国内講演会開催状況
3. X線分析研究懇談会講演会開催状況
4. X線分析研究懇談会規約
5. 「X線分析の進歩」投稿の手引き
6. （社）日本分析化学会X線分析研究懇談会1995年度幹事委員名簿
7. 「X線粉末回折図形集」の収集に御協力のお願い

X 軟X線放射分光に関するワークショップ
1. Theory of Molecular X-ray Emission Spectros-copy（Frank p. Larkins）
2. Analytical Expressions of Atomic Wave functions and Molecular Integrals for the X-ray Transition Probabilities of Molecules（J.Yasui, T.Mukoyama and T. Shibuya）
3. B K-emission Spectra of Ion-plated Thin Film and echanically Milled Powders of Boron Nitride（T.Kaneyoshi, H.Kohzuki and m.Motoyama）
4. Application of TXRF in Silicon Wafer Manu-facturing（L.Fabry, S.Pahlke and L. Kotz）

XI X線分析関連機器資料
XII 既刊総目次
XIII X線分析の進歩27 索引

◇X線分析の進歩 28（X線工業分析第32集）
（平成9年発行）
B5判339頁 本体価格5,500円
アグネ技術センター

I X線光電子分光法
1. 放射光を用いたX線光電子分光による最表面分析（報文）（木村 淳・蟹江智彦・片山 誠・西浦隆幸・高田博史・柴田雅裕）
2. X線光電子分光法の in situ プラズマエッチングによる深さ方向分析の検討（報文）（飯島善時・田澤豊彦・積田吉起・大島光芳・佐藤一臣）
3. 全反射X線光電子分光法によるCuPc/Au多層膜の島状成長の解析（報文）（天野裕之・河合 潤・林好一・北島義典）
4. 全反射X線光電子分光法による銅フタロシアニン超薄膜の評価（報文）（林 好一・河合 潤・川戸伸一・堀内俊寿・松重和美・北島義典）
5. 多層膜表面に析出した酸化物層の全反射X線光電子分光法によるキャラクタリゼーション（報文）（林 好一・河合 潤・川戸伸一・堀内俊寿・松重和美・竹中久貴・北島義典）
6. アルカリ，アルカリ土類金属をドープした酸化チタン表面の動的XPS測定（報文）（菖蒲明己・新谷龍二・八木原幸彦）
7. X線光電子分光法によるアルミナ上の7,7,8,8-テトラシアノキノジメタンと金属との相互作用に関する研究（報文）（岩元寿朗・肥後盛秀・鎌田薩男）
8. Zn-Cr電析合金の相構造解析（藤村 亨・片山道雄・下村順一）

II 固有X線の化学シフト
9. 鉄，コバルト，ニッケル化合物におけるKX線強度比の化学効果（報文）（玉木洋一・高橋明子・小野昌弘）
10. B-C-N系粉体反応のX線による化学状態の分析（報文）（柏井茂雄・上月秀徳・兼吉高宏・元山宗之）
11. メカニカルアロイング処理によるNb-C系固相反応のEPMA状態分析（報文）（山田和俊・兼吉高宏・高橋輝男・元山宗之）

III 蛍光X線分析
12. 低希釈率ガラスビード法による高珪石質等の微量成分分析（報文）（山田康治郎・大場 司・村田 守）
13. フッ素添加シリコン酸化膜の蛍光X線組成分析（報文）（竹村モモ子・勝又竜太・林 勝）
14. 蛍光X線分析による中部・関東地方の黒曜石産地の判別（報文）（望月明彦）
15. 放射光蛍光XANES法を用いた土器焼成技術の推定（報文）（松永将弥・松村公仁・中井 泉）
16. Sc管球と下面照射方式蛍光X線分析装置による重油中の微量Clの定量分析（技術報告）（水平 学）

IV 全反射蛍光X線分析
17. 全反射蛍光X線分析法による超純水中全シリコンの分析（技術報告）（岩森智之・鳥山由紀子・今岡孝之）
18. 濃縮全反射蛍光X線分析法におけるシリコンウェーハ表面不純物の定量精度（報文）（薬師寺健次・武藤有弘）
19. 放射光全反射蛍光X線分析による生体試料中の微量アルミニウムの定量法の開発（報文）（太田典明・中井 泉）

V X線回折
20. γ′析出型Ni基超耐熱合金のγ′相整合歪の温度依存性（報文）（横川忠晴・大野勝美・山縣敏博）
21. ガラス基板上のCdS膜の配向（報文）（刈谷哲也・白方 祥・磯村滋宏）
22. 超小角X線散乱法によるコロイド分散系の構造解析（報文）（小西利樹・山原栄司・伊勢典夫）

VI EPMA
23. EPMAのバックグラウンド処理法の検討（報文）（木本康司・岡本篤彦）
24. EPMAにおける検出下限の推定方法（報文）（恒松由里子・迫川雅之・渡会素彦）
25. EPMAによる凹凸試料の分析（技術報告）（高橋秀之・大槻正行・奥村豊彦）

VII 装置開発・その他
26. 高計数率X線計測のための検出器エレクトロニクスの高速化（報文）（原田雅章・桜井健次）
27. X線照射下でのSTM観察と探針電流の測定（報文）（辻 幸一・我妻和明）

VIII 既掲載X線粉末回折図形索引 No.1 (Vol.8) ～ No.10 (Vol.18)（物質名と化学式による）

IX 1995, 1996年X線分析のあゆみ
1. X線分析関係文献集
2. X線分析関係国内講演会開催状況
3. X線分析研究懇談会講演会開催状況
4. X線分析研究懇談会規約
5. 「X線分析の進歩」投稿の手引き
6. （社）日本分析化学会X線分析研究懇談会1996年度幹事委員名簿
7. 「X線粉末回折図形集」の収集に御協力のお願い

X X線分析関連機器資料
XI 既刊総目次
XII X線分析の進歩28索引

◇X線分析の進歩 29（X線工業分析第 33 集）
（平成 10 年発行）
B5 判 322 頁　本体価格 5,500 円
アグネ技術センター

I　総説
1. Advanced Light Source（ALS）における第三世代放射光を用いた高分解能軟 X 線発光・吸収分光研究（村松康司）

II　放射光利用：報文
2. 放射光を用いた XPS による表面化学反応の解析（木村　淳・近藤勝義・片山　誠・蟹江智彦・柴田雅裕）
3. 立命館大学小型放射光における超軟 X 線分光分析装置（辻　優司・辻　淳一・中根靖夫・宋　斌・池田重良・谷口一雄）
4. 立命館大学小型放射光における軟 X 線分光分析装置（中根靖夫・辻　淳一・辻　優司・宋　斌・小島一男・池田重良・谷口一雄）

III　蛍光 X 線分析・全反射蛍光 X 線分析：報文
5. Rh/W デュアル X 線管を用いた低希釈率ガラスビード法による岩石中の主成分，微量成分および希土類の分析（山田康治郎・河野久征・白木敬一・永尾隆志・角縁　進・大場　司・川手新一・村田　守）
6. エネルギー分散型 X 線反射率測定による銅フタロシアニン超薄膜の初期成長過程の解明（林　好一・石田謙司・堀内俊寿・松重和美）
7. 卓上型微小部蛍光 X 線分析装置を用いた河川水中の微量金属の定量（杉原敬一・田村浩一・佐藤正雄）
8. 可搬型蛍光 X 線分析装置の開発（平井　誠・宇高　忠・迫　幸雄・二澤宏司・野村恵章・谷口一雄）

IV　X 線回折：報文
9. Ni-MH 電池負極合金のその場 X 線回折（岡本篤彦・木下恭一）
10. 粉末回折による高精度結晶構造解析法（NARIET 法）の開発（永野一郎・内埜　信・村上勇一郎・山本博一）
11. Rietveld 法による $Ln_2NiO_{4+\delta}$（La, Pr, Nd）の半導体－金属転移の解析（渡辺鏡子・浅川　浩・藤縄　剛・石川謙二・中村利廣）

V　状態分析：報文
12. 水素プラズマエッチング後の高分子化合物表面の XPS による評価（飯島善時・田澤豊彦・佐藤一臣・大島光芳）
13. X 線光電子分光による酸化物ガラスの電子状態の解明（三浦嘉也・難波徳郎・松本修治・姫井裕助）
14. DV-Xα 分子軌道計算および X 線発輝スペクトルによる TiO 価電子帯の研究（宋　斌・中松博英・向山　毅・谷口一雄）

VI　X 線利用の新領域：報文
15. 帯電による X 線の発生（河合　潤・稲田伸哉・前田邦子）
16. 高電圧グロー放電管からの X 線放射（辻　幸一・松田秀幸・我妻和明）
17. X 線域での λ/2 板と偏光 XAFS 測定への応用（早川慎二郎・宇賀神邦裕・佐々木功・宮村一夫・合志陽一）

VII　データ解析：報文
18. 統計学の手法による古代・中世土器の産地問題に関する研究（第 2 報）—四国の初期須恵器の産地推定—（三辻利一・松本敏三・福西由美子）

VIII　EPMA：報文
19. MA 処理による W-C 系固相反応の EPMA 状態分析（山田和俊・高橋輝男・元山宗之）

IX　技術報告
20. EPMA 元素マップデータ処理システムの開発（稲場　徹・古川洋一郎）

X　既掲載 X 線粉末回折図形索引 No.1（Vol.8）〜No.10（Vol.18）（物質名と化学式による）」

XI　1997 年 X 線分析のあゆみ
1. X 線分析関係文献集
2. X 線分析関係国内講演会開催状況
3. X 線分析研究懇談会講演会開催状況
4. X 線分析研究懇談会規約
5. 「X 線分析の進歩」投稿の手引き
6. （社）日本分析化学会 X 線分析研究懇談会 1997 年度運営委員名簿
7. 「X 線粉末回折図形集」の収集に御協力のお願い

XII　X 線分析関連機器資料
XIII　既刊総目次
XIV　X 線分析の進歩 29 索引

◇X線分析の進歩 30（X線工業分析第 34 集）
（平成 11 年発行）
B5 判 279 頁　本体価格 5,500 円
アグネ技術センター

I　特別寄稿
1. 「X 線分析の進歩」30 巻を記念して
X 線分析法の進展と X 線分析研究懇談会の発展を顧みて（大野勝美）

II　報文

2. Ti 酸化膜の波長分散型蛍光 X 線スペクトル測定（林 久史・小野寺修・宇田川康夫・大北博宣・角田範義）
3. 簡易型二結晶分光器による X 線輻射スペクトル（石塚貴司・Vlaicu Aurel-Mihai・朽尾達紀・伊藤嘉昭・向山 毅・早川慎二郎・合志陽一・河合 進・元山宗之・庄司 孝）
4. Cu の K 系列 X 線輻射スペクトルの微細構造（石塚貴司・朽尾達紀・Vlaicu Aurel-Mihai・大澤大輔・伊藤嘉昭・向山 毅・早川慎二郎・合志陽一・庄司 孝）
5. カーボン材料の放射光励起高分解能軟 X 線発光・吸収スペクトル（村松康司・林 孝好）
6. 散乱と重なりを考慮した蛍光 X 線強度の理論計算・及び定量分析への応用（越智寛友・中村秀樹・西埜 誠）
7. 蛍光 X 線分析法によるジルコニア質耐火物中の酸化ハフニウムの定量（朝倉秀夫・山田康治郎・脇田久伸）
8. Cu(InGa)Se 膜の EPMA による定量分析（刈谷哲也・白方 祥・磯村滋宏）
9. 低スピン・高スピンコバルト化合物の 2p X 線光電子と Kα X 線発光スペクトルにおける多体効果（奥 正興・我妻和明・小西徳三）
10. カルコパイライト型 CuInS 薄膜表面の X 線光電子分光と第一原理計算（福﨑浩一・古曳重美・山本哲也・渡辺隆行・吉川英樹・福島 整・小島勇夫）
11. OsO_4 グロー放電堆積膜のキャラクタリゼーション（早川優子・古曳重美・奥 正興・新井正男・吉川英樹・福島 整・生地文也）
12. 全反射 X 線光電子スペクトルにおけるバックグラウンド分布関数の検討（飯島善時・田澤豊彦）
13. 一連の鉄（Ⅲ）シッフ塩基錯体のオージェ電子および X 線光電子スペクトル（藤原 学・水村公俊・長谷川正光・松下隆之・池田重良）
14. X 線照射による一次元ハロゲン架橋混合原子価白金（Ⅱ/Ⅳ）錯体の固相還元反応（藤原 学・脇田久伸・栗崎 敏・山下正廣・松下隆之・池田重良）
15. 放物面人工多層膜を用いた薄膜用高分解能 X 線回折装置（表 和彦・藤縄 剛）
16. エネルギー分散型極低角入射 X 線回折法による超薄膜回折線の 3 次元マップ（石田謙司・堀内俊寿・松重和美）
17. 高強度 X 線と多軸ゴニオを有する薄膜解析装置による X 線反射率測定と深さ制御　In-Plane X 線回折（松野信也・久芳将之・表 和彦・坂田政隆）
18. X 線すれすれ入射 In-plane 回折装置の開発（表 和彦・松野信也）
19. 長尺ソーラースリットを搭載した粉末 X 線回折計とリートベルト解析プログラム RIETAN-98 の開発とその応用（池田卓史・泉富士夫）

Ⅲ　技術報告
20. 小型放射光源を用いた全反射蛍光 X 線分析（西勝英雄・松田十四夫・池田重良・山田 隆・天野大三）

Ⅳ　ノート
21. 水溶液試料のポリイミドフィルム点滴による微量金属 EDS 分析（杉原敬一・田村浩一・佐藤正雄）

Ⅴ　既掲載 X 線粉末回折図形索引 No.1（Vol.8）〜 No.10（Vol.18）（物質名と化学式による）］

Ⅵ　1998 年 X 線分析のあゆみ
1. X 線分析関係文献集
2. X 線分析関係国内講演会開催状況
3. X 線分析研究懇談会講演会開催状況
4. X 線分析研究懇談会規約
5. 「X 線分析の進歩」投稿の手引き
6. （社）日本分析化学会 X 線分析研究懇会 1998 年度運営委員名簿
7. 「X 線粉末回折図形集」の収集に御協のお願い

Ⅴ　X 線分析関連機器資料
Ⅵ　既刊総目次
Ⅶ　X 線分析の進歩 30 索引

◇X 線分析の進歩 31（X 線工業分析第 35 集）
（平成 12 年発行）
B5 判 221 頁　本体価格 5,500 円
アグネ技術センター

Ⅰ　報文
1. Al 原子の規則配置に基づく空間群による Na 型フェリエライトの構造解析（加藤正直・板橋慶治）
2. 実験室系高精度・高分解能平行ビーム法粉末 X 線回折装置の開発（藤縄 剛・佐々木明登）
3. XPS 測定時のポリ塩化ビニリデン損傷過程の検討（飯島善時・末吉 孝）
4. チタン化合物の Ti 2p X 線光電子スペクトルからの非弾性散乱部の除去（奥 正興・松田秀幸・我妻和明・古曳重美）
5. 斜出射 X 線回折による薄膜の構造評価（高田一広・野間 敬・飯島厚夫）
6. コバルト（Ⅲ）錯体の CoNMR および X 線光電子スペクトル（藤原 学・門田知彦・山庄司由子・宮地洋子・松下隆之・池田重良）

7. 蛍光 X 線ホログラフィーの再現性（佐井　誠・林　好一・河合　潤）
8. In-plane X 線回折法による Si 薄膜の異方性評価（松野信也・久芳将之・森安嘉貴・森下　隆）
9. 非晶質カーボン薄膜における CK X 線発光・吸収スペクトルの特徴（村松康司・廣野　滋・梅村　茂・林　孝好・R. C. C. Perera）
10. K, Ca, Rb, SR 因子からみた花崗岩類の地域差（三辻利一・伊藤晴明・広岡公夫・杉　直樹・黒瀬雄士・浅井尚輝）
11. X 線の吸収を利用した薄膜材料の非破壊簡易定量法の開発（北村洋貴・寺田靖子・中井　泉・中込達治・趙　毅・稲益徳雄・原田泰造）
12. 蛍光 X 線イメージングによるカマン・カレホユック遺跡出土彩文土器の顔料分析（泉山優樹・松永将弥・中井　泉）
13. 種々の Li 化合物における Li-K 吸収スペクトル（辻　淳一・小島一男・池田重良・中松博英・向山　毅・谷口一雄）
14. 光学系の改善による EDXRF の検出下限値改善の試み（美濃林妙子・山田昌孝・野村恵章・宇高　忠・谷口一雄）
15. 軽元素分析対応 2 励起源を有する可搬型蛍光 X 線分析装置の試作（宇高　忠・野村恵章・美濃林妙子・二宮利男・谷口一雄）

II　ノート
16. ポリイミドフィルム点滴法による水溶液試料中微量金属分析（杉原敬一・田村浩一・佐藤正雄）

III　既掲載 X 線粉末回折図形索引 No.1（Vol.8）～No.10（Vol.18）（物質名と化学式による）〕

IV　1999 年 X 線分析のあゆみ
1. X 線分析関係文献集
2. X 線分析関係国内講演会開催状況
3. X 線分析研究懇談会講演会開催状況
4. X 線分析研究懇談会規約
5. 「X 線分析の進歩」投稿の手引き
6. (社) 日本分析化学会 X 線分析研究懇談会 1999 年度運営委員名簿
7. 「X 線粉末回折図形集」の収集に御協力のお願い

IV　X 線分析関連機器資料
V　既刊総目次
VI　X 線分析の進歩 31 索引

◇X 線分析の進歩 32（X 線工業分析第 36 集）
（平成 13 年発行）

B5 判 230 頁　本体価格 5,500 円
アグネ技術センター

I　解説
1. 遷移金属の Lα, Lβ スペクトルの化学結合効果（河合　潤）
2. 斜出射 X 線測定型の電子線プローブマイクロアナリシス（辻　幸一）
3. RIETAN‐2000 の Le Bail 解析機能の検証と応用（池田卓史・泉　富士夫）

II　報文
4. NiKα₁/NiKβ 線を用いた 2 波長 X 線反射率法の検討（宇佐美勝久・小林憲雄・平野辰巳・田島康成・今川尊雄）
5. EPMA 用 Cr/Sc 多層膜分光素子の分光性能（河辺一保・山田浩之・奥村豊彦）
6. 高分解能平行ビーム法による結晶格子の熱膨張測定（光永　徹・西郷真理・藤縄　剛）
7. In‐Plane 回折法におけるプロファイル形状評価（高瀬　文・藤縄　剛）
8. 種々の K, Ca 化合物の K X 線スペクトル変化（星野公紀・玉木洋一）
9. V Kβ スペクトルの吸収端励起（河合　潤・原田真吾・岸田逸平・岩住俊明・片野林太郎・五十棲泰人・小路博信・七尾　進）
10. 斜入射蛍光 X 線法による BST/SRO 同時組成分析（村上裕是・寺田慎一・古川博朗・西萩一夫）
11. 発光過程を識別した蛍光収量 X 線吸収スペクトル測定（村松康司）
12. 軟 X 線を用いた弗化物の K 吸収端の測定（杉村哲郎・河合　潤・前田邦子・福島昭子・辛　埴・元山宗之・中島剛）
13. レイリー又はコンプトン散乱の理論強度で補正する定形外試料と窯業原料の蛍光 X 線分析（越智寛友）

III　技術報告
14. 立命館大学小型放射光源における X 線反射率測定ビームライン（西勝英雄・宮田洋明・山田　隆・谷　克彦・岩崎　博・山本安一・庄司　孝・堂井　真・岩田周行）

IV　既掲載 X 線粉末回折図形索引 No.1（Vol.8）～No.10（Vol.18）（物質名と化学式による）

V　2000 年 X 線分析のあゆみ
1. X 線分析関係文献集
2. X 線分析関係国内講演会開催状況
3. X 線分析研究懇談会講演会開催状況

4. X線分析研究懇談会規約
5. 「X線分析の進歩」投稿の手引き
6. （社）日本分析化学会X線分析研究懇談会2000年度運営委員名簿
7. 「X線粉末回折図形集」の収集に御協力のお願い

VI X線分析関連機器資料
VII 既刊総目次
VIII X線分析の進歩32 索引

◇X線分析の進歩33（X線工業分析第37集）
（平成14年発行）
B5判384頁　本体価格5,500円
アグネ技術センター

I 総説・解説
1. フォトンファクトリーにおける放射光蛍光X線分析―過去・現在・未来―（飯田厚夫）
2. 偏光と位相に関連した放射光X線利用研究（平野馨一・沖津康平・百生 敦・雨宮慶幸）
3. 蛍光X線分析法による高融点炭化物，窒化物およびホウ化物中の含有不純物の定量（金子啓二・熊代幸伸・平林正之）
4. X線回折法による表面・界面の解析（高橋敏男）
5. K, Ca, Rb, Srによる須恵器窯の分類（三辻利一・松井敏也）
6. X線検出器の最近の動向について（安藤真悟）

II 全反射，反射率，定在波，ナノ，表面・界面
7. 楔形SiフィルターをX線いた放射光励起全反射蛍光X線分析における増感効果（西勝英雄・早川慎二郎・白石晴樹・園部将実・杉山 進・鳥山壽之）
8. 最小二乗法によるX線反射率解析値の信頼性評価法の検討（上田和浩・百生秀人・平野辰巳・宇佐美勝久・今川尊雄）
9. 銀ナノ微粒子多層膜における周期多層化とその評価（桑島修一郎・吉田郵司・安部浩司・谷垣宣孝・八瀬清志・長澤 浩・桜井健次）
10. 多層膜における全電子収量X線定在波法を用いた層構造の面内分布測定の試み（村松康司・竹中久貴・E. M. GULLIKSON・R. C. C. PERERA）
11. 多点マッピング全反射蛍光X線分析によるシリコンウェハ全面平均濃度分析に関する統計学的検討（森 良弘・上村賢一・飯塚悦功）
12. X線反射率法による表面層解析における密度傾斜効果のシミュレーション（水沢まり・桜井健次）
13. 反射X線小角散乱法による薄膜中のナノ粒子・空孔サイズ測定（表 和彦・伊藤義泰）
14. Si（001）表面のSurface Melting現象のin situ観察（木村正雄・碇 敦）
15. X線反射率測定用屈折透過型X線フィルタの試作と有用性について（籠 恵太郎・石田謙司・堀内敏寿・松重和美）

III X線光学・顕微鏡
16. New Capabilities and Application of Compact Source-optic Combinations（P. BLY・T. BIEVENUE・J. BURDETT・Z. W. CHEN・N. GAO・D. M. GIBSON・W. M. GIBSON, H. HUANG・I. Yu. PONOMAREV）
17. 動画撮像可能な蛍光X線顕微鏡の開発（桜井健次）

IV 化学状態分析
18. Mn（II）のKβ'およびKβ$_5$蛍光X線スペクトルの強度比変化―アンジュレータ放射光による微量化学状態分析の可能性―（江場宏美・桜井健次）
19. V Kβ線を用いた電子線衝撃X線状態分析の検討（菅原健久・玉木洋一）

V 装置
20. 銅めっき法とX線マイクロプローブとを組み合わせたSi（Li）素子の特性評価（久米 博・尾鍋秀明・小日向貢・柏木利介）
21. 飛行時間型光電子分光装置の開発（岩本 隆・原田高宏・森久祐司・南雲雄三・藤田 真・林 茂樹）

VI データ処理
22. EXEFS解析ソフト（田口武慶）
23. 蛍光X線スペクトルの移動差し引きによる塩素の定量（国谷譲治）

VII 土壌・環境分析
24. 小型蛍光X線分析装置を用いた土壌中の重金属分析（永田昌嗣・椎野 博・宇高 忠・吉川裕泰）
25. 新開発の3ビーム励起源とシリコンドリフト検出器を備えた可搬型蛍光X線分析装置によるシナイ半島出土遺物のその場分析の試み（中井 泉・山田祥子・寺田靖子・中嶋佳秀・高村浩太郎・椎野 博・宇高 忠）
26. エネルギー分散型蛍光X線分析による環境試料分析のための基礎検討（古谷吉章・真鍋晶一・河合 潤）

VIII 既掲載X線粉末回折図形索引 No.1（Vol.8）～No.10（Vol.18）（物質名と化学式名による）

IX 2001年X線分析のあゆみ
1. X線分析関係国内講演会開催状況
2. X線分析研究懇談会講演会開催状況
3. X線分析研究懇談会規約

4. 「X線分析の進歩」投稿の手引き
5. (社)日本分析化学会 X線分析研究懇談会 2001年度運営委員名簿
6. 「X線粉末回折図形集」の収集に御協力のお願い

X X線分析関連機器資料
XI 既刊総目次
XII X線分析の進歩 33 索引

◇ X線分析の進歩 34（X線工業分析第 38 集）
（平成 15 年発行）
B5 判 349 頁　本体価格 5,500 円
アグネ技術センター

I 総説・解説
1. 放射光とレーザーの組み合わせによる新しい分光法（鎌田雅夫・田中仙君・高橋和敏・東 純平・辻林 徹・有本収ノ・渡辺雅之・中西俊介・伊藤 寛・伊藤 稔）
2. High Sensitivity Detection and Characterization of the Chemical State of Trace Element Contamination on Silicon Wafers（Piero PIANETTA, Andy SINGH, Katharina BAUR, Sean BRENNAN, Takayuki HOMMA, Nobuhiro KUBO）
3. X線・中性子反射率法による高分子単分子膜および高分子電解質ブラシのナノ構造評価（松岡秀樹・毛利恵美子・松本幸三）
4. XAFS 法による金属錯体の溶存構造解析（栗崎 敏）
5. 時分割 XAFS 装置の開発と反応中間体の局所構造解析（稲田康宏）
6. 特定元素の生体濃縮と生体鉱物化現象に対する X 線分析の応用（沼子千弥）
7. 位置敏感式結晶分光器を用いた PIXE 分光：大気中での化学状態分析への応用（前田邦子・長谷川賢一・浜中廣見・前田 勝）

II 装置・検出器
8. 新しく開発した液体セルシステムによる軽金属塩水溶液の軟 X 線吸収分光測定（松尾修司・栗崎 敏・P. Nachimuthu・R. C. C. Perera・脇田久伸）
9. 可搬型 X 線回折装置の試作（前尾修司・中井 泉・野村惠章・山尾博行・谷口一雄）
10. 微小ビーム強度モニターの開発とマイクロビーム X 線分析への応用（早川慎二郎・鈴木基寛・廣川 健）

III 測定法
11. レーザー照射 Fe-3%Si 単結晶粒内の応力分布測定（今福宗行・鈴木裕士・三沢啓志・秋田貢一）
12. グラファイトと六方晶窒化ホウ素の軟 X 線発光・吸収スペクトルにおける π/σ 成分比の出射・入射角依存性（村松康司・Eric M. GULLIKSON・Rupert C.C.PERERA）
13. 入射 X 線高次線を有効利用した二波長同時励起全反射蛍光 X 線分析（森 良弘・上村賢一・松尾 勝・福田智行・清水一明・山田 隆）
14. AES-EELFS による炭素系材料の状態分析（渡部 孝）
15. X線ラジオグラフィーによる発泡アルミ材の圧壊過程の動的観察（渡部 孝・有賀康博・三好鉄二・槙井浩一）

IV 状態分析
16. 希土類金属元素からの K 発光 X 線スペクトル強度に影響を及ぼす要因の検討－化学結合効果観測の可能性（原田雅章・桜井健次）
17. C_{60} の高圧相変化過程の X 線分光解析（山下 満・元山宗之・堀川高志・水渡嘉一・小野寺昭史）
18. 配位子の軟 X 線吸収スペクトルによる金属ポルフィリン錯体の状態分析（山重寿夫・栗崎 敏・Istvan CSERNY・脇田久伸）
19. X線回折法による MCM-41 細孔中に閉じ込められたメタノールの構造解析（丸山浩和・高椋利幸・山口敏男・橘高茂治・高原周一）
20. 置換基を有する鉄（III）シッフ塩基（サレン）錯体の X 線光電子スペクトル（山口敏弘・水村公俊・浅田英幸・藤原 学・松下隆之）
21. 希土類フッ化物の X 線吸収スペクトル（貝淵和喜・河合 潤・永園 充・福島昭子・辛 墇）

V 土壌・環境分析
22. 小型蛍光 X 線分析法を用いた土壌中の有害重金属の分析（椎野 博・芦田 肇・中村 保・高村浩太郎・宇高 忠）
23. 小型蛍光 X 線分析法を用いたオイル中のイオウ及び塩素分析（見吉勇治・永井宏樹・中嶋佳秀・宇高 忠）
24. 植生の異なる森林土壌中の無機成分の分析（深谷靖恵・広瀬由起・藤原 学・松下隆之）
25. 新開発のポータブル蛍光 X 線分析装置によるエジプト，アブ・シール南丘陵遺跡出土遺物のその場分析（真田貴志・保倉明子・中井 泉・前尾修二・野村惠章・谷口一雄・宇高 忠・吉村作治）
26. 放射光蛍光 X 線分析によるおよび樹皮に記入皮いりかわ録された環境汚染史の解読（石川友美・

保倉明子・中井 泉・寺田靖子・佐竹研一）
Ⅵ 既掲載 X 線粉末回折図形索引 No.1（Vol.8）〜No.10（Vol.18）（物質名と化学式名による）
Ⅶ 2002 年 X 線分析のあゆみ
1. X 線分析関係国内講演会開催状況
2. X 線分析研究懇談会講演会開催状況
3. X 線分析研究懇談会規約
4. 「X 線分析の進歩」投稿の手引き
5. （社）日本分析化学会 X 線分析研究懇談会 2002 年度運営委員名簿
6. 「X 線粉末回折図形集」の収集に御協力のお願い
Ⅷ X 線分析関連機器資料
Ⅸ 既刊総目次
Ⅹ X 線分析の進歩 34 索引

◇ X 線分析の進歩 35（X 線工業分析第 39 集）
平成 16 年（2004）発行
B5 判 271 頁　本体価格 5,500 円
アグネ技術センター

Ⅰ　解説・報文
［解説］
1. 寿命幅フリー XAFS 分光（林久史）
［報文］
2. 蛍光 X 線分析による弥生時代の人骨に含有する微量元素動態の研究（山口誠治）
3. 小角 X 線散乱法によるナノ粒子及び気孔の粒度分布解析手法の研究（橋本久之・稲場 徹）
4. 斜入射 X 線散漫散乱法を用いた凹凸評価における蛍光 X 線の影響（上田和浩・平野辰巳）
5. 電線被覆材中の微量有害物質の分析（山田康治郎・森山孝男・井上 央）
6. 単色 X 線励起蛍光 X 線分析法による FeCr 合金の定量と不確かさの評価（倉橋正保・水谷 淳・斉藤浩紀・野々瀬菜穂子・日置昭治）
7. 焦電結晶を用いた蛍光 X 線分析による日用品の異同識別（井田博之・河合 潤）
8. Co Kβ スペクトルの吸収端励起（河合 潤・原田真吾・正岡重行・北川 進・岩住俊明・五十棲泰人・小路博信・七尾 進）
9. 蛍光 X 線分析用の微量金属定量用プラスチック標準試料の開発―原子吸光光度法及び ICP-AES への応用―（中野和彦・本村和子・松野京子・中村利廣）
10. 3 次元偏光光学系を利用したエネルギー分散型蛍光 X 線分析装置によるプラスチック中の有害重金属元素の高感度非破壊定量（千葉晋一・保倉明子・中井 泉・水平 学・赤井 孝）
11. 標準的な固体炭素化合物の軟 X 線発光・吸収スペクトル（村松康司・Eric M. GULLIKSON・Rupert C. C. PERERA）
12. リチウム化合物の XPS スペクトルの研究（前田賢一・岩田祐季・藤田 学・辻 淳一・春山雄一・神田一浩・松井真二・小澤尚志・八尾 健・谷口一雄）
13. 蛍光 X 線分析法を用いた極微小粒子の分析（前尾修司・黒沢鉄平・豊田 徹・愛甲健二・蓬莱泉雄・谷口一雄）
14. 超軟 X 線励起 XPS によるリチウムイオン 2 次電池正極材料（$LiMn_2O_4$）の充・放電サイクルの研究（藤田 学・小林克己・前田賢一・辻 淳一・春山雄一・神田一浩・松井真二・小澤尚志・八尾 健・谷口一雄）
15. 希ガスイオン照射した C_{60} の X 線分光解析（山下満・元山宗之・福島 整・高廣克己・大河亮介・川面澄）
16. 波長分散型全反射蛍光 X 線分析法による環境水中微量元素分析のための試料調製法の検討（Sandor KURUNCZI・庄司雅彦・桜井健次）
17. 反射板を利用した全反射蛍光 X 線分析の基礎検討（辻 幸一）
18. ローランド円半径 100 ミリの超小型ヨハンソン型蛍光 X 線分光器の開発（桜井健次）
［解説］
19. 比例計数管（河合 潤）
［報告］
20. 第 10 回全反射蛍光 X 線分析国際会議（TXRF 2003）報告（国際会議実行委員会）
21. 池田重良先生叙勲（西勝英雄）
Ⅱ 既掲載 X 線粉末回折図形索引 No.1（Vol.8）〜No.10（Vol.18）（物質名と化学式名による）
Ⅲ 2003 年 X 線分析のあゆみ
1. X 線分析関係文献集
2. X 線分析関係国内講演会開催状況
3. X 線分析研究懇談会講演会開催状況
4. X 線分析研究懇談会規約
5. 「X 線分析の進歩」投稿の手引き
6. （社）日本分析化学会 X 線分析研究懇談会 2003 年度運営委員名簿
7. 「X 線粉末回折図形集」の収集に御協力のお願い
Ⅳ X 線分析関連機器資料
Ⅴ 既刊総目次
Ⅵ X 線分析の進歩 35 索引

◇ X線分析の進歩 36（X線工業分析第 40 集）
(平成 17 年（2005）発行)
B5 判 401 頁　本体価格 5,500 円
アグネ技術センター

I　X線分析討論会第 40 回記念講演会企画依頼寄稿
1. ［解説］環境リサイクルを巡る経済産業省の取り組み（電気電子製品中の有害物質対策等）（中村啓子）
2. ［報文］エネルギー分散型蛍光 X 線分析装置（EDXRF）による土壌中の砒素・鉛含有量評価（丸茂克美・氏家 亨・江橋俊臣）
3. ［解説］蛍光 X 線分析用標準物質（中野和彦・中村利廣）
4. ［解説］放射光軟 X 線状態分析の研究・技術動向（村松康司）
5. ［解説］蛍光 X 線分析法における近年の要素技術の進歩と特殊な測定方法（辻 幸一）

II　解説・総説
6. モンテカルロ・シミュレーションの電子線マイクロアナライザー分析への応用（長田義男）
7. X 線回折理論と結晶構造解析の系譜および高木-Taupin 型 X 線多波動力学的回折理論の導出と検証（沖津康平）
8. 高速・高分解能粉末 X 線回折装置の評価（山路 功）
9. 湿式化学分析と組み合わせた蛍光 X 線による半導体材料の分析（籔本周邦・植松重和・篠塚 功・石﨑 享）
10. 乾電池 X 線源と蛍光 X 線分析（井田博之・河合 潤）
11. 広域 X 線発光微細構造（河合 潤）
12. 半導体検出器（河合 潤・村上浩亮・小山徹也）

III　報文：有害元素分析
13. 水溶液中の微量有害物質の分析（森山孝男・山田康治郎・河野久征）
14. 散乱 X 線の理論強度を用いる樹脂中カドミウム，鉛の蛍光 X 線分析（越智寛友・南竹里子・渡邊信次）
15. 乾電池小型蛍光 X 線装置による環境標準試料の蛍光 X 線分析（石井秀司・宮内宏哉・日置 正・河合 潤）
16. Cd Kα 線を用いた蛍光 X 線分析法による玄米中 sub-ppm レベルの Cd の迅速定量（永山裕之・小沼亮子・保倉明子・中井 泉・松田賢士・水平 学・赤井孝夫）

IV　報文：方法・装置
17. $YBa_2Cu_3O_{7-x}$ 単結晶における X 線回折像に現れるスペックルと超伝導相転移の相関（鈴木 拓・高野秀和・竹内晃久・上杉健太朗・朝岡秀人・鈴木芳生）
18. 「微分型」X 線ラマン散乱分光の試み（林 久史・河村直己・七尾 進）
19. キノア種子の X 線元素マッピングにおける自己吸収の影響の低減（江本哲也・小西洋太郎・X. Ding・辻 幸一）
20. 全反射蛍光 X 線法によるシリコンウェハ表面汚染の全面迅速マッピング分析（森良弘・上村賢一・河野浩・山上基行・清水康裕・鬼塚義延・飯塚悦功）
21. 卓上型放射光装置"みらくる"を用いた重元素の蛍光 X 線分析（西勝英雄・山田廣成・平井 暢・小川浩太郎）
22. マルチエネルギー強力 X 線光源強度の加速電圧依存性とその経時変化（石井秀司・尾張真則・堂井 真・塚本勝美・高橋貞幸・志水隆一・二瓶好正）

V　報文：化学状態分析
23. 全蛍光収量法で測定した軟 X 線吸収スペクトルの電子状態計算による形状解析：粉末および水溶液中のアルミン酸ナトリウムの構造解析（松尾修司・P. Nachimuthu・D. W. Lindle・R. C. C. Perera・脇田久伸）
24. XPS および XANES 法を用いた金属ポルフィリン錯体の電子状態分析（山重寿夫・松尾修司・栗崎敏・脇田久伸）
25. 二核および三核鉄（III）シッフ塩基錯体の X 線光電子スペクトル（根来 世・浅田英幸・藤原 学・松下隆之）
26. 二酸化マンガンに吸着した金（III）イオンの還元挙動：XPS による研究（大橋弘範・江副博之・山重寿夫・岡上吉広・松尾修司・栗崎 敏・脇田久伸・横山拓史）

VI　既掲載 X 線粉末回折図形索引 No.1（Vol.8）～No.10（Vol.18）（物質名と化学式名による）

VII　2004 年 X 線分析のあゆみ
1. X 線分析関係文献集
2. X 線分析関係国内講演会開催状況
3. X 線分析研究懇談会講演会開催状況
4. X 線分析研究懇談会規約
5. 「X 線分析の進歩」投稿の手引き
6. （社）日本分析化学会 X 線分析研究懇談会 2005 年度運営委員名簿
7. X 線粉末回折図形集」の収集に御協力のお願い

VIII　X 線分析関連機器資料

IX 既刊総目次
X X線分析の進歩36 索引

◇X線分析の進歩37（X線工業分析第41集）
(平成18年（2006）発行)
B5判 375頁 本体価格 5,500円
アグネ技術センター

1. 追悼 浅田榮一先生 浅田先生の御業績（加藤正直）

I 解説・総説
2. ごみ焼却に伴うダイオキシン類生成における飛灰中銅の挙動（高岡昌輝）
3. 2005年X線分析関連文献総合報告（河合 潤・桜井健次・辻 幸一・林 久史・松尾修司・森 良弘・渡部 孝）

II 報文：XRF
4. 散乱X線の理論強度を用いる蛍光X線分析（越智寛友・渡邊信次）
5. 植物中の重金属の簡易蛍光X線分析（小寺浩史・西岡 洋・村松康司）
6. 微量重金属分析用蛍光X線分析装置の土壌環境評価への応用（丸茂克美・氏家 亨・小野木有佳・根本尚大・松野賢吉）
7. 高感度蛍光X線分析法を用いた土壌中の有害重金属の分析（村岡弘一・宇高 忠・谷口一雄）
8. 小型高電圧X線管を用いた環境試料中有害重金属カドミウムの分析（俣野有美・宇高 忠・二宮利男・野村惠章・一瀬悠里・沼子千弥・谷口一雄）
9. 蛍光X線による銅合金中有害金属の迅速分析（松田賢士・水平 学・山本信雄）
10. 高感度点滴ろ紙と蛍光X線分析を用いた土壌溶出溶液の分析（森山孝男・東馬苗子・山田康治郎・河野久征）
11. ELV指令に対する銅合金中有害元素の蛍光X線分析（山田康治郎・小辻秀樹・閑歳浩平・森山孝男・山田 隆・河野久征）
12. 炭素添加熱分解性窒化ホウ素の放射光軟X線状態分析（村松康司・藤井清利・J. D. Denlinger・E. M. Gullikson・R. C. C. Perera）
13. 除電用小型X線管を用いた蛍光X線測定（河合 潤・松田亘司・林 豊秀）
14. 市販Si-PINホトダイオードのX線検出器としての検討（田辺謙造・青山大督・小原一徳・谷口一雄）
15. 日用品の蛍光X線分析（山田 武・山田 悦）

III 報文：XPS
16. 全反射X線光電子分光法によるWS$_2$/C多層薄膜の解析（飯島善時・大濱敏之・田澤豊彦）
17. XPS法によるテトラアザ配位子を用いたπ電子雲拡張効果の電子状態分析（山重寿夫・井上芳樹・松尾修司・栗崎 敏・脇田久伸）
18. イオン散乱・光電子分光による6H-SiC清浄表面の構造解析（城戸義明・竹内史典・福山 亮・松原佑典・星野 靖）

IV 報文：X線回折・反射率
19. 試料水平型X線反射率測定装置への人工多層膜モノクロメータの適用（矢野陽子・飯島孝夫）
20. X線回折法における簡易定量プログラムの精度（宮内宏哉・中村知彦・日置 正）
21. エネルギー分散型ポータブル粉末X線回折装置の開発とエジプトの遺跡発掘現場におけるその場分析（熊谷和博・保倉明子・中井 泉・宇高 忠・谷口一雄・吉村作治）

V 報文：SEM, EPMA, マイクロビームX線
22. 水素吸蔵合金のSEM-EDXによる元素分布分析（武田匡史・石井秀司・田邊晃生・河合 潤）
23. シリコンドリフト線検出器による走査電子顕微鏡でのSEM-EDX（石井秀司・河合 潤）
24. ポリキャピラリーX線レンズの特性評価（田中啓太・堤本 薫・荒井正浩・辻 幸一）
25. 放射光マイクロビームを用いたヒ素高集積植物モエジマシダの根における蛍光X線イメージングと蛍光XANES測定（北島信行・小沼亮子・保倉明子・寺田靖子・中井 泉）

VI 報文：XAFS
26. Ga化合物の寿命幅フリー・価数選別XAFS（林 久史・佐藤 敦・宇田川康夫）
27. Ti添加β-FeOOHさびのXAFS解析（世木 隆・中山武典・石川達雄・稲葉雅之・渡部 孝）
28. 三次元偏光光学系蛍光X線装置による大気浮遊粒子状物質の高感度組成分析とXANESによる硫黄の状態分析（南齋雄一・保倉明子・松田賢士・水平 学・中井 泉）

VII 新刊紹介
29. 「蛍光X線分析の実際」（脇田久伸）
30. "X-Rays for Archaeology", "Non-Destructive Examination of Cultural Objects － Recent Advances in X-Ray Analysis －"（文化財の非破壊調査法－X線分析の最前線－）"（河合 潤）
31. "Non-Destructive Microanalysis of Cultural Heritage Materials"（河合 潤）

VIII 既掲載X線粉末回折図形索引 No.1（Vol.8）～No.10（Vol.18）（物質名と化学式名による）
IX 2005年X線分析のあゆみ
 1. X線分析関係国内講演会開催状況
 2. X線分析研究懇談会講演会開催状況
 3. X線分析研究懇談会規約
 4. 「X線分析の進歩」投稿の手引き
 5. （社）日本分析化学会X線分析研究懇談会2006年度運営委員名簿
X X線分析関連機器資料
XI 既刊総目次
XII X線分析の進歩37 索引

◇X線分析の進歩38（X線工業分析第42集）
（平成19年（2007）発行）
B5判411頁 本体価格5,500円
アグネ技術センター

I 総説
 1. ポータブル複合X線分析装置—開発のいきさつと応用例—（宇田応之）
 2. 岩石粉末の性状とガラスビード／蛍光X線分析（中山健一・中村利廣）
 3. 3d遷移金属のX線吸収スペクトルのプレエッジピークは電気四重極遷移か電気双極子遷移か？（山本 孝）
 4. 2006年X線分析関連文献総合報告（桜井健次・辻 幸一・中野和彦・林 久史・松尾修司・森 良弘・渡部 孝）

II 原著論文
 5. 改重回帰分析及び形状からの偽造硬貨の異同識別（三井利幸・肥田宗政）
 6. L特性X線を用いたタンタルおよびタングステン化合物の状態分析法の検討（上原 康・河瀬和雅）
 7. Kβ蛍光X線スペクトルによるMnZnフェライトのMnサイトの識別と磁性評価（江場宏美・桜井健次）
 8. 高速蛍光X線イメージング法によるZnGa$_2$O$_4$コンビナトリアル試料の迅速評価（江場宏美・桜井健次）
 9. 小型エネルギー分散型蛍光X線分析装置による軽元素の測定（俣野有美・村岡弘一・宇高 忠・野村恵章・中井 泉・谷口一雄）
 10. 超高感度蛍光X線分析装置を用いた土壌中の有害重金属の測定（村岡弘一・宇高 忠・谷口一雄）
 11. 微小領域へのX線集光を実現する二重湾曲結晶の開発（葛下かおり・前尾修司・宇高 忠・島田尚一・小田和弘・阿部智之・谷口一雄）
 12. 微小焦点を可能とする多重励起X線管の開発（前尾修司・宇高 忠・久保田誉之・谷口一雄）
 13. Kβスペクトルによるケイ素と硫黄の酸素との結合状態の定量的解析の試み（国谷譲治）
 14. 散乱X線の理論強度を用いて評価した，合金，メッキ，ガラス中カドミウム，鉛，クロムの蛍光X線分析（越智寛友・中村秀樹・渡邊信次）
 15. ビスマス，鉛，スズの蛍光X線 Lα：Lβ強度比の変化要因（塩井亮介・佐々木宣治・衣川吾郎・河合 潤）
 16. 小型蛍光X線分析装置を用いた人為的鉛・硫黄土壌汚染と自然汚染の識別（丸茂克美・氏家 亨・根本尚大・小野木有佳）
 17. 小型エネルギー分散型蛍光X線分析装置（EDXRF）を用いた汚染土壌地の現場迅速分析事例（丸茂克美・氏家 亨・小野木有佳）
 18. 鉛蓄積性植物シシガシラの蛍光X線定量分析における試料灰化条件の検討（小寺浩史・上山智子・西岡 洋・村松康司）
 19. 電磁波吸収セラミックス表面に燻化成膜したいぶし炭素膜の放射軟X線状態分析（大林真人・村松康司・Eric M.Gullikson・三木雅道）
 20. 全電子収量軟X線吸収分光法による炭素表面酸化の定量分析（上田 聡・村松康司・Eric M. Gullikson）
 21. XPS, SPMを用いたMEH-PPV（有機EL材料）の表面解析（飯島善時・境 悠治・中本圭一・大濱敏之）
 22. エネルギー分散法による超音波照射下の水の"その場"X線回折（矢野陽子・道口洵也・飯島孝夫）
 23. 高エネルギー蛍光X線（35～60keV）を高分解能分光するための機器開発（桜井健次・水沢まり・寺田靖子）
 24. 異常分散利用2波長差分X線反射率のフーリエ変換による積層構造解析法の検討（上田和浩）
 25. 蛍光X線イメージングによる元素移動過程の動的観察（江場宏美・桜井健次）
 26. 小型全反射蛍光X線分析装置による燃料電池排水の分析（河原直樹・清水雄一郎・稲葉 稔・神鳥恒夫・山田 隆・山本勝彦）
 27. 蛍光X線分析法による各種金属試料中有害元素の定量分析（古川博朗・寺下衛作・山下 昇・市丸直人・大和亮介・西埜 誠）

28. ［ノート］焦電結晶の電圧測定（菅 祥吾・山本 孝・河合 潤）
29. ハンディーサイズの全反射蛍光 X 線分析装置による土壌浸出水モデル試料中の元素分析（国村伸祐・河合 潤・丸茂克美）
30. ポータブル粉末 X 線回折装置の開発と考古資料のその場分析への応用（中井 泉・前尾修司・田代哲也・K. タンタラカーン・宇高 忠・谷口一雄）

III 新刊紹介
31. 「化学者たちのセレンディピティー──ノーベル賞への道のり──」
32. "Handbook of Practical X-Ray Fluorescence Analysis"
33. 「物質の構造 II，分光（下）第 5 版実験化学講座」

IV 既掲載 X 線粉末回折図形索引 No.1（Vol.8）～ No.10（Vol.18）（物質名と化学式名による）

V 2006 年 X 線分析のあゆみ
1. X 線分析関係国内講演会開催状況
2. X 線分析研究懇談会講演会開催状況
3. X 線分析研究懇談会規約
4. 「X 線分析の進歩」投稿の手引き
   浅田賞報告
5. （社）日本分析化学会 X 線分析研究懇談会 2007 年度運営委員名簿

VI X 線分析関連機器資料
VII 既刊総目次
VIII X 線分析の進歩 38 索引

◇ X 線分析の進歩 39（X 線工業分析第 43 集）
（平成 20 年（2008）発行）
B5 判 249 頁　本体価格 5,500 円
アグネ技術センター

I 総説・解説
1. X 線屈折レンズ誕生の経緯（富江敏尚）
2. X 線を曲げる・絞る，X 線分析の革新技術──マルチキャピラリ（ポリキャピラリ）X 線レンズとその応用──（副島啓義）
3. 2007 年 X 線分析関連文献総合報告（石井真史・栗崎 敏・高山 透・辻 幸一・沼子千弥・林 久史・前尾修司・松尾修司・村松康司・森 良弘・横溝臣智・渡部 孝）
4. 微小角入射 X 線回折による表面近傍層の深さ方向構造解析（藤居義和）
5. ICXOM 2007 報告（河合 潤）

II 原著論文

6. 表面プラズモン共鳴（SPR）を利用した X 線検出器（國枝雄一・永島圭介・長谷川 登・越智義浩）
7. 放射光軟 X 線分光法の食品分析への応用；播州駄菓子かりんとうの酸化反応観察（村松康司・鎌本啓志・野澤治郎・天野 治・Eric M. Gullikson）
8. 照射・検出同軸型の微小部 XRF プローブの開発（米原 翼・辻 幸一）
9. 全電子収量軟 X 線吸収分光法による黒鉛系炭素表面酸化の定量分析（2）；DV-Xα 法による検量線の再現と分析精度の向上（上田 聡・村松康司・Eric M. Gullikson）
10. 次世代 X 線検出器 TES 型マイクロカロリーメータによる SEM-EDS 分析システムの開発と応用（中井 泉・小野有紀・李 青会・本間芳和・田中啓一・馬場由香里・小田原成計・永田篤士・中山 哲）
11. Kβ" 線は状態選別 XAFS のプローブとなるか？（林 久史）
12. XPS による Cr 化合物中の微量 6 価クロムの解析（飯島善時・岡部 康・大濱敏之・高橋秀之）
13. 集光 X 線光学系を用いた EDXRF による軽元素の高感度分析（村岡弘一・宇高 忠・谷口一雄）
14. 小型・軽量蛍光 X 線分析装置を用いた土壌中の有害物質の分析（荒木淑絵・村岡弘一・宇高 忠・谷口一雄）
15. プラズモンピークのイントリンシック・エクストリンシックの区別についての研究（高山昭一・河合 潤）
16. 粘着性テープを用いた蛍光 X 線分析用簡易サンプリング方法（西田洋介・辻 幸一）
17. 試料水平型実験室超軟 X 線分光スペクトル分光装置の開発とその評価（栗崎 敏・松尾修司・Rupert C. C. Perera・James H. Underwood・脇田久伸）
18. X 線吸収スペクトルによる亜鉛ガリウム酸化物ナノ粒子の結晶性評価（江場宏美・桜井健次）
19. 蛍光 X 線分析機能を備えたポータブル粉末 X 線回折計の開発と考古遺物のその場分析への応用（阿部善也・K. タンタラカーン・中井 泉・前尾修司・宇高 忠・谷口一雄）

III 新刊紹介
20. "Handbook of X-Ray Data"
21. "Applications of Synchrotron Radiation──Micro Beams in Cell Micro Biology and Medicine──"
22. 「内殻分光──元素選択性をもつ X 線内殻分光の歴史・理論・実験法・応用──」
23. 「＜はかる＞科学，計・測・量・謀…はかるを

めぐる 12 話」
24. 「キリストの棺，世界を震撼させた新発見の全貌」
IV 既掲載 X 線粉末回折図形索引 No.1（Vol.8）〜
　 No.10（Vol.18）（物質名と化学式名による）
V 2007 年 X 線分析のあゆみ
　1. X 線分析関係国内講演会開催状況
　2. X 線分析研究懇談会講演会開催状況
　3. X 線分析研究懇談会規約
　4. 「X 線分析の進歩」投稿の手引き
　　浅田賞報告
　5. （社）日本分析化学会 X 線分析研究懇談会 2008
　　年度運営委員名簿
VI X 線分析関連機器資料
VII 既刊総目次
VIII X 線分析の進歩 39　索引

◇ X 線分析の進歩 40（X 線工業分析第 44 集）
（平成 21 年（2009）発行）
B5 判 407 頁　本体価格 5,500 円
アグネ技術センター

1.　新井智也氏　追悼
I　総説・解説
1. ［解説］ハンドヘルド蛍光 X 線分析装置の進歩と新しい分析事例（遠山惠夫・Stanislaw Piorek）
2. ［総説］2008 年 X 線分析関連文献総合報告（石井真史・栗崎　敏・高山　透・谷田　肇・永谷広久・中野和彦・沼子千弥・林　久史・原田　誠・前尾修司・松尾修司・村松康司・森　良弘）
3. ［解説］ガラスキャピラリーを使った X 線収束，イオンビーム収束に関する研究：ロシア，米国，日本の歴史と現状について（梅澤憲司）
4. ［解説］パルス強磁場中での X 線磁気円二色性分光（松田康弘）
5. ［総説］X 線要素技術の動向と X 線先端計測の展望（谷口一雄）
6. ［総説］アスベストの分析－顕微鏡法と粉末 X 線回折法（中山健一・中村利廣）
7. ［解説］研究用エックス線分析装置の安全管理（小池裕也・林恵利子・木村圭志・飯本武志・紺谷貴之・板倉隆雄・中村利廣）
8. ［解説］色即是空による量子と回折の表現（藤居義和）
II　原著論文
有害元素分析
9. 蛍光 X 線スペクトル Lα/Lβ 強度比に対する化学結合効果の影響（塩井亮介・山本　孝・河合　潤）
10. 蛍光 X 線分析装置による確度の高いスクリーニング法の開発―すずめっき及びすず－ビスマスめっき中の鉛定量への応用―（久留須一彦・工藤あい子・山下　智）
11. 蛍光 X 線分析によるエコ電線被覆原料管理のための標準試料の開発（久留須一彦・工藤あい子・山下　智・濱渦博美・西口雅己・松田賢士）
12. アルミニウム合金中 Cd, Pb 及び Cr の XRF による評価方法の開発（山下　智・久留須一彦・工藤あい子）
13. 鉛およびビスマス化合物の L 吸収／発光スペクトル（上原　康・河瀬和雅）
14. 波長分散型微小部高感度蛍光 X 線分析装置による各種材料分析への応用（廣田正樹・寺島徳也・袖岡毅志・高瀬可浩・和田信之・片岡由行・山田康治郎）
15. 微小部蛍光 X 線分析法による「電気パン」の安全性に関する検討（原田雅章）
16. 放射光マイクロビーム蛍光 X 線分析を用いたシダ植物ヘビノネゴザの Pb と Cu の蓄積機構に関する研究（三尾咲紀子・柏原輝彦・保倉明子・北島信行・後藤文之・吉原利一・阿部知子・中井　泉）
17. ケイ酸カルシウム系イオン交換体トバモライトを金属捕集剤として利用した水溶液中微量重金属の簡易蛍光 X 線分析（村松康司・井澤良太・西岡　洋・野上太郎）
18. 試料厚さをパラメータに残した単色 X 線励起 FP 法によるプラスチック試料中の有害元素の定量分析（倉橋正保・城所敏浩・大畑昌輝・松山重倫・衣笠晋一・日置昭治）
19. 小型 EDX を用いたサブ ppm の分析（村岡弘一・宇髙　忠・谷口一雄）
20. 多源励起蛍光 X 線分析法を用いた装置開発（村岡弘一・伊藤実奈子・浦地重治・宇髙　忠・谷口一雄）
21. 散乱 X 線の理論強度を用いる不定形樹脂の蛍光 X 線分析（小川理絵・越智寛友・西埜　誠・市丸直人・大和亮介・渡邊信次）
22. ハンディー全反射蛍光 X 線スペクトロメータの高感度化について（国村伸祐・井田博之・河合　潤）
23. 血液中金属元素の全反射蛍光 X 線分析（中村卓也・松井　宏・川又誠也・中野和彦・片山貴子・日野雅之・鰐渕英機・荒波一史・山田　隆・辻　幸一）
XPS
24. 帯電液滴エッチング法による PET フィルムの

XPS 深さ方向分析（飯島善時・成瀬幹夫・境　悠治・平岡賢三）

イメージング

25. パラメトリック X 線の位相コントラストイメージングへの応用（高橋由美子・早川恭史・桑田隆生・境　武志・中尾圭佐・野上杏子・田中俊成・早川　建・佐藤　勇）
26. 投影型 X 線回折イメージング法による氷の融解・凝固過程の in-situ 観察（水沢まり・桜井健次）

反射率・小角散乱

27. X-Ray Analysis of Yb Ultra Thin Film: Comparison of Gas Deposition and Ordinary Vacuum Evaporation（Martin JERAB・桜井健次）
28. X 線小角散乱法による霧の中の液滴の粒径分布測定（矢野陽子・松浦一雄・田中雅彦・井上勝晶）

化学状態分析

29. 放射光軟 X 線吸収分光法による播州駄菓子かりんとうの劣化評価；内部脂質部と表面糖質部の酸化状態分析（鎌本啓志・村松康司・天野　治・Eric M. Gullikson）
30. 全電子収量軟 X 線吸収分光法による sp^3 系炭素表面酸素の定量・状態分析技術（鎌本啓志・村松康司・Eric M. Gullikson）

考古学

31. ポータブル蛍光 X 線分析装置への試料観察機構の導入と古代エジプト美術館所蔵ガラスの考古化学的研究（菊川　匡・阿部善也・真田貴志・中井　泉）
32. 蛍光 X 線分析によるイラク製初期ラスター彩陶器の特性化（三浦早苗・加藤慎啓・中井　泉・真道洋子）
33. ポータブル X 線分析装置を用いたイスラーム陶器の白色釉薬の考古化学的研究（権代紘志・加藤慎啓・中井　泉・真道洋子）

Ⅲ　**国際会議報告**

34. 第 57 回デンバー X 線会議体験記（中野和彦）
35. SARX2008 報告（湯浅哲也）
36. EXRS2008 報告（保倉明子）
37. The Status and Progresses of Chinese X-Ray Fluorescence Spectrometry Studies and Activities－View on Chi-nese X-Ray Spectrometry Conference－（Liqiang Luo）

Ⅳ　**新刊紹介**

38. 「X 射線蛍光光譜儀」
39. 「現代無機材料組成与結構表征」
40. 「X 射線蛍光光譜分析」
41. 「X 線反射率法入門」
42. "X-Ray Compton Scattering"
43. "X-Ray Absorption Fine Structure-XAFS13:13th International Conference Stanford, California, U.S.A. 9-14 July 2006 (AIP Conference Proceedings)"

Ⅴ　既掲載 X 線粉末回折図形索引 No.1（Vol.8）～No.10（Vol.18）（物質名と化学式名による）

Ⅵ　**2008 年 X 線分析のあゆみ**

1. X 線分析関係国内講演会開催状況
2. X 線分析研究懇談会講演会開催状況
3. X 線分析研究懇談会規約
4. 「X 線分析の進歩」投稿の手引き
   第 3 回浅田榮一賞
5. （社）日本分析化学会 X 線分析研究懇談会 2009 年度運営委員名簿

Ⅶ　X 線分析関連機器資料
Ⅷ　既刊総目次
Ⅸ　X 線分析の進歩 40　索引

◇ X 線分析の進歩 41（X 線工業分析第 45 集）
（平成 22 年（2010）発行）
B5 判 260 頁　本体価格 5,500 円
アグネ技術センター

1. 新井智也氏　追悼

Ⅰ　**総説・解説**

2. 2009 年 X 線分析関連文献総合報告（江場宏美・栗崎敏・高山　透・永谷広久・中野和彦・林　久史・原田　誠・前尾修司・松尾修司・村松康司）
3. 高感度ハンディー全反射蛍光 X 線分析装置（国村伸祐・河合　潤）
4. X 線と内殻過程に関する国際会議（向山　毅）
5. PIXE 分析にありがちな Pitfalls（落とし穴）―信頼できるデータを得るために―（西山文隆）

Ⅱ　**原著論文**

6. 回折 X 線幅を用いた結晶子サイズの異なる二酸化チタン粉体混合物の評価（宮内宏哉・北垣　寛・中村知彦・中西貞博・河合　潤）
7. 可搬型蛍光 X 線透過分析装置を用いた土壌・鉱物試料の X 線イメージングと元素分析（丸茂克美・小野雅弘・小野木有佳・細川好則）
8. ニュースバルにおける産業用分析ビームライン（BL-5）の供用開始について（長谷川孝行・上村雅治・鶴井孝文・清水政義・雨宮健太・福島　整・太田俊明・元山宗之・神田一浩）
9. X 線光電子分光深さ方向分析用帯電液滴エッチ

ング銃の開発（飯島善時・成瀬幹夫・境 悠治・平岡賢三）
10. X線反射率法によるイオン液体水溶液に含まれるClイオンの表面深さ方向分析（矢野陽子・宇留賀朋哉・谷田 肇・豊川秀訓・寺田靖子・山田廣成）
11. CK端軟X線吸収測定の光強度モニターに用いる金板の簡易洗浄法（村松康司・Eric M. Gullikson）
12. 天然ゴムの放射光軟X線発光・吸収スペクトル（久保田雄基・村松康司・原田竜介・Jonathan D. Denlinger・Eric M. Gullikson）
13. フレネル回折を用いたX線導波路の理論解析（森川悠佑・河合 潤）
14. 放射光軟X線発光分光法を用いたカーボンブラック配合天然ゴムの非破壊組成比分析（村松康司・原田竜介・久保田雄基・Jonathan D. Denlinger）
15. ノート型パソコンの音声入力用A/Dコンバータを用いたX線計測（中江保一・河合 潤）
16. 軟X線分光スペクトル測定装置用生体試料測定システムの設計・開発・性能評価（栗崎敏・迫川泰幸・松尾修司・脇田久伸）
17. X線CT法による特殊構造材料の内部構造の解明（村田 潔・小西友弘・木原 勉・岩波睦修）
18. 蛍光X線スペクトルのケミカルシフトを用いた鉄鋼スラグ中Alの化学状態分析（山本知央・宮内宏哉・山本 孝・河合 潤）
19. プラスチック試料からの溶出液中金属元素の全反射蛍光X線分析（川又誠也・今西由紀子・中野和彦・辻 幸一）
20. 焦電結晶の小型高エネルギーX線源への応用（弘 栄介・山本 孝・河合 潤）
21. 針葉樹状カーボンナノ構造体を用いた冷陰極X線源（鈴木良一・小林慶規・石黒義久）
22. 紀元前2千年紀後半におけるエジプトおよびメソポタミアの銅着色ガラスの分析（菊川 匡・阿部善也・中井 泉）

III　国際会議報告
23. CSI, ICXOM国際会議とモンゴルX線国際会議報告（河合 潤）
24. 第58回デンバーX線会議とワークショップ開催（早川慎二郎）

IV　新刊紹介
25. "Powder Diffraction"
26. "The New Quantum Mechanics"
27. 「南極越冬記」
28. 「かけがえのない日々」
29. "X-Ray Lasers 2008", "Fundamentals of X-ray Physics"
30. "Quantum Mechanics in a Nutshell"

V　既掲載X線粉末回折図形索引 No.1（Vol.8）～No.10（Vol.18）（物質名と化学式名による）

VI　2009年X線分析のあゆみ
1. X線分析関係国内講演会開催状況
2. X線分析研究懇談会講演会開催状況
3. X線分析研究懇談会規約
4. 「X線分析の進歩」投稿の手引き
   第4回浅田榮一賞
   第1回X線分析研究懇談会特別賞
5. （社）日本分析化学会X線分析研究懇談会2010年度運営委員名簿

VII　X線分析関連機器資料
VIII　既刊総目次
IX　X線分析の進歩41　索引

◇X線分析の進歩42（X線工業分析第46集）
（平成23年（2011）発行）
B5判409頁　本体価格5,500円
アグネ技術センター

1. 奥正興先生を偲んで（大津直史・我妻和明）

I　総説・解説
2. フィルタに捕集した物質の定量分析：検量線法と非検量線法（土性明秀・石橋晃一）
3. 2010年X線分析関連文献総合報告（江場宏美・高山 透・永谷広久・中野 和・林 久史・原田雅章・前尾修司・松尾修司・松林信行・山本 孝）
4. 京都大学総合博物館2010年企画展「科学技術Xの謎」報告（塩瀬隆之）
5. 後方散乱線によるX線画像の最近の進歩（藤本真也）
6. 全反射蛍光X線分析法の発展（国村伸祐）
7. X線全反射の物理的な意味（河合 潤）
8. X線ナノ集光の現状と展望（高野秀和）
9. SPring-8における計数型1次元・2次元検出器の開発とその応用（豊川秀訓）

II　原著論文
10. SEM-EDXにおけるオーディオアンプX線計数（澤 龍・中江保一・森川悠佑・河合 潤）
11. SDDを搭載したポータブル全反射蛍光X線装置による感度及び定量性の改善（永井宏樹・中嶋佳秀・国村伸祐・河合 潤）
12. ユーロ硬貨を含むバイカラー硬貨の波長分散型

蛍光X線分析による製造国判別（岩田明彦・河合潤）
13. マイクロパターンガス検出器 "Micro Pixel Chamber (μ-PIC)" による2次元X線イメージング（永吉 勉・田口武慶・谷森 達・窪 秀利・Joseph Don Parker・山本 潤・高西陽一）
14. 蛍光X線透視分析装置による汚染土壌分析（丸茂克美・小野木有佳・大塚晴美・細川好則）
15. ファンダメンタルパラメータ法を利用したピーク分離の精密化（荒木淑絵・山下博樹・寺田慎一）
16. 蛍光X線分析法による生石灰中の二酸化炭素および強熱減量の定量分析（井上 稔・山田康治郎・北村真央・後藤規文）
17. CCD画像から取り出した信号による位置分解XAFS分析（岡本芳浩・塩飽秀啓・鈴木伸一・矢板 毅）
18. ゾルゲル過程で形成される金属酸化物のKβサテライトスペクトル（林 久史・青木敏美・小川敦子・小村紗世・金井典子・片桐美奈子）
19. 電気分解により電極から溶出した金属の蛍光X線イメージング（山本英喜・原田雅章）
20. 新規リンドープ酸化チタンのXRD・XPSによる解析（岩瀬元希・藤尾侑輝・長濱 俊・山田啓二・栗崎 敏・脇田久伸）
21. 帯電液滴エッチングで得られる高分子材料表面挙動のXPS・AFMによる解析（飯島善時・成瀬幹夫・境 悠治・平岡賢三）
22. EPMAによる凝固組織の定量マッピング（松島朋裕・臼井幸夫）
23. スチレン類二量化に有効な鉄シリカ触媒のXAFS法による構造解析（山本 孝・菊池 淳・岡田咲紀・山下和秀・佐田知沙・今井昭二・三好徳和・和田 眞）
24. 焦電結晶によるパルス状の電界放射（中江保一・河合 潤）
25. 音声入力用A/Dコンバータを用いたX線計測（中江保一・河合 潤）
26. ハンディー全反射蛍光X線分析装置による水の微量元素分析（Deh Ping TEE・河合 潤）
27. マジックアングルで測定した黒鉛系炭素の高分解能CK端XANES（村松康司・Eric M. GULLIKSON）
28. 液体セルを用いない液体有機化合物の全電子収量XANES測定（村松康司・久保田雄基・玉谷幸代・Eric M. GULLIKSON）
29. 軟X線吸収分光法による固体および溶液中の軽元素の状態分析（栗崎 敏・三木祐典・南 慧多・横山尚平・國分伸一郎・岩瀬元希・迫川泰幸・松尾修司・脇田久伸）
30. 水生植物の切断に伴う蛍光X線スペクトルの変化（林 久史・郷 えり子・廣瀬友理）
31. 米中カドミウムの高感度分析と管理体制への提案（村岡弘一・粟津正啓・宇高 忠・谷口一雄）
32. 寛永通宝における主要金属元素の分布測定（村松康司・大江剛志・小川理絵・西埜 誠・大野ひとみ・内原 博・衣川良介）
33. 散乱X線の理論強度を用いる少量有機試料の蛍光X線分析（小川理絵・越智寛友・西埜 誠・市丸直人・大和亮介）
34. 鉛ガラス－鉛系釉薬試料の蛍光X線分析における検量線法の適用（権代紘志・阿部善也・中井 泉）
35. 蛍光X線検出用電気化学セルの開発と電極反応のその場蛍光X線分析（早川慎二郎・田畑春奈・島本達也・森 聡美・廣川 健）
36. 放射光マイクロビーム蛍光X線分析とXAFS解析によるホンモンジゴケ（Scopelophila cataractae）体内における銅と鉛の蓄積に関する研究（吉井雄一・保倉明子・阿部知子・井藤賀操・榊原 均・寺田靖子・中井 泉）

III 技術ノート

37. Tsallisエントロピーを用いた蛍光X線マトリックス効果の解析（河合 潤・岩崎寛之・Ágnes NAGY）
38. Localised impurity analysis of a 45°inclined sample by grazing-exit SEM-EDX (Abbas ALSHEHABI・Jun KAWAI)

IV 国際会議報告

39. The 8th China Conference on X-Ray Spectrometry (Shangjun ZHUO)
40. 環太平洋国際化学会議PACIFICHEM2010における軟X線分析シンポジウム "Analytical Applications and New Technical Developments of Soft X-Ray Spectroscopy" の報告（村松康司）
41. EXRS 2010 国際会議報告（保倉明子）

V． 新刊紹介

42. "Portable X-ray Fluorescence Spectrometry: Capabilities for In Situ Analysis"
43. "X-Ray Optics and Microanalysis, Proceedings of the 20th International Congress: AIP Conference Proceedings No. 1221"
44. "Introduction to XAFS, A Practical Guide to X-ray

Absorption Fine Structure Spectroscopy"
45. "Synchrotron-Based Techniques in Soils and Sediments"
46. 「すべて分析化学者がお見通しです－薬物から環境まで微量でも検出するスゴ腕の化学者」
47. "X-Rays in Nanoscience"
48. 「科学技術 X の謎：天文・医療・文化財あらゆるものの姿をあらわす X 線にせまる」
49. 「放射光による応力とひずみの評価」

Ⅵ 既掲載 X 線粉末回折図形索引 No.1（Vol.8）～No.10（Vol.18）（物質名と化学式名による）

Ⅶ 2010 年 X 線分析のあゆみ
1. X 線分析関係国内講演会開催状況
2. X 線分析研究懇談会講演会開催状況
3. X 線分析研究懇談会規約
4. 「X 線分析の進歩」投稿の手引き
  第 5 回浅田榮一賞
5. （社）日本分析化学会 X 線分析研究懇談会 2011 年度運営委員名簿

Ⅷ X 線分析関連機器資料
Ⅸ 既刊総目次
Ⅹ X 線分析の進歩 42　索引

◇ X 線分析の進歩 43（X 線工業分析第 47 集）
（平成 24 年（2012）発行）
B5 判 535 頁　本体価格 5,500 円
アグネ技術センター

Ⅰ 総説・解説
1. 2011 年 X 線分析関連文献総合報告（江場宏美・篠田弘造・高山 透・永谷広久・中野和彦・原田雅章・前尾修司・松林信行・森 良弘・山本 孝）
2. EPMA の定義と英和対訳版 ISO 規格へのコメン（河合 潤）
3. 和歌山カレー砒素事件鑑定資料―蛍光 X 線分析（河合 潤）
4. 合成化学研究室における X 線結晶解析―多核金属錯体を中心に（御厨正博）
5. X 線反射率解析における問題点とその改良（藤居義和）

Ⅱ 原著論文
6. 波長分散型蛍光 X 線分析による元素情報を利用した平行ビーム X 線回折法を用いた回折－吸収定量法の鎮痛剤への応用（岩田明彦・河合 潤）
7. The Compact TXRF Cell on Base of the Planar X-Ray Waveguide-Resonator（V.K. Egorov・E.V. Egorov）
8. 低軟 X 線領域における大口径シリコンドリフト検出器を利用した部分蛍光収量 XAFS 測定（与儀千尋・石井秀司・中西康次・渡辺 巌・小島一男・太田俊明）
9. NEXAFS 法を用いたスパッタリング c-BN 薄膜の評価（新部正人・小高拓也・堀 聡子・井上尚三）
10. 毛髪のカルシウム含量と酸化状態のサブミクロン顕微マッピング（伊藤 敦・井上敬文・竹原孝二・瀧 慶暁・篠原邦夫）
11. 禁止帯領域で得られるスペクトルを用いたエネルギー非走査 XPS の補正（望月崇宏・里園 浩）
12. N-K 吸収スペクトルにおける TEY 法および TFY 法での分析深さの評価（小高拓也・新部正人・三田村 徹）
13. 蛍光 X 線分析法による鉱石及び土壌の化学分析（丸茂克美・小野木有佳・野々口 稔）
14. 土器の蛍光 X 線分析―主成分酸化物の日常分析のための少量試料ガラスビードと，定量に関する幾つかの検討（中山健一・市川慎太郎・中村利廣）
15. 海水試料の全反射蛍光 X 線分析における試料準備方法の検討（吉岡達史・今西由紀子・辻 幸一・高部秀樹・秋岡幸司・土井教史・荒井正浩）
16. SAGA-LS の現状と BL11 での XAFS 測定の材料研究への展開（岡島敏浩・大谷亮太・隅谷和嗣・河本正秀）
17. Hard Disk Top Layer Analysis by Total Reflection X-Ray Photoelectron Spectroscopy (TRXPS)（Abbas ALSHEHABI・Nobuharu SASAKI・Jun KAWAI）
18. 小型 X 線分析顕微鏡の開発（駒谷慎太郎・青山朋樹・大澤澄人・辻 幸一）
19. ランタン近傍元素（I, Cs, Ba, La, Ce, Pr, Nd）の $L\gamma$ スペクトル（林 久史・金井典子・竹原由貴・大平香奈・山下ната里）
20. XPS による帯電液滴照射と低速単原子イオン照射後の高分子材料表面解析（飯島善時・成瀬幹夫・境 悠治・平岡賢三）
21. 蛍光 X 線分析法による高強熱増量ガラスビードの定量分析―フェロシリコンへの適用例―（井上 央・山田康治郎・渡辺 充・本間 寿・原 真也・片岡由行）
22. 酸化ニッケル担持金触媒の状態分析（西川裕昭・川本大祐・大橋弘範・陰地 宏・本間徹生・小林康浩・岡上吉広・濱崎昭行・石田玉青・横山拓史・徳永 信）
23. X 線吸収分光法と ^{197}Au Mösbauer 分光法を組み合わせた金属酸化物担持金触媒のキャラクタリ

ゼーション：金合金生成の確認（川本大祐・西川裕昭・大橋弘範・陰地 宏・本間徹生・小林康浩・濱崎昭行・石田玉青・岡上吉広・德永 信・横山拓史）
24. 蛍光X線分析法による寒天電解質中の金属イオンの拡散係数の測定（服部英喜・原田雅章）
25. 貴重考古資料である「せん佛」のX線分析顕微鏡を用いた科学分析（杉下知絵・藤原 学・松下隆之・池田重良）
26. 中国古代紙史料である大谷文書紙片の科学分析（白澤恵美・藤原 学・江南和幸・池田重良）
27. X線分析による中央アナトリア鉄器時代の土器に使用された黒/褐色系顔料の特性化（五月女祐亮・黄 嵩凱・中井 泉）
28. 科学捜査のための高エネルギー放射光蛍光X線分析法による土砂試料中の微量重元素の定量法の開発（古谷俊輔・黄 嵩凱・前田一誠・鈴木裕子・阿部善也・大坂恵一・伊藤真義・太田充恒・二宮利男・中井 泉）
29. 放射光蛍光X線分析を用いる重金属超蓄積シダ植物ヘビノネゴザ（Athyrium yokoscense）におけるCd蓄積機構の研究（田岡裕規・保倉明子・後藤文之・吉原利一・阿部知子・寺田靖子・中井 泉）
30. 高感度蛍光X線分析装置を用いる唐辛子中微量元素の定量および産地判別手法の開発（柴沢 恵・久世典子・稲垣和三・中井 泉・保倉明子）
31. 焦電結晶上での二元X線発生機構（山岡理恵・山本 孝・湯浅賢俊・今井昭二）
32. X-Ray Reflection Tomography Reconstruction for Surface Imaging: Simulation Versus Experiment（Vallerie Ann INNIS-SAMSON1・Mari MIZUSAWA・Kenji SAKURAI）
33. 西洋漆喰施工後に生じる白華現象のX線分析による解明（西岡 洋・村松康司・廣瀬美佳）
34. ニュースバル多目的ビームラインBL-10における軟X線吸収分析（1）；分光特性評価と軽元素標準物質のXANES測定（村松康司・潰田明信・原田哲男・木下博雄）
35. 金属基板上に蒸発乾固した液体有機化合物の全電子収量XANES測定（村松康司・Eric M. Gullikson）
36. 炭素系試料の全電子収量CK端XANESにおけるπ*/σ*ピーク強度比の考察；sp^2炭素とsp^3炭素からなる粒子混合系と分子系の比較（村松康司・Eric M. Gullikson）
37. ポータブル蛍光X線分析装置を用いた熊本県・茨城県出土古代ガラスの考古化学的研究（松崎真弓・白瀧絢子・池田朋生・中井 泉）
38. SEM-EDXにおける絶縁試料の帯電の有無によるX線スペクトル変化（酒徳唱太・今宿 晋・河合 潤）
39. エネルギー分散方式と単色X線励起の組合せによる軟X線領域の高感度化（村岡弘一・宇高 忠）
40. 単素子SDDを用いる蛍光XAFS測定系とカルシウム水溶液についてのK殻XAFS測定（早川慎二郎・島本達也・野崎恭平・生天目博文・廣川 健）

III 技術ノート
41. ブランド品財布と偽造品のSEM-EDXを用いた像観察および組成分析（澤 龍・河合 潤）

IV 国際会議報告
42. 第4回Xエ線ファンダメンタル・パラメータ国際ワークショップ報告（河合 潤）
43. 第14回TXRF報告［2011年6月6-9日，ドイツ・ドルトムント］（岩田明彦）
44. ICXOM21報告（玉作賢治）
45. CSI37報告（岡島敏浩）
46. Report on 9th Chinese X-Ray Spectrometry Conference (CXRSC)（Ying LIU）
47. 第60回デンバーX線会議報告（今宿 晋）
48. 国際分析科学会議（ICAS 2011）（2011年5月22日～25日国立京都国際会館）（保倉明子）

V 新刊紹介
49. "Charged Particle and Photon Interactions with Matter: Recent Advances, Applications, and Interface"
50. 「現代物理学［展開シリーズ］3 光電子固体物性」
51. 「同期輻射応用基礎」
52. "Elements of Modern X-Ray Physics (Second Edition)"
53. 「科学ジャーナリズムの先駆者—評伝 石原純」
54. 「いにしえの美しい色—X線でその謎にせまる—ツタンカーメンから，陶磁器，仏教美術まで」

VI 2011年X線分析のあゆみ
1. X線分析関係国内講演会開催状況
2. X線分析研究懇談会講演会開催状況
3. X線分析研究懇談会規約
4. 「X線分析の進歩」投稿の手引き
  第6回浅田榮一賞
5. （社）日本分析化学会X線分析研究懇談会2011年度運営委員名簿

VII X線分析関連機器資料
VIII X線分析の進歩43 索引

◇X線分析の進歩 44（X線工業分析第 48 集）
（平成 25 年（2013）発行）
B5 判 356 頁　本体価格 5,500 円
アグネ技術センター

1. 追悼　宇高忠さんを偲んで（谷口一雄）

I　総説・解説

2. 絶縁性試料の SEM-EDX 分析（澤　龍・今宿　晋・河合　潤）
3. Peculiarities of the Planar Waveguide-Resonator Application for TXRF Spectrometry（V. K. Egorov・E. V. Egorov）
4. 2012 年 X 線分析関連文献総合報告（江場宏美・国村伸祐・篠田弘造・永谷広久・中野和彦・保倉明子・松林信行・森　良弘・山本　孝）
5. 和歌山毒カレー事件の法科学鑑定における放射光 X 線分析の役割（中井　泉・寺田靖子）

II　原著論文

6. Influence of Substrate Direction on Total Reflection X-Ray Fluorescence Analysis（Ying LIU・Susumu IMASHUKU・Deh Ping TEE・Jun KAWAI.）
7. トバモライト生成過程における前駆体 C-S-H ゲルの構造（松野信也・名雪三依・菊間　淳・松井久仁雄・小川晃博）
8. XRF Analysis of Soils Contaminated by Dust Falls（Katsumi MARUMO・Nobuhiko WADA・Hideki OKANO・Yuka ONOKI）
9. 複合型 X 線光学素子を備えた微小部蛍光 X 線分析装置の開発と評価（松矢淳宣・辻　幸一）
10. 角度分解 XPS 測定によるフォトレジスト膜表面重合フッ素化合物の深さ方向分析（飯島善時・久保田俊夫・追中脩平）
11. 鉛 L 線とヒ素 K 線の重なり I ―ヒ素の K 線強度の変化（岩田明彦・河合　潤）
12. 鉛 L 線とヒ素 K 線の重なり II ―鉛の L 線強度比の変化（岩田明彦・河合　潤）
13. デジタル・オシロスコープによる焦電結晶の X 線発生時間変化測定（大平健悟・今宿　晋・河合　潤）
14. 焦電結晶を用いた小型 EPMA の製作（今西　朗・今宿　晋・河合　潤）
15. 和歌山カレーヒ素事件鑑定資料の軽元素組成の解析（河合　潤）
16. 蛍光 X 線分析と X 線透過画像撮影機能を持つポータブル X 線分析装置の開発（安田啓介・Chuluunbaatar Batchuluun・川越光洋）
17. 高エネルギー放射光蛍光 X 線分析を利用した古代土器の産地推定（河野由布子・黄　嵩凱・阿部善也・中井　泉）
18. 蛍光 X 線分析を用いたサトイモの微量元素分析と産地判別への応用（岩崎美穂・今井晶子・中村　哲・鈴木忠直・中井　泉）
19. 佐賀県鳥栖市出土の古代ガラスに関する考古化学的研究（松崎真弓・白瀧絢子・池田朋生・中井　泉）
20. ハンドヘルド型蛍光 X 線分析装置を用いた汚染地域における植物と土壌の分析（岡部哲也・Tantrakarn Kriengkamol・阿部善也・中井　泉）
21. ニュースバル多目的ビームライン BL10 における軟 X 線吸収分析（2）；前置ミラーの炭素汚染除去による分光特性の向上と工業ゴムの軟 X 線吸収分析への適用（村松康司・漬田明信・植村智之・原田哲男・木下博雄）
22. 非酸化物試料のガラスビード法による蛍光 X 線分析―ファンダメンタル・パラメータ法による炭化ケイ素の定量分析―（渡辺　充・山田康治郎・井上　央・片岡由行）
23. 焦電結晶を用いた密封系小型高電場発生ユニットの製作と電場触媒反応への応用に向けた試み（山岡理恵・坂上知里・馬木良輔・山本　孝）
24. X 線回折法によるジルコニア結晶化過程に対する金属イオン添加効果の検討（寺町　葵・山下和秀・山本　孝）
25. 放射光蛍光 X 線を用いるヒ素超集積植物モエジマシダ（Pteris vittata L.）におけるヒ素およびセレン蓄積機構の解明（花嶋宏起・北島信行・阿部知子・保倉明子）
26. 絶縁物試料の転換電子収量 XAFS 測定における電位勾配の影響（早川慎二郎・進　七生・廣川　健・生天目博文）

III　国際会議報告

27. 第 3 回モンゴル X 線国際会議報告（河合　潤）
28. 第 13 回 SARX2012 報告［2012 年 11 月 18-23 日，コロンビア・サンタマルタ］（岩田明彦）
29. 第 61 回デンバー X 線会議 2012 報告（平野新太郎）
30. EXRS 2012 国際会議報告［2012 年 6 月 18 日～22 日，オーストリア・ウィーン］（保倉明子）

IV　新刊紹介

31. "X-Rays and Materials"
32. 「X 線散乱と放射光科学　基礎編」
33. 「X 線物理学の基礎」
34. 「放射光ユーザーのための検出器ガイド―原理と

　　　　使い方」
35. "Topics in X-Ray Spectrometry"
36. "The X-Ray Standing Wave Technique, Principles and Applications"
37. 「分析化学実技シリーズ機器分析編・6　蛍光X線分析」

Ⅴ　既掲載X線粉末回折図形索引 No.1（Vol.8）～No.10（Vol.18）（物質名と化学式名による）
1. X線分析関係国内講演会開催状況
2. X線分析研究懇談会講演会開催状況
3. X線分析研究懇談会規約
4. 「X線分析の進歩」投稿の手引き
　　第7回浅田榮一賞
5. （公社）日本分析化学会X線分析研究懇談会2012年度運営委員名簿

Ⅶ　X線分析関連機器資料
Ⅷ　既刊総目次
Ⅸ　X線分析の進歩44　索引

◇X線分析の進歩45（X線工業分析第49集）
（平成26年（2014）発行）
B5判397頁　本体価格5,500円
アグネ技術センター

1. 追悼元山宗之博士を偲んで（村松康司・上月秀徳）

Ⅰ　総説・解説
2. X線ラマン散乱の90年―その過去，現在，未来―（林 久史）
3. ガラスキャピラリーを用いたイオンビーム収束，低速原子散乱法，X線収束の研究（梅澤憲司）
4. X線分析から消えた言葉（林 久史）
5. サンプルリターンにおける放射光軟X線分光分析の役割：惑星物質探査から将来生命探査まで（薮田ひかる）

Ⅱ　原著論文
6. ポータブルX線装置による屋外通信設備材料の評価の検討（東 康弘・中江保一・河合 潤・篠塚 功・澤田 孝）
7. 和歌山カレーヒ素事件における卓上型蛍光X線分析の役割（河合 潤）
8. 和歌山カレーヒ素事件鑑定における赤外吸収分光の役割（杜 祖健・河合 潤）
9. XPS価電子帯およびXANESスペクトルと第一原理計算による加熱劣化6, 13-bis (triisopropyl silylethynyl) pentacene の化学状態解析（室 麻衣子・夏目 穣・菊間 淳・瀬戸山寛之）
10. トバモライト生成過程における前駆体C-S-Hゲルの構造（Ⅱ）小角散乱（松野信也・名雪三依・坂本直紀・松井久仁雄・小川晃博）
11. リアルタイム蛍光X線顕微鏡の ray-tracing（桑原章二）
12. ストレートポリキャピラリーと二次元検出器を備えた波長分散型蛍光X線イメージング装置の開発と特性評価（江本精二・辻 幸一・加藤秀一・山田 隆・庄司 孝）
13. 3d遷移金属のL特性X線における結合状態・励起条件の影響評価（上原 康・本谷 宗）
14. 姫路城いぶし瓦の劣化評価（1）；表面炭素膜の放射光軟X線吸収分析（村松康司・古川佳保・村上竜平・小林正治・Eric M. GULLIKOSON）
15. 姫路城いぶし瓦の劣化評価（2）；SEM-EDXによる表面炭素膜の膜厚測定（村上竜平・村松康司・小林正治）
16. 焦電結晶によるX線発生における放電現象とX線強度のエネルギー依存性（大平健悟・今宿 晋・河合 潤）
17. 焦電結晶を用いた小型EPMAによる軽元素の分析（大谷一誓・今宿 晋・河合 潤）
18. ポータブル全反射蛍光X線分析装置を用いたガソリン中の硫黄分析（永井宏樹・椎野 博・中嶋佳秀）
19. ハンディーサイズ全反射蛍光X線分析装置によるひじき浸出水中の微量元素分析（劉 穎・今宿 晋・河合 潤）
20. 小型白色X線管を用いたX線反射率測定装置（大西庸礼・今宿 晋・弓削是貴・河合 潤・志村尚美）
21. 蛍光X線分析法によるCH比や酸素濃度が異なるオイル中無機元素の定量分析（森川敦史・川久保航介・渡邉健二・山田康治郎・片岡由行）
22. 氷砂糖とイオン結晶の破壊におけるX線と可視光の発生（横井 健・松岡駿介・今宿 晋・河合 潤）
23. NaClのカラーセンター着色（辻 拓哉・岩崎寛之・河合 潤）
24. 共焦点型3次元蛍光X線分析法によるリチウムイオン二次電池の電極材料分析（八木良太・平野新太郎・辻 幸一・Mareike Falk・Jurgen Janek・Ursula Fittschen）
25. 116 keVの高エネルギー放射光を用いた蛍光X線分析による古代ガラスの非破壊重元素分析法の開発（阿部善也・菊川 匡・中井 泉）
26. ニュースバル多目的ビームラインBL10における軟X線吸収分析（3）；液体有機化合物とエンジ

ンオイルの状態分析（植村智之・村松康司・南部啓太・原田哲男・木下博雄）
27. 宮崎県・鹿児島県から出土した古代ガラスの考古化学的研究（柳瀬和也・松﨑真弓・澤村大地・橋本英俊・東 憲章・永濱功治・中井 泉）
28. 放射光蛍光X線イメージングによるチャノキにおけるCs吸収・蓄積機構に関する研究（小田菜保子・寺田靖子・中井 泉）
29. SDD用真空コリメーターの開発と大気中での軽元素蛍光X線分析（牧野泰希・吉岡剛志・百崎賢二郎・辻 笑子・野口直樹・西脇芳典・橋本 敬・本多定男・二宮利男・藤原明比古・高田昌樹・早川慎二郎）
30. 積層した焦電結晶によるX線発生挙動およびその温度依存性（山本 孝・馬木良輔・山岡理恵）

III 国際会議報告
31. 第38回真空紫外・X線物理国際会議（VUVX2013）報告（林 久史）
32. 第62回デンバーX線会議報告（秋岡幸司・辻 幸一）
33. Report on 10th Chinese X-Ray Spectrometry Conference (CXRSC)（Ying LIU）
34. 第49回X線分析討論会および第15回全反射蛍光X線分析法（TXRF2013）国際会議合同会議報告（辻 幸一）
35. CSI XXXVIII 参加報告（久冨木志郎）
36. 廣川吉之助先生 叙勲のお祝い（佐藤成男）

IV 新刊紹介
37. 「石岡繁雄が語る氷壁・ナイロンザイル事件の真実」
38. 「薄膜の評価技術ハンドブック」
39. "Handheld XRF for Art and Archaeology (STUDIES IN ARCHAEOLOGICAL SCIENCES)"
40. 「私は66歳，99歳まで人生を楽しもうか」

V 既掲載X線粉末回折図形索引 No.1（Vol.8）～No.10（Vol.18）（物質名と化学式名による）

VI 2013年X線分析のあゆみ
1. X線分析関係国内講演会開催状況
2. X線分析研究懇談会講演会開催状況
3. X線分析研究懇談会規約
4. 「X線分析の進歩」投稿の手引き 第8回浅田榮一賞
5. （社）日本分析化学会X線分析研究懇談会2013年度運営委員名簿

VII X線分析関連機器資料

VIII 既刊総目次
IX X線分析の進歩45 索引

◇ X線分析の進歩46（X線工業分析第50集）
（平成27年（2015）発行）
B5判405頁 本体価格5,500円
アグネ技術センター

1. 追悼 Dennis Lindle教授（上原 康）

I 総説・解説
2. Low Power Total Reflection X-Ray Fluorescence Spectrometry: A Review（Ying LIU）
3. X線発生装置の原理と設計（勝部祐一）
4. 和歌山カレーヒ素事件における頭髪ヒ素鑑定の問題点（河合 潤）
5. コメ中カドミウムの分析：原子吸光分析法と蛍光X線分析法（乾 哲朗，中村利廣）
6. 蛍光X線分析の試料調製 ―基本と実例―（市川慎太郎・中村利廣）
7. 尾形光琳作 国宝《紅白梅図屏風》の蛍光X線分析による解析の問題点と制作技法の解明（野口 康）
8. 超伝導直列接合検出器の開発（倉門雅彦・谷口一雄）
9. 走査型蛍光エックス線顕微鏡による細胞内元素局在―細胞生物・医学への応用―（志村まり・松山智至）
10. ハンドヘルドXRFの機能向上と産業，環境，学術研究分野における役割の拡大（野上太郎・牟田史仁）
11. 多層膜回折格子の放射光への応用―keV領域回折格子分光器ビームラインにおける新展開―（小池雅人・今園孝志・石野雅彦）
12. 3 GeV高輝度東北放射光計画の概要と光源性能（濱 広幸）

II 原著論文
13. 放射光XRFおよびXAFSを用いた超硬合金肺病理標本中の元素分析（宇尾基弘・和田敬広・杉山知子・中野郁夫・木村清延・谷口菜津子・猪又崇志・今野 哲・西村正治）
14. 実験室用・1結晶型・高分解能X線分光器によるCrとFe化合物の化学状態分析（林 久史）
15. 焦電結晶を用いた投影型電子顕微鏡（大谷一誓・今宿 晋・河合 潤）
16. 蛍光X線分析法による寒天中のイオンの拡散過程の観察（原田雅章）
17. 微小部蛍光X線分析装置による海底熱水鉱床産

硫化物の化学分析（丸茂克美・中嶋友哉・渡邊祐二）
18. ルースパウダー蛍光 X 線分析法による CO_2 貯留対象層のコア試料の迅速定量化への適用（中野和彦・伊藤拓馬・高原晃里・森山孝男・薛 自求）
19. フォトンカウンティング法を利用した実験室系結像型蛍光 X 線顕微鏡（青木貞雄・鬼木 崇・今井裕介・橋爪惇起・渡辺紀生）
20. 結晶子形状に強い異方性を持つ硫酸カルシウム二水和物の X 線回折分析（大渕敦司・紺谷貴之・藤縄 剛）
21. 偏光光学系 EDXRF を用いた FP 法による PM2.5 の成分分析（森川敦史・池田 智・森山孝・堂井 真）
22. ポータブル全反射蛍光 X 線分析装置を用いた野菜中微量ひ素および鉛分析法の検討（国村伸祐・横山達哉）
23. 共焦点型蛍光 X 線分析法による置換めっきプロセスのモニタリング（北戸雄大・平野新太郎・米谷紀嗣・辻 幸一）
24. 放射光 X 線分析を用いた東北地方の法科学土砂データベースの構築と土砂試料の起源推定法の開発（今 直誓・古谷俊輔・前田一誠・岩井桃子・阿部善也・大坂恵一・伊藤真義・中井 泉）
25. 福島県の土壌を用いた Cs 吸着挙動の研究（諸岡秀一・阿部善也・小暮敏博・中井 泉）
26. 姫路城いぶし瓦の劣化評価 (3)；放射光軟 X 線吸収分光による表面炭素膜の元素マッピング（村松康司・村上竜平・Eric M. GULLIKSON）
27. ニュースバル多目的ビームライン BL10 における軟 X 線吸収分析 (4)；軟 X 線吸収分析装置の導入と有機薄膜試料の軟 X 線吸収・反射率分析（植村智之・村松康司・南部啓太・福山大輝・九鬼真輝・原田哲男・渡邊健夫・木下博雄）
28. 二重湾曲結晶と SDD を用いた多元素同時分析可能な波長分散型蛍光 X 線分析装置の開発（大森崇史・河本恭介・石井秀司・谷口一雄）
29. エネルギー分散型蛍光 X 線分析装置による米中の Cd スクリーニング法の考え方（タンタラカーンクリアンカモル・河本恭介・大森崇史・柴沢 恵・石井秀司・谷口一雄）
30. 簡易な蛍光 X 線キットによるタンタルの定量（国谷譲治）
31. 惑星探査機搭載に向けた蛍光 X 線分光計の焦電結晶 X 線発生装置の基礎開発（長岡 央・長谷部信行・草野広樹・大山裕輝・内藤雅之・柴村英道・久野治義）

III 国際会議報告
32. 第 63 回デンバー X 線会議報告（佐藤千晶）
33. ロシア X 線会議とボローニャ EXRS2014 報告（河合 潤）
34. 『蛍光 X 線分析の実際』（朝倉書店）の訂正願い（中井 泉）

IV 新刊紹介
35. "Worked Examples in X-Ray Analysis"
36. 「ベーシックマスター　分析化学」
37. 「マイクロビームアナリシス・ハンドブック」
38. "Laboratory Micro-X-Ray Fluorescence Spectroscopy, Instrumentation and Applications"
39. "Total-Reflection X-Ray Fluorescence Analysis and Related Methods"
40. "Street Smart Kids: Common Sense for the Real World"
41. 「「金属」2014/9 臨時増刊号　ハンドヘルド蛍光 X 線分析の裏技」

V 既掲載 X 線粉末回折図形索引 No.1（Vol.8）～ No.10（Vol.18）（物質名と化学式名による）

VI 2014 年 X 線分析のあゆみ
1. X 線分析関係国内講演会開催状況
2. X 線分析研究懇談会講演会開催状況
3. X 線分析研究懇談会規約
4. 「X 線分析の進歩」投稿の手引き
   第 9 回 浅田榮一賞
5. （公社）日本分析化学会 X 線分析研究懇談会 2014 年運営委員名簿

VII X 線分析関連機器資料
VIII 既刊総目次
IX X 線分析の進歩 46　索引

◇ X 線分析の進歩 47（X 線工業分析第 51 集）
（平成 28 年（2016）発行）
B5 判 397 頁　本体価格 5,500 円
アグネ技術センター

1. 鎌田仁先生を偲んで（二瓶好正・合志陽一）

I 総説・解説
2. 量子力学における数値計算法—計算科学と応用数理の統合とマルチ・ディシプリンの推進—（石川英明）
3. 「水やベンゼン中のプラズマ励起」始末：VUV 反射測定 vs. X 線小角非弾性散乱分光（林 久史）
4. 惑星探査における蛍光 X 線分光（長谷部信行・草野広樹・長岡 央）

5. Review on X-ray Fluorescence Spectrometry in Mongolia （BOLORTUYA Damdinsuren・ZUZAAN Purev）
6. 和歌山カレーヒ素事件における亜ヒ酸鑑定の問題点（上羽 徹・河合 潤）

II 原著論文
7. 実験室系 XAFS 装置を用いた皮革，めっき，鉱石中の六価クロムの分析（山本 孝・近藤正哉）
8. 担持金触媒前駆体の金とニッケルのキャラクタリゼーション（安東宏晃・川本大祐・大橋弘範・小林康浩・石田玉青・岡上吉広・徳永 信・横山拓史）
9. Progress in TXRF spectrometry achieved by modified waveguide-resonator application （E. V. EGOROV・M. S. AFANAS'EV・V. K. EGOROV）
10. 海洋における金属腐食の SEM-EDX 分析（Long ZE・Qiang XU・Hui YANG・Lan WU）
11. 蛍光 X 線分析法による寒天中を拡散する硫酸銅 $CuSO_4$ の分析（原田雅章・喰田 葵）
12. 散乱 X 線の理論計算を用いた医薬品・食品中不純物元素の蛍光 X 線分析（市丸直人・渡邊信次・古川博朗・鈴木桂次郎・寺下衛作・西埜 誠・越智寛友）
13. 蛍光 X 線分析用の汚染土壌データ管理用試料の作成（丸茂克美・キョー・ゾウ・タン）
14. X 線回折ラインプロファイル解析によるステンレス鋼の加工硬化中の転位挙動解析（加藤倫彬・佐藤成男・齋藤洋一・轟 秀和・鈴木 茂）
15. X 線回折ラインプロファイル解析法による銅合金の応力緩和現象の組織因子解明（内田真弘・佐藤成男・森 広行・伊藤優樹・牧 一誠・佐藤こずえ・鈴木 茂）
16. 可搬型蛍光 X 線分析装置による楽浪土城址および楽浪古墳出土古代ガラスと日本出土古代ガラスの化学組成の比較（柳瀬和也・小寺智津子・澤村大地・村串まどか・中井 泉）
17. カソードルミネッセンス法による金属材料中の介在物の迅速同定（小野晃一朗・今宿 晋・我妻和明）
18. 可搬型蛍光 X 線分析装置を用いた中央アジア出土古代ガラスの化学組成とその流通について（村串まどか・澤村大地・柳瀬和也・ラプチェフ・セルゲイ・A. ISIRALIEVA・稲垣 肇・S. BOBOMULLOYEV・中井 泉）
19. 福島県の都市ごみ焼却飛灰の組成分析と放射性セシウムの分析（大渕敦司・越智康太郎・小池裕也・野村貴美・紺谷貴之・山田康治郎・藤縄 剛・中村利廣）
20. 放射光 X 線分析を用いた北陸地方の法科学土砂データベースの構築と実用化へ向けた検討（平尾将崇・前田一誠・岩井桃子・今 直誓・廣川純子・阿部善也・大坂恵一・伊藤真義・中井 泉）
21. ハンドヘルド蛍光 X 線分析装置を用いた水中の微量元素イオンの現場定量（萩原健太・小池裕也・相澤 守・中村利廣）
22. ケイ素鋼中の Fe Kα 線の蛍光 X 線ケミカルシフト（田中亮平・弓削是貴・河合 潤）
23. 蛍光 X 線分析用標準物質の均質性と微小部蛍光 X 線分析への適応（山梨眞生・後藤淳志・辻 幸一）
24. ガラスビード法を用いた蛍光 X 線分析による多品種一括検量線の検討（高原晃里・森山孝男・山田康治郎）
25. 内部短絡低減を目的としたリチウムイオン二次電池部材検査への X 線技術の応用（篠原圭一郎・大柿真毅）
26. 共焦点型微小部蛍光 X 線分析における X 線理論強度計算（河原直樹・松野剛士・辻 幸一）
27. 微小な金属粒子に特異な X 線吸収スペクトル（Nik Afiza・山本悠策・丸山かれん・中村光希・山下翔平・片山真祥・稲田康宏）
28. 高エネルギー軟 X 線領域 XAFS における表面敏感検出のための新型部分電子収量検出器の開発（小川雅裕・家路豊成・中西康次・太田俊明）
29. 軟 X 線 XAFS によるリチウム過剰層状酸化物正極の電荷補償機構解析（山中恵介・大石昌嗣・中西康次・渡辺 巌・太田俊明）

III 国際会議報告・会議報告
30. CSI 2015 参加報告（中島啓光・岡島敏浩）
31. 第 65 回デンバー X 線会議報告（小川理絵・古川博朗）
32. 第 9 回 X 線非弾性散乱についての国際会議（IXS2015）報告（平岡 望）
33. モンゴル・ウランバートルで 2015 年 6 月に開催された第 4 回 X 線分析国際会議報告（A. Revenko・P. Zuzaan・D. Bolortuya）
34. 環太平洋国際化学会議 PACIFICHEM2015 における先端的軟 X 線分析シンポジウム "Advanced Analytical Applications and New Technical Developments of Soft X-Ray Spectroscopy" の報告（村松康司）
35. 第 11 回中国 X 線分光会議報告（辻 幸一）
36. 第 51 回 X 線分析討論会の報告（村松康司）

Ⅳ 新刊紹介
37. "Nonrelativistic Quantum X-Ray Physics"（河合 潤）
38. 「改訂 実感する化学 下巻 生活感動編」（林 久史）
39. "XRF in the workplace—A guide to Practical XRF Spectrometry"（桜井健次）
40. 「X射线荧光光谱分析 第二版」（河合 潤）
41. "X-Ray Absorption and X-Ray Emission Spectroscopy: Theory and Applications"（林 久史）
42. "Guidelines for XRF analysis—Setting up programmes for WDXRF and EDXRF"（桜井健次）

Ⅴ 既掲載X線粉末解析図形索引 No.1（Vol.8）〜No.10（Vol.18）（物質名と化学式名による）

Ⅵ 2015年 X線分析のあゆみ
1. X線分析関係国内講演会開催状況
2. X線分析研究懇談会講演会開催状況
3. X線分析研究懇談会規約
4. 「X線分析の進歩」投稿の手引き
   第10回浅田榮一賞
5. （公社）日本分析化学会X線分析研究懇談会2015年運営委員名簿

Ⅶ X線分析関連機器資料
Ⅷ 既刊総目次
Ⅸ X線分析の進歩47 索引

◇ X線分析の進歩48（X線工業分析第52集）
（平成29年（2017）発行）
B5判459頁 本体価格5,500円
アグネ技術センター

1. 宇田川康夫先生を偲ぶ（林 久史）

Ⅰ．総説・解説
2. 私家版・レントゲンとその時代（林 久史）
3. 超高速時間分解電子線回折法を用いた固体中の原子・分子ダイナミクス解析（羽田真毅）
4. 和歌山カレー毒素事件における水素化物生成原子吸光頭髪鑑定捏造（上羽 徹・河合 潤）
5. X線回折による固液界面の静的・動的構造（中村将志）
6. X線表面散乱法を用いた有機薄膜の構造形成と表面・界面モルフォロジーのその場観察（髙橋 功）
7. X線分析と溶液中のイオン・分子（脇田久伸）
8. 高強度ハードX線場では何が期待できるか？（米田仁紀）
9. X線分析による二次元ナノ物質の開拓（福田勝利）
10. 15年目を迎えたX線分析情報メーリングリスト（桜井健次）
11. International Conference on X-Ray and Related Techniques in Research and Industry 2016（ICXRI 2016）（桜井健次）

Ⅱ．原著論文
12. 全反射蛍光X線分析法による干した食用可能野生キノコの戻し水のカリウム（K）測定（山口敏朗・石井慶造・松山成男・寺川貴樹・新井宏受・大沼 透・荒井 宏・田久創大・松山哲生・長谷川晃）
13. 海洋におけるAl-Mg合金の孔食のSEM-EDX分析（Long ZE・He ZHANG・Abbas BABAPOUR・Hui YANG and Lan WU）
14. ボロン-K発光分光計測のための高回折効率広角ラミナー型回折格子（小池雅人・羽多野忠・浮田龍一・笹井浩行・長野哲也）
15. 結晶配向性と励起エネルギーを変化させたグラファイトにおけるC-K発光スペクトルの入/出射角度依存性（竹平徳崇・新部正人・荒木佑馬・徳島 高）
16. タングステンジルコニウム水酸化物結晶脱水過程のXRD/XAFS観察およびその酸触媒特性（山本 孝・近藤真季・入江智章・谷間直人）
17. 奈良絵本「伊勢物語」断片に使用された赤色系混合顔料のX線分析（その1）—辰砂（HgS）と鉛丹（Pb_3O_4）の混合—（高橋瑞紀・藤原 学）
18. 全視野型EDXRFイメージング装置の開発と特性評価（瀧本雄毅・山梨眞生・Francesco Paolo Romano・辻 幸一）
19. 微生物起源マンガンノジュールの粉末X線回折および蛍光X線分析（瀬山春彦）
20. 蛍光X線分析法による堆積岩中の硫黄の現場分析（加藤幸輝・福手健太郎・丸茂克美）
21. ハンドヘルド型蛍光X線分析計による河川礫種判定（南 優平・丸茂克美・手計太一・畠 俊郎）
22. X線吸収微細構造（XAFS）測定に基づく3-ヘキシルチオフェン酸化カップリング重合機構の解明（平井智康・佐藤雅尚・永江勇介・神谷和孝・小西優子・横町和俊・西堀麻衣子・高原 淳）
23. 放射光X線の回折・分光で解明する$SrIrO_3$/$SrTiO_3$超格子の電子状態（和達大樹・山村周玄・石井賢司・鈴木基寛・池永英司・松野丈夫・高木英典）
24. 蛍光収量法を用いた軟X線XAFSの分析深さと自己吸収効果（薄木智亮・伊藤亜希子・安達丈晴・速水弘子・山中恵介）
25. 北海道道央地方で出土した続縄文時代ガラスビーズの考古化学的研究（今井藍子・柳瀬和也・馬場慎介・中井 泉・中村和之・小川康和・越田賢一郎）

26. 医薬品不純物元素分析への理論散乱X線を用いたFP法の適用検討（中尾隆美・市丸直人・古川博朗・鈴木桂次郎・寺下衛作・西埜 誠・越智寛友）
27. XRDおよびXAS測定による液相合成FeNi層状水酸化物の熱分解挙動の解析（加藤玄一郎・藤枝 俊・篠田弘造・鈴木 茂）
28. 蓄電池解析のための軟X線ビームライン（立命館大学SRセンターBL-11）の開発とその応用（山中恵介・吉村真史・中西康次・渡辺 巌・太田俊明）
29. p-XRFを用いた京都府出土の中世ガラスの考古化学的研究（馬場慎介・澤村大地・村串まどか・柳瀬和也・井上暁子・竜子正彦・山本雅和・中井 泉）
30. 有機半導体4,6-bis(3,5-di-3-pyridylphenyl)-2-methylpyrimidine薄膜の軟X線吸収スペクトル解析と配向評価（太田雄規・髙橋永次・末広省吾・硯里善幸・村松康司）
31. Total-Electron-Yield Measurements of Bulk Insulating Materials by Monitoring the Surface Current Induced by Soft X-Ray Irradiation（Yasuji MURAMATSU・Eric M. GULLIKSON）
32. 金属摩擦面におけるエンジンオイル添加剤の全電子収量軟X線吸収測定（村松康司・南部啓太・高橋直子・奥山 勝・磯材典武・遠山 護・木本康司・大森俊英・Eric M. GULLIKSON）
33. 圧延鋼板に対する中性子回折ラインプロファイル解析における散乱ベクトル方位の影響（塙 健太・小貫祐介・轟 秀和・齋藤洋一・鈴木 茂・佐藤成男）
34. Electron-Induced X-Ray Intensity Ratios of Pb Lα/Lβ and As Kα/Kβ by 18-30 keV Applied Voltages（Bolortuya DAMDINSUREN・Jun KAWAI）
35. 偏光光学系における蛍光X線理論強度（田中亮平・秋庭 州・河合 潤）
36. 炭酸ニッケルへのAu(III)錯イオンの吸着を利用し調製した酸化ニッケル担持金触媒の金粒子径と触媒活性の逆相関（川本大祐・新城智央・田中和也・長谷川貴之・落合朝須美・岡上吉広・村山美乃・宇都宮聡・徳永 信・横山拓史）
37. 陸上に生息する節足動物の大アゴ先端部の亜鉛蓄積の測定（中村ちひろ・中野ひとみ・横山政昭・駒谷慎太郎）
38. X線分析顕微鏡によるペルム紀珪化泥炭化石中の脊椎動物骨の発見（中野ひとみ・中村ちひろ・横山政昭・駒谷慎太郎・武部友亮・西田治文）
39. 立命館大学SRセンター軟X線XAFSビームラインへのQuick XAFSシステムの導入（吉村真史・中西康次・光原 圭・菊崎将太・小島一男・折笠有基・太田俊明）
40. 蛍光X線分析法における不均質試料に対する前処理法の検討（高原晃里・大渕敦司・森山孝男・中野和彦・村井健介）
41. リチウムイオン二次電池中軽元素成分観察のためのその場軟X線吸収分光技術の開発（中西康次・谷田 肇・小松秀行・高橋伊久磨・為則雄祐・鶴田一樹・家路豊成・吉村真史・山中恵介・菊崎将太・折笠有基・小島一男・山本健太郎・内本喜晴・小久見善八・太田俊明）
42. 粉末ペレット/FP法による長岡CO_2地中貯留サイトコアの定量分析（中野和彦・伊藤拓馬・大渕敦司・薛 自求）
43. シダ植物ヘビノネゴザ（Athyrium yokoscense）のカルスに蓄積された希土類元素の蛍光X線分析（廣瀬菜緒子・山口直人・後藤文之・保倉明子）
44. 偏光光学系蛍光X線分析装置を用いたコンブ試料の多元素定量（船橋華子・鈴木彌生子・保倉明子）
45. マグネシウム化合物溶液のMg K-XAFS測定（家路豊成・中西康次・太田俊明）
46. 第11回浅田榮一賞

［CD-ROMのみに収録］

III. 既掲載X線粉末解析図形索引 No.1 (Vol.8) ～ No.10 (Vol.18)（物質名と化学式名による）

IV. 2016年X線分析のあゆみ
1. X線分析関係国内講演会開催状況
2. X線分析研究懇談会講演会開催状況
3. X線分析研究懇談会規約
4. 「X線分析の進歩」投稿の手引き
5. （公社）日本分析化学会X線分析研究懇談会2016年運営委員名簿

V. 既刊総目次

VI. X線分析関連機器資料
VII. X線分析の進歩48 索引

（価格は発売時の本体価格です）

「X線分析の進歩総目次」
ホームページへのリンクについて

アグネ技術センターのホームページで「X線分析の進歩」の在庫状況などを知ることができます．下記アドレスをクリックするとそのホームページにリンクします．

http://www.agne.co.jp/books/xray_index.htm

X線分析の進歩 49　索引

凡　　例

　本索引はキーワードの和文索引，キーワードの英文索引の二つに分類してある．

1. 和文についての配列はかな書きの五十音とした．
2. 和文索引における英文字（元素記号，記号，略歴など）はアルファベット読みとし，五十音に配列した．
3. 和文と英文とで構成されている用語の英文は発音読みとした．したがって例えば Rietveld 解析はリ項に入る．
4. 数字，長音（ー），ウムラウト（¨），アポストロフィー（'s），上付き，下付き（A_{x-y}），（　）中の用語は配列において無視した．
5. ギリシャ文字 α, β, γ, は alpha, bata, gammer またはアルファ，ベータ，ガンマと読んだ．
6. よう音（つまる音），促音（はねる音）は一固有音と同一に扱った．
7. 濁音，半濁音は清音と同一に扱うが，かなが同一のときは，清音，濁音，半濁音は清音と同一に扱うが，かなが同一のときは，清音，濁音，半濁音の順とした．
8. 英文索引はアルファベット順とした．

キーワード和文索引

ア行

イオウ化学形態 …………………………… 126
位相イメージング ………………………… 111
イメージング ……………………………… 83
In-situ時間分解XAFS …………………… 101
ウマノスズクサ …………………………… 249
XANES ……………………………………… 25
X線干渉計 ………………………………… 111
X線吸収分光 ……………………………… 170
X線蛍光分光 ……………………………… 25
X線自由電子レーザー …………………… 164
X線スペクトル …………………………… 195
X線分析顕微鏡 ……………………… 242, 249
X線偏光 …………………………………… 189
エネルギー分散型X線分析 ……………… 149
エネルギー分散型蛍光X線分析装置 …… 201
塩分濃度 …………………………………… 242
オストワルト熟成 ………………………… 25

カ行

絵画 ………………………………………… 258
海洋 ………………………………………… 149
過飽和モデル ……………………………… 25
鑑定分析 …………………………………… 9
機械研磨 …………………………………… 231
競合成長モデル …………………………… 25
共焦点型蛍光X線分析 …………………… 209
局所構造 …………………………………… 231
銀 …………………………………………… 149
クイックXAFS …………………………… 101
屈折コントラスト ………………………… 111
蛍光X線 …………………………………… 157
蛍光X線分析 ……………………………… 177
元素イメージング ………………………… 209
元素分析 …………………………………… 249
元素分布 …………………………………… 83
高分解能XRF ……………………………… 63
小型化 ……………………………………… 53
Compton散乱（コンプトン散乱）… 177, 189

サ行

酸化反応 …………………………………… 231
時間分解 …………………………………… 170
時間分解X線回折 ………………………… 164
自己集合 …………………………………… 25
自己組織化 ………………………………… 25
周期的な沈殿帯 …………………………… 25
樹氷 ………………………………………… 126
初期腐食 …………………………………… 149
触媒 ………………………………………… 101
食品 ………………………………………… 242
信頼性 ……………………………………… 78
スプリング-8 ……………………………… 9
3Dプリンタ …………………………… 53, 63
石炭 ………………………………………… 126
セグメンテーション ……………………… 111
絶縁物 ……………………………………… 219
Zeffイメージング ………………………… 111
遷移金属ダイカルコゲナイド …………… 164
全電子収量 ………………………………… 219
走査型電子顕微鏡 ………………………… 149
その場分析 ………………………………… 258

タ行

単結晶 ……………………………………… 157
長距離輸送 ………………………………… 126
低電力実験室XAFS ……………………… 63
定量分析 …………………………………… 78
定量マッピング分析 ……………………… 242
データねつ造（データ捏造） …………… 9
電荷分割補正 ……………………………… 83
動画 ………………………………………… 83
同軸ケーブル ……………………………… 195
ド・ブロイ波 ……………………………… 189

ナ行

鉛フリー …………………………………… 157
軟X線吸収分光 …………………………… 219
軟X線吸収分光法 ………………………… 231
燃料電池 …………………………………… 101

索引

ハ行

白色 X 線	189
波高分析器	195
BL07LSU	170
ピークフィッティング	201
光誘起相転移	170
微小部分析	209
ヒ素殺人事件	9
非破壊	242
標準物質	78
氷床コア	111
ファンダメンタルパラメータ法	78, 201
フラックス法	157
プルシアンブルー類似体	25
分光器	53
分子軌道計算	231
ヘビノネゴザ	249
ポータブル粉末 X 線回折計	258
偏光光学系	177
放射光	101, 219, 231
北斎	258

マ行

マッピング分析	249
水ガラスゲル	25
無機小球体粒子	126
毛髪分析	209

ヤ行

雪	126
$4f$ 電子	170

ラ行

リーゼガングバンド	25
リチウムイオン電池	111
冷却 CCD カメラ	83
冷却 CMOS カメラ	83
六方晶窒化ホウ素	231

ワ行

YAG：Ce	157
和歌山カレーヒ素事件	9
湾曲結晶分光器	63

キーワード英文索引

A

Aristolochia debilis ... 249
Arsenic murder incident ... 9
Athyrium yokoscense ... 249

B

Bent crystal spectrometer ... 63
BL07LSU ... 169

C

Catalyst ... 101
Charge sharing correction ... 83
Coal ... 126
Coaxial cable ... 195
Compton scattering ... 177, 189
Confocal micro X-ray fluorescence analysis ... 209
Continuous white X-rays ... 189
Cooled CCD camera ... 83
Cooled CMOS camera ... 83

D

Data fabrication ... 9
de Broglie wave ... 189
Diffraction enhanced imaging ... 111

E

Element distribution ... 83
Elemental analysis ... 249
Elemental imaging ... 209
Energy dispersive X-ray analysis ... 149
Energy dispersive X-ray spectrometry ... 201

F

Flux synthesis ... 157
Food ... 241
Forensic analysis ... 9
Fuel Cell ... 101
Fundamental parameter method ... 78, 201

H

Hair analysis ... 209
Hexagonal boron nitride ... 231
High resolution XRF ... 63
Hokusai ... 258

I

Ice-core ... 111
Imaging ... 83
Inorganic small sphere ... 126
In-Situ Time-Resolved XAFS ... 101
Insulating materials ... 219

L

Liesegang bands ... 25
Lithium-ion battery ... 111
Local structure ... 231
Long-range transfer ... 126
Low power laboratory XAFS ... 63
Low power TXRF ... 183

M

Maping analysis ... 249
Mechanical grinding ... 231
Metal corrosion ... 149
Micro analysis ... 209
Miniaturization ... 53
Molecular orbital calculation ... 231
Movie ... 83

N

Non-destructive analysis ... 241
Non-lead ... 157

O

Ocean ... 149
On site analysis ... 258
Ostwald ripening ... 25
Oxidation ... 231

P

Painting···258
Peak fitting··201
Periodic precipitation bands·····················25
Phase-contrast X-ray imaging···············111
Photoinduced phase transition···············169
Polarization···177
Portable X-ray powder diffractometer·····258
Post-nucleation models····························25
Pre-nucleation models······························25
Prussian blue analogs·······························25
Pulse height analyzer·····························195
Pure water···183

Q

Quantitative analysis·······························78
Quantitative maping analysis·················241
Quick XAFS···101

R

Referencematerial···································78
Reliability··78
Rime··126

S

Salt concentration··································241
Scanning electron microscope················149
Segmentation··111
Self-assembling······································25
Self-organization····································25
Silver··149
Single crystal··157
Snow···126
Soft X-ray absorption spectroscopy···219, 231
Spectrometer···53
SPring-8··9

T

Sulfur speciation···································126
Synchrotron radiation···············101, 219, 231

Time-resolved·······································169
Time-resolved X-ray diffraction············164
Total electron yield·······························219
Transition metal dichalcogenides··········164

W

Wakayama arsenic curry·····························9
Water testing··183
Water-glass gels······································25

X

XANES··25
X-ray absorption spectroscopy··············169
X-ray analysis microscope·····················241
X-ray analytical microscope··················249
X-ray fluorescence························157, 183
X-ray fluorescence spectroscopy·············25
X-ray free electron laser·······················164
X-ray interferometer·····························111
X-ray polarization·································189
X-ray spectra··195
XRF··177

Y

YAG:Ce···157

Z

Zeff imaging···111

Number

3D printer··53, 63
$4f$ electrons··169

X線分析の進歩 49	
（X線工業分析 第53集）	
（公社）日本分析化学会　編	2018年3月25日印刷
X線分析研究懇談会 ©	2018年3月31日発行
発行所　株式会社 アグネ技術センター	
東京都港区南青山 5-1-25　北村ビル	
電話 03-3409-5329 ㈹　〒 107-0062	
印刷所　株式会社 平河工業社	
東京都新宿区新小川町 3-9	
電話 03-3269-4111 ㈹　〒 162-0814	
	2018 Printed in Japan

落丁本・乱丁本はお取り替えいたします．
定価の表示は表紙カバーにしてあります．

X線分析研究懇談会，本シリーズ（X線分析の進歩）へのご意見，お問い合わせは㈱アグネ技術センター内"X線分析進歩係"までお寄せ下さい．

表紙のデザインは，理学電機㈱広報センター部の創案によるものです．

ISBN 978-4-901496-93-3　C3043